新工科建设之路·计算机类创新教材

MySQL 实用教程

（新体系·综合应用实例视频）
（第 4 版）

郑阿奇　主　编

电子工业出版社
Publishing House of Electronics Industry
北京·BEIJING

内 容 简 介

本书以 MySQL 8 为平台（兼顾 5.6 和 5.7 版本），参考《MySQL 实用教程（第 3 版）》内容架构，从一个全新的角度重新设计和组织内容，安排实例体系，按照新思路设计开发综合应用实例，包含教程、习题、实验和综合实习。本书包括 MySQL 基本内容、数据库综合应用和 6 个流行平台上的 MySQL 开发实例。MySQL 基本内容顺应读者学习思路展开，以讲故事的方式介绍内容和对应实例。MySQL 基本内容共 10 章，包括数据库基础，MySQL 安装、运行和工具，数据类型，数据库及表结构设计，表记录操作，分区、表空间和行格式，运算符、表达式和系统函数，查询、视图和索引，过程式对象程序设计，用户与权限。各章 MySQL 知识由点到线，然后形成面。以网上商城数据库数据为例，结合多年数据库应用开发经验，完整设计 MySQL 数据库及其各种对象，并通过样本数据测试它们功能的正确性。流行平台包括 PHP、SpringBoot+MyBatis、Android Studio、Qt+Python、WebService、Visual C#等，每个平台的功能既是独立的，同时又实现网上商城系统的一个角色基本功能，部分内容通过网络文档提供，所有平台一起构成一个具有基本功能的网上商城系统。

本书提供教学课件、习题参考答案、每个平台可运行的源代码文件、数据库文件和其他配套文件。读者可在华信教育资源网（http://www.hxedu.com.cn）上免费下载。扫描书上二维码，可显示扩展内容、完整的程序代码、相关平台数据库应用开发视频分析。

一般来说，读者只要按照要求学习，就能在较短时间内采用自己选择的平台解决规模不大的应用问题。本书提供了一个快速掌握 MySQL 应用开发的途径。

本书可作为大学本科、高职高专有关课程教材，也可供广大数据库应用开发人员参考。

未经许可，不得以任何方式复制或抄袭本书之部分或全部内容。
版权所有，侵权必究。

图书在版编目（CIP）数据

MySQL 实用教程：新体系·综合应用实例视频／郑阿奇主编．—4 版．—北京：电子工业出版社，2021.10
ISBN 978-7-121-41835-8

Ⅰ．①M… Ⅱ．①郑… Ⅲ．①SQL 语言－程序设计－高等学校－教材 Ⅳ．①TP311.132.3

中国版本图书馆 CIP 数据核字（2021）第 169593 号

责任编辑：白 楠　　文字编辑：徐 萍
印　　刷：三河市鑫金马印装有限公司
装　　订：三河市鑫金马印装有限公司
出版发行：电子工业出版社
　　　　　北京市海淀区万寿路 173 信箱　邮编　100036
开　　本：787×1092　1/16　印张：23.75　字数：682 千字
版　　次：2009 年 3 月第 1 版
　　　　　2021 年 10 月第 4 版
印　　次：2023 年 1 月第 3 次印刷
定　　价：70.00 元

凡所购买电子工业出版社图书有缺损问题，请向购买书店调换。若书店售缺，请与本社发行部联系，联系及邮购电话：（010）88254888，88258888。

质量投诉请发邮件至 zlts@phei.com.cn，盗版侵权举报请发邮件至 dbqq@phei.com.cn。
本书咨询联系方式：bain@phei.com.cn。

前　言

2017 年，Oracle 发布了 MySQL 的最新版本——MySQL 8，功能和性能比此前的 5.7 版又上了一个台阶，可谓 MySQL 发展史上的一个里程碑。自 2018 年开始，编者在多个新能源的管理和控制项目中使用 MySQL 8，不断积累新的 MySQL 8 应用开发经验。

2009 年，我们编写了《MySQL 实用教程》，由于在 MySQL 内容和应用上具有明显特色，受到了市场的广泛欢迎，后面以 MySQL 5.6 版为平台分别推出了第 2 版和第 3 版，依然持续热销。2020 年，我们开始整理 MySQL 8 及其应用开发资料，参考《MySQL 实用教程（第 3 版）》内容架构，从一个全新的角度重新设计和组织内容，安排实例体系，按照新思路设计开发综合应用实例。本书包括 MySQL 基本内容、数据库综合应用和 5 个流行平台上的 MySQL 开发实例。本书主要特点如下：

1. MySQL 基本内容顺应读者学习思路展开，以讲故事的方式介绍内容和配套实例

MySQL 基本内容共 10 章，包括数据库基础，MySQL 安装、运行和工具，数据类型，数据库及表结构设计，表记录操作，分区、表空间和行格式，运算符、表达式和系统函数，查询、视图和索引，过程式对象程序设计，用户与权限。

SQL 语法描述突出主要内容，淡化版本差别。SQL 语句采用层次结构表达，关键字、数据库名、表名、列名及其对象容易区分，贯穿教程基础部分主数据库列名采用中文，方便理解和阅读，综合应用实习部分数据库列名为字母，贴近实际应用习惯。用讲小故事方式介绍实例，来龙去脉清清楚楚。

2. 数据库综合应用

以网上商城数据库设计为例，结合多年数据库应用开发经验，比较完整地设计 MySQL 数据库及其各种对象，并通过样本数据测试它们功能的正确性，把 MySQL 的主要内容及解决实际问题的思路和方法包含在其中。

综合应用设计包括数据库设计、表结构设计、视图设计、触发器设计、存储过程和自定义函数设计、事件设计、角色和用户权限设计等，数据测试包含各种常见问题的分析及处理。

3. 流行平台数据库应用开发

流行开发平台包括 PHP、SpringBoot+MyBatis、Android Studio、Qt+Python、WebService、Visual C#等，读者可选择其中一个或多个学习。每个平台的功能既是独立的，同时又实现网上商城系统的一个角色功能，所有平台构成一个具有基本功能的网上商城系统。在这个过程中，不仅可以掌握如何在各平台上操作 MySQL，还可以熟悉每个平台数据库应用基本方法，一举多得。

每个平台一般采用如下开发方法：先简单开发后测试运行。然后进行基本功能开发，运行测试，校验其正确性。基本功能包含对应平台操作 MySQL 的主要内容和详细步骤。此后可选择开发其他功能，详细代码可通过扫描二维码查阅。

4. 网上资源与本书紧密配套

本书配有专门的教学视频、教学课件和相应的客户端/MySQL 应用系统，并免费提供每个平台的可运行源程序文件及配套的系统文件,读者可在华信教育资源网(http://www.hxedu.com.cn)上免费下载。

5．可根据不同情况选择学习内容

MySQL 内容＼学时数	全面学习	学时数较多	学时数中等	学时数较少	学时数很少	有基础速成
基础：第 1 章～第 10 章教程	√	√	√	√	√	
配套习题和实验	√	√	√	√	√	
综合：实习 0	√	√	√	√		√
数据库及其对象设计	√	√	√	√		√
对象设计和功能测试	√	√	√	√		√
应用：实习 1～实习 4	√	4 选 1	4 选 1			
开发环境创建	√	√				
简单开发测试	√	√	√			
基本功能开发测试	√	√	√			
其他功能开发测试	√	√				
附录 A：WebService 开发和访问	√	4 选 1				
附录 B：	√					

　　本书由南京师范大学郑阿奇主编,参加本书编写的还有郑进、刘美芳、周何骏、孙德荣、郭鑫等。此外,还有许多同志对本书提供了很多帮助,在此一并表示感谢!

　　由于编者水平有限,疏漏之处在所难免,敬请广大读者批评指正。

　　意见及建议邮箱：easybooks@163.com

编　者

本书视频目录

序 号	视频内容章节	时 长
1	P0.2 表结构设计及其分析	00:16:17
2	P0.3 视图设计及其用途	00:06:58
3	P0.4 触发器设计及其功能	00:04:37
4	P0.5 存储过程和自定义函数：功能和事务	00:13:07
5	P0.6 事件设计及其功能	00:07:57
6	P1.1 PHP 开发环境搭建	00:11:35
7	P1.2.2 PHP 连接 MySQL	00:10:36
8	P1.3.2 前端程序设计	00:13:59
9	P1.3.3 后端业务功能开发	00:09:28
10	P2.1.3 数据准备	00:07:46
11	P2.2 开发过程	00:12:51
12	P2.3.1 系统架构	00:05:27
13	P2.4 前端开发	00:17:50
14	P2.5.2 后端开发	00:06:33
15	P2.5.3 前后端联调	00:12:05
16	P3.1.1 基本原理	00:06:32
17	P3.1.2 开发工具安装	00:06:12
18	P3.1.3 数据准备	00:09:34
19	P3.2 需求及实现思路	00:09:31
20	P3.3.3 开发底部标签栏	00:14:56
21	P3.3.4 开发列表视图	00:16:04
22	P3.3.5 开发 Web 端 Servlet	00:20:53
23	P4.1.3 安装扩展库	00:07:19
24	P4.2 开发过程	00:10:08

目 录

第1章 数据库基础 1
1.1 数据库和数据模型 1
1.1.1 数据库系统 1
1.1.2 数据模型 2
1.2 数据库设计 3
1.2.1 概念模型 3
1.2.2 逻辑模型 5
1.2.3 物理模型 6
1.3 数据库应用系统 6
1.3.1 数据库应用系统架构 6
1.3.2 应用系统的数据接口 7

第2章 MySQL安装、运行和工具 9
2.1 MySQL简介 9
2.2 MySQL 8 安装与运行 9
2.2.1 安装包方式安装 9
2.2.2 运行 10
2.3 MySQL操作工具 13
2.3.1 MySQL客户端工具 13
2.3.2 MySQL第三方界面工具 13
2.4 数据库和表的创建及简单操作 15

第3章 数据类型 18
3.1 数值类型及实例 18
3.1.1 整数类型 18
3.1.2 实数类型 19
3.1.3 位型 20
3.2 日期与时间类型及实例 21
3.3 字符串类型及实例 23
3.3.1 文本字符串类型 23
3.3.2 字符集编码 25
3.3.3 字符排序规则 28
3.3.4 二进制字符串类型 30
3.4 枚举类型和集合类型 32
3.4.1 枚举类型 32
3.4.2 集合类型 33
3.5 JSON和空间数据类型及实例 35
3.5.1 JSON数据类型 35
3.5.2 空间数据类型 37

第4章 数据库及表结构设计 41
4.1 数据库的基本操作 41
4.1.1 系统数据库 41
4.1.2 数据库的创建、修改和删除 41
4.2 创建表结构 42
4.2.1 列及其常用属性 44
4.2.2 列约束 45
4.2.3 列默认值 46
4.2.4 数值类型属性 47
4.2.5 字符类型属性 48
4.2.6 生成列（虚拟列） 48
4.2.7 表约束 49
4.2.8 表外键约束 51
4.2.9 从旧表创建新表结构 54
4.3 修改表结构 54
4.3.1 添加和删除列 55
4.3.2 修改列及其属性 55
4.3.3 添加和删除表约束 59

第5章 表记录操作 63
5.1 插入记录 63
5.1.1 插入新记录 63
5.1.2 插入查询记录 68
5.1.3 导入文件数据 69
5.1.4 导入Excel/Word文件数据 72
5.1.5 导入图片数据 73
5.1.6 查询表记录复制 74
5.2 修改记录 75
5.2.1 替换记录 75
5.2.2 更新记录 77
5.2.3 JSON类型列记录修改 81
5.2.4 空间类型列记录修改 82
5.3 删除记录 83
5.3.1 删除行 83

		5.3.2 清空表记录 ………………………… 85
	5.4	导出记录 ……………………………………… 86
		5.4.1 表记录导出方式 …………………… 86
		5.4.2 表导出形成文件 …………………… 86
	5.5	数据库备份与恢复 ………………………… 88
		5.5.1 mysqldump 备份和恢复 …………… 88
		5.5.2 使用日志文件备份和恢复 ………… 89
		5.5.3 文件系统和实时数据库备份 ……… 91

第6章 分区、表空间和行格式 …………………… 92
- 6.1 分区 ………………………………………… 92
  - 6.1.1 分区简介 ……………………………… 92
  - 6.1.2 范围分区 ……………………………… 93
  - 6.1.3 列表分区 ……………………………… 96
  - 6.1.4 散列分区 ……………………………… 98
  - 6.1.5 键分区 ………………………………… 99
  - 6.1.6 子分区 ……………………………… 100
  - 6.1.7 分区管理 …………………………… 100
- 6.2 表空间 …………………………………… 103
  - 6.2.1 表空间的创建和使用 ……………… 104
  - 6.2.2 表空间中表的移动 ………………… 105
  - 6.2.3 删除表空间 ………………………… 106
- 6.3 行格式 …………………………………… 106

第7章 运算符、表达式和系统函数 …………… 108
- 7.1 常量和变量 ……………………………… 108
  - 7.1.1 常量 ………………………………… 108
  - 7.1.2 变量 ………………………………… 110
- 7.2 运算符与表达式 ………………………… 113
  - 7.2.1 赋值运算符 ………………………… 113
  - 7.2.2 算术运算符 ………………………… 113
  - 7.2.3 比较运算符 ………………………… 114
  - 7.2.4 判断运算符 ………………………… 119
  - 7.2.5 字符串匹配 ………………………… 121
  - 7.2.6 逻辑运算符和位运算符 …………… 122
  - 7.2.7 表达式和运算符的优先级 ………… 124
- 7.3 系统函数 ………………………………… 126

第8章 查询、视图和索引 ……………………… 128
- 8.1 数据库查询 ……………………………… 128
  - 8.1.1 选择输出项 ………………………… 128
  - 8.1.2 单数据源 …………………………… 133

- 8.1.3 多数据源 …………………………… 135
- 8.1.4 查询条件：逻辑条件 ……………… 138
- 8.1.5 查询条件：枚举、集合、JSON 和空间条件 …………………………… 142
- 8.1.6 查询条件：子查询 ………………… 145
- 8.1.7 分组 ………………………………… 151
- 8.1.8 分组后筛选 ………………………… 153
- 8.1.9 输出行排序 ………………………… 154
- 8.1.10 输出行限制 ………………………… 156
- 8.1.11 多表记录联合 ……………………… 156
- 8.1.12 通用表表达式 ……………………… 157
- 8.1.13 窗口表达 …………………………… 159
- 8.1.14 查询准备 …………………………… 161
- 8.1.15 单表简单查询 ……………………… 162
- 8.2 视图 ……………………………………… 162
  - 8.2.1 创建视图 …………………………… 163
  - 8.2.2 查询视图 …………………………… 164
  - 8.2.3 更新视图 …………………………… 165
  - 8.2.4 修改视图 …………………………… 167
  - 8.2.5 删除视图 …………………………… 169
- 8.3 索引 ……………………………………… 169
  - 8.3.1 索引概述 …………………………… 169
  - 8.3.2 索引操作 …………………………… 170
  - 8.3.3 特殊数据类型索引 ………………… 173
  - 8.3.4 索引与分区查询 …………………… 174
  - 8.3.5 索引建立原则 ……………………… 175

第9章 过程式对象程序设计 …………………… 177
- 9.1 过程体 …………………………………… 177
  - 9.1.1 局部变量定义 ……………………… 177
  - 9.1.2 条件分支 …………………………… 178
  - 9.1.3 循环执行 …………………………… 180
- 9.2 出错处理及实例 ………………………… 182
  - 9.2.1 根据错误自动处理 ………………… 182
  - 9.2.2 根据情况抛出信号 ………………… 185
- 9.3 事务管理 ………………………………… 187
  - 9.3.1 事务处理 …………………………… 188
  - 9.3.2 事务隔离级 ………………………… 190
  - 9.3.3 事务应用实例 ……………………… 192
- 9.4 游标 ……………………………………… 194

9.5 存储过程 196
  9.5.1 存储过程的基本操作 196
  9.5.2 存储过程的应用 198
  9.5.3 存储对象访问控制 200
9.6 存储函数 200
  9.6.1 存储函数的基本操作 200
  9.6.2 存储函数的应用 202
9.7 触发器 205
  9.7.1 触发器的创建和修改 205
  9.7.2 触发器应用举例 207
  9.7.3 触发器和存储过程的比较 211
9.8 事件 211
  9.8.1 创建事件 211
  9.8.2 修改和删除事件 213
9.9 全局锁、表锁和行锁 214
  9.9.1 全局锁 214
  9.9.2 表锁 215
  9.9.3 行锁 217
  9.9.4 死锁 220

第10章 用户与权限 221
10.1 用户管理及实例 221
  10.1.1 创建、删除用户 221
  10.1.2 修改用户名和密码 223
10.2 权限控制及实例 223
  10.2.1 授予权限 223
  10.2.2 权限转移和限制 228
  10.2.3 权限撤销 229
  10.2.4 Navicat 可视化权限操作 230
10.3 角色和权限管理及实例 231
  10.3.1 创建角色和分配权限 231
  10.3.2 用户角色和权限分配实例 232

实习0 数据库综合应用及实例——网上商城数据库设计 234
  P0.1 MySQL 服务器和网上商城数据库 234
  P0.2 表结构设计及其分析 234
  P0.3 视图设计 241
  P0.4 触发器设计 241
  P0.5 存储过程和自定义函数 242
    P0.5.1 创建存储过程和自定义函数 242
    P0.5.2 查看和修改存储过程和自定义函数 248
  P0.6 事件设计 248
  P0.7 角色和用户权限设计 250
  P0.8 测试数据库各对象及其关联配合 252
    P0.8.1 网上商城数据库备份 252
    P0.8.2 商品分类表：插入记录和用户权限测试 252
    P0.8.3 商家表：插入记录与默认值测试 253
    P0.8.4 商品表：增改删记录、外键完整性和存储过程测试 255
    P0.8.5 商品图片表：图片列记录导入、导出测试 259
    P0.8.6 用户表：各种数据类型和函数合法性记录操作测试 260
    P0.8.7 购物车表：存储过程记录操作和视图查询测试 263
    P0.8.8 订单表：记录操作、存储过程和触发器联动处理测试 264
    P0.8.9 商品表：商品状态修改和视图查询测试 269
    P0.8.10 销售表和销售详情表：事件操作测试 270

实习1 PHP/MySQL 开发及实例——网上商城商家管理 272
  P1.1 PHP 开发环境搭建 272
    P1.1.1 安装 Apache 服务器 272
    P1.1.2 安装 PHP 272
    P1.1.3 安装 Eclipse 272
    P1.1.4 数据准备 273
  P1.2 PHP 开发入门 273
    P1.2.1 项目的创建和运行 273
    P1.2.2 PHP 连接 MySQL 274
    P1.2.3 一个简单的 PHP 查询程序 275
  P1.3 商家管理系统开发 279
    P1.3.1 功能需求 279

	P1.3.2	前端程序设计 …………………… 279
	P1.3.3	后端业务功能开发 ………… 287
	P1.3.4	其他功能开发 ……………… 290
P1.4	商家管理系统部署运行 …………… 294

实习 2　SpringBoot+MyBatis/MySQL 开发及实例——网上商城商品管理 ………… 295

第 1 部分　Thymeleaf/SpringBoot 简易开发 ………………………………… 295

P2.1　系统架构及开发环境 ……………… 295
　　P2.1.1　系统架构 ……………………… 295
　　P2.1.2　开发环境安装及配置 ………… 296
　　P2.1.3　数据准备 ……………………… 296
P2.2　开发过程 …………………………… 297

第 2 部分　Vue/ElementUI+SpringBoot 前后端分离开发（网络文档）……… 304

实习 3　Android Studio/MySQL 开发及实例——网上商城用户购物 APP …… 305

P3.1　系统原理及开发工具 ……………… 305
　　P3.1.1　基本原理 ……………………… 305
　　P3.1.2　开发工具安装 ………………… 306
　　P3.1.3　数据准备 ……………………… 306
P3.2　需求及实现思路 …………………… 308
　　P3.2.1　需求描述 ……………………… 308
　　P3.2.2　实现思路 ……………………… 309
P3.3　基本开发过程 ……………………… 311
　　P3.3.1　创建 Android 工程 …………… 311
　　P3.3.2　APP 模拟与真机运行 ………… 312
　　P3.3.3　开发底部标签栏 ……………… 316
　　P3.3.4　开发列表视图 ………………… 321
　　P3.3.5　开发 Web 端 Servlet ………… 334
　　P3.3.6　运行前配置 …………………… 342
　　P3.3.7　数据库操作 …………………… 344
P3.4　主页丰富开发（网络文档）………… 344

P3.5　购物车功能开发（网络文档）……… 344

实习 4　Qt+Python/MySQL 开发及实例——网上商城商品销售数据分析 …… 345

P4.1　开发环境安装和准备 ……………… 345
　　P4.1.1　安装 Qt ……………………… 346
　　P4.1.2　安装 Python ………………… 346
　　P4.1.3　安装扩展库 …………………… 346
　　P4.1.4　数据准备 ……………………… 348
P4.2　开发过程 …………………………… 349
　　P4.2.1　用 Qt 设计界面 ……………… 349
　　P4.2.2　文件转换 ……………………… 353
　　P4.2.3　Python 程序框架 ……………… 354
　　P4.2.4　Python 功能实现 …………… 356

实验和习题网络文档 …………………… 359

第 1 章　数据库基础 …………………… 359
第 2 章　MySQL 安装、运行和工具 …… 359
第 3 章　数据类型 ……………………… 359
第 4 章　数据库及表结构设计 ………… 360
第 5 章　表记录操作 …………………… 361
第 6 章　分区、表空间和行格式 ……… 362
第 7 章　运算符、表达式和系统函数 … 362
第 8 章　查询、视图和索引 …………… 363
第 9 章　过程式对象程序设计 ………… 364
第 10 章　用户与权限 ………………… 365

附录 A　WebService 开发和访问（网络文档） ………………………………… 366

A.1　WebService 开发环境搭建 ………… 366
A.2　开发 WebService ……………………… 367
A.3　Android 访问 WebService …………… 367
A.4　SpringBoot 访问 WebService ………… 367
A.5　PHP 访问 WebService ………………… 367

附录 B　Visual C#/MySQL 开发（网络文档） ………………………………… 368

第 1 章 数据库基础

为了更好地讲解 MySQL，首先需要介绍数据库的基本概念。如果读者学习过数据库原理，那么可将本章数据库原理部分作为一个参考。

1.1 数据库和数据模型

1.1.1 数据库系统

数据库系统一般由数据库（DB）、数据库管理系统（DBMS）、应用程序、数据库管理员（DBA）和用户构成，如图 1.1 所示。DBMS 是数据库系统的基础和核心。

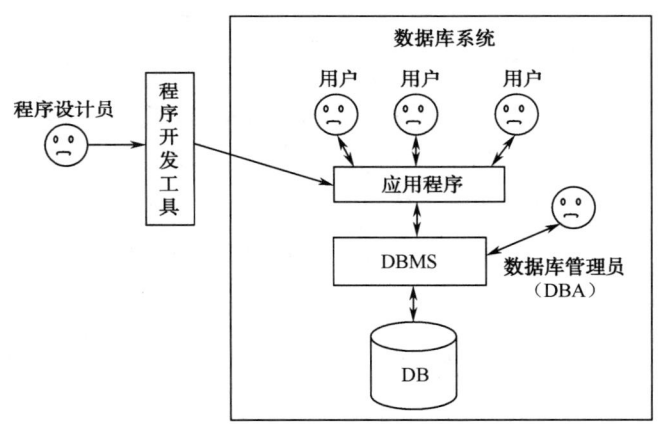

图 1.1 数据库系统的构成

1. 数据库

数据库是按照数据结构来组织、存储和管理数据的仓库，是一个可长期存储在计算机内的有组织、可共享、统一管理的大量数据的集合。

互联网世界充斥着大量的数据。就网上商城而言，其包含商品分类信息、商品信息、商品供货商信息、购买商品的用户信息、订单支付信息、订单项信息、商品快递信息等。这些信息包含各种数据类型，如字符、数值、时间、逻辑、集合、枚举、JSON 数据、地理位置、二进制数据等。二进制数据可用于表示图像、音频、视频等。

2. 数据库管理系统

数据库管理系统是数据库系统的核心组成部分，主要完成数据库的操作与管理功能，实现数据库对象的创建，数据库存储数据的查询、添加、修改与删除操作，以及数据库的用户管理、权限管理等。简单地说，DBMS 就是管理数据库的系统（软件）。数据库管理员通过 DBMS 对数据库进行管理。

1.1.2 数据模型

数据库系统利用计算机技术对客观事物进行管理，需要对客观事物进行抽象、模拟，利用模型对事物进行描述是人们在认识和改造世界的过程中广泛采用的一种方法。数据化后的模型才能被计算机接收和处理，数据模型是数据库设计中用来对现实世界进行抽象的工具，是数据库中用于提供信息表示和操作手段的形式构架。

数据库发展过程中产生过三种基本的数据模型，它们是层次模型、网状模型和关系模型。

1. 层次模型

层次模型将数据组织成一对多关系的结构，用树形结构表示实体及实体间的联系。如图 1.2 所示为按层次模型组织的数据示例。

层次模型存取方便且速度快；结构清晰，容易理解；数据修改和数据库扩展容易实现；检索关键属性十分方便。但层次模型结构不够灵活；同一属性数据要存储多次，数据冗余大；不适用于拓扑空间数据的组织。

2. 网状模型

网状模型用连接指令或指针来确定数据间的网状连接关系，是具有多对多类型的数据组织方式。如图 1.3 所示为按网状模型组织的数据示例。

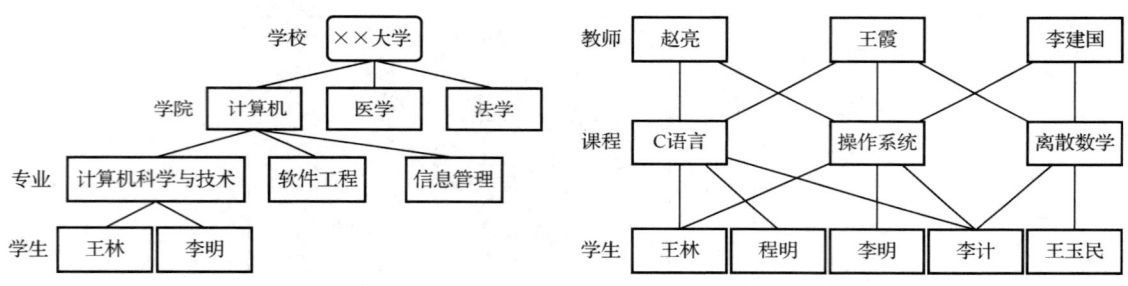

图 1.2　按层次模型组织的数据示例　　　　图 1.3　按网状模型组织的数据示例

网状模型能明确而方便地表示数据间的复杂关系，数据冗余小。但网状结构比较复杂，增加了用户查询和定位的困难；需要存储数据间联系的指针，使得数据量增大，数据的修改不方便。

3. 关系模型

关系模型以记录组或数据表的形式组织数据，以便利用各种实体与属性之间的关系进行存储和变换，不分层也无指针，是建立空间数据和属性数据之间关系的一种非常有效的数据组织方式。

例如，网上商城管理系统所涉及的商品类别、商品、供货商、用户、订单、订单项等表中，商品表的主要信息包括商品编号、商品名称、价格、库存量和商品图片等，部分数据如表 1.1 所示。

关系模型是近年来整个数据模型领域的重要支撑，是目前数据库中常用的数据模型。

随着数据库应用领域的进一步拓展，对象数据、空间数据、图像与图形数据、声音数据、关联文本数据及海量仓库数据等开始出现，为了满足应用需要，数据模型向下列几个方向发展。

（1）对传统关系模型进行扩充，以实现关系模型嵌套，支持关系继承及关系函数等。

（2）用面向对象的思维方式与方法来描述客观实体，支持面向对象建模，支持对象存取与持久化，支持代码级面向对象数据操作，形成面向对象数据模型。

（3）XML 从数据交换领域发展到了数据存储与业务描述领域，数据库系统已支持对 XML 的存储与处理。

（4）研究新的数据模型，在数据构造器与数据处理原语上都有了新的突破，如函数数据模型（FDM）、语义数据模型（SDM）等。

目前比较流行的关系模型数据库管理系统有 Oracle、SQL Server、MySQL、PostgreSQL、Access 等。本书介绍 MySQL。

表 1.1 商品表的部分数据

商品编号	商品名称	价格	库存量
1A0101	洛川红富士苹果冰糖心 10 斤箱装	44.80	3601
1A0201	烟台红富士苹果 10 斤箱装	29.80	5698
1A0302	阿克苏苹果冰糖心 5 斤箱装	29.80	12680
1B0501	库尔勒香梨 10 斤箱装	69.80	8902
1B0601	砀山梨 10 斤箱装大果	19.90	14532
1B0602	砀山梨 5 斤箱装特大果	16.90	6834
1GA101	智利车厘子 2 斤大樱桃整箱顺丰包邮	59.80	5420
2A1602	[王明公]农家散养猪冷冻五花肉 3 斤装	118.00	375
2B1701	Tyson/泰森鸡胸肉 454g*5 去皮冷冻包邮	139.00	1682
2B1702	[周黑鸭]卤鸭脖 15g*50 袋	99.00	5963
3BA301	波士顿龙虾特大鲜活 1 斤	149.00	2800
3C2205	[参王朝]大连 6-7 年深海野生干海参	1188.00	1203
4A1601	农家散养草鸡蛋 40 枚包邮	33.90	690
4C2402	青岛啤酒 500ml*24 听整箱	112.00	23427

1.2 数据库设计

数据模型按不同的应用层次分成三种类型：概念模型、逻辑模型、物理模型。

1.2.1 概念模型

概念模型是面向数据库用户的现实世界的模型，主要用来描述世界的概念化结构，它能使数据库的设计人员在设计的初始阶段摆脱计算机系统及 DBMS 的具体技术问题，集中精力分析数据及数据之间的联系等，与具体的数据管理系统无关。概念模型用于信息世界的建模，最常用的是 E-R 模型、扩充的 E-R 模型、面向对象模型及谓词模型。

通常，E-R 模型把每一类数据对象的个体称为实体，而每一类对象个体的集合称为实体集。例如，在网上商城管理系统中主要涉及"商品""供货商"和"用户"等多个实体集。把每个实体集涉及的信息项称为属性。就"商品"实体集而言，它的属性有商品编号、商品名称、价格、库存量和商品图片等。

实体集中的实体彼此是可区别的。如果实体集中的属性或最小属性组合的值能唯一标识其对应实体，则将该属性或属性组合称为码。码可能有多个，对于每个实体集，可指定一个码为主码。

如果用矩形框表示实体集，用椭圆框表示属性，用线段连接实体集与属性，将一个属性或属性组合指定为主码时，在实体集与属性的连接线上标记一斜线，则可以用如图 1.4 所示的形式描述网上商城管理系统中的实体集及每个实体集涉及的属性。

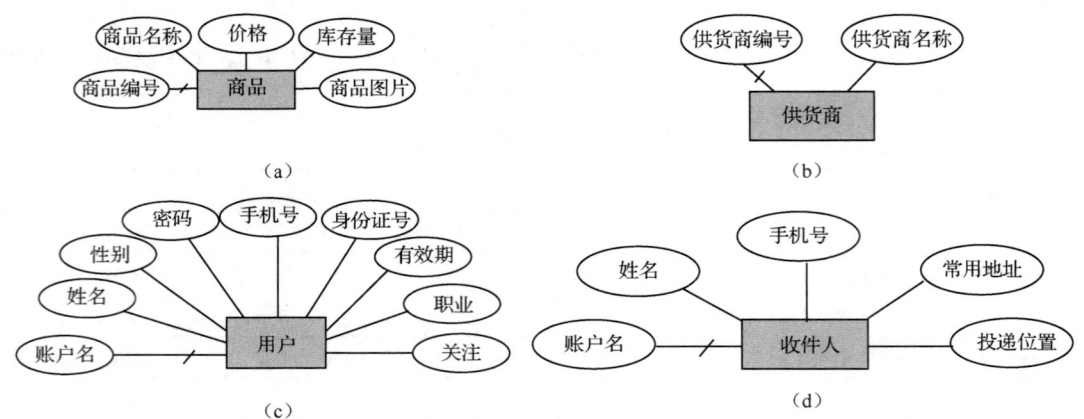

图 1.4　网上商城管理系统中的实体集及其属性

实体集 A 和实体集 B 之间存在各种关系，通常把这些关系称为"联系"，用菱形表示。通常，将实体集及实体集联系的图形表示称为实体（Entity）-联系（Relationship）模型，简称 E-R 模型。

从分析用户项目涉及的数据对象及数据对象之间的联系开始，到获取 E-R 模型的这一过程称为概念结构设计。

两个实体集 A 和 B 之间的联系可能是以下三种情况之一。

1. 一对一的联系（1∶1）

A 中的一个实体至多与 B 中的一个实体相联系，B 中的一个实体也至多与 A 中的一个实体相联系。例如，"用户"与"收件人"这两个实体集之间的联系是一对一的联系，因为一个用户对应一个收件人，反过来，一个收件人对应一个用户，"用户"与"收件人"两个实体集的 E-R 模型如图 1.5（a）所示。

2. 一对多的联系（1∶n）

A 中的一个实体可以与 B 中的多个实体相联系，而 B 中的一个实体至多与 A 中的一个实体相联系。例如，"供货商"与"商品"这两个实体集之间的联系是一对多的联系，因为一个供货商可提供若干商品，反过来，一个特定商品只能属于一个供货商。"供货商"与"商品"两个实体集的 E-R 模型如图 1.5（b）所示。

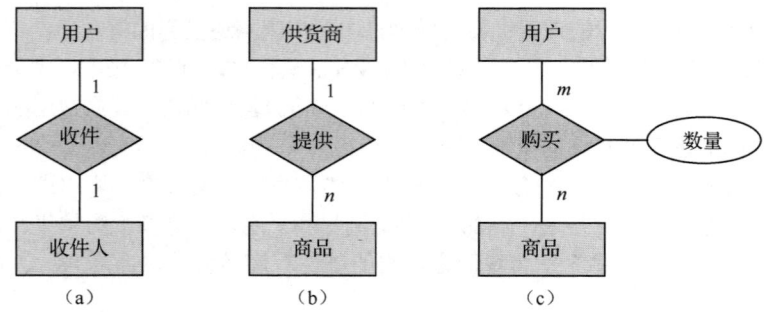

图 1.5　两个实体集的 E-R 模型

3. 多对多的联系（m∶n）

A 中的一个实体可以与 B 中的多个实体相联系，B 中的一个实体也可与 A 中的多个实体相联系。例如，"用户"与"商品"这两个实体集之间的联系是多对多的联系，因为一个用户可购买多个商品，反过来，一种商品可被多个用户购买。"用户"与"商品"两个实体集的 E-R 模型如图 1.5（c）所示。

概念模型必须转换成逻辑模型，才能在 DBMS 中实现。

1.2.2 逻辑模型

逻辑模型是用户在数据库中看到的模型，是具体的 DBMS 所支持的数据模型。此模型既要面向用户，又要面向系统，主要用于数据库管理系统的实现。

前面用 E-R 模型描述了网上商城管理系统中实体集与实体集之间的联系，为了设计关系型的网上商城管理数据库，需要确定包含的表及每个表的结构。下面介绍根据三种联系从 E-R 模型获得关系模式的方法。

1. 1∶1 联系的 E-R 模型到关系模式的转换

对于 1∶1 的联系，既可单独对应一个关系模式，也可以不单独对应一个关系模式。

联系单独对应一个关系模式，则由联系的属性、参与联系的各实体集的主码属性构成关系模式；联系不单独对应一个关系模式，则将联系的属性及一方的主码加入另一方实体集对应的关系模式中。

其主码可选参与联系的实体集的任一方的主码。

例如，图 1.5（a）描述的"用户（user）"与"收件人（receiver）"实体集关系模式如下：

user（<u>账户名</u>，姓名，性别，密码，手机号，身份证号，有效期，职业，关注）
receiver（<u>手机号</u>，姓名，常用地址，投递位置，账户名）

其中下横线表示主码。

2. 1∶n 联系的 E-R 模型到关系模式的转换

对于 1∶n 的联系，既可单独对应一个关系模式，也可以不单独对应一个关系模式。

联系单独对应一个关系模式，则由联系的属性、参与联系的各实体集的主码属性构成关系模式，将 n 端的主码作为该关系模式的主码。联系不单独对应一个关系模式，则将联系的属性及 1 端的主码加入 n 端实体集对应的关系模式中，主码仍为 n 端的主码。

例如，考虑图 1.5（b）描述的"供货商（supplier）"与"商品（commodity）"实体集 E-R 模型，可设计如下关系模式：

supplier（<u>供货商编号</u>，供货商名称）
commodity（<u>商品编号</u>，商品名称，价格，库存量，商品图片，<u>供货商编号</u>）

说明：供货商编号如果包含在商品编号中，就不需要供货商编号项。

3. m∶n 联系的 E-R 模型到关系模式的转换

m∶n 的联系单独对应一个关系模式，该关系模式包括联系的属性、参与联系的各实体集的主码属性，该关系模式的主码由各实体集的主码属性共同组成。

例如，考虑图 1.5（c）描述的"用户（user）"与"商品（commodity）"实体集之间的联系（buy），可设计如下关系模式：

user（<u>账户名</u>，姓名，性别，密码，手机号，身份证号，有效期，职业，关注）
commodity（<u>商品编号</u>，商品名称，价格，库存量，商品图片，供货商编号）
buy（<u>账户名</u>，<u>商品编号</u>，数量）

关系模式 buy 的主码是由"账户名"和"商品编号"两个属性组合起来构成的，一个关系模式只能有一个主码。

实际应用中，用户订货产生订单（orders），然后在订单中下单对应商品（orderitems），并确定数量。

orders（订单编号，账户名，支付金额，下单时间）
orderitems（订单编号，商品编号，订货数量，发货否）

至此，已介绍了根据 E-R 模型设计关系模式的方法。通常，将这一设计过程称为逻辑结构设计。

在设计好一个项目的关系模式后，就可以在数据库管理系统环境下创建数据库、关系表及其他数据库对象，输入相应数据，并根据需要对数据库中的数据进行操作。

1.2.3 物理模型

物理模型是面向计算机物理表示的模型，描述数据在存储介质上的组织结构，它不但与具体的 DBMS 有关，而且与操作系统和硬件有关。每种逻辑模型在实现时都有相应的物理模型。为保证其独立性与可移植性，大部分物理模型的实现工作由系统自动完成，而设计者只设计索引、聚集等特殊结构。

1.3 数据库应用系统

数据库应用系统是由数据库系统、应用程序系统、用户组成的，具体包括数据库、数据库管理系统、数据库管理员、硬件平台、软件平台、应用软件、应用界面。数据库应用系统的 7 个部分以一定的逻辑层次结构方式组成一个有机的整体，如以数据库为基础的财务管理系统、人事管理系统、图书管理系统等。无论是面向内部业务的管理信息系统，还是面向外部提供信息服务的开放式信息系统，从实现技术的角度而言，都是以数据库为基础和核心的计算机应用系统。

1.3.1 数据库应用系统架构

数据库应用系统分为 B/S 架构和 C/S 架构。

1. B/S 架构的应用系统

基于 Web 的数据库应用系统采用三层（浏览器/Web 服务器/数据库服务器）B/S 架构，如图 1.6 所示。其中，浏览器（Browser）是用户输入数据和显示结果的交互界面，用户在浏览器表单中输入数据，然后将表单中的数据提交并发送到 Web 服务器，Web 服务器接收并处理用户的数据，通过数据库服务器从数据库中查询需要的数据（或把数据录入数据库），回送至 Web 服务器，Web 服务器把返回的结果插入 HTML 页面，传送给客户端，在浏览器中显示出来。

图 1.6　三层 B/S 架构

目前，开发数据库 Web 界面的流行工具主要有 PHP、JavaEE（SpringBoot）、ASP.NET（C#）等。PHP 开发比较简单；JavaEE（SpringBoot）更专业，客户端和服务器端分别开发，功能分层方便。后续章节将用 PHP 开发 B/S 架构的 MySQL 数据库网上商城商家管理系统，用 SpringBoot+MyBatis 开发 B/S 架构的 MySQL 数据库网上商城商品管理系统。

2. C/S 架构的应用系统

C/S 架构的应用系统要求客户端安装应用程序。应用程序与数据库、数据库管理系统之间的关系如图 1.7 所示。

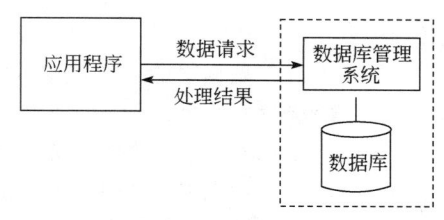

图 1.7 应用程序与数据库、数据库管理系统之间的关系

从图 1.7 中可看出，当应用程序需要处理数据库中的数据时，首先向数据库管理系统发送一个数据请求，数据库管理系统收到这一请求后，对其进行分析，然后执行数据库操作，并把处理结果返回给应用程序。由于应用程序直接与用户交互，而数据库管理系统不直接与用户打交道，所以应用程序被称为"前台"，而数据库管理系统被称为"后台"。应用程序向数据库管理系统提出服务请求，通常称为客户（Client）程序，而数据库管理系统为应用程序提供服务，通常称为服务器（Server）程序，所以将这一操作数据库的模式称为 C/S（客户-服务器）架构。

应用程序和数据库管理系统可以运行在同一台计算机上（单机方式），也可以运行在网络环境中。在网络环境中，数据库管理系统在网络中的一台主机上运行，应用程序可以在网络上的多台主机上运行，即一对多的方式。

目前，开发客户端应用程序的流行工具主要有 Visual C++、Visual C#、Qt、Visual Basic 等。

3. 移动客户端 APP

目前，移动客户端 APP 非常流行，也可认为其是 C/S 架构。普通的 C/S 架构的数据库应用程序安装在 PC 上，而移动客户端 APP 安装在移动端（手机）上。后续章节将采用 Android 平台开发 MySQL 数据库网上商城商品购买 APP。

移动客户端也可通过浏览器运行 B/S 应用程序。

1.3.2 应用系统的数据接口

客户端应用程序或应用服务器向数据库服务器请求服务时，必须和数据库建立连接。虽然现有 DBMS 几乎都遵循 SQL 标准，但不同厂家开发的 DBMS 有差异，存在适应性和可移植性等方面的问题，为此，人们研究和开发了连接不同 DBMS 的通用方法、技术和软件接口。

1. ODBC

ODBC 即开放式数据库互联（Open DataBase Connectivity），是微软公司推出的一种实现应用程序和关系数据库之间通信的接口标准。符合该标准的数据库可以通过 SQL 语句编写的程序对数据库进行操作，但只针对关系数据库。目前，所有的关系数据库都符合该标准。ODBC 本质上是一组数据库访问 API（应用程序编程接口），由一组函数调用组成，核心是 SQL 语句。

在具体操作时，必须用 ODBC 管理器注册一个数据源，管理器根据数据源提供的数据库位置、数据库类型及 ODBC 驱动程序等信息，建立 ODBC 与具体数据库的联系。这样，只要应用程序将数据源名提供给 ODBC，ODBC 就能建立与相应数据库的连接。

2. ADO.NET

ADO.NET 数据模型由 ADO 发展而来，但它不只是对 ADO 的改进，而是采用了一种全新的技术。ADO.NET 提供了面向对象的数据库视图，并且在其对象中封装了许多数据库属性和关系。最重要的是，它通过多种方式封装和隐藏了很多数据库访问的细节。用户可以完全不知道对象在与 ADO.NET 对象交互，也不用担心数据移动到另一个数据库或从另一个数据库获得数据等细节问题。图 1.8 显示了通过 ADO.NET 访问数据库的接口模型。

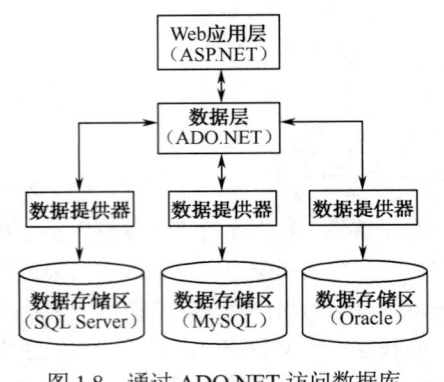

图 1.8 通过 ADO.NET 访问数据库的接口模型

数据层是实现 ADO.NET 断开式连接的核心，从数据源读取的数据先缓存到数据层中，然后被程序或控件调用。数据源可以是数据库或 XML 数据。

数据提供器用于建立数据源与数据层之间的联系，它能连接各种类型的数据源，并能按要求将数据源中的数据提供给数据层，或者从数据层向数据源返回编辑后的数据。

3. JDBC

JDBC（Java DataBase Connectivity）是 JavaSoft 开发的，以 Java 语言编写的用于数据库连接和操作的类和接口，可为多种关系数据库提供统一的访问方式。通过 JDBC 对数据库的访问包括 4 个主要组件：Java 应用程序、JDBC 驱动程序管理器、驱动器和数据源。

在 JDBC API 中有两层接口：应用程序层和驱动程序层。前者使开发人员可以通过 SQL 调用数据库和取得结果，后者处理与具体数据库驱动程序的所有通信。

使用 JDBC 接口操作数据库有如下优点：

（1）JDBC API 与 ODBC 十分相似，有利于用户理解。

（2）使编程人员从复杂的驱动器调用命令和函数中解脱出来，而致力于应用程序功能的实现。

（3）JDBC 支持不同的关系数据库，增强了程序的可移植性。

4. WebService

WebService 使得运行在不同计算机上的不同应用无须借助专门的第三方软件或硬件，就可相互交换数据或集成。它是自描述、自包含的可用网络模块，并且可以执行具体的业务功能。WebService 也很容易部署，为整个企业甚至多个组织之间的业务流程的集成提供了一个通用机制。

第 2 章 MySQL 安装、运行和工具

2.1 MySQL 简介

MySQL 是由瑞典 MySQL AB 公司开发的数据库管理系统，除了具有开放的源代码，更重要的是结构简单、使用方便，在中小规模的数据库市场受到推崇。

2008 年 1 月，MySQL AB 公司被 Sun 收购。2009 年，Sun 又被 Oracle（甲骨文）收购，投入在 MySQL 升级开发上的资源越来越多，MySQL 自身的功能也随之变得越来越强大。2017 年，Oracle 发布了 MySQL 8，功能和性能上了一个大台阶，可谓 MySQL 发展史上的一个里程碑。MySQL 有下列几个不同用途的版本。

（1）MySQL Community Server（社区版），包含基本功能，开源免费，但不提供官方技术支持。

（2）MySQL Enterprise Edition（企业版），包含完整功能，须付费，可以试用 30 天。

（3）MySQL Cluster（集群版），在一组计算机上安装，封装成一个 Server，空间既可并行使用提高可靠性，又可串行使用扩展空间，开源免费。

（4）MySQL Cluster CGE（高级集群版），须付费。

2.2 MySQL 8 安装与运行

MySQL 8 安装包括安装包方式安装和压缩包方式安装。这里简要介绍安装包方式安装，压缩包方式安装请参考二维码文档。如果读者使用 MySQL5.6/5.7，后面主要内容仍可完成。

2.2.1 安装包方式安装

压缩包方式安装

1. 安装过程

在官方网站下载 MySQL 8 安装包，然后根据界面信息一步一步进行安装。

（1）选择 MySQL 8 的安装类型，包括 Developer Default（开发者默认）、Server only（只安装 MySQL 服务器）、Client only（仅作为客户端）、Full（完全安装）和 Custom（自定义安装）。

（2）如果选择 Full（完全安装），可选择安装的组件如下。

MySQL Server：MySQL 8 数据库服务器。是提供 MySQL 服务的组件。

MySQL Shell：MySQL 命令行工具。支持 JavaScript、Python 和 SQL 语言操作 MySQL。

MySQL Router：MySQL 路由器。是处于应用客户端和 MySQL 主从服务器之间轻量级代理程序，实现写主库读从库功能。

MySQL Workbench：专为 MySQL 设计的集成化桌面软件。

MySQL Connectors：ODBC、C++、Java、.NET 客户端程序连接 MySQL 需要的驱动程序。

Examples and tutorials：MySQL 例子和教程。

Documentation：MySQL 文档。

（3）如果选择 Custom（自定义安装），Select Products and Features 界面右下方会出现 "Advanced Options" 链接，可将系统默认的 MySQL 安装路径及数据存储目录设定为其他目录。MySQL 8 默认安装目录如下：

```
C:\Program Files\MySQL\MySQL Server 8.0
```

若 MySQL 8 服务安装成功，会进入 Product Configuration 界面，自动转入配置阶段。

（4）在 Type and Networking 界面配置 MySQL 服务器类型和网络连接。一般采用系统默认配置。其中，服务端口为 "3306"。如果在一台计算机上安装一个以上的 MySQL 服务器实例，需要修改服务端口。

（5）Accounts and Roles 界面：设置 root 账户、密码，编者设置密码为 "123456"。

（6）Windows Service 界面：将 MySQL 8 服务器配置成一个 Windows 服务，默认服务名称为 "MySQL80"，读者也可以自己指定服务名称。

（7）在 Installation Complete 界面单击 "Finish" 按钮，完成 MySQL 8 的整个安装、配置过程。

2. MySQL 8 安装完成

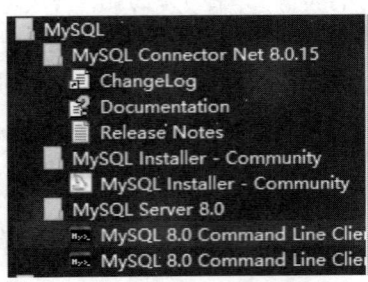

图 2.1　安装后的菜单项

对于桌面操作系统，在 MySQL 8 安装完成后，系统 "开始" 菜单中会产生下列菜单项，如图 2.1 所示。

● MySQL Connector Net 8.0.15：.NET 驱动程序。

● MySQL Installer-Community：MySQL 共享版本的安装程序，供离线安装时使用。通过它可以增加、修改、更新 MySQL 及其有关组件。

● MySQL 8.0 Command Line Client：进入 MySQL 8 命令行客户端窗口，并且直接登录 MySQL。

● MySQL 8.0 Command Line Client-Unicode：进入 MySQL 8 命令行客户端窗口，采用 Unicode 编码。

3. MySQL 8 的配置文件

完成 MySQL 8 的常规安装后，在其安装目录中没有 my.ini 配置文件。修改系统的默认设置，一般在 my.ini 配置文件中进行。

Linux 下 MySQL 的配置文件是 my.cnf，一般路径是/etc/my.cnf 或/etc/mysql/my.cnf。如果找不到，可以用 find 命令查找。

4. 版本升级

对于已经安装的 MySQL 8.0.x，如果小的版本号 x 不同，重新安装就可以对其进行升级。

2.2.2　运行

用户可通过运行 MySQL 8 来验证其安装和配置是否成功。

1. 启动 MySQL 服务

在计算机系统中，MySQL 是以服务实例的方式工作的，故要运行 MySQL 必须保证服务已经启动。通常在安装好 MySQL 后，MySQL 服务会自行启动，如果没有启动，用户可通过 Windows 任务管理器、计算机管理窗口和 Windows 命令行启动 MySQL 服务。

2. 本地连接 MySQL 8 系统

步骤如下：

（1）打开 Windows 命令行窗口。

（2）进入 MySQL 安装的 bin 目录。

远程连接 MySQL

有两种方法：①直接通过"cd 目录名"命令逐级进入；②设置系统环境变量让操作系统自动识别。

进入 Windows 命令行窗口后，初始的当前目录为 C:\Users\Administrator>，MySQL 默认安装后，其命令行客户端文件 mysql.exe 存放在 C:\Program Files\MySQL\MySQL Server 8.0\bin 目录中，指定 MySQL 8 安装在 E:\MySQL8\mysql-8.0.21-winx64 目录中，需要用"cd 目录名"命令将当前目录变成 MySQL 安装的 bin 目录：

```
C:\Users\Administrator>E:
E:\>cd  \MySQL8\mysql-8.0.21-winx64\bin
E:\MySQL8\mysql-8.0.21-winx64\bin>
```

这样，下面执行 mysql.exe 文件时，操作系统才能在当前目录中找到文件。

也可以在 Windows 环境变量 path（外部命令的搜索路径）中添加该路径，这样进入 Windows 命令行窗口后直接执行 mysql.exe 文件即可。

（3）连接本地 MySQL 8 服务器登录 MySQL 系统，有以下两种方法。

① 由 Windows 命令行连接登入。

例如：

```
E:\MySQL8\mysql-8.0.21-winx64\bin>mysql -u root -p
Enter password: 123456
```

其中，-u root 启动选项表示以 root 用户（安装后就存在）登录 MySQL，密码"123456"是编者安装 MySQL 时设定的。用户输入的密码字符显示为"*"，回车后显示 MySQL 登录欢界面，如图 2.2 所示。

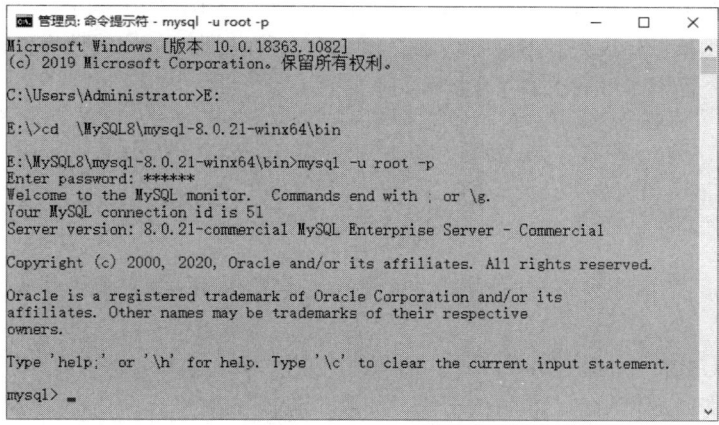

图 2.2　MySQL 登录欢迎界面

② 由"MySQL 8.0 Command Line Client"客户端窗口登入。

通过选择 Windows"开始"菜单中的"MySQL 8.0 Command Line Client"菜单项可进入 MySQL 8 命令行客户端窗口，并且直接登录 MySQL。

3．操作 MySQL

在 MySQL 提示符下可以输入 MySQL 命令操作数据库，下面初步练习一下基本的 MySQL 语句。

系统进入 MySQL 的命令行模式，命令提示符为"mysql>"，其后可以输入 MySQL 命令（不区分大小写），这些命令是由 MySQL 8 数据库服务器解析、执行的。

MySQL 8 安装后，自动生成 4 个系统使用的数据库，下面输入命令，显示系统数据库名称。

```
mysql>SHOW DATABASES;
```

注意：命令后面的"；"表示该命令到此结束。

回车，命令执行结果如图 2.3 所示。

命令后面如果没有输入";"就直接回车，表示命令还没有结束，可以在下一行继续输入。这种方法一般在命令太长，一行输不完时采用，如图 2.4 所示。

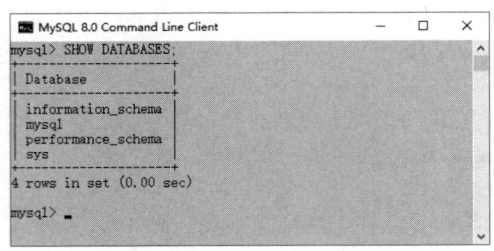

图 2.3　命令执行结果　　　　　　　　图 2.4　一个命令占据多行

说明：

（1）上面列出的是 MySQL 8 系统数据库，在安装 MySQL 8 后就产生了。

（2）实际应用中，用户根据需要可以创建多个不同的数据库，同时系统有多个数据库，为了确认其后的操作在哪个数据库中进行，可以使用下列语句指定当前数据库：

```
USE 数据库名;
```

（3）输入"QUIT"并回车，可退出 MySQL 命令行状态，返回 Windows 命令行状态。

4. 提升根用户权限

在操作 MySQL 时，不同操作系统默认的权限差异可能导致用户无法使用某些功能，为避免给初学者造成不必要的困扰，建议采用下列方法赋予 MySQL 系统根用户（root 用户）最高权限。

在 MySQL 命令行模式下依次输入、执行如下命令：

```
USE mysql;
CREATE USER 'root'@'%' identified by 'ross123456';
GRANT ALL PRIVILEGES on *.* to 'root'@'%';
FLUSH PRIVILEGES;
```

说明：

（1）USE mysql：打开系统自带的数据库，数据库的名称为 mysql，对 MySQL 的权限控制就保存在该数据库中。

（2）CREATE USER…：创建 root 用户，root 用户的密码"ross123456"是编者安装 MySQL 时设置的，读者执行命令时应使用自己设置的密码。注意，该命令执行后，不能再重复执行，否则会显示错误信息。

（3）GRANT ALL…：为 root 用户分配所有权限。

（4）FLUSH PRIVILEGES：刷新 MySQL 的系统权限相关表，让 root 分配的权限立即起作用，否则要重新启动 MySQL 服务器，才能使新设置生效，如图 2.5 所示。

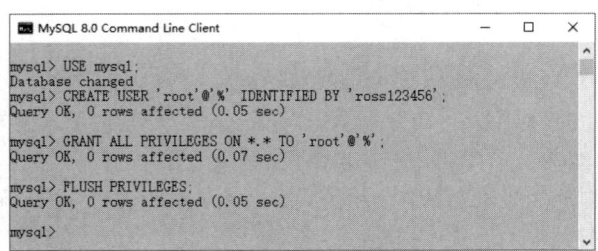

图 2.5　赋予根用户最高权限

2.3　MySQL 操作工具

操作 MySQL 可以使用多种工具，既可以使用 MySQL 客户端工具，也可以使用具有可视化图形界面的第三方工具。

2.3.1　MySQL 客户端工具

在安装"MySQL Server 8.0"后，系统默认安装 MySQL 8.0 Command Line Client（客户端命令行工具）。通过该工具，就可以使用 MySQL 命令操作 MySQL，但只能在安装 MySQL Server 8.0 的主机（一般是服务器）上进行。如果需要在其他主机上操作 MySQL，就需要在其他主机上安装 MySQL 8.0 Command Line Client。

可以在安装 MySQL 8 时，选择安装类型为"Client"，这样系统只安装 MySQL 8.0 Command Line Client。

安装完成后，MySQL 客户端菜单如图 2.6 所示。

图 2.6　MySQL 客户端菜单

2.3.2　MySQL 第三方界面工具

除 MySQL 自带的客户端工具外，现在有不少第三方开发的可视化工具支持以图形化的方式操作 MySQL 数据库，这大大方便了 MySQL 的使用。本节就来介绍一下这些工具。

1．MySQL 的界面工具

MySQL 的界面工具可分为两大类：图形化客户端和基于 Web 的管理工具。

1）图形化客户端

这类工具采用 C/S 架构，用户通过安装在桌面计算机上的客户端软件连接并操作后台的 MySQL 数据库，如图 2.7 所示，客户端采用图形化用户界面（GUI）。

除了 MySQL 官方提供的管理工具 MySQL Workbench，还有很多第三方开发的优秀工具，比较著名的有 Navicat、Sequel Pro、HeidiSQL、SQL Maestro MySQL Tools Family、SQLWave、dbForge Studio、DBTools Manager、MyDB Studio、Aqua Data Studio、SQLyog、MySQL Front 和 SQL Buddy 等。

2）基于 Web 的管理工具

这类工具采用 B/S 架构，用户计算机上无须安装客户端，管理工具运行于 Web 服务器上，如图 2.8 所示。用户计算机只要带有浏览器，就能以访问 Web 页面的方式操作 MySQL 数据库中的数据。

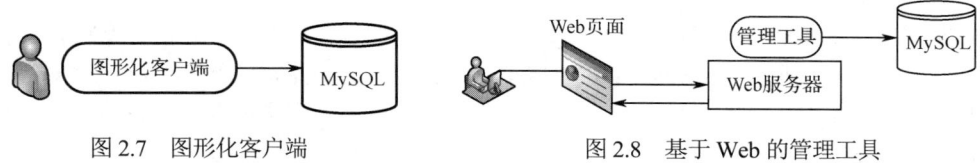

图 2.7　图形化客户端　　　　　　图 2.8　基于 Web 的管理工具

常用的基于 Web 的管理工具有 phpMyAdmin、phpMyBackupPro 和 MySQL Sidu 等。

2．MySQL 的图形化界面工具：Navicat

Navicat 是 MySQL 的图形化界面工具，目前流行 Navicat for MySQL 和 Navicat Premium 两个版本，可以从本地或远程创建到 MySQL 数据库服务器的连接，且操作完全以可视化图形方式进行，简便直观。Navicat for MySQL 专门用于管理 MySQL，Navicat Premium 是一套功能强大的数据库管理和开发工具，可从单一应用程序中同时连接 SQL Server、Oracle、PostgreSQL 等各种类型的 DBMS，它还与 Amazon RDS、Amazon Aurora、Amazon Redshift、Microsoft Azure、Oracle Cloud、MongoDB Atlas、阿里云、腾讯云和华为云等云数据库兼容，用户可以用它快速、轻松地创建、管理和维护不同种类的异构数据库。

1）创建连接

要操作 MySQL，首先需要创建 MySQL 的连接，如图 2.9 所示。

图 2.9 创建 MySQL 的连接

其中：

● 连接名：是 Navicat for MySQL 自己定义的连接 MySQL 服务器的名称。一个 MySQL 可能有不同用户访问它，不同用户因为权限不同，需要创建不同的连接。在系统开发时可能使用一个以上的 MySQL 服务器，操作不同的 MySQL 服务器也需要创建不同的连接。

这里使用"M8-Local"作为连接名。

● 主机名或 IP 地址：指定 MySQL 服务器对应的计算机。如果 MySQL 服务器就在本机（编者主机名为 HUAWEI）上，主机名可以使用 HUAWEI，也可使用 localhost 或 IP 地址 127.0.0.1。如果 MySQL 服务器在当前计算机所在局域网中，可使用服务器的主机名或 IP 地址。

● 端口：在安装 MySQL 8 时，选择默认通过"TCP/IP" 3306 端口访问 MySQL 服务器，所以这里指定端口号 3306。

单击左下方"连接测试"按钮，如果成功连上 MySQL 服务器，就会弹出一个"连接成功"的提示框。单击"确定"按钮回到 Navicatf for MySQL 主界面，会看到界面左侧"连接"栏中多了一个名为"M8-Local"的连接项。在 Navicat for MySQL 中再创建一个连接（如连接远端 OPPO 主机上的 MySQL 服务器），连接名称为"M8-OPPO"。

2）打开连接

双击创建的连接即可打开。双击上面创建的连接（如 M8-Local），系统显示该连接对应的 MySQL 服务器上包含的数据库（开始时仅包含系统数据库）。单击一个数据库，界面左边就会以树形结构显示其中包含的各种对象类型，右边显示当前指定类型中的各种对象，如图 2.10 所示。

第 2 章　MySQL 安装、运行和工具

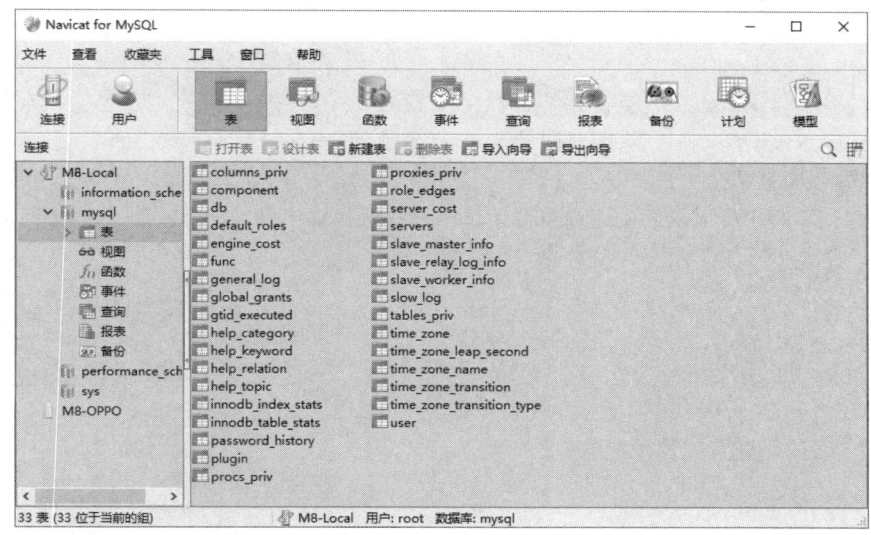

图 2.10　查看数据库各种类型的对象

3）显示连接属性

选择连接名并右击，在快捷菜单中单击"连接属性"命令。

2.4　数据库和表的创建及简单操作

为了在系统介绍数据库表结构设计和记录操作相关内容之前举例方便，下面简单介绍数据库和表的创建，以及基本操作语句。

1. 数据库的创建

```
CREATE DATABASE 数据库名　[选项]
```

选项用于描述数据库的属性，后续章节将会介绍。

2. 表的创建和记录的简单操作

（1）表的创建。

```
CREATE TABLE 表名
(
    列定义,
    …
    [表属性]
)
[表选项]
```

其中，列定义描述列的属性，表属性和表选项描述表的特征，不写就采用默认值。

表创建后，可以通过 "ALTER TABLE…" 语句修改其属性。可以通过 "SHOW CREATE TABLE 表名" 语句显示表的属性。可以通过 "DROP TABLE 表名" 语句删除表。

（2）向表中插入记录。

```
INSERT INTO 表名
    [(列名, …)] VALUES (值, …)
```

（3）修改表中符合条件的记录。

```
UPDATE 表名
    SET 列名 = 值, …
    WHERE 条件
```

若没有 WHERE 子句，则修改所有记录。

（4）删除表中符合条件的记录。

```
DELETE FROM 表名 WHERE 条件
```

若没有 WHERE 子句，则删除所有记录。

3. 表记录数据查询

利用 SELECT 语句可以从表中查询符合条件的行和选择输出列。

```
SELECT
    输出列名表                          #"*"表示所有列
    [FROM  表名]                      # 指定查询的表
    [WHERE 条件]                      # 指定查询条件
    [ORDER BY 列名]                   # 指定输出记录排列顺序
```

其中，"#"表示注释。

【例 2.1】 表的创建及其简单操作。

（1）编写代码段。

```
CREATE DATABASE
USE mydb;                                           #（a）
DROP TABLE IF EXISTS mytab;                         #（b）
CREATE TABLE mytab                                  #（c）
(
    t1   int,
    t2   char(20),
    t3   float(6,2)
);
INSERT INTO mytab VALUES                            #（d）
    (1,'A',3.45),
    (2,'B',3.99),
    (3,'A',10.99),
    (1,'B',1.45);
SELECT * FROM mytab ORDER BY t1;                    #（e.1）
SELECT t1,t3 FROM mytab WHERE t2='A';               #（e.2）
DELETE FROM mytab WHERE t2='A';                     #（f.1）
SELECT * FROM mytab;                                #（f.2）
SELECT count(*) FROM mytab;                         #（g）
```

说明：

（a）USE mydb：打开 mydb 数据库。

（b）DROP TABLE IF EXISTS mytab：如果 mytab 表存在，则删除它。这样首次执行没有 mytab 表时，本语句不会出错。重复执行这段 SQL 语句也不会由于 mydb 数据库中 mytab 表已经存在而出错。

（c）CREATE TABLE mytab(…)：

定义的 mytab 表包含下面 3 列：

```
t1   int：整数类型。
t2   char(20)：定长 20 个字符。
t3   float(6,2)：浮点数类型，总的显示长度为 6 位，含 2 位小数。
```

（d）INSERT INTO mytab VALUES…：向 mytab 表中插入 4 条记录。

（e）SELECT * FROM mytab ORDER BY t1：查询 mytab 表的所有记录，共有 4 条记录，按照 t1 列从小到大排序输出显示所有列。如果需要输出项按 t1 列从大到小排序，则使用"ORDER BY t1 DESC"。

SELECT t1,t3 FROM mytab WHERE t2='A'：查询 mytab 表，输出符合 t2='A'条件的记录，仅显示 t1 和 t3 列。符合 t2='A'条件的有两条记录，按照插入记录时的先后顺序排列。

（f）DELETE FROM mytab WHERE t2='A'：删除符合条件 t2='A'的两条记录。

SELECT * FROM mytab：查询所有记录。显示剩余的两条记录，按照插入记录时的先后顺序排列。

（g）SELECT count(*) FROM mytab：显示 mytab 表的记录条数。

特别注意：每条语句后的分号（;）是半角的，用于分隔语句。如果只有一条语句，那么加和不加分号均可执行，而一条以上的语句必须以分号作为语句结束符号。如果写成全角分号，系统就会认为分号与前面的内容是一个整体。例如，输入“USE mydb；”就会打开“mydb；”数据库，而这个数据库是不存在的。同理，语句中所有关键字和标点符号均为半角。也就是说，语句中除了数据库名、表名、列名等可以是中文和全角符号，其他均为半角符号，特别是单引号（'A'）。

（2）在 Navicat 中执行该代码段。

打开 Navicat，连接本机 MySQL 8，打开连接，单击一个数据库，展开该数据库对象类型，单击一个对象类型（如表），单击工具栏中的“查询”按钮，单击“新建查询”按钮，在“查询编辑器”中输入上述代码段，单击“运行”按钮，该段 SQL 语句执行结果如图 2.11 所示。

（e.1）执行结果

（e.2）执行结果

（f.2）执行结果

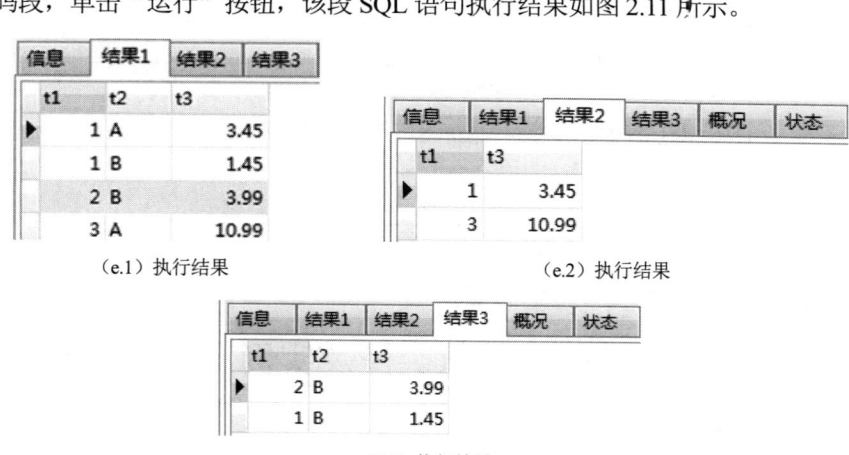

图 2.11　【例 2.1】SQL 语句执行结果

第 3 章　数据类型

MySQL 8 包含丰富的数据类型，可以方便处理各种数据。其系统数据类型如表 3.1 所示。

表 3.1　MySQL 8 系统数据类型

数据类型	符号标识
整数类型	tinyint, smallint, mediumint, int, bigint 向下兼容：bool（boolean）
实数类型	float, double, decimal, numeric
日期与时间类型	year, time, date, datetime, timestamp
字符串类型	char, varchar, tinytext, text, mediumtext, longtext, bit, binary, varbinary, tinyblob, blob, mediumblob, longblob
枚举、集合类型	enum, set
JSON 数据类型	json
空间数据类型	point, multipoint, polygon, multipolygon, geometry, geometrycollection, linestring, multilinestring

3.1　数值类型及实例

数值类型包括整数类型、实数类型、位型。

3.1.1　整数类型

MySQL 提供了多种整数类型，不同的类型具有不同的取值范围，可以存储的值范围越大，其所需要的存储空间也越大。整数类型可表示有符号或无符号的整数，其最大值和最小值（含符号位）决定了默认的显示位数。表 3.2 列出了 MySQL 中所有的整数类型。

表 3.2　MySQL 整数类型

数据类型	字节数	有符号范围	无符号范围
tinyint	1	$-128\sim127$（$-2^7\sim2^7-1$）	$0\sim255$（$0\sim2^8-1$）
smallint	2	$-32768\sim32767$（$-2^{15}\sim2^{15}-1$）	$0\sim65535$（$0\sim2^{16}-1$）
mediumint	3	$-8388608\sim8388607$（$-2^{23}\sim2^{23}-1$）	$0\sim16777215$（$0\sim2^{24}-1$）
int integer	4	$-2147483648\sim2147483647$（$-2^{31}\sim2^{31}-1$）	$0\sim4294967295$（$0\sim2^{32}-1$）
bigint	8	$\pm9.22\times10^{18}$（$-2^{63}\sim2^{63}-1$）	$0\sim1.84\times10^{19}$（$0\sim2^{64}-1$）

说明：

（1）表 3.2 中的数据类型定义的都是有符号的类型，加上 unsigned 关键字，可定义成无符号的类型。

（2）MySQL 中是没有布尔类型的，但为了兼容 SQL 标准，也可以定义 bool（boolean）类型，但它们最终都会被转换成 tinyint(1)类型存储。

实数类型

3.1.2 实数类型

MySQL 中的实数用科学记数法表示。科学记数法的形式是两个数的乘积，表示为 $a \times 10^n$（其中 $1 \leqslant |a| < 10$，n 为有符号整数），通常写成 aEn 的形式。

例如，0.0000876797312936939 用科学记数法（取 6 位有效数字）表示为 8.76797×10^{-5}，写成 8.76797E-5；12345678901 用科学记数法（取 2 位小数）表示为 1.23E+10。所以，有效数字或小数位数越多，表示数值的精度越高。

MySQL 中的实数有两种表示方式：浮点数和定点数。

1. 浮点数

浮点数有两种格式：单精度浮点数（float）和双精度浮点数（double），遵循 IEEE 754 标准。real 是 double 的同义词，只有启用了 real_as_float 模式才能作为单精度浮点数使用。

在 IEEE 754 标准中，浮点格式主要分为四种类型，即单精度格式、双精度格式、扩展单精度格式和扩展双精度格式。其中，32 位单精度格式与 64 位双精度格式作为基础格式更为常用，扩展格式则有特殊用途，一般对用户透明。

浮点格式包括符号位 s、指数位 e 及尾数位 f 三部分，如图 3.1 所示。

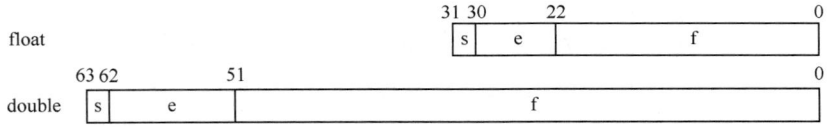

图 3.1 浮点格式

其中，真实的 e 相对于实际的指数有一个偏移量，所以 e 的值应该为 e-指数偏移量，这样可以使用无符号数来代替有符号的真实指数；f 字段代表纯粹的小数，它的左侧为小数点的位置。规格化数的隐藏位默认值为 1，不在格式中表达。

两种格式浮点数的性质如下。

- float：占 4 字节，其中 1 位为符号位，8 位表示指数，23 位表示尾数。数据取值范围为-3.402 823 466 E+38～-1.175 494 351 E-38（有符号），或者 0 和 1.175 494 351 E-38～3.402 823 466 E+38（无符号）。float 只保证 6 位有效数字的准确性。

- double：占 8 字节，其中 1 位为符号位，11 位表示指数，52 位表示尾数。数据取值范围为-1.797 693 134 862 315 7 E+308～-2.225 073 858 507 201 4E-308（有符号），或者 0 和 2.225 073 858 507 201 4E-308～1.797 693 134 862 315 7E+308（无符号）。double 能保证 16 位有效数字的准确性。

2. 定点数

定点数有 decimal 和 numeric 两种类型，在 MySQL 中，numeric 被实现为 decimal，因此两者具有相同的性质。

decimal 类型通常写为 decimal(m, d)，用于存储必须有确切精度的数值，占用 m+2 字节空间。其中：

m：精度，表示总共的位数，取值范围为 1～65，取 0 时会被设为默认值，超出范围会报错。m

的默认取值为 10。

d：标度（d≤m），表示小数的位数，取值范围为 0～30，超出范围会报错。d 的默认取值为 0。

3. 数值显示长度

创建表的时候，MySQL 会为每种数值类型设定默认的长度，这个默认长度值是根据该类型所能表示取值范围内的最大数值位数确定的，有符号的整数类型 tinyint、smallint 和 int 在其取值范围内的最大数值位数分别为 3、5、11，这就是它们的默认长度。

【例 3.1】 定义类型设置的长度与显示长度的关系。

```
USE mydb;
DROP TABLE IF EXISTS test;
CREATE TABLE test
(
    i1        smallint,
    i2        smallint(3),
    f1        float,
    f2        float(6,2),
    f3        float(9,3),
    d1        decimal(9,3),
    c1        float(10,2)    AS (f3*10),
    c2        decimal(10,2)  AS (d1*10)
);
INSERT INTO test(i1, i2, f1, f2,f3,d1)
    VALUES(12345, -12345, 1234567, 1234.567,123456.734,123456.734);
SELECT * FROM test;
```

运行结果如图 3.2 所示。

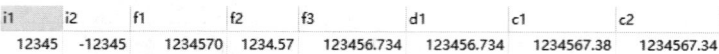

图 3.2　运行结果

说明：

（1）i1 smallint 列：最大长度为 5 位，123456 就超出了表达范围。

（2）i2 smallint(3)列：虽然定义了 3 位显示长度，但-123456 没有超出表达范围，仍然可以存储。

（3）f1 float 列：最大有效位数为 6，无法精确表达 1234567，只能将第 7 位四舍五入为 123457 存储。

（4）f2 float(6,2)列：精度 6 位，小数 2 位，整数部分只能表达 4 位，超过无法表达。小数后 3 位四舍五入。

（5）f3 float(9,3)列：精度 9 位，小数 3 位，整数部分可表达 6 位，超过无法表达。即使精度定义超过 9 位，整数部分也不能超过 6 位，因为最大有效位数为 6。

（6）计算列 c1：因为超过了 float 最大有效位数 6，所以数值计算结果不准确。

（7）计算列 c2：定点数 decimal 没有最大有效位数，只有最大表达范围，因此在其表达范围内，计算结果准确。

3.1.3　位型

位型就是 bit 型，可用来保存位字段值。bit(m)允许存储 m 位值，m 的取值范围为 1～64，默认值为 1。

【例 3.2】 位型列存储数据测试。

（1）创建测试表，位型列可以显式指定位长，也可不指定。

```
USE mydb;
DROP TABLE IF EXISTS test;
CREATE TABLE test
(
    b1      bit,
    b2      bit(6)
);
```

（2）插入位型数据其实就是存入二进制值，类似 010110。可以在 SQL 语句中直接写二进制串，也可以使用 b'x' 符号，其中 x 是使用 0 和 1 编写的二进制值。

```
INSERT INTO test(b1, b2) VALUES(0, 1);
INSERT INTO test(b1, b2) VALUES(1, 001);
INSERT INTO test(b1, b2) VALUES(0, b'101');
SELECT * FROM test;
```

运行结果如图 3.3 所示。

可见，如果将值赋给长度小于 M 位的 bit(M) 列，则该值将在左侧填充 0。

（3）当插入数据的位数超出定义的位长时，在严格模式下将被拒绝并提示错误。在非严格模式下，当超出位长时，从低位（右）起往高位取定义位长的串，若超出部分（左）子串中含 1，则存储定义长度的全 1 串；否则，存储从低位起取到的定义位长的串。

图 3.3 插入位型数据记录

3.2 日期与时间类型及实例

MySQL 8 的日期与时间类型较为丰富，能表达多种格式的日期与时间信息。日期与时间类型如表 3.3 所示。

表 3.3 日期与时间类型

类型名	格式	日期范围	存储空间
year	yyyy	1901～2155	1 字节
time	hh:mm:ss	-838:59:59～838:59:59	3 字节
date	yyyy-mm-dd	1000-01-01～9999-12-31	3 字节
datetime	yyyy-mm-dd hh:mm:ss	1000-01-01 00:00:00～9999-12-31 23:59:59	8 字节
timestamp	yyyy-mm-dd hh:mm:ss	1970-01-01 00:00:01 utc～2038-01-19 03:14:07 utc	4 字节

其中，yyyy 表示年，mm 表示月，dd 表示日，hh 表示小时，mm 表示分钟，ss 表示秒。

1. 年（year）

year(4) 是 4 位数格式的。MySQL 以 yyyy 格式显示年份值，但允许使用字符串或数字将值赋给数据库表 year 类型列。值显示为 1901～2155 或 0000。

2. 日期[时间]

日期[时间]类型包含 date、datetime 和 timestamp 这 3 种子类型。

（1）date：仅表示一个日期，支持的范围是"1000-01-01"到"9999-12-31"。

（2）datetime：表示日期和时间的组合，支持的范围是"1000-01-01 00:00:00.000000"到"9999-12-31 23:59:59.999999"。

（3）timestamp：表示一个时间戳，能够自动存储记录修改的时间，范围是"1970-01-01 00:00:01.000000 UTC"到"2038-01-19 03:14:07.999999 UTC"。其中，UTC（Universal Time Coordinated）为世界标准时间，时间戳不能表示值'1970-01-01 00:00:00'，因为它等于开始的0秒，而值0保留用于表示'0000-00-00 00:00:00'（即"0"时间戳值），将它设为null，默认为当前的日期和时间。

datetime 和 timestamp 的区别在于：datetime 的年份为1000~9999，而 timestamp 的年份为1970~2037。另外，timestamp 在插入带微秒的日期和时间时将微秒忽略，timestamp 还支持时区，即在不同时区会转换为相应时区的时间。

注意：timestamp 与 datetime 除了存储字节和支持的范围不同，还有一个最大的区别就是，datetime 在存储日期数据时，按实际输入的日期格式存储，与时区无关；而 timestamp 值是以 UTC（世界标准时间）格式保存的，存储时对当前时区进行转换，检索时再转换回当前时区。查询时，不同时区显示的时间值是不同的。由于编者所在时区为东八区，故 timestamp 所显示的时间要比 UTC 快8个小时，其取值范围也相对于 UTC 存在 8 小时偏差，取值范围就变成了 1970-01-01 08:00:01~2038-01-19 11:14:07，故可插入值 19700101080001，不能插入值 20380119111408。

3. 时间（time）

（1）表示一段时间，范围是'-838:59:59.000000'到'838:59:59.000000'。MySQL 以'hh:mm:ss[.微秒]'格式显示时间值，并允许使用字符串和数值两种方式为时间列分配值。可以给出0~6长度范围内的可选 fsp 值，以指定小数秒精度。

（2）如果开启了严格模式（STRICT_TRANS_TABLES），并且年、月、日中任何一个可为 0，则不允许插入零日期（NO_ZERO_DATE），'0000-00-00'除外。

```
SET SQL_MODE = 'STRICT_TRANS_TABLES,NO_ZERO_DATE';
```

（3）带冒号的字符串表示时间，最常见的是以标准的'hh:mm:ss'格式检索和显示时间值，对于较大的小时值可采用'hhh:mm:ss'或'd hh:mm:ss'格式。此外，MySQL 还支持一些简短的"非严格"语法，如'hh:mm'、'd hh:mm'、'd hh'或'ss'等（这里d表示日，取值范围为0~31）。

（4）'hhmmss'格式的没有冒号间隔符的字符串表示时间，与此对应的数值也可表达时间。

【例3.3】 日期与时间类型的插入、存储和显示。

```
USE mydb;
DROP TABLE IF EXISTS test;
CREATE TABLE test
(
    日期            date,
    日期时间        datetime,
    时间戳          timestamp,
    时间            time
);
INSERT INTO test
    VALUES('1983-09-25 07:25:16', '1983-9-25 7:25:16', '2013-11-3', '8:5:9');# (a)
INSERT INTO test
    VALUES('19830925', '19830925072516', '20130113', '144908');        # (b)
INSERT INTO test
    VALUES('99-9-25', '990925072516', '131103', '2 9:28');              # (c)
INSERT INTO test
    VALUES(990925, 19990925072516, 19700101080001, '5 20');             # (d)
SELECT * FROM test;
```

运行结果如图 3.4 所示。

日期	日期时间	时间戳	时间
1983-09-25	1983-09-25 07:25:16	2013-11-03 00:00:00	08:05:09
1983-09-25	1983-09-25 07:25:16	2013-01-13 00:00:00	14:49:08
1999-09-25	1999-09-25 07:25:16	2013-11-03 00:00:00	57:28:00
1999-09-25	1999-09-25 07:25:16	1970-01-01 08:00:01	140:00:00

图 3.4 运行结果

说明：

（a）用'yyyy-mm-dd'或'yyyy-mm-dd hh:mm:ss'标准字符串格式表示日期与时间值。其中，yyyy 表示年，mm 表示月，dd 表示日，hh 表示时，mm 表示分，ss 表示秒。如果日和月的值小于 10，可不指定完整的两位数，例如，这里的'1983-9-25'与'1983-09-25'是相同的；同样，如果时、分或秒的值小于 10，也可不指定完整两位数，例如，这里日期时间字符串中的'7:25:16'与'07:25:16'相同。如果为一个 date 对象分配一个 datetime 或 timestamp 值，则结果值的时间部分会被删除，例如，'1983-09-25 07:25:16'插入日期列后仅保留日期部分'1983-09-25'；如果为一个 datetime 或 timestamp 对象分配一个 date 值，则结果值的时间部分会被设置为'00:00:00'，如本例的时间戳列内容。

（b）用不含间隔符的字符串格式表示日期时间，形如'yyyymmdd'或'yyyymmddhhmmss'，其中的字符含义与标准字符串的相同，但这种写法中的每个字符位置须严格对应，不可再用单独一位数表示小于 10 的值，例如，日期'2013-11-3'必须写成'20131103'，简写成'2013113'，系统就无法识别，只能插入默认零值。

（c）用两位年值的字符串格式表示日期时间，可以包含间隔符，也可不含间隔符，如'yy-mm-dd'、'yymmdd'、'yymmddhhmmss'等，其中两位年值的转换规则同 "year" 类型，'01'～'69'对应'2001'～'2069'，'70'～'99'对应'1970'～'1999'。

（d）这是以数字格式表示的日期时间，如果一个数字有 8 或 14 位长，则假定为 yyyymmdd 或 yyyymmddhhmmss 格式，前 4 位数表示年；如果数字有 6 或 12 位长，则假定为 yymmdd 或 yymmddhhmmss 格式，前 2 位数表示年。其他数字被解释为用零填充到最近的长度。

3.3 字符串类型及实例

MySQL 支持两类字符串类型数据：文本字符串和二进制字符串。

3.3.1 文本字符串类型

文本字符串一般存储的是各种字符，具体的编码由字符集指定。MySQL 8 中根据保存的文本长度用途不同，可以选择不同的文本字符串类型。表 3.4 列出了 MySQL 文本字符串类型。

表 3.4 MySQL 文本字符串类型

类 型 名 称	存 储 空 间（实际字符数 L）	最大字符数
char(m)	m	255
varchar(m)	L+1	65535
tinytext(m)	L+1	255
text(m)	L+2	65535
mediumtext(m)	L+3	16777215
longtext(m)	L+4	4294967295（4GB）

续表

类 型 名 称	存 储 空 间（实际字符数 L）	最大字符数
enum	1（≤255 个枚举）	65535
	2（≤65535 个枚举）	
set	1、2、3、4 或 8	64 个成员

1. 常用的文本字符串类型

常用的文本字符串类型包括以下几个。

（1）固定长度字符串类型：char。

char 通常定义成 char(m)的形式，m 是字符串长，m≤255，实际占用的存储空间为 m×n，n 为一个字符在字符集中的字节数。保存时字符个数 L 不足 m，则在右侧填充空格，以达到指定的长度 m。当检索到 char(m)值时，尾部的空格将被删除。用 SQL 语句定义表时，可不设定长度，默认 m 值为 1。

n 的大小取决于采用的字符集。ascii 字符集为 1，gbk 字符集为 2，utf8mb4 字符集为 4，utf8 字符集为 1～3。虽然 utf8 字符集为可变编码，但表采用 REDUNDANT（冗余）行格式时，按照 3 字节预留空间。

（2）可变长度字符串类型：varchar。

varchar 通常定义成 varchar(m)存储，m 表示定义的字符串长度，m≤65535。保存时若字符个数 L 不足 m，则实际存储的字符串为 L 个字符和一个字符串结束符。varchar 在值保存和检索时尾部的空格仍保留。用 SQL 语句定义表时，必须用(m)指定长度。

（3）可变长度文本类型：text。

text 也是可变长度字符串类型，其存储需求取决于字符串值的实际长度，而不是最大可能尺寸。text 类型又分为 4 种（tinytext、text、mediumtext 和 longtext），不同种类的 text 类型的存储空间和最大数据长度不同。

2. 字符和文本存储举例

【例 3.4】 创建表，包含 3 种类型的文本字符串列，然后对其进行测试。

（1）创建测试表，包含 3 种类型的文本字符串列。

```
USE mydb;
DROP TABLE IF EXISTS test;
CREATE TABLE test
(
    c1      char(8),
    c2      varchar(8),
    c3      text
);
```

（2）插入带空格的字符串。

```
INSERT INTO test
    VALUES('hello   ', 'hello   ', 'hello   ');
```

对于尾部带空格的字符串，char 类型将尾部空格去除后存储，varchar 和 text 类型保留尾部空格，原样存储。

（3）插入数字、中英文等各种类型的数据。

```
DELETE FROM test;
INSERT INTO test
    VALUES(3.14, 12345678, 2.718281828459);              #（a）
SET SESSION sql_mode = '';
```

```
INSERT INTO test
    VALUES(3.1415926, 1234567890, 2.718E02);                    # (b)
INSERT INTO test
    VALUES('Hi 中国梦我的梦', '2022 北京冬奥', 'Hello!世界!');        # (c)
SELECT * FROM test;
```

运行结果如图 3.5 所示。

c1	c2	c3
3.14	12345678	2.718281828459
3.141592	12345678	271.8
Hi中国梦我的梦	2022北京冬奥	Hello!世界!

图 3.5　运行结果

说明：

（a）对于不超过类型长度的数值，MySQL 将其以原样字符串形式存储。

（b）对于超过类型长度的数值，在严格模式下插入会出错；在非严格模式下，MySQL 将其截断至定义长度存储。对于以科学记数法表示的数值，MySQL 会自动计算出其值并保存为字符串形式。

（c）MySQL 8 中每个汉字与单个英文字母或数字一样，都只占一个字符长度。

3.3.2　字符集编码

文字信息是由一系列"字符"组成的，常用的字符包括西文字符、汉字及符号。此外，世界上还有许多文字和符号。为了在计算机中表达这些字符，需要对字符进行二进制编码，根据不同的用途有不同的编码方案。

1. MySQL 8 字符集

在 MySQL 8 中，不同的编码方案对应不同的字符集，比较常用的字符集如下。

（1）ascii 字符集：基于罗马字母表的一套 ASCII 码字符集，它采用 1 字节的低 7 位表示字符，高位始终为 0。

（2）latin1 字符集：相对于 ASCII 码字符集做了扩展，仍然使用 1 字节表示字符，但启用了高位，扩展了字符集的表示范围。

（3）gb2312 字符集：GB 2312 中文编码的字符集。

（4）gbk 字符集：支持中文，字符有 1 字节编码和 2 字节编码两种方式。

（5）utf8 字符集：采用 1~3 字节表示 UTF—8 字符。utf8 字符集表示 Unicode 中的基本多文种平面（BMP），任何不在 BMP 中的 Unicode 字符都无法使用 utf8 字符集存储，包括 Emoji 表情和很多不常用的汉字，以及任何新增的 Unicode 字符等。而 Emoji 表情是一种特殊的 Unicode 编码，常见于 iOS 和 Android 手机应用程序中（如微信程序）。

（6）utf8mb4 字符集：MySQL 8 默认字符集为 utf8mb4，采用 1~4 字节表示 UTF—8 编码的所有字符，还扩展了其他字符。

可通过下列语句查看 MySQL 8 支持的所有字符集编码：

```
SHOW CHARACTER SET;
```

【例 3.5】　创建表，设置 4 列，分别采用 4 种不同语言文字的字符集编码，然后对其进行操作。

（1）创建测试表。

```
USE mydb;
DROP TABLE IF EXISTS test;
CREATE TABLE test
```

```
(
    id      int,
    c1      char(10)  CHARACTER SET utf8,      #通用编码
    c2      char(10)  CHARACTER SET gb2312,    #中文编码
    c3      char(10)  CHARACTER SET sjis,      #日文编码
    c4      char(10)  CHARACTER SET euckr      #韩文编码
);
```

说明：

创建表时如果不显式指定字符集，MySQL 会采用默认的字符集。MySQL 5 及更早版本的默认字符集是 utf8，从 MySQL 8 开始，默认采用增强的 utf8mb4 编码，它是对 utf8 的扩充，为每个字符分配 4 字节长度，可以表示 Unicode 中一些不常用的字符。

（2）输入字符集测试。

```
INSERT INTO test(id, c1, c2)
    VALUES(1, '骏马奔腾', '骏马奔腾');
INSERT INTO test(id, c1, c3)
    VALUES(2, '骏馬ペンティアム', '骏馬ペンティアム');
INSERT INTO test(id, c1, c4)
    VALUES(3, '준마가 내닫다', '준마가 내닫다');
SELECT * FROM test;
INSERT INTO test(id, c3) VALUES(4, '骏马奔腾');
INSERT INTO test(id, c4) VALUES(5, '骏马奔腾');
INSERT INTO test(id, c2) VALUES(6, '骏馬ペンティアム');
INSERT INTO test(id, c4) VALUES(7, '马に乗る');
INSERT INTO test(id, c2) VALUES(8, '준마가 내닫다');
INSERT INTO test(id, c3) VALUES(9, '준마가 내닫다');
SELECT * FROM test;
```

显示结果如图 3.6 所示。

id	c1	c2	c3	c4
1	骏马奔腾	骏马奔腾	(Null)	(Null)
2	骏馬ペンティアム	(Null)	骏馬ペンティアム	(Null)
3	준마가 내닫다	(Null)	(Null)	준마가 내닫다

图 3.6 显示结果

（3）混合文字测试。

```
DELETE FROM test;
INSERT INTO test(id, c1, c2)
    VALUES(1, '骏马ペンティアム', '骏马ペンティアム');      #中日混合
INSERT INTO test(id, c1, c4)
    VALUES(2, '준마가ペンティアム', '준마가ペンティアム');  #韩日混合
INSERT INTO test(id, c1, c4)
    VALUES(3, '骏馬내닫다', '骏馬내닫다');                #韩中混合
SELECT * FROM test;
```

运行结果如图 3.7 所示。

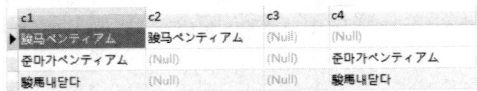

图 3.7 运行结果

说明：

（1）c1 列采用 utf8 字符集，中、日、韩三种文字皆可输入，也包括英文等各种文字和符号。

（2）c2 列采用 gb2312 字符集，只能插入 GB 2312—80 编码中包含的 6763 个汉字和字符，不包含在其中的汉字是不能插入的。《康熙字典》共收录汉字 47035 个，绝大多数汉字无法保存到这种编码列中。如果需要数据库保存更多的汉字，需要采用 GBK、GB18030 等编码，或者使用 Unicode 编码。

GB 2312—80 编码包含日文平假名和片假名的编码字符区，如图 3.8 所示。

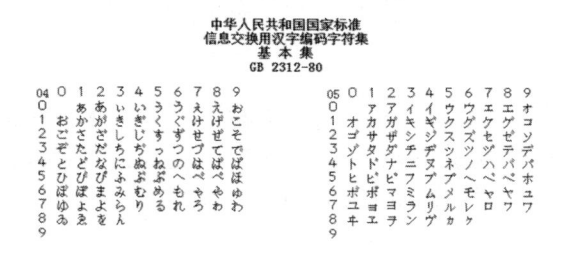

图 3.8　GB 2312—80 编码的日文编码字符区

通过中文输入法（如搜狗）录入的日文字符可以保存到该列中。而且，采用中文输入法可以将中文、日文及其他字符混合保存在该列中，实际上此时的日文字符是中文。因为 GB 2312—80 编码没有包含韩文字符，所以 GB 2312—80 编码列中不能存放韩文。

采用 GB 2312—80 编码的汉字机内码与 ASCII 码是兼容的，所以采用 GB 2312—80 编码列可以单独存放 ASCII 码组成的字符，或者将 GB 2312—80 编码和 ASCII 码字符混合存放在该列中。

（3）c3 列采用 sjis 编码，只能输入日文编码字符，不能输入中文和韩文（注意：该列也不能存放中文输入法输入的日文字符）。日文编码中部分中文字符（繁体中文）是日文的组成部分，它们当然可与日文一起混合插入日文字符集编码的列中，因为这些中文字符本身就是日文。

（4）c4 列采用 euckr 编码，可以存放韩文编码字符。韩文编码集中也有部分中文字符（繁体中文）和日文字符，这部分中文和日文也可与韩文一起混合录入。

当然，MySQL 还支持世界上很多其他国家和地区的语言文字字符集（同一种文字甚至有好几种不同的编码标准），有兴趣的读者可以自行尝试使用并测试。

2. MySQL 8 字符集系统变量

在 MySQL 8 中，从服务器、数据库、表和列等均可指定字符集，并通过系统变量指定默认字符集。从客户端输入命令到最终显示查询结果也通过不同的系统变量对应字符集，如图 3.9 所示。

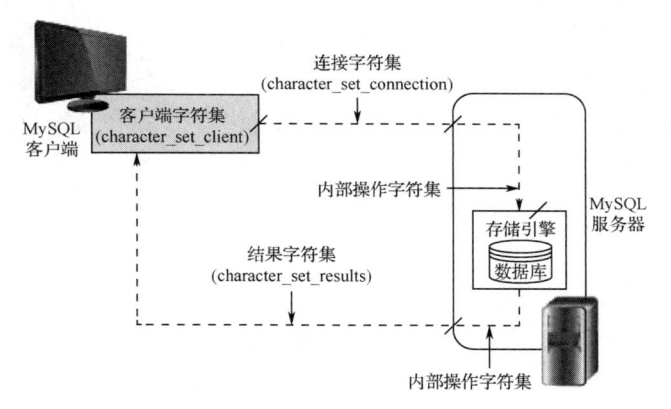

图 3.9　查询过程中各部分字符集及对应系统变量

3.3.3 字符排序规则

数据库中数据索引、查询、比对都需要对字符串排序,在 MySQL 中,可通过字符集排序规则进行控制。

1. 规则名和排序集

字符排序又称字符序,由 collation 指定排序的规则名,MySQL 中众多的排序规则名可以归纳为以下两大类排序集。

1) 字符集_语言/other_ci/cs

这是默认的排序集,当字符无须区分大小写时采用该集合中的规则,规则命名以其对应的字符集作为前缀。例如,字符序 utf8_general_ci,表明它是字符集 utf8 的字符序。ci 表示对大小写不敏感,cs 表示对大小写敏感。utf8 字符集对应的 collation 没有 cs。

2) 字符集_bin

当字符需要区分大小写时,选择该排序集。

每个字符集对应一定数量的排序规则,collation 用于指定数据集如何排序,以及字符串的排序规则。

2. 默认字符集及排序规则

MySQL 提供了四个级别的默认字符集及比较规则,分别是服务器、数据库、表、列级别。一个字符集(character set)对应一个默认的字符排序规则(collation),当改变了一个级别的默认字符集时,与它同级的默认字符排序规则也会变成该字符集对应的字符排序规则。

两个不同的字符集不能有相同的排序规则。

【例 3.6】 字符集的排序规则。

(1) 大小写不敏感排序规则的设置和查询。

```
USE mydb;
DROP TABLE IF EXISTS mytab;
CREATE TABLE mytab
(
    t1   int,
    t2   char(20) CHARACTER SET gbk,
    t3   float(6,2)
);
SELECT column_name,character_set_name,collation_name FROM information_schema.
columns WHERE table_name = 'mytab';                      #(a)
INSERT INTO mytab  (t1,t2,t3) VALUES
    (3,'a',3.45),
    (4,'b',3.10),
    (5,'A',10.23);
SELECT * FROM mytab WHERE t2 = 'a';                      #(b)
SELECT * FROM mytab ORDER BY t2;                         #(c)
```

查询结果如图 3.10 所示。

COLUMN_NAME	CHARACTER_SET_NAME	COLLATION_NAME
t1	(Null)	(Null)
t2	gbk	gbk_chinese_ci
t3	(Null)	(Null)

(a)

t1	t2	t3
3	a	3.45
5	A	10.23

(b)

t1	t2	t3
3	a	3.45
5	A	10.23
4	b	3.10

(c)

图 3.10 大小写不敏感排序规则查询结果

说明：

（a）虽然 t2 列仅仅设置了字符集（gbk），但同时也就设置了对应的默认排序规则（gbk_chinese_ci）。通过查询 information_schema.columns（系统数据库表）可以获取当前 t2 列的字符排序规则为不区分大小写。

（b）因为 mytab 表 t2 列排序规则不区分大小写，所以该语句将 t2 列值为'A'的记录也显示出来。

（c）虽然'A'的 ASCII 码小于'a'的 ASCII 码，但由于 mytab 表 t2 列的排序规则不区分大小写，谁排列在前取决于查询时先遇到的行，故这里把'a'排在前面。

（2）大小写敏感排序规则的设置和查询。

```
USE mydb;
ALTER TABLE mytab
    MODIFY t2 char(20) CHARACTER SET gbk COLLATE gbk_bin;     # (a)
SELECT * FROM mytab WHERE t2 = 'a';                          # (b)
SELECT * FROM mytab ORDER BY t2;                             # (c)
```

查询结果如图 3.11 所示。

说明：

（a）设置 t2 列为字符集（gbk）对应区分大小写排序规则（gbk_bin）。

（b）因为 mytab 表 t2 列排序规则区分大小写，所以该语句仅显示 t2 列值为'a'的记录。

（c）由于大写字符的 ASCII 码小于小写字符的 ASCII 码，而 ORDER BY t2 默认从小到大排列，故这里把字符为'A'的记录排在前面，然后是字符为'a'和'b'的记录。

COLUMN_NAME	CHARACTER_SET_NAME	COLLATION_NAME
t1	(Null)	(Null)
t2	gbk	gbk_bin
t3	(Null)	(Null)

（b）

t1	t2	t3
3	a	3.45

（c）

t1	t2	t3
5	A	10.23
3	a	3.45
4	b	3.10

（d）

图 3.11　大小写敏感排序规则查询结果

3. 查看字符排序规则

（1）查看所有的字符排序规则，使用下面的语句：

```
SHOW COLLATION;
```

（2）查看当前字符集 CHARACTER_SET_CONNECT、CHARACTER_SET_DATABASE、CHARACTER_SET_SERVER 对应的排序规则环境变量，使用下面的语句：

```
SHOW VARIABLES LIKE 'COLLATION_%';
```

运行结果如图 3.12 所示。

Variable_name	Value
collation_connection	utf8mb4_0900_ai_ci
collation_database	utf8mb4_0900_ai_ci
collation_server	utf8mb4_0900_ai_ci

图 3.12　当前字符集排序规则

对应 DEFAULT_CHARACTER_SET 的排序规则环境变量为 default_collation。

（3）查询字符集匹配的所有排序规则，使用下面的语句：

```
SHOW collation LIKE '字符集名%'
```

例如，查询以 utf8mb4 打头和_cs 结尾的排序规则：

```
show collation like 'utf8mb4%_cs';
```

上述语句对应于条件查询 information_schema 系统数据库 collations 表记录：
```
select * from information_schema.collations where collation_name
    like 'utf8%';
```
（4）查看指定表列的排序规则，例如：
```
SHOW FULL COLUMNS FROM mytab;
```
可看到表 mytab 的完整结构属性及列上定义的排序规则，如图 3.13 所示。

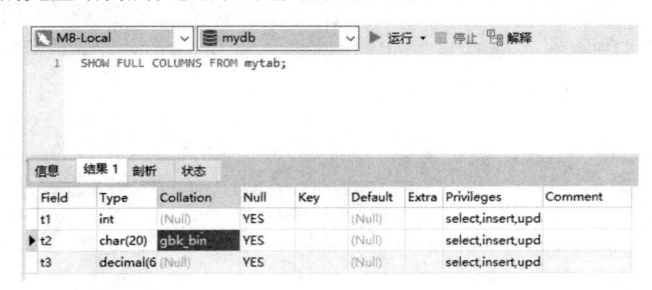

图 3.13　查看表的完整结构属性及列上定义的排序规则

3.3.4　二进制字符串类型

1. 二进制字符串类型介绍

二进制字符串类型一般用于存储图像、声音、视频等内容，MySQL 中的二进制字符串类型如表 3.5 所示。

表 3.5　MySQL 中的二进制字符串类型

类 型 名 称	存 储 需 求 （实际字符数 L）	最大字符数 （m≤）
binary(m)	m	255
varbinary(m)	m+1	65535
tinyblob(m)	L+1	255
blob(m)	L+2	65535
mediumblob(m)	L+3	16777215
longblob(m)	L+4	4294967295 或 4GB

说明：

（1）binary 和 varbinary 类型类似于 char 和 varchar，不同点在于它们存储的是二进制字节形式的字符串。

binary 类型的长度是固定的，指定长度之后，若不足最大长度，将在右边填充'\0'以达到指定长度。

varbinary 类型的长度是可变的，其长度可以在 0 与最大值之间变化，实际占用的空间为字符串的实际长度加 1。

（2）blob 是一个二进制大对象，用来存储可变数量的数据，它又分为 tinyblob、blob、mediumblob 和 longblob，每种可容纳值的最大长度不同。

blob 存储的是二进制字符串（字节字符串），而之前介绍的 text 类型存储的是非二进制字符串（字符字符串）。blob 类型没有字符集，排序和比较基于列值字节的数值；text 类型有一个字符集，并且根据字符集对值进行排序和比较。

2. 二进制字符串类型数据的性质

【例 3.7】 创建表，测试二进制字符串类型数据的性质。

(1) 创建测试表。

```
USE mydb;
DROP TABLE IF EXISTS test;
CREATE TABLE test
(
    b1      binary(8),
    b2      varbinary(8),
    b3      blob
);
```

(2) 插入整数。

```
INSERT INTO test VALUES(13, 13, 13);
SELECT BIN(b1+0), BIN(b2+0), BIN(b3+0) FROM test;           # (a)
SELECT LENGTH(b1), LENGTH(b2), LENGTH(b3) FROM test;        # (b)
```

说明：

(a) 专用于查看对应列内容的二进制字符串，可通过 Navicat 查看表中数据，运行结果如图 3.14 所示。

BIN(b1+0)	BIN(b2+0)	BIN(b3+0)	b1	b2	b3
1101	1101	1101	13	13	(BLOB) 2 bytes

图 3.14 运行结果

其中，blob 数据不是直接可见的，只显示了类型和字节数，13 对应的二进制数 1101 占 1 字节，blob 在此基础上加 1，即 2 字节。所有二进制字符串类型数据都无法直接通过 Navicat 表查看器更改。

(b) 用于查看二进制字符串列内容占用的字节数，运行结果如图 3.15 所示。

LENGTH(b1)	LENGTH(b2)	LENGTH(b3)
8	2	2

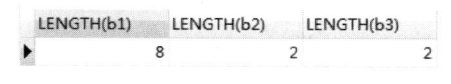

图 3.15 运行结果

可见，无论内容实际长度是多少，binary 类型都补足至其定义的长度，而 varbinary 和 blob 类型都根据实际长度加 1 来存储。

3. 利用二进制字符串存储不同数据

【例 3.7 续】 采用上例 test 表，测试二进制字符串类型对各种不同数据的存储性质。

(1) 插入字符串、数字。

```
USE mydb;
DELETE FROM test;
INSERT INTO test VALUES('hello', 'hello', 'hello');                    # (a)
INSERT INTO test VALUES('2022', '中国', '2022中国梦');                  # (b)
INSERT INTO test VALUES('mysql8', 'mysql ', '123mysql');               # (c)
INSERT INTO test VALUES(3.1416, 2.718e03, 3.1415926);                  # (d)
SELECT LENGTH(b1), LENGTH(b2), LENGTH(b3) FROM test;                   # (e)
```

说明：

(a) 对于字符型数据，binary 依旧补足至定义长度，varbinary 和 blob 按照实际字节数（一个字符占 1 字节）存储。

(b) 存储一个汉字要占用 16 个二进制位，即 2 字节，varbinary 和 blob 在其上加 1 存储，故一个汉字要用 3 字节存储，这样'2022 中国梦'一共占用 4+3×3=13 字节。

(c) 英文字符、数字、空格都占用 1 字节。

(d) 若直接插入浮点数，则 MySQL 将其每个数字位作为一个字符看待。若数值以科学记数法格式给出，MySQL 会先计算其值，然后以同样的规则存储。

test 表记录如图 3.16 所示。

(e) 查询得到 test 表中各数据的长度，如图 3.17 所示。

图 3.16　test 表记录　　　　　　图 3.17　查询得到 test 表中各数据的长度

(2) 对于长度超出定义的情形，binary 和 varbinary 类型都会报错，拒绝插入。

```
INSERT INTO test(b1) VALUES(3.1415926);              #（a）
INSERT INTO test(b2) VALUES('中国梦');                #（b）
INSERT INTO test(b2) VALUES('2022beijing');          #（c）
```

执行结果出错，出错信息如图 3.18 所示。

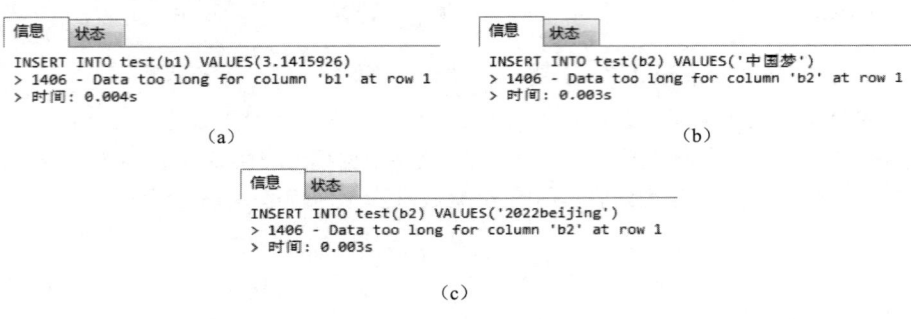

图 3.18　出错信息

3.4　枚举类型和集合类型

enum 类型也称枚举类型，只能从定义的成员表中选择一个值，而 set 类型也称集合类型，可选择多个值。

设计表结构时，如果列选择 enum 类型和 set 类型，需要设置成员表，成员为字符串（尾部空格将自动被删除）。成员之间用 "," 分隔。成员可以有零个、一个或多个。

3.4.1　枚举类型

1. 定义

```
enum('值1','值2','值3',…,'值n')
```

enum 类型创建时成员就是枚举值，根据枚举值位置对应一个索引编号，MySQL 存储的就是这个索引编号。枚举类型最多可以有 65535 个成员。

2. 存储

enum 类型存储的不是成员的字符串，而是成员的索引编号，定义 1～255 个成员的枚举索引编号需要 1 字节存储；对于 256～65535 个成员，索引编号需要 2 字节存储。

例如，"专业"枚举定义 enum('计算机', '通信工程', '人工智能')，其成员和对应的索引编号如表 3.6 所示。

表 3.6 enum 类型"专业"成员和索引编号

成　　员	索　引　编　号
NULL	NULL
''	0
'计算机'	1
'通信工程'	2
'人工智能'	3

3.4.2 集合类型

1. 定义

SET('值1','值2','值3',…,'值n')

定义 set 类型的基本形式与 enum 类型一样。set 类型成员不能为空，至少要有一个成员，最多包含 64 个成员。1～8 个成员的集合占 1 字节，9～16 个成员的集合占 2 字节，17～24 个成员的集合占 3 字节，25～32 个成员的集合占 4 字节，33～64 个成员的集合占 8 字节。

2. 存储

set 类型存储的不是成员的字符串，而是二进制位信息。

例如，"兴趣"集合定义 set('唱歌', '跳舞', '智力游戏', '足球运动', '书法')。"兴趣"成员和存储值如表 3.7 所示。

表 3.7 set 类型"兴趣"成员和存储值

成　　员	二　进　制　值	十　进　制　值
'唱歌'	1	1
'跳舞'	10	2
'智力游戏'	100	4
'足球运动'	1000	8
'书法'	10000	16

插入 set 类型列的值的顺序并不重要，MySQL 在存入数据库时会按照定义的顺序进行。如果插入的成员中有重复的，则只存储一次。如果插入了不正确的值，默认情况下，MySQL 将忽视这些值，并给出警告。

【例 3.8】 enum 类型与 set 类型的应用。

（1）创建 enum 类型与 set 类型测试表。

```
USE mydb;
DROP TABLE IF EXISTS xs;
CREATE TABLE xs
```

```
(
    姓名      char(4),
    专业      enum('计算机', '通信工程', '人工智能'),
    总学分    int,
    兴趣      set('唱歌', '跳舞', '智力游戏', '足球运动', '书法')
);
```

（2）插入记录。

```
INSERT INTO xs
    VALUES('刘文', '计算机',32,'智力游戏  ');           #（a）
INSERT INTO xs
    VALUES('周和进', '通信工程',30,'足球运动,书法');    #（b）
INSERT INTO xs
    VALUES('刘一龙', 2, 32,'足球运动,唱歌');            #（c）
INSERT INTO xs
    VALUES('顾红', 1, 34,6);                           #（d）
```

说明：

（a）删除'智力游戏 '字符串后的空格后再匹配兴趣成员。

（b）'足球运动,书法'包含两个兴趣成员，两者之间不能包含空格。

（c）专业枚举值'通信工程'采用索引编号。'足球运动,唱歌'兴趣没有按照定义时的顺序排列，但仍然按照定义时的顺序保存。

（d）兴趣值'跳舞'和'智力游戏'采用成员对应十进制值相加（2+4=6）表示。6不能采用二进制数表示（0b110）。

（3）查询记录。

```
SELECT * FROM xs;                                   #（a）
SELECT * FROM xs WHERE 专业='计算机';               #（b）
SELECT * FROM xs WHERE 专业=1;                      #（b）
SELECT * FROM xs WHERE 兴趣='唱歌,足球运动';        #（c）
SELECT * FROM xs WHERE 兴趣=9;                      #（c）
SELECT * FROM xs WHERE 兴趣='足球运动,唱歌';        #（d）
```

运行结果如图3.19所示。

姓名	专业	总学分	兴趣
刘文	计算机	32	智力游戏
周和进	通信工程	30	足球运动,书法
刘一龙	通信工程	32	唱歌,足球运动
顾红	计算机	34	跳舞,智力游戏

(a)

姓名	专业	总学分	兴趣
刘文	计算机	32	智力游戏
顾红	计算机	34	跳舞,智力游戏

(b)

姓名	专业	总学分	兴趣
刘一龙	通信工程	32	唱歌,足球运动

(c)

姓名	专业	总学分	兴趣
(N/A)	(N/A)	(N/A)	(N/A)

(d)

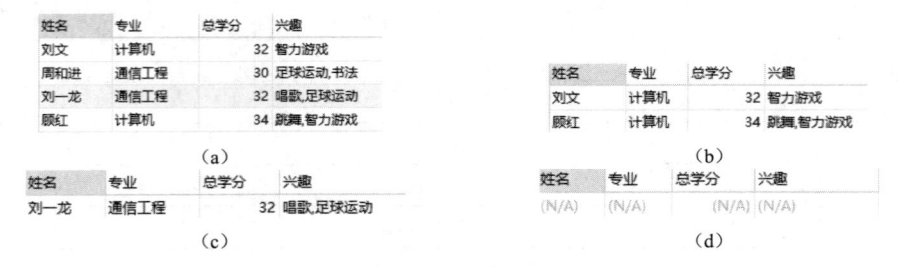

图3.19 运行结果

说明：

（a）显示所有记录，存储的是数字，显示的是成员字符串。

（b）enum类型查询内容表达既可以是成员字符串，又可以是数字。

（c）set类型查询内容表达可以是按定义顺序包含的成员字符串，或者成员对应的十进制数相加，不能采用二进制数表示。

（d）set类型查询内容表达不是按定义顺序包含的成员字符串，找不到记录。

(4) 更新记录。

```
UPDATE xs SET 兴趣=(兴趣 |3) WHERE 专业='通信工程';            #(a)
SELECT * FROM xs;                                              #(a)
UPDATE xs SET 兴趣=(兴趣 & 0b11110) WHERE 专业='通信工程';      #(b)
SELECT * FROM xs;                                              #(b)
```

运行结果如图 3.20 所示。

姓名	专业	总学分	兴趣
刘文	计算机	32	智力游戏
周和进	通信工程	30	唱歌,跳舞,足球运动,书法
刘一龙	通信工程	32	唱歌,跳舞,足球运动
顾红	计算机	34	跳舞,智力游戏

(a)

姓名	专业	总学分	兴趣
刘文	计算机	32	智力游戏
周和进	通信工程	30	跳舞,足球运动,书法
刘一龙	通信工程	32	跳舞,足球运动
顾红	计算机	34	跳舞,智力游戏

(b)

图 3.20 运行结果

说明：
(a) set 类型加入一个成员，将原来的值位或（|）该成员的数字。
(b) set 类型减去一个成员，将原来的值位与（&）该成员的数字。

3.5 JSON 和空间数据类型及实例

3.5.1 JSON 数据类型

JSON（JavaScript Object Notation）起源于 JS（JavaScript），它是 Douglas Crockford 自 2001 年开始推广使用的轻量级数据交换格式，在 2005—2006 年正式成为主流的数据格式，雅虎和谷歌从那时就开始广泛地使用 JSON 格式。

JSON 有两种数据结构：对象和数组，形式上由花括号{}和中括号[]嵌套，{}中的为对象，[]中的为数组，即对象中有数组，数组中又有对象，而且以键值对的形式出现。

JSON 的值包括：数字（整数或浮点数）、字符串（在双引号中）、逻辑值（true 或 false）、数组（在方括号中）、对象（在花括号中）和 null。

1. JSON 对象

JSON 类型的数据是以 JSON 对象的形式提供的，一个标准的 JSON 对象包含一组键值对，用逗号分隔，用"{"和"}"括起来：

```
{"键1":"值1",…}
```

创建 JSON 对象采用 JSON_OBJECT 函数：

```
JSON_OBJECT(键1,值1,键2,值2,…)
```

其中，键与值必须成对出现，且不能为空。一旦出现键名为空或参数总数为奇数的情形，系统就会报错。

创建和存储 JSON 对象遵循如下一些基本规则。

(1) 键名（无论中英文）必须以双引号（"）括起来。
(2) 键值是字符串类型的（无论中英文），必须加双引号（"）或单引号（'）。
(3) 键值是数值型的（整数或实数类型），可以以数值或字符串两种格式存储。当以数值存储时，直接写出数值即可；而以字符串存储时，键值须加双引号或单引号。
(4) 键值是日期与时间类型的，可以用两种方式给出：一种是直接以字符串形式写出；另一种是通过系统内置的日期与时间函数获得，不同函数返回的日期与时间字符串的格式不同，均以字符串的形式存储到 JSON 对象中。

【例 3.9】 JSON 对象的创建和存储。

（1）首先创建一个含有 JSON 类型列的测试表。

```
USE mydb;
DROP TABLE IF EXISTS test;
CREATE TABLE test
(
    j    json
);
```

（2）向表中插入一组 JSON 对象。

```
INSERT INTO test VALUES(JSON_OBJECT("账号","b02020622","金额",1758.82,"时间",NOW()));
INSERT INTO test VALUES('{"账号":"y06111577","金额":63888,"时间":"2020-05-2814:01:21"}');
INSERT INTO test VALUES(JSON_OBJECT("Accounts",'k08439558',"amount","456.5","CTime",CURTIME()));
SELECT * FROM test;
```

运行结果如图 3.21 所示。

```
j
{"账号": "b02020622", "时间": "2020-11-24 15:58:22.000000", "金额": 1758.82}
{"账号": "y06111577", "时间": "2020-05-28 14:01:21", "金额": 63888}
{"CTime": "15:58:22.000000", "amount": "456.5", "Accounts": "k08439558"}
```

图 3.21 运行结果

如果要在 MySQL 命令行窗口中以优雅的格式显示 JSON 值，可使用 JSON_PRETTY 函数。

2. JSON 数组

如果需要同时存储很多 JSON 对象或者标量值，可将它们集中在一起，构造一个数组数据结构来统一管理。JSON 数组包含多个值，这些值由逗号分隔：

```
JSON_ARRAY(值,…)
```

JSON 数组元素包含在"["和"]"中：

```
[{"键1":"值1",…},…]
```

【例 3.9 续】 插入一些不同的标量值与 JSON 对象一起作为 JSON 数组的元素，并尝试采用嵌套的结构，插入上例中的 j（JSON 类型）列。

```
USE mydb;
DELETE FROM test;
INSERT INTO test
    VALUES( JSON_ARRAY
        (   "1B0601",
            JSON_OBJECT("商品","砀山梨10斤箱装大果"),
            19.90, "2020-07-29 12:18:29.698"
        )
    );
INSERT INTO test
    VALUES( JSON_ARRAY
        (   JSON_OBJECT("类别", JSON_ARRAY("3C", "海参")),
            JSON_ARRAY("A3", "大连凯洋世界海鲜有限公司")
        )
```

```
);
SELECT * FROM test;
```

运行结果如图 3.22 所示。

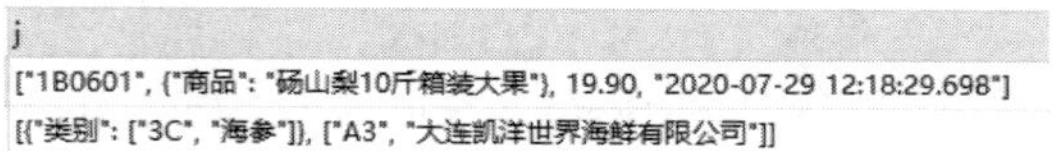

```
["1B0601", {"商品": "砀山梨10斤箱装大果"}, 19.90, "2020-07-29 12:18:29.698"]
[{"类别": ["3C", "海参"]}, ["A3", "大连凯洋世界海鲜有限公司"]]
```

图 3.22 运行结果

3.5.2 空间数据类型

有很多基于位置信息的应用。例如，查找附近的加油站、餐厅、酒吧等，以及地图导航、电子围栏、范围监控等。

开放式地理空间协会（OGC）是由 250 多家公司、机构和大学组成的国际协会，主要参与开发可公开获取的概念解决方案，可用于管理空间数据的各种应用程序。MySQL 将空间扩展实现为带有几何类型的 SQL 环境的子集。

1. 基于位置信息转化（地理信息系统）

MySQL 根据 OGC 的定义，提供空间数据的数据类型、空间函数进行数据操作。地理位置和地理图形可以用几何形状来表示：点、线、几何图形、多点、多线、多个几何图形。它们分别基于平面直角坐标系和球面直角坐标系。

1）平面直角坐标系

二维平面中的点表示为 $P(x,y)$，其中 x 是点 P 与 x 轴上的原点$(0,0)$之间的距离，而 y 是该点与 y 轴上的原点$(0,0)$之间的距离。因此，如果知道一个点的 x 和 y，就可以将其定位在坐标平面上。P 点到原点的距离为 x 和 y 平方和的平方根，如图 3.23 所示。

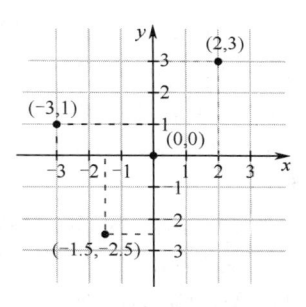

2）球面直角坐标系

球面遵循大地参考系来绘制表面上的位置，大地参考系基于经度和纬度。地球上某个位置（点）的纬度是它距赤道的度数（沿地球旋转轴测量时）。地球上某个位置的经度是它距本初子午线的度数（沿赤道测量时）。纬度和经度都是从地球中心测量的。纬度的最大值为 90°，最小值为-90°。经度的最大值为 180°，最小值为-180°，如图 3.24 所示。

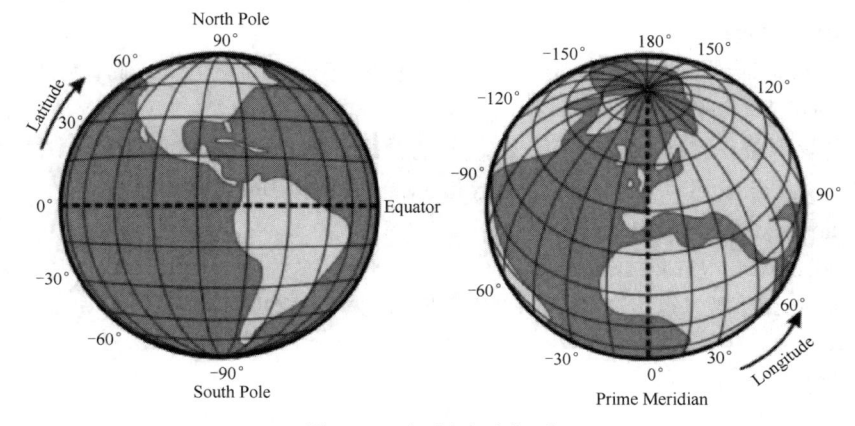

图 3.23 平面直角坐标系

图 3.24 球面直角坐标系

表面上的点可以基于其所在的坐标系而具有不同的含义，需要一个与点关联的坐标参考系统标识符（SRID），SRID 是一个整数。MySQL 数据库附带了 5000 多个这样的坐标系，可以在系统数据库 information_schema 中使用以下语句查询：

```
SELECT * FROM ST_SPATIAL_REFERENCE_SYSTEMS;
```

SRS_NAME 是空间参考系统的名称，SRS_ID 是空间参考系统的 ID。查询指定 SRS_ID 的空间参考系统信息，可使用以下 SQL 语句：

```
SELECT * FROM information_schema.ST_SPATIAL_REFERENCE_SYSTEMS WHERE SRS_ID =
4326\G;
```

2. 几何值类型介绍

单一几何值类型是一类比较简单的空间数据类型，包括 POINT（点）、LINESTRING（线）、POLYGON（多边形）、GEOMETRY，其中 GEOMETRY 是通用的几何值类型，可以存储任何点、线和多边形值。

1）单一几何值类型

● POINT：点，有一个坐标值，没有长度、面积、边界。点用经度和纬度表示，经度（longitude）在前，纬度（latitude）在后，用空格分隔。

例如，表示一个点：POINT(15 20)。

● LINESTRING：线，由一系列点连接而成。如果线从头至尾没有交叉，那就是简单的（simple）；如果起点和终点重叠，那就是封闭的（closed）。点与点之间用逗号分隔，一个点的经度和纬度用空格分隔，与 POINT 格式一致。

例如，表示一条线：LINESTRING(0 0, 10 10, 20 25, 50 60)。其中，点坐标对由逗号分隔。

● POLYGON：多边形，可以是实心的，即没有内部边界；也可以有空洞，类似纽扣。它由一个表示外部边界的 LINESTRING 和 0 个或多个表示内部边界的 LINESTRING 组成，最简单的就是只有一个外部边界的情况。

例如，表示有一个外环和一个内环的多边形：POLYGON((0 0,10 0,10 10,0 10,0 0),(5 5,7 5,7 7,5 7, 5 5))。

2）基类：GEOMETRY

GEOMETRY 是所有扩展类型中的基类，POINT、LINESTRING、POLYGON 等都是 GEOMETRY 的子类。GEOMETRY 有一些属性，这些属性是所有几何类的共有属性。

● type：几何值类型，如 POINT、LINESTRING 等。

● srid：几何对象的空间坐标系统。

● coordinates：坐标值。

● interior、boundary、exterior：interior 是几何对象所在空间的部分，boundary 是几何对象的边界，exterior 是几何对象未占有的空间。

● mbr：能够覆盖几何对象的最小矩形，可以将其想象成信封，它由几何对象中最大、最小的坐标值组合而成，如((minx miny, maxx miny, maxx maxy, minx maxy, minx miny))。

● simple/nonsimple：几何对象是否简单。

● closed/not closed：几何对象是否封闭。

● dimension：维度数（POINT 为 0，LINESTRING 为 1，POLYGON 为 2）。

3）集合类

详细内容将在后面专门介绍。

3. 几何值类型表的创建、列的插入和查询

在数据库表中可以根据需要定义列的空间类型，下面通过实例进行说明。

【例 3.10】 单一几何值类型的存储。

（1）创建包含几种单一几何值类型的测试表。

```
USE mydb;
DROP TABLE IF EXISTS test;
CREATE TABLE test
(
    g1          POINT,                      #点
    g2          LINESTRING,                 #线
    g3          POLYGON,                    #多边形
    g4          GEOMETRY                    #通用几何型
);
```

这里，不同的空间数据采用了相应的空间数据类型。

（2）插入空间列数据。

OGC 提供了两种创建空间对象的数据格式：WKT（文本格式）和 WKB（WKT 的二进制表示格式）。

通常使用文本格式表示几何值对象。MySQL 使用 ST_GeomFromText 函数将 WKT 文本转换为几何值对象。

例如，向表中插入几个几何值类型对象的数据：

```
INSERT INTO test(g1, g2, g3, g4) VALUES
(
    ST_GeomFromText('POINT(1 1)'),
    ST_GeomFromText('LINESTRING(0 0,1 1,2 2)'),
    ST_GeomFromText('POLYGON((0 0,10 0,10 10,0 10,0 0),(5 5,7 5,7 7,5 7, 5 5))'),
    ST_GeomFromText('LINESTRING(0 0, 10 10, 20 25, 50 60)')
);
SELECT * FROM test;
```

GEOMETRY 类型的列接收任意类型的单一几何值，查看记录结果如图 3.25 所示。

g1	g2	g3	g4
POINT(1 1)	LINESTRING(0 0, 1 1, 2 2)	POLYGON((0 0, 10 0, 10 10, 0 10, 0 0), (5 5, 7 5, 7 7, 5 7, 5 5))	LINESTRING(0 0, 10 10, 20 25, 50 60)

图 3.25　查看记录结果

4. 集合类

集合类包括 MULTIPOINT、MULTILINESTRING、MULTIPOLYGON、GEOMETRYCOLLECTION，由多个 POINT、LINESTRING 或 POLYGON 组合而成。

例如：

- 具有三个 POINT 值的多点：MULTIPOINT(0 0, 20 20, 60 60)。
- 具有两个 LINESTRING 值的多线：MULTILINESTRING((10 10, 20 20), (15 15, 30 15))。
- 具有两个多边形值的多多边形，其中第一个多边形由内外两个环组成：

```
MULTIPOLYGON(
    ((1 1,5 1,5 5,1 5,1 1),(2 2,2 3,3 3,3 2,2 2)),
    ((6 3,9 2,9 4,6 3))
)
```

5. 空间数据内部格式（WKB）

在 MySQL 内部采用二进制的 WKB 格式来表示空间数据，它包含几何 WKB 信息的 blob 值表示的二进制流。例如，ST_GeomFromText('POINT(1 -1)')的 WKB 格式如下：

0000000001010000000000000000000000 f03f000000000000f0bf

WKB 数据组成结构如表 3.8 所示。

表 3.8 WKB 数据组成结构

组　成	长　度	值
SRID	4	00000000（4 字节整数）
字节顺序	1	01
WKB 类型	4	01000000
X 坐标	8	000000000000F03F（IEEE 754 标准双精度数字）
Y 坐标	8	000000000000F0BF（IEEE 754 标准双精度数字）

说明：

（1）字节顺序。

指示器为 1 表示小端字节存储，为 0 表示大端字节存储，小端字节顺序和大端字节顺序分别称为网络数据表示（NDR）和外部数据表示（XDR）。

（2）WKB 类型。

指示几何类型的代码。MySQL 使用 1~7 来表示 POINT、LINESTRING、POLYGON、MULTIPOINT、MULTILINESTRING、MULTIPOLYGON 和 GEOMETRYCOLLECTION。

（3）X 坐标和 Y 坐标。

笛卡儿坐标存储在空间参考系统的长度单元中，X 值在 X 坐标中，Y 值在 Y 坐标中。轴的方向是由空间参考系统指定的。

地理坐标存储在空间基准系统的角度单元中，经度在 X 坐标中，纬度在 Y 坐标中。轴向和子午线是由空间基准系统指定的。

每个坐标都表示为双精度值。

更复杂几何值的 WKB 数据具有更复杂的数据结构，详见 OpenGIS 规范。

第 4 章 数据库及表结构设计

数据库是按照数据结构来组织、存储和管理数据的仓库，是一个可长期存储在计算机内的有组织、可共享、统一管理的大量数据的集合。

4.1 数据库的基本操作

数据库本身是一个容器，它包含各种对象，它们协作共同实现数据库的功能。

4.1.1 系统数据库

在安装 MySQL 8 后，就产生了 4 个系统数据库，包括 information_schema、mysql、performance_schema 和 sys，在登录 MySQL 服务器后，可查看 MySQL 系统已有的数据库：

```
SHOW DATABASES;
```

MySQL 把有关 DBMS 自身的管理信息都保存在上面 4 个系统数据库中，如果修改或删除它们，MySQL 将不能正常工作。下面简单介绍 4 个系统数据库的作用，另外还有两个实例数据库。

1. information_schema 数据库

它保存了 MySQL 服务器所有数据库的信息，比如数据库的名称、数据库的表、访问权限、数据库表的数据类型、数据库索引的信息等。用于表述该信息的其他术语有"数据字典"和"系统目录"。

2. mysql 数据库

它是 MySQL 的核心数据库，类似于 SQL Server 中的 master 表，主要负责存储数据库的用户、权限设置、关键字等 MySQL 需要使用的控制和管理信息。

3. performance_schema 数据库

它主要用于收集数据库服务器性能参数，可用于监控服务器在一个较低级别的运行过程中的资源消耗、资源等待等情况。

4. sys 数据库

sys 数据库中所有的数据来自 performance_schema。目标是把 performance_schema 的复杂度降低，让 DBA 能更好地阅读这个库里的内容，了解数据库的运行情况。

5. sakila 和 world 实例数据库

如果用户在安装 MySQL 时，在"Choosing a Setup Type"（选择一个安装类型）界面中选择"Examples and tutorials"（实例和教程）项，则在系统中会看到两个实例数据库 sakila 和 world。

4.1.2 数据库的创建、修改和删除

1. 数据库的创建和修改

创建 MySQL 8 数据库：

```
CREATE {DATABASE | SCHEMA} [IF NOT EXISTS] 数据库名
    [DEFAULT] CHARACTER SET [=] 字符集名
  | [DEFAULT] COLLATE [=] 排序规则名
  | DEFAULT ENCRYPTION [=] {'Y' | 'N'}
```

数据库名后面描述当前定义的数据库的属性，包括字符集编码、字符排序规则和是否加密，这些内容被存储在数据字典中。数据库名前须加文件夹路径。

【例 4.1】 创建网上商城数据库（emarket），采用 gbk 字符集和 gbk_bin 排序规则。

```
CREATE DATABASE IF NOT EXISTS emarket
    DEFAULT CHARACTER SET gbk
    DEFAULT COLLATE gbk_bin;
```

执行语句后，在 MySQL 8 安装文件夹（默认为 C:\ProgramData\MySQL\MySQL Server 8.0\Data）下就会生成一个子目录"\emarket"，此后在该数据库中创建的所有对象（包括表及数据）都会以文件形式存储在该子目录下。既然将"数据库名"作为操作系统的目录名，语句中的"数据库名"就必须符合操作系统文件夹（目录）命名规则。在 MySQL 中，数据库名称是不区分大小写的，MySQL 自动将其转为小写。目前 emarket 数据库还没有创建任何对象，所以该子目录是空的。

2. 数据库的删除

创建数据库后，如果需要修改数据库的参数，可以使用 ALTER DATABASE 语句，选项与 CREATE DATABASE 相同，这里不再重复。

可以通过下列语句显示数据库属性：

```
SHOW CREATE DATABASE 数据库名
```

已经创建的数据库需要删除，使用下列语句：

```
DROP {DATABASE | SCHEMA} [IF EXISTS] 数据库名
```

本章以网上商城数据库表结构的设计为例来介绍创建表、修改表、多表之间的关联等。

4.2 创建表结构

表结构需要根据第 1 章介绍的方法，结合 MySQL 数据类型，对数据库进行综合分析后，才能设计出来，然后据此进行创建。

一般情况下，创建表结构可以使用 MySQL 界面工具（如 Navicat），也可以通过 SQL 语句进行。

1. 创建表结构的方式

1）使用 CREATE TABLE 语句创建表结构

```
CREATE TABLE 表名
[ (
    列定义,
    …
    [表约束]
) ]
[表选项]
[表结构或表记录源]
```

列定义：

列名 列数据类型 [长度和小数] [空值] [虚拟] [键] [注释] [默认值] [其他属性]

表选项用于优化表，包括指定字符集、存储引擎、表空间、记录分区、指定行（记录）格式、源表结构、表连接、注释等。

2）使用 Navicat 创建表结构

【例 4.2】 采用 Navicat 创建 emarket 数据库中商品分类表（category）的表结构。

在创建的连接下双击 emarket 数据库，选择"表"并右击，在快捷菜单中单击"新建表"命令，出现创建表窗口，如图 4.1 所示。

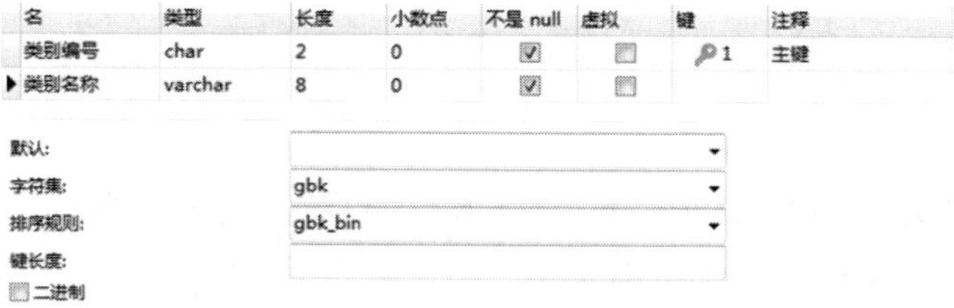

图 4.1 用 Navicat 创建表结构

单击"保存"按钮，在出现的"表名"对话框中输入"category"，单击"确定"按钮，category 表创建完成。在 emarket 数据库的"表"下就会出现"category"。

可以选择表名并右击，在快捷菜单中单击"设计表"命令，可修改已经创建的表结构。单击"打开表"命令，可以以可视化的方式输入表记录。单击"刷新"命令，可看到表中数据记录的更新。

3）显示表属性

创建表后，可以通过下面语句显示指定表的创建属性：

```
SHOW CREATE TABLE 表名
```

通过下面语句显示表属性或者表指定列的属性：

```
DESC 表名 [列名]
```

【例 4.2 续】 显示 category 表属性。

```
USE emarket;
SHOW CREATE TABLE category;              #（a）
DESC category;                           #（b）
DESC category 类别编号;                   #（c）显示 category 表"类别编号"列属性
```

显示结果如图 4.2 所示。

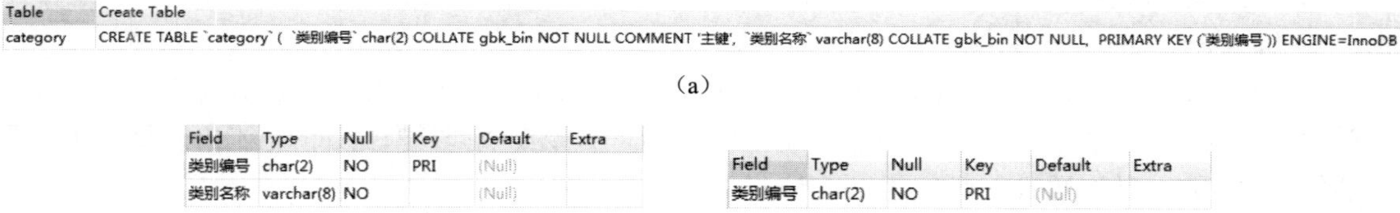

图 4.2 显示结果

说明：

（a）可以使用语句显示 category 表结构，虽然 category 表结构并不是使用语句方式创建的，但是通过该方式，可以了解采用 Navicat 创建表结构与采用语句方式创建表结构的对应关系。

（b）以列方式显示 category 表结构。

（c）显示 category 表指定列结构。

2. 删除表

表结构创建后，可以修改表结构。有了表结构，就可以增加、修改和删除表记录。表记录的操作将在下一章系统介绍。

下列语句可以删除表，删除表后表结构和表记录均不存在，一般用于重新定义表。
```
DROP TABLE IF EXISTS 表名;
```

4.2.1 列及其常用属性

表结构定义主要是列定义，包含下列几部分。

1. 列名

列又称字段，列名又称字段名。列名必须符合标识符规则，中英文均可，长度不能超过 64 个字符，而且在表中要唯一。如果采用 MySQL 保留字，必须用单引号括起来。

列名一般可以采用英文、汉语拼音、中文等，采用中文作为列名，阅读方便；但从编程角度看，英文、汉语拼音输入更容易。本书前面介绍 MySQL 基础知识时采用中文列名，后面开发实习系统时则采用英文列名。

2. 列数据类型

下面说明选择数据类型的原则。

（1）不需要表达小数时用整数类型，无正负时用无符号（unsigned）型，以可能存储的最大值选择整数类型。

（2）包含小数、精度要求高时不能选择浮点数类型，而要选择定点数类型。

（3）保存字符个数差别较大时选择变长型，需要进行字符运算时选择字符类型，如学号可能包含入学时间等信息。需要保存多媒体信息（如图形、声音、视频等）采用二进制字符类型。

（4）需要进行日期运算的选择日期类型，需要包含时间的选择日期与时间类型。

（5）内容规范的字符串选择枚举型，包含不确定信息的选择集合型。

3. 长度和小数

（1）字符类型（char 和 varchar）长度为本列最大存放的字符个数，一个英文和一个中文均算作 1 个字符，如 "abc 中文系统" 为 7 个字符。其默认长度为 255。

列占用的空间大小与列采用的字符集有关。如果采用 gbk 字符集，则 "abc 中文系统" 占用 11 字节，因为 gbk 字符集英文占用 1 字节，汉字占用 2 字节；如果采用 utf8mb4 字符集，则每一个字符占用 4 字节，这样 "abc 中文系统" 就占用 28 字节。

（2）浮点数类型（float、double）如果不指定长度和小数位，默认为整数，在数值范围内，超过有效数字位数的部分低位为 0；如果指定长度和小数位，只要在数据类型允许的范围内，整数部分显示的位数=长度-小数位数-1。

（3）定点数类型（decimal）用于保存准确的数字数据，长度和小数位可以根据用户需要指定。

例如，支付金额可能达到 xxxxx.xx，数据不大，但有效位数超过 6 位，为了准确表达，可以采用定点数类型。

```
支付金额        decimal(8.2)
```

在其他数据类型中，指定长度和小数位没有意义。

4. 空值限制：NOT NULL/ NULL

NOT NULL 表示列内容不允许为空，NULL 或者不写此项表示允许为空。例如：
```
商品名称      varchar(32) NOT NULL
商品图片      blob        NULL
```
Navicat 中勾选 "不是 null" 项，表示非空（NOT NULL），否则表示允许空（NULL）。

说明：

（1）对于字符类型，NULL 并不是空格；对于数值类型和位（bit）类型，NULL 并不是 0。NULL 是一个值，是没有赋值的值，可以与 NULL 进行等于（=）比较。

（2）如果列指定为"NULL"或者没有指定，当增加一行时，即使该列不指定值也没有默认值，该行也能够成功保存，并且该列保存为 NULL 值。

（3）如果列指定为"NOT NULL"，当增加一行时，在非严格模式下，NOT NULL 列可以省略，若该列没有指定值也无默认值，则被设置为该列数据类型的隐式默认值（数值类型为 0，字符串类型为空白字符串''，日期和时间类型为相应格式的"零"值）；在严格模式下，列名表没有默认值的 NOT NULL 列不可以省略，且值不能为 NULL。

5. 虚拟

在 Navicat 中勾选该项，表示本列在表中并不直接存放内容，而由其他列生成。

6. 键

列的键包括主键（PRIMARY KEY）和唯一键（UNIQUE [KEY]）。

7. 注释：COMMENT

注释是为了此后自己或者别人查看表结构时了解该列作用的说明内容，最多为 1024 个字符。

例如：

```
商品图片         blob         COMMENT '图片不能大于64KB'
```

4.2.2 列约束

列约束包括主键约束（PRIMARY KEY）、唯一键约束（UNIQUE [KEY]）和 CHECK 约束。

1. 主键约束：PRIMARY KEY

选择 PRIMARY KEY 即将该列作为主键。主键列不允许为空（NOT NULL），并且在本表中必须唯一。一个表中主键约束只能有一个，而且主键列约束就是表的主键约束。

主键约束（PRIMARY KEY）可以有一列或一列以上（复合主键约束）。当采用 CREATE TABLE 语句创建表的列约束方式时，主键约束只能有一列。

【例 4.3】 创建 emarket 数据库供货商（supplier）表结构。

```
USE emarket;
CREATE TABLE supplier
(
    供货商编号      char(2)             NOT NULL PRIMARY KEY,
    供货商名称      varchar(16)         NOT NULL
);
```

复合主键约束是指需要一个以上的列才能唯一确定表记录。一般多为两列共同作为主键。复合主键约束只能通过表约束进行设置。

2. 唯一键约束：UNIQUE [KEY]

选择 UNIQUE [KEY]表明该列在本表中也必须唯一，但可以包含一个 NULL 值。在一个表中可以包含多个唯一键约束。

例如：

```
手机号          char(11)            NOT NULL    UNIQUE KEY,
微信            varchar(20)         NULL        UNIQUE
```

有了唯一键约束，在表约束中还可以定义其他列作为唯一键约束。

3. 完整性约束：CHECK

对于不同类型的列均可以通过 CHECK 约束来实现：

列名 数据类型…[CONSTRAINT 约束名] CHECK(约束条件)

其中，约束条件是包含当前列名在内的条件表达式。不同的列可以定义不同的约束条件，既可以通过约束名来区分，也可以通过约束名删除约束。

例如，评估一颗星对应 1 分，最大分值为 5 分，没有评估为 0：

评估分　　tinyint UNSIGNED DEFAULT 0 CHECK(评估分 <= 5)

4.2.3 列默认值

MySQL 的数据类型规范允许两种默认值：显式默认值和隐式默认值。显式默认值是在创建表的时候，以 DEFAULT 关键字为列指定的默认值；隐式默认值则是由 MySQL 系统按照一定规则确定的。

另外，在严格模式下，text 类型列不能定义默认值。

1. 显式常量默认值

显式常量默认值是由用户指定的常量，如果出现与定义声明的列数据类型不完全匹配的情形，MySQL 能自动根据通常的类型转换规则隐式强制转换为用户设计表时所声明的类型。

【例 4.4】 创建临时表，包含 3 个不同数据类型的列，均以 DEFAULT 指定常量默认值。

```
USE mydb;
CREATE TABLE IF NOT EXISTS tab_default1
(
    商品名称      varchar(32)      DEFAULT '水果',
    价格         float(6,2)       NOT NULL DEFAULT 0,
    库存量       smallint(3)      DEFAULT 0
);
DESC tab_default1'价格';                               #（a）
INSERT INTO tab_default1 VALUES();
SELECT * FROM tab_default1;                            #（b）
```

运行结果如图 4.3 所示。

Field	Type	Null	Key	Default	Extra
价格	float(6,2)	NO		0.00	

（a）

商品名称	价格	库存量
水果	0.00	0

（b）

图 4.3　运行结果

默认值分别为'水果'、0.00、0。

2. 显式表达式默认值

除了常量，以 DEFAULT 指定的默认值也可以是表达式。通常将表达式默认值写在括号内，以便与常量默认值区分。

3. 隐式默认值

如果不包含显式默认值，对于 NULL、NOT NULL、UTO_INCREMENT、时间戳以外的日期和时间、枚举等，MySQL 将按系统规则来确定默认值。

4.2.4 数值类型属性

1. 无符号:UNSIGNED

指定该列整数为"无符号",即不允许为负值,否则会出现系统错误。例如:

```
库存量          smallint    UNSIGNED NOT NULL
```

注意:UNSIGNED 需要放在 NOT NULL 前面。

2. 默认值:DEFAULT 值

列指定 DEFAULT 值,当增加一行时,只要该列不指定值,就采用指定的默认值作为列值。应该采用该列的常见初始值作为默认值。默认值必须为一个常数。

例如,库存量默认值为 0:

```
库存量          smallint    UNSIGNED NOT NULL DEFAULT 0
```

3. 填充 0:ZEROFILL

当插入的值长度小于类型设定的长度时,剩余部分用 0 填充。

4. 自动递增:AUTO_INCREMENT

例如,订单编号采用系统自增属性:

```
订单编号        int         NOT NULL AUTO_INCREMENT
```

(1)标注 AUTO_INCREMENT 后,当向表插入行记录时,默认情况下列值从 1 开始,按照自然数自动增 1。

(2)每个表只能有一个 AUTO_INCREMENT 列,并且必须被索引,不能有默认值。

(3)插入记录时,AUTO_INCREMENT 列可以指定为 NULL 或者 0,或者不指定该列,内容实际填自增值。如果启用了下列模式:

```
SET SQL_MODE='NO_AUTO_VALUE_ON_ZERO';
```

则可以在 AUTO_INCREMENT 列中将指定的 0 存储为 0,而不生成新的序列值。

(4)要在插入行之后检索 AUTO_INCREMENT 值,可以使用 LAST_INSERT_ID。

(5)插入记录时,可以指定 AUTO_INCREMENT 列的值,后面插入记录时如果指定 NULL 或者不指定该列,内容实际在此基础上自增。

(6)通过下列语句可以修改此后行记录 AUTO_INCREMENT 列起始值:

```
ALTER TABLE 表名 AUTO_INCREMENT = 值
```

【例 4.5】 创建 emarket 数据库订单表(orders),其中"订单编号"列为 AUTO_INCREMENT 列。

```
USE emarket;
CREATE TABLE orders
(
    订单编号        int             NOT NULL PRIMARY KEY AUTO_INCREMENT, #(a)
    账户名          varchar(16)     NOT NULL,
    支付金额        decimal(8,2)    NOT NULL,
    下单时间        datetime        NOT NULL                              #(b)
);
```

说明:

(a)订单编号:系统生成,不重复,值自增,正好符合从小到大的编码规则。

(b)下单时间:要求提供具体的日期和时间,且时间精确到秒,设为 datetime 型。

4.2.5 字符类型属性

指定列数据类型为 char、varchar、text 类型后，可以指定下列属性。

1. 默认值：DEFAULT 值

列指定默认值，默认值必须为一个字符串常数，如'ABC'。

2. 字符集：CHARACTER SET 字符集名

指定列的字符集。

3. 排序规则：COLLATE 排序规则名

指定列的字符集对应的排序规则。

4. 键长度：LEFT(列名, 长度)

如果指定为主键，默认情况下为该列的所有内容；如果指定键长度，则将该列前面键长度指定的内容作为主键。

4.2.6 生成列（虚拟列）

CREATE TABLE 语句支持生成列，这种列的值从列定义中包含的表达式计算而来，有时称为虚拟列。

```
列名 数据类型 [GENERATED ALWAYS] AS （表达式）
    [VIRTUAL | STORED] [属性] [列约束]
```

说明：

（1）AS(表达式)：指示生成列并定义用于计算列值的表达式。

（2）GENERATED ALWAYS 可不写。表达式中不含 AUTO_INCREMENT 列。注意，表达式需要加括号。

（3）VIRTUAL 或 STORED 关键字指示如何存储列值。

VIRTUAL：不存储列值，在任何 BEFORE 触发器之后立即计算列值。生成列不需要存储空间。如果没有指定关键字，则默认为 VIRTUAL。

STORED：存储生成列。在插入或更新行时计算和存储列值，它需要存储空间，并且可以被索引。

MySQL 允许在同一个表中混合以上两种不同的生成列。

关于生成列的使用还要注意以下几点。

（1）生成列的定义可以引用前面已经定义的生成列。

（2）如果表达式计算的数据类型与声明的列类型不同，则通常根据 MySQL 类型转换规则隐式强制转换为声明的列类型。

（3）外键约束不能引用生成列。

（4）如果显式地对生成列执行插入、替换或更新，则唯一允许的值是默认值。

生成列可用于简化和统一查询，可以将复杂条件定义为生成列，并从表上的多个查询引用它，以确保所有查询都使用完全相同的条件。

（5）有些系统函数不能包含在表达式中。例如，表中包含身份证号列，定义一个生成列年龄，通过 CURDATE 函数将当前日期与身份证号中的出生日期相减再加 1 得到年龄列值是不可以的，因为 CURDATE 函数不是确定的值。

【例 4.6】 创建 emarket 数据库商品表（commodity）结构，将总价和商品列作为生成列。

（1）创建表。

```
USE emarket;
CREATE TABLE commodity
(
    商品编号        char(6)       NOT NULL PRIMARY KEY,
    商品名称        varchar(32) NOT NULL,
    价格          decimal(6,2) NOT NULL,
    库存量         smallint(3)  UNSIGNED DEFAULT 0,
    商品图片        blob          NULL,
    总价          decimal(10,2)   AS (价格 * 库存量),                        #（a）
    商品          varchar(100) AS (CONCAT(商品编号, ' ', 商品名称))          #（b）
);
```

其中：

（a）总价列是由价格和库存量相乘产生的，整体需要括起来。

（b）商品列用内置的 CONCAT 函数将"商品编号"和"商品名称"拼接起来，整体需要括起来。

（2）向 commodity 表中插入 3 条测试记录。

```
USE emarket;
INSERT INTO commodity(商品编号，商品名称,价格，库存量)
    VALUES('1A0101', '洛川红富士苹果冰糖心10 斤箱装', 44.80, 3601);
INSERT INTO commodity(商品编号，商品名称,价格，库存量)
    VALUES('1A0201', '烟台红富士苹果10 斤箱装', 29.80, 5698);
INSERT INTO commodity(商品编号，商品名称,价格，库存量)
    VALUES('1A0302', '阿克苏苹果冰糖心5 斤箱装', 29.80, 12680);
```

（3）查询商品和总价信息。

```
SELECT 商品, 总价 FROM commodity;
```

显示结果如图 4.4 所示。

商品	总价
1A0101 洛川红富士苹果冰糖心10斤箱装	161324.80
1A0201 烟台红富士苹果10斤箱装	169800.40
1A0302 阿克苏苹果冰糖心5斤箱装	377864.00

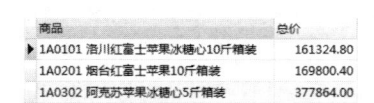

图 4.4 显示结果

这里，由于商品和总价是生成列，不用重复计算和处理。

4.2.7 表约束

表约束包括主键约束、唯一键约束、CHECK 约束和外键约束。不同约束通过约束名来区分。在同一个数据库中，同一类型的约束不能重名。

1. 主键约束：PRIMARY KEY

在列定义时通过 PRIMARY KEY 属性指定列为主键。

将多列作为主键时，需要通过表属性 PRIMARY KEY 项指定。组成主键的列均为 NOT NULL。

```
PRIMARY KEY(列名[DESC], …)
```

当 PRIMARY KEY 约束需要多列时，也可以另外定义一个自增列作为内部管理列，然后用该列作为主键。

当然，表属性 PRIMARY KEY 也可以定义一列为主键。

【例 4.7】 创建 emarket 数据库订单项表（orderitems），"订单编号"和"商品编号"构成联合主键。

```
USE emarket;
```

```
CREATE TABLE orderitems
(
    订单编号       int        NOT NULL,
    商品编号       char(6)    NOT NULL,
    订货数量       int        UNSIGNED NOT NULL,
    发货否         bit(1)     NOT NULL DEFAULT 0,
    PRIMARY KEY(订单编号 DESC, 商品编号)
);
```

说明："订单编号"列后加 DESC 项，表示订单编号按照从大到小的顺序排列（加 ASC 或者什么都不写表示按从小到大的顺序排列），同一订单编号记录按照商品编号从小到大的顺序排列。因为订单编号小的是以前的订单，而人们往往更关心新订单。

2. 唯一键约束：UNIQUE [KEY]

在列定义时通过 UNIQUE 属性指定列为唯一键。

当唯一键由多列组成时，需要表属性 UNIQUE 项指定。

```
[CONSTRAINT 约束名] UNIQUE [KEY] ( 列名[DESC], … )
```

组成唯一键的列可以包含 NULL，但最多只在一行出现。唯一键约束在一个表中可以没有，也可以建立一个或多个。

当然，表属性 UNIQUE [KEY]也可以定义单列作为唯一键。

3. CHECK 约束

CHECK 列约束限定的是列的内容，多个列之间可以通过 CHECK 表约束来限定。当然，CHECK 列约束也可以通过 CHECK 表约束来实现。

从 MySQL 8.0.16 开始，创建表时，所有存储引擎都支持表和列 CHECK 约束的核心特性。

定义 CHECK 约束的基本语法：

```
[CONSTRAINT 约束名] CHECK(约束条件) [[NOT] ENFORCED]
```

说明：

1）CONSTRAINT 约束名

约束名如果省略，MySQL 将通过表名、文字_chk_序号（1,2,3,…）生成一个名称。约束名称的最大长度为 64 个字符，区分大小写，但不区分重音。

2）CHECK(约束条件)

约束条件包含多个列逻辑表达式。对于表的每一行，约束条件值必须为 TRUE 或 UNKNOWN（对于空值）。如果条件的计算结果为 FALSE，则该插入和更新行操作不会成功。

3）[NOT] ENFORCED

指示是否强制约束，如果省略或指定为 ENFORCED，则创建并强制约束；如果指定为 NOT ENFORCED，则创建约束但不强制。

SQL 标准指定所有类型的约束都属于同一个名称空间。在 MySQL 中，每种约束类型都有自己的名称空间。因此，每种约束类型的名称对于每个模式都必须是唯一的，但不同类型的约束可以具有相同的名称。

【例 4.8】 创建 emarket 数据库用户表（user），手机号、身份证号和有效期列需要进行 CHECK 约束。

```
USE emarket;
CREATE TABLE user
(
    账户名         varchar(16)        NOT NULL PRIMARY KEY,
    姓名           char(4)            NOT NULL,
```

```
性别            enum('男','女')     NOT NULL DEFAULT '男',
密码            varchar(12)        NOT NULL DEFAULT 'abc123',
手机号          char(11)           NOT NULL UNIQUE
    CHECK(LENGTH(TRIM(手机号))=11 AND LEFT(手机号,1)='1'),        #(a)
身份证号        char(18)           NOT NULL,
有效期          date               NOT NULL,
常用地址        json               NULL,
职业            enum('学生','职工','教师','医生','军人','公务员','其他') NULL,
关注            set('水果','肉禽','海鲜水产','粮油蛋'),
投递位置        point,
UNIQUE(身份证号),
CHECK(YEAR(有效期)-CONVERT(SUBSTR(身份证号,7,4),UNSIGNED)>=20)    #(b)
);
```

说明：

（a）"手机号"列约束，约束条件为手机号去除前后空格符仍然为 11 个字符，并且第 1 个字符为 "1"。对于手机号还有其他条件，例如，全部为数字字符，打头的 3 位符合要求等。目前，手机号的验证方法是给提供的手机号发送验证码，界面上提供文本框供用户输入，查看用户输入内容是否与发出的一致，这样才能从根本上验证手机号的正确性和真实性。

采用默认约束名，默认约束名为"表名_chk_默认约束序号"。这里默认约束名为"user_chk_1"。列约束也可以移到表约束中。

（b）这里为表约束，因为包含两列之间的约束，所以只能作为表约束，采用默认约束名。

约束条件为（身份证号）有效期列与身份证号列中的出生年份（第 7 位开始的 4 位）相差 20 年以上。在实际应用中，身份证号的真实性只有通过与公安系统数据库比对才能确认，这里仅是初步核对。

4. 外键约束：FOREIGN KEY

外键约束将在下一小节介绍。

4.2.8 表外键约束

外键用来在两个表的数据之间建立连接，它可以是一列或者多列。一个表可以有一个或多个外键。建立外键的表称为子表，外键引用的表则称为父表。

一个表的外键可以为空值，若不为空值，则每个外键值必须等于父表中主键的某个值。

在 CREATE TABLE 或 ALTER TABLE 语句中，通过外键约束定义多表之间的关联，基本语法如下：

```
[CONSTRAINT 约束名] FOREIGN KEY(列名, …)]
    REFERENCES 主表名(主表列名, …)
    [ON DELETE 参考选项]
    [ON UPDATE 参考选项]
```

说明：

（1）CONSTRAINT 约束名。如果没有给出这个子句，或者在 CONSTRAINT 关键字后面没有包含约束名，MySQL 会自动生成一个外键约束名。约束名对于数据库和相同约束类型必须唯一，否则会导致错误。

（2）FOREIGN KEY：表示这是建立在哪个（些）列上的外键约束。

（3）REFERENCES：表示该外键所引用（关联）的是哪个表中的哪个（些）列。

（4）参考选项用于设定对表操作时与其相关联的表要进行怎样的关联操作。

MySQL 提供以下参考选项：

```
CASCADE | SET NULL | RESTRICT | NO ACTION | SET DEFAULT
```

除了使用 ON DELETE 和 ON UPDATE 子句定义参考选项，还可以通过 Navicat 以可视化的方式设置表上已有外键约束的选项。操作方法：在表设计视图的"外键"选项页对应外键约束条目的"删除时"下拉列表中选择 ON DELETE 的参考选项，在"更新时"下拉列表中选择 ON UPDATE 的参考选项。默认方式为 RESTRICT。

下面就每个选项所表示操作的具体含义和产生的效果分别加以介绍。

1. RESTRICT：限制

只要子表中有关联的记录，就拒绝对父表执行删除记录和更新关联列内容的操作。

【例 4.9】 创建一个商品目录表（commodity_list），以"类别编号"作为外键引用商品分类表（category）的"类别编号"。

（1）向商品分类表中插入 3 条记录。

```
USE emarket;
INSERT INTO category(类别编号, 类别名称)
VALUES
     ('1A','苹果'),('1B','梨'),('1C','橙'),('1D','柠檬'),('1E','香蕉'),('1F','芒果'),('1G','车厘子'),('1H','草莓'),
     ('2A','猪肉'),('2B','鸡鸭鹅'),('2C','牛肉'),('2D','羊肉'),
     ('3A','鱼'),('3B','海鲜'),('3C','海参'),
     ('4A','鸡蛋'),('4B','调味料'),('4C','啤酒'),('4D','滋补保健');
```

（2）创建商品目录表（commodity_list）并在其上建立外键约束。

```
USE emarket;
CREATE TABLE commodity_list
(
    商品编号       char(6)      NOT NULL PRIMARY KEY,
    类别编号       char(2)      NOT NULL,
    商品名称       varchar(32)  NOT NULL,
    CONSTRAINT FK_CATEGORY_ID FOREIGN KEY(类别编号)
        REFERENCES category(类别编号)
);
```

执行后通过 Navicat 在商品目录表（commodity_list）的"外键"选项页可看到该外键约束的各项信息，其中删除时和更新时为"RESTRICT"，如图 4.5 所示。

名	字段	参考模式	参考表	参考字段	删除时	更新时
FK_CATEGORY_ID	类别编号	emarket	category	类别编号	RESTRICT	RESTRICT

图 4.5　查看外键约束的各项信息

向商品目录表中插入 3 条测试数据：

```
INSERT INTO commodity_list(商品编号, 类别编号, 商品名称)
    VALUES
        ('1A0101', '1A', '洛川红富士苹果冰糖心10斤箱装'),
        ('1A0201', '1A', '烟台红富士苹果10斤箱装'),
        ('1B0501', '1B', '库尔勒香梨10斤箱装');
```

执行后 commodity_list 表中的记录如图 4.6 所示。

图 4.6 commodity_list 表中的记录

（3）将 category 表中"类别编号"为"1B"的记录改为"B"：
```sql
UPDATE category SET 类别编号 = 'B' WHERE 类别编号 = '1B';
```
UPDATE 操作失败信息如图 4.7 所示。

```
UPDATE category SET 类别编号 = 'B' WHERE 类别编号 = '1B'
> 1451 - Cannot delete or update a parent row: a foreign key constraint fails
(`emarket`.`commodity_list`, CONSTRAINT `FK_CATEGORY_ID` FOREIGN KEY (`类别编号`) REFERENCES
`category` (`类别编号`))
> 时间: 0.05s
```

图 4.7 UPDATE 操作失败信息

因为 commodity_list 表对 category 表建立的外键约束更新时为"RESTRICT"，所以 category 与 commodity_list 两表关联列数据皆不允许有任何改变。

2. CASCADE：级联

删除或更新父表中的行，会自动删除或更新子表中匹配的行。

【例 4.9 续】 测试商品分类表（category）与商品目录表（commodity_list）的级联操作。

（1）用 Navicat 将商品目录表（commodity_list）的外键参考选项都设为 CASCADE，如图 4.8 所示。

图 4.8 将外键参考选项都设为 CASCADE

（2）将 category 表中"类别编号"为"1B"的记录改为"B"。
```sql
UPDATE category SET 类别编号 = 'B' WHERE 类别编号 = '1B';
```
commodity_list 表中对应记录的类别编号随之改变，如图 4.9 所示。

（a）category 表记录　　　　（b）commodity_list 表记录

图 4.9 级联更新

（3）删除 category 表中"类别编号"为"B"的记录。
```sql
DELETE FROM category WHERE 类别编号 = 'B';
```
commodity_list 表中对应记录随之删除，如图 4.10 所示。

图 4.10 级联删除

（4）执行如下语句，将两表数据复原：
```sql
INSERT INTO category(类别编号, 类别名称) VALUES('1B', '梨');
```

```
INSERT INTO commodity_list(商品编号, 类别编号, 商品名称)
    VALUES ('1B0501', '1B', '库尔勒香梨10斤箱装');
```

3. SET NULL：置空

删除或更新父表中的行，会将子表中的外键列设置为 NULL。如果要指定 SET NULL 操作，必须确保没有将子表中的外键列声明为 NOT NULL。

4. NO ACTION：无动作

与 RESTRICT 作用相同，拒绝对父表执行任何操作，这里不再重复举例。

5. SET DEFAULT：置默认

删除或更新父表中的行时，MySQL 将子表中匹配行的对应外键列置为默认值，这个操作可以被 MySQL 解析器识别，但是 InnoDB 和 NDB 引擎并不支持，故该选项实际上不可用。

MySQL 关联不仅可以建立在两表之间，还可以定义在多表之间，形成错综复杂的关联关系。

4.2.9 从旧表创建新表结构

用户也可直接复制数据库中已有表的结构，用这种方式构建一个表，十分方便、快捷。

```
CREATE TABLE 表名
    LIKE 源表名
```

说明：

（1）使用 LIKE 关键字创建一个与"源表名"相同结构的新表，源表的列名、数据类型、是否空值、主键、默认值、索引、约束、分区等都将被复制，但源表的记录不会被复制，因此创建的新表是一个空表。

（2）使用 AS 关键字可以复制 SELECT 语句查询结果表，但源表的一些属性（如主键、生成列等）不会被复制。

下面举例说明几种从旧表创建新表的情形。

【例 4.10】 在 emarket 数据库中，用复制的方式创建一个名为 commodity_copy1 的表，表结构同商品表（commodity）。

```
USE emarket;
CREATE TABLE commodity_copy1
    LIKE commodity;
```

选择需要复制的表（如 commodity），右击，在快捷菜单中选择"复制表"→"结构"命令，系统生成一个新表，表结构（包括主键、索引、约束、外键、分区等）与源表相同，但新表名为 commodity_copy1。

4.3 修改表结构

ALTER TABLE 语句用于改变表的结构。

```
ALTER TABLE 表名
    增删改列属性, …
    修改表约束
    修改表选项
```

增删改列属性：

```
[ADD 列名 列属性]                                    /* 增加列属性 */
```

```
    [DROP 列名]                                /* 删除列 */
    [MODIFY 列名 列属性]                        /* 修改列属性 */
    [RENAME COLUMN 旧列名 TO 新列名
    | CHANGE 旧列名 新列名…]                    /* 修改列名 */
修改表约束：
    [ADD 约束定义]                              /* 增加表约束 */
    [DROP 约束名]                               /* 删除表约束 */
```

约束定义包括键（KEY|INDEX）约束、条件（CHECK）约束和外键（FOREIGN KEY）约束。

4.3.1 添加和删除列

1. 添加列

向已经存在的表中添加新列：

```
ALTER TABLE 表名
    ADD 列名 数据类型 [列属性] [FIRST | AFTER 已存在的列名];
```

说明：[FIRST | AFTER 已存在的列名]表示在某列的前面或后面添加，不指定则添加到最后。

【例 4.11】 在表 commodity_copy2 的"商品编号"列后增加新的一列"商品类别"，默认类别名称为"苹果"。

```
USE emarket;
ALTER TABLE commodity_copy2
    ADD    商品类别 char(4) DEFAULT '苹果' AFTER 商品编号;
SELECT * FROM commodity_copy2;
```

2. 删除列

将数据表中的某个列从表中移除：

```
ALTER TABLE 表名 DROP 列名;
```

如果一个表只包含一列，则不能删除该列。

【例 4.12】 删除表 commodity_copy2 的总价和商品列。

```
ALTER TABLE commodity_copy2
    DROP 总价, DROP 商品;
SELECT * FROM commodity_copy2;
```

运行结果如图 4.11 所示。

商品编号	商品类别	商品名称	价格	库存量	商品图片
1A0101	苹果	洛川红富士苹果	44.80	3601	(Null)
1A0201	苹果	烟台红富士苹果	29.80	5698	(Null)
1A0302	苹果	阿克苏苹果冰糖心	29.80	12680	(Null)

图 4.11 运行结果

4.3.2 修改列及其属性

1. 列改名：RENAME COLUMN 子句

如果只想给某个列改名而不改变其数据类型，可以使用 RENAME COLUMN 子句：

```
ALTER TABLE 表名
    RENAME COLUMN 旧列名 TO 新列名
```

【例 4.13】 将表 commodity_copy2 的"价格"列改名为"进货单价"。

```
ALTER TABLE commodity_copy2
    RENAME COLUMN 价格 TO 进货单价;
```

```sql
SELECT * FROM commodity_copy2;
```
运行结果如图 4.12 所示。

商品编号	商品类别	商品名称	进货单价	库存量	商品图片
1A0101	苹果	洛川红富士苹	44.80	3601	(Null)
1A0201	苹果	烟台红富士苹	29.80	5698	(Null)
1A0302	苹果	阿克苏苹果冰	29.80	12680	(Null)

图 4.12 运行结果

通常来说，不能将列重命名为表中已经存在的列名。然而，有时情况并非如此，比如交换名称或在循环中移动名称。

【例 4.14】 表 test 的列名为 a、b 和 c。

```sql
USE mydb;
CREATE TABLE test
(
    a       int,
    b       char(1),
    c       bit(1)
);
```

通过 RENAME COLUMN 子句交换列名：

```sql
ALTER TABLE test
    RENAME COLUMN a TO b,
    RENAME COLUMN b TO c,
    RENAME COLUMN c TO a;
DESC test;
```

运行结果如图 4.13 所示。

Field	Type	Null	Key	Default	Extra
b	int	YES		(Null)	
c	char(1)	YES		(Null)	
a	bit(1)	YES		(Null)	

图 4.13 运行结果

2. 表改名：RENAME 子句

（1）RENAME 子句重命名表。

```
ALTER TABLE 原表名 RENAME [TO|AS] 新表名
```

例如，将 test 重命名为 test1。

```sql
ALTER TABLE test RENAME TO test1;
```

（2）RENAME TABLE 语句重命名表。

```
RENAME TABLE 原表名 TO 新表名
```

（3）Navicat 环境下重命名表。

在实际开发数据库应用时，重命名表的操作可以直接在 Navicat 环境下非常方便地进行。具体方法：选择表并右击，单击快捷菜单中的"重命名"命令，原来的表名就变成可编辑状态，直接修改即可。

3. 修改列属性：MODIFY 子句

若要更改列定义但不更改其名称，则可以使用 MODIFY 子句：

```
ALTER TABLE 表名 MODIFY
    列名 [数据类型] [属性] [默认值]
```

说明：使用 MODIFY 进行的列定义更改，必须包括数据类型和应用于新列的所有属性，而不包括 PRIMARY KEY、UNIQUE 等列约束。

（1）修改列属性，不能保留列原有的其他属性，必须重新指定。

【例 4.15】 将表 commodity_copy2 的"库存量"列由 smallint 类型修改为 int 类型，同时加入该列原来的其他属性。

```sql
ALTER TABLE commodity_copy2
```

```
        MODIFY 库存量 int UNSIGNED NOT NULL DEFAULT 0;
DESC commodity_copy2 库存量;
```
运行结果如图 4.14 所示。

Field	Type	Null	Key	Default	Extra
库存量	int unsigned	NO		0	

图 4.14 运行结果

（2）在表中已有数据的情况下修改列类型。

在使用 MODIFY 子句修改列类型时，若该列所存数据的类型与修改后的列数据类型不完全一致，则 MySQL 会根据通常的类型转换规则隐式强制转换为新的类型。如果缩短字符串列，则值可能会被截断；如果改变数值类型，则精度可能丢失。

【例 4.16】 将表 commodity_copy2 的"进货单价"列改成整型。

表 commodity_copy2 中已经有数据了，"进货单价"列包含两位小数，如图 4.15 所示。

商品编号	商品类别	商品名称	进货单价	库存量	商品图片
1A0101	苹果	洛川红富士苹果	44.80	3601	(Null)
1A0201	苹果	烟台红富士苹果	29.80	5698	(Null)
1A0302	苹果	阿克苏苹果冰糖心	29.80	12680	(Null)

图 4.15 原"进货单价"列包含两位小数

执行修改语句：
```
ALTER TABLE commodity_copy2
     MODIFY 进货单价 int NOT NULL;
```
执行后结果如图 4.16 所示。

商品编号	商品类别	商品名称	进货单价	库存量	商品图片
1A0101	苹果	洛川红富士苹果	45	3601	(Null)
1A0201	苹果	烟台红富士苹果	30	5698	(Null)
1A0302	苹果	阿克苏苹果冰糖心	30	12680	(Null)

图 4.16 修改后"进货单价"列变为整数

可以看到，表中该列数据已经全部四舍五入成了整数。

注意：若不想改变已有数据，可在执行 ALTER TABLE 之前启用严格模式，这样系统就会阻止更改并给出提示信息。

（3）如果 MODIFY 定义的新类型与列的原类型完全不匹配，则会出错。

例如，将"商品类别"列改为整型，执行语句：
```
ALTER TABLE commodity_copy2 MODIFY 商品类别 int(2);
```
由于表中商品类别为 char 类型，与整型完全不匹配，系统会产生错误，如图 4.17 所示。

```
ALTER TABLE commodity_copy2 MODIFY
        商品类别 int(2)
> 1366 - Incorrect integer value: '苹果' for column '商品类别' at row 1
> 时间: 0.036s
```

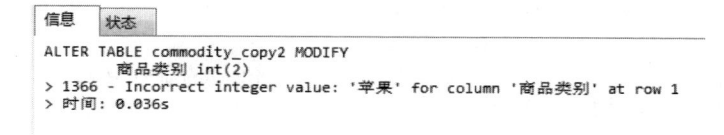

图 4.17 类型完全不匹配会产生错误

4. 单独修改列默认值：ALTER [COLUMN]子句

如果仅需要更改列的默认值，则可以使用 ALTER [COLUMN]子句：
```
ALTER TABLE 表名
```

```
ALTER [COLUMN] 列名 {SET DEFAULT {literal | (表达式)} | DROP DEFAULT}
```

说明：SET DEFAULT… | DROP DEFAULT 分别为列指定新的默认值或删除旧的默认值。如果删除了旧的默认值，并且列可以为空，则新默认值为空；如果该列不能为空，则 MySQL 将分配一个默认值。

【例 4.17】 将表 commodity_copy2 的"商品类别"列默认值改为"香蕉"，列的其他属性保留不变。

```
ALTER TABLE commodity_copy2
    ALTER 商品类别 SET DEFAULT '香蕉';
```

修改前后列的其他属性完全没有变化。

5. 既重命名又重定义：CHANGE 子句

若要同时更改列的名称和定义，则可以使用 CHANGE 子句，它需要同时指定新、旧列名和新的定义，语法格式如下：

```
ALTER TABLE 表名
    CHANGE 旧列名 新列名 [数据类型] [属性] [默认值]
```

【例 4.18】 将表 commodity_copy2 的"进货单价"列更名为"单价"，数据类型改为 decimal，长度为 7，取两位小数，非空，默认值为 0。

```
ALTER TABLE commodity_copy2
    CHANGE 进货单价 单价 decimal(7,2) NOT NULL DEFAULT 0;
```

执行后表中数据如图 4.18 所示。

图 4.18 执行后表中数据

6. 改变表中列的顺序：FIRST | AFTER

若要对表中的列重新排序，则可在 MODIFY 或者 CHANGE 语句中使用 FIRST 和 AFTER，语法如下：

```
ALTER TABLE 表名
    MODIFY 列名1 列1定义  FIRST | AFTER 列名2;
```

或者

```
ALTER TABLE 表名
    CHANGE 列名1 列名1 列1定义  FIRST | AFTER 列名2
```

注意：在用 CHANGE 语句改变列顺序时，"列名 1"必须写两次。

【例 4.19】 用 MODIFY 将 commodity_copy2 表中"商品类别"列置于所有列之后，再改到第 1 列。

（1）将"商品类别"列置于所有列之后。

```
ALTER TABLE commodity_copy2
    MODIFY 商品类别 char(4) DEFAULT '苹果'  AFTER 商品图片;
```

执行后的结果如图 4.19 所示。

图 4.19 将"商品类别"列置于所有列之后

（2）将"商品类别"列置于第1列。
```
ALTER TABLE commodity_copy2
    MODIFY 商品类别 char(4) DEFAULT '苹果' FIRST;
```
执行后的结果如图4.20所示。

商品类别	商品编号	商品名称	单价	库存量	商品图片
苹果	1A0101	洛川红富士苹果冰糖心10斤	45.00	3601	(Null)
苹果	1A0201	烟台红富士苹果10斤箱装	30.00	5698	(Null)
苹果	1A0302	阿克苏苹果冰糖心5斤箱装	30.00	12680	(Null)

图4.20 将"商品类别"列置于第1列

7. 各种子句的比较与适用场合

RENAME、MODIFY、ALTER 和 CHANGE 都可以更改现有列的名称和定义，但它们的功能有所不同。RENAME 和 MODIFY 兼容 Oracle 的 MySQL 扩展，而 CHANG 是对标准 SQL 的 MySQL 扩展。

（1）RENAME：在不更改列定义的情况下重命名列，比 CHANG 更方便。

（2）MODIFY：在不重命名列的情况下更改列定义，比 CHANG 更方便。

（3）ALTER：只能用于更改列的默认值。在仅需要改变默认值的情况下，无须显式写出列已有的其他属性。

（4）CHANGE：既可以重命名列，又可以更改其定义，使用灵活，具有比 RENAME、MODIFY 和 ALTER 更多的功能。CHANGE 的语法需要两个列名，如果只想改变定义而不改变名称，则必须两次指定相同的名称才能保持列名不变。

例如，要更改列 b 的定义，需要写为：
```
ALTER TABLE test
    CHANGE b b int NOT NULL;
```
如果列名较长而复杂，则这种写法很容易出错或遗漏，建议使用 MODIFY 子句。

若要更改列名但不更改其定义，可采用 CHANGE，语法需要列定义，要保持原来的列定义不变，必须重写一遍列当前的定义。

例如，要将一个 int NOT NULL 列从 b 重命名为 a，必须写成：
```
ALTER TABLE test
    CHANGE b a int NOT NULL;
```
如果列的定义较复杂，这种写法就会十分烦琐，建议使用 RENAME 子句。

4.3.3 添加和删除表约束

1. 添加、删除主键约束：PRIMARY KEY

1）添加主键约束
```
ALTER TABLE 表名
    ADD [CONSTRAINT [约束名]] PRIMARY KEY(键部分,…)
```
主键是区分表记录唯一性的约束，通过约束名标识该约束。同时，它也是索引，索引名为 PRIMARY KEY。

例如：
```
ALTER TABLE test
    ADD PRIMARY KEY(列名)
```
2）删除主键约束
```
ALTER TABLE 表名
    DROP PRIMARY KEY
```

实际上，系统认为删除的是 PRIMARY KEY 索引。

【例 4.20】 在 commodity_copy2 表上增加一个自增列，并将其作为主键。

因为表上需要增加自增列作为主键，所以必须先删除原来的主键约束，再添加自增列和主键约束。

```
USE emarket;
ALTER TABLE commodity_copy2 DROP PRIMARY KEY;
ALTER TABLE commodity_copy2 ADD 商品 ID int AUTO_INCREMENT PRIMARY KEY
FIRST,AUTO_INCREMENT = 1000;
DESC commodity_copy2;
```

其中，AUTO_INCREMENT = 1000 为表属性。

运行结果如图 4.21 所示。

Field	Type	Null	Key	Default	Extra
商品ID	int	NO	PRI	(Null)	auto_increment
商品编号	char(6)	NO		(Null)	
商品名称	varchar(32)	NO		(Null)	
价格	decimal(6,2)	NO		0.00	
库存量	smallint unsigned	YES		0	
商品图片	blob	YES		(Null)	
总价	decimal(10,2)	YES		(Null)	VIRTUAL GENERATED
商品	varchar(100)	YES		(Null)	VIRTUAL GENERATED

图 4.21 运行结果

2. 添加、删除唯一键约束：UNIQUE [KEY]

1）添加唯一键约束

```
ALTER TABLE 表名
    ADD [CONSTRAINT [约束名]] UNIQUE [INDEX | KEY]
    [索引名] [索引类型] (键部分,…)
    [索引选项]
```

唯一键是区分表记录唯一性的约束，通过约束名标识该约束。同时，它也是索引，通过索引名来区分。

2）删除唯一键约束

```
ALTER TABLE 表名
    DROP {INDEX | KEY} 索引名
```

【例 4.21】 创建 user 表结构的副本 user_copy，将"姓名"列和"职业"列共同置为 UNIQUE 表约束。

```
USE emarket;
CREATE TABLE user_copy LIKE user;
ALTER TABLE user_copy
    ADD UNIQUE KEY idx_name1 (姓名,职业);
```

3. 添加、删除 CHECK 约束

1）添加 CHECK 约束

```
ALTER TABLE 表名
    ADD [CONSTRAINT 约束名] CHECK(约束逻辑表达式) [[NOT] ENFORCED]
```

选择 NOT ENFORCED 表示不进行强制约束。

2）修改 CHECK 约束

```
ALTER TABLE 表名
    ALTER {CHECK | CONSTRAINT} symbol [NOT] ENFORCED
```

3）删除 CHECK 约束

```
ALTER TABLE 表名
```

DROP {CHECK | CONSTRAINT} 约束名

【例 4.22】 将 user_copy 表中"手机号"列 CHECK 约束变成表 CHECK 约束。

```
USE emarket;
SHOW CREATE TABLE user_copy;                        # (a)
ALTER TABLE user_copy DROP CHECK user_copy_chk_1;
ALTER TABLE user_copy ADD CONSTRAINT user_copy_chk_phone CHECK(LENGTH(TRIM(手
机号))=11 AND LEFT(手机号,1)='1');
SHOW CREATE TABLE user_copy;                        # (b)
```

显示结果如图 4.22 所示。

Create Table
KEY `idx_name1` (`姓名`,`职业`), CONSTRAINT `user_copy_chk_1` CHECK (((length(trim(`手机号`)) = 11) and (left(`手机号`,1) = _gbk'1'))), CONSTRA

(a)

Create Table
)), CONSTRAINT `user_copy_chk_phone` CHECK (((length(trim(`手机号`)) = 11) and (left(`手机号`,1) = _utf8mb4'1')))) ENG

(b)

图 4.22　显示结果

说明：

（1）原来的"手机号"列 CHECK 约束被删除。

（2）添加表 CHECK 约束 user_copy_chk_phone。

4．添加、删除外键约束：FOREIGN KEY

外键约束指子表和父表某（些）列建立关联。可以在创建表结构时建立外键约束，也可以在创建表结构后建立或者删除外键约束。建立外键约束时父表必须已经存在。一个表可以建立多个外键约束，甚至同一种约束可以建立多个外键，但外键约束的名称不能相同。

1）添加外键约束

【例 4.23】 建立订单项表（orderitems）与订单表（orders）和商品表（commodity）之间的外键约束。

（1）显示订单表（orders）、商品表（commodity）和订单项表（orderitems）的表结构。

```
USE emarket;
DESC orders;
DESC commodity;
DESC orderitems;
```

显示结果如图 4.23 所示。

Field	Type	Null	Key	Default	Extra
订单编号	int	NO	PRI	(Null)	auto_increment
账户名	varchar(16)	NO		(Null)	
支付金额	decimal(8,2)	NO		0.00	
下单时间	datetime	NO		(Null)	

(a) orders 表列组成

Field	Type	Null	Key	Default	Extra
商品编号	char(6)	NO	PRI	(Null)	
商品名称	varchar(32)	NO		(Null)	
价格	decimal(7,2)	NO		0.00	
库存量	smallint unsigned	YES		0	
商品图片	blob	YES		(Null)	
总价	decimal(10,2)	YES		(Null)	VIRTUAL GENERATED
商品	varchar(100)	YES		(Null)	VIRTUAL GENERATED

(b) commodity 表列组成

Field	Type	Null	Key	Default	Extra
订单编号	int	NO	PRI	(Null)	
商品编号	char(6)	NO	PRI	(Null)	
订货数量	int unsigned	NO		(Null)	
发货否	bit(1)	NO		b'0'	

(c) orderitems 表列组成

图 4.23　显示结果

(2）订单项表（orderitems）与订单表（orders）通过"订单编号"列建立外键约束，与商品表（commodity）通过"商品编号"列建立外键约束。

```
ALTER TABLE orderitems
    ADD CONSTRAINT fk_user_orders
        FOREIGN KEY(订单编号) REFERENCES orders(订单编号);
ALTER TABLE orderitems
    ADD CONSTRAINT fk_user_commodity
        FOREIGN KEY(商品编号) REFERENCES commodity(商品编号);
```

(3）查看订单项表（orderitems）的外键约束。

在 Navicat 中选中 orderitems 表并右击，单击"设计表"命令，选择"外键"选项页，查看结果，如图 4.24 所示。

名	字段	被引用的模式	被引用的表（父）	被引用的字段	删除时	更新时
fk_user_commodity	商品编号	emarket	commodity	商品编号	RESTRICT	RESTRICT
fk_user_orders	订单编号	emarket	orders	订单编号	RESTRICT	RESTRICT

图 4.24　查看结果

2）删除外键约束

在数据表之间存在外键关联的情况下，可以删除子表，此时子表对应的关联将不复存在。但如果直接删除父表，则结果会显示失败，因为这样的删除操作将破坏表之间的参照完整性。只有先将关联的表的外键约束取消，才能删除父表。

删除外键约束的语句如下：

```
ALTER TABLE 表名
    DROP FOREIGN KEY 外键约束名
```

外键约束也可以通过 Navicat 设计表结构界面的"外键"选项页添加和删除。

注意：当导入多个表的数据时，如果要忽略表之前导入的顺序，或者在执行 LOAD DATA 和 ALTER TABLE 操作时，为了提高处理速度，可以暂时关闭外键约束功能而不需要删除外键约束。

```
SET FOREIGN_KEY_CHECKS = 0;
```

执行之后即可关闭外键约束，再使其为 1，可开启外键约束。

第 5 章 表记录操作

创建数据库和表后,需要对表中的数据(记录)进行操作,包括插入、修改和删除操作,可以通过 SQL 语句操作表记录,也可以用 MySQL 界面工具来操作。与界面工具相比,通过 SQL 语句操作更为灵活,功能更强大。

5.1 插入记录

MySQL 可以使用多种方式向表中插入记录,根据应用场合和需要,用户可以选用不同的方式来操作,除了插入新的记录,也支持插入从其他表查询得到的结果集记录或者直接导入数据。

5.1.1 插入新记录

向表中插入全新的数据记录有多种方法,以适应差异化的插入功能需要。

(1)值插入对应的列,值可以是表达式,"值"是表达式的值。如果省略(列名,…),则为所有列,顺序同表结构一致。
```
INSERT INTO 表名[(列名,…)] VALUES(值,…)
```
(2)值直接插入指定的列。
```
INSERT INTO 表名
    SET 列名 = 值, …;
```
(3)JSON 列记录的插入语句。
```
INSERT INTO 表名(JSON 列名) VALUES(JSON 对象值);
```
其中的 JSON 对象值既可以以 JSON_OBJECT 函数构造,也可以直接以 JSON 格式字符串的形式给出。

(4)空间字段记录的插入语句。
```
INSERT INTO 表名(空间列名) VALUES(空间对象值);
```
通常 MySQL 使用 WKT 文本格式表示空间对象,用 ST_GeomFromText 函数将 WKT 文本转换为对应的空间对象值。

1. 单记录插入

创建表,包含自增、默认值、非空及日期和时间等多种属性和类型的列,然后插入记录。

【例 5.1】 插入订单记录。

(1)由订单表(orders)创建表订单新表(orders_new)。
```
USE emarket;
CREATE TABLE orders_new LIKE orders;
ALTER TABLE orders_new ADD 姓名 char(4) AFTER 账户名;
DESC orders_new;
```
运行结果如图 5.1 所示。

Field	Type	Null	Key	Default	Extra
订单编号	int	NO	PRI	(Null)	auto_increment
账户名	varchar(16)	NO		(Null)	
姓名	char(4)	YES		(Null)	
支付金额	decimal(8,2)	NO		0.00	
下单时间	datetime	NO		(Null)	

图 5.1　运行结果

（2）向订单新表（orders_new）中插入记录。

```
SET SESSION sql_mode = '';              #在当前会话中关闭严格模式
INSERT INTO orders_new
    VALUES(null, 'easy-bbb.com', '易　斯', default, NOW());   #（a）
INSERT INTO orders_new(账户名, 姓名, 支付金额, 下单时间)
    VALUES('23168-aa.com', NULL, '108a', NOW());             #（b）
INSERT INTO orders_new(订单编号, 账户名, 姓名, 下单时间)
    VALUES(100, 'easy-bbb.com', '周俊邻', CURDATE());         #（c）
```

说明：

（a）因为省略列名表，所以在 VALUES 子句中需要根据表结构中列的先后顺序依次给出与每个列对应的值。订单编号为 NULL 对应 AUTO_INCREMENT 自增值，支付金额采用默认值需要 default 占位，下单时间对应 NOW 函数为当前时间。

（b）指定列名表，VALUES 子句中值的顺序也要与之相对应，其中姓名为空。支付金额列给出了字符串值'108a'，系统能自动去掉尾随的非数字文本 a，插入其余的数字部分值并转为定点数 108.00。如果字符串中没有前导数字部分，则将该列设置为 0。

（c）订单编号列直接填 100，不取自增值。下单时间列以 CURDATE 函数给出了当前日期（缺少时间部分），实际插入的值就以相应格式的"零"值填充时间部分。没有列出的支付金额取默认值 0。

（3）继续执行下列语句。

```
INSERT INTO orders_new
    SET 姓名 = '周俊邻', 账户名 = 'easy-bbb.com', 支付金额 = 15,
        下单时间 = CURDATE();
SELECT * FROM orders_new;
```

显示 orders_new 表记录，如图 5.2 所示。

订单编号	账户名	姓名	支付金额	下单时间
1	easy-bbb.com	易　斯	0.00	2021-02-18
2	23168-aa.com	(Null)	108.00	2021-02-18
100	easy-bbb.com	周俊邻	0.00	2021-02-18
101	easy-bbb.com	周俊邻	15.00	2021-02-18

图 5.2　显示 orders_new 表记录

2. 各种数据类型记录的插入

上面关注的是 INSERT 语句本身，这里关注用 INSERT 语句插入各种数据类型记录的情况。下面通过实例说明。

【例 5.2】 user 表记录插入。

（1）显示 user 表结构。

```
USE emarket;
DESC user;
```

显示 user 表结构，如图 5.3 所示。

Field	Type	Null	Key	Default	Extra
账户名	varchar(16)	NO	PRI	(Null)	
姓名	char(4)	NO		(Null)	
性别	enum('男','女')	NO		男	
密码	varchar(12)	NO		abc123	
手机号	char(11)	NO	UNI	(Null)	
身份证号	char(18)	NO	UNI	(Null)	
有效期	date	NO		(Null)	
常用地址	json	YES		(Null)	
职业	enum('学生','职工','	YES		(Null)	
关注	set('水果','肉禽','海!	YES		(Null)	
投递位置	point	YES		(Null)	

图 5.3　显示 user 表结构

user 表样本如表 5.1 所示。

表 5.1　user 表样本

账户名	密码	姓名	性别	手机号	身份证号	有效期	常用地址	职业
easy-bbb.com	******	易　斯	男	1355181376X	32010219601112321#	2099.12.30		教师
231668-aa.com	******	周俊邻	男	1391385645X	32040419700801062#	2028.06.02		职工
sunrh-phei.net	******	孙函锦	女	1890156273X	50023119891203203#	2029.12.19		职工

（2）插入 user 表记录。

```
    USE emarket;
    DELETE FROM user;
    INSERT INTO user(账户名,姓名,性别,密码,手机号,身份证号,有效期,职业,关注,常用地址,投递位置) VALUES
    (
        'easy-bbb.com','易斯','男','123','1355181376X',
        '32010219601112321#','2099.12.30','教师','水果',
        JSON_OBJECT("地址", JSON_OBJECT("省","江苏","市","南京","区","栖霞","位置","仙林大学城文苑路 1 号")),
        ST_GeomFromText('POINT(118.914237 32.108285)')
    );                                                          #（a）

    SET @j='{"地址":{"省":"江苏","市":"南京","区":"栖霞","位置":"尧新大道 16 号"},"收件人":"米悦","收件人电话":"1391386655X"}';
    SET @g=ST_GeomFromText('POINT(118.879096 32.125901)');
    INSERT INTO user(账户名,姓名,性别,密码,手机号,身份证号,有效期,职业,关注,常用地址,投递位置) VALUES
    (
        '231668-aa.com','周俊邻',DEFAULT,DEFAULT,'1391385645X',
        '32040419700801062#','2028.06.02',2,5,
        @j, @g
    );                                                          #（b）
    INSERT INTO user(账户名,姓名,性别,密码,手机号,身份证号,有效期,职业,关注,常用地址,投递位置) VALUES
    (
        'sunrh-phei.net','孙函锦',2,'123','1890156273X',
        '50023119891203203#','2029.12.19',2, '水果,肉禽,海鲜水产,粮油蛋',
        '{"地址":{"省":"江苏","市":"南京","区":"栖霞","位置":"尧新大道 16 号"}}',
        ST_GeomFromText('POINT(118.879096 32.125901)')
    );                                                          #（c）
    SELECT * FROM user;
```

显示 user 表记录，如图 5.4 所示。

账户名	姓名	性别	密码	手机号	身份证号	有效期	常用地址	职业	关注	投递位置
sunrh-phei.net	孙函锦	女	123	1890156273X	50023119891203	2029-12-19	{"地址": {"区": "栖	职工	水果,肉禽,海鲜水产,粮油	POINT(118.879096 32
231668-aa.com	周俊邻	男	abc123	1391385645X	32040419700801	2028-06-02	{"地址": {"区": "栖	职工	水果,海鲜水产	POINT(118.879096 32
easy-bbb.com	恶斯	男	123	1355181376X	32010219601112	2099-12-30	{"地址": {"区": "栖	教师	水果	POINT(118.914237 32

图 5.4　显示 user 表记录

说明：

（a）枚举类型"性别"和"职业"列采用成员字符串（'男', '教师'）描述；集合类型"关注"列采用成员字符串('水果')描述；JSON 类型"常用地址"列采用 JSON_OBJECT("地址", JSON_OBJECT(…)) 嵌套结构，因为常用地址列除了地址项，还可能包含收件人和收件人电话等内容，而地址项内容本身也需要用 JSON 描述；这里的投递位置数据通过"网络经纬度查找网站"根据常用地址查找得到对应数据。

（b）"性别"列和"密码"列内容采用表结构定义时的该列对应的默认值（DEFAULT）。"性别"列定义时默认值为'男'，"密码"列定义时默认值为'abc123'。

"职业"列采用编号描述，"职业"列定义如下，所以编号 2 对应枚举值'职工'。

职业　　　enum('学生','职工','教师','医生','军人','公务员','其他')

"关注"列内容采用成员编号 5 描述，"关注"列定义如下：

关注　　　set('水果','肉禽','海鲜水产','粮油蛋')

十进制 5 对应二进制第 1 项和第 3 项（101），故关注内容对应'海鲜水产'和'水果'。

"常用地址"值直接采用 JSON 字符串'{"地址":{…}, …}'描述。

另外，"常用地址"和"投递位置"通过变量名@j 和@g 引用表达列值。

（c）枚举类型"性别"列以编号 2（对应性别为女）指定，集合类型"关注"列采用多成员（'水果,肉禽,海鲜水产,粮油蛋'）字符串描述。

3. 多记录插入

用一条 SQL 语句完成多条记录插入：

```
INSERT INTO 表名(列表)
    VALUES (值,…),…;
```

要求所有值表(值,…)与列表有完全相同的顺序。如果全字段插入，则可以省略列表，依次列出各个值表即可。

【例 5.3】　对商品表 commodity 分两批插入多条记录。

（1）显示商品表 commodity 列结构。

```
USE emarket;
DESC commodity;
```

显示结果如图 5.5 所示。

Field	Type	Null	Key	Default	Extra
商品编号	char(6)	NO	PRI	(Null)	
商品名称	varchar(32)	NO		(Null)	
价格	decimal(6,2)	NO		(Null)	
库存量	smallint unsigned	YES		0	
商品图片	blob	YES		(Null)	
总价	decimal(10,2)	YES		(Null)	VIRTUAL GENERATED
商品	varchar(100)	YES		(Null)	VIRTUAL GENERATED

图 5.5　显示结果

（2）以列表方式插入多条记录。

```
DELETE FROM commodity;
```

```
INSERT INTO commodity(商品编号, 商品名称, 价格, 库存量)
    VALUES
    ('1A0101', '洛川红富士苹果冰糖心10斤箱装', 44.80, 3601),
    ('1A0201', '烟台红富士苹果10斤箱装', 29.80, 5698),
    ('1A0302', '阿克苏苹果冰糖心5斤箱装', 29.80, 12680);
```

（3）以省略列表的方式插入多条记录。

```
INSERT INTO commodity
    VALUES
    ('1B0501', '库尔勒香梨10斤箱装', 69.80, 8902,null,default,default),
    ('1B0601', '砀山梨10斤箱装大果', 19.90, 14532,null,default,default),
    ('1B0602', '砀山梨5斤箱装特大果', 16.90, 6834,null,default,default);
SELECT * FROM commodity;
```

说明：

因为在省略列表的方式下，VALUES 子句后面需要给出所有列的值，但最后两列（总价和商品）为生成列，写 null 值不正确，不写列值个数又不对，均无法完成，故只能用 default 占位。

运行结果如图 5.6 所示。

商品编号	商品名称	价格	库存量	商品图片	总价	商品
1A0101	洛川红富士苹果冰糖心10斤箱装	44.80	3601	(Null)	161324.80	1A0101 洛川红富士苹果冰糖心10斤箱装
1A0201	烟台红富士苹果10斤箱装	29.80	5698	(Null)	169800.40	1A0201 烟台红富士苹果10斤箱装
1A0302	阿克苏苹果冰糖心5斤箱装	29.80	12680	(Null)	377864.00	1A0302 阿克苏苹果冰糖心5斤箱装
1B0501	库尔勒香梨10斤箱装	69.80	8902	(Null)	621359.60	1B0501 库尔勒香梨10斤箱装
1B0601	砀山梨10斤箱装大果	19.90	14532	(Null)	289186.80	1B0601 砀山梨10斤箱装大果
1B0602	砀山梨5斤箱装特大果	16.90	6834	(Null)	115494.60	1B0602 砀山梨5斤箱装特大果

图 5.6　运行结果

其中，总价和商品生成列同时被计算出来了。

4. 关于 UUID 和 timestamp 的处理

在一个表中，若没有合适的区分记录唯一性的字段，则一般选择 int 类型作为主键，加上 AUTO_INCREMENT 属性，大多数情况下还是可靠的，但可能无法适应数据分片的扩容（分库分表）。如今 MySQL 8 对 UUID 提供了增强性支持，不仅使其长度大大缩小，而且解决了原来存在的 UUID 值无序的问题。

（1）UUID()：可以生成不会重复出现的 32 位十六进制字符串（不算分隔符'-'），例如：

62ab1547-710f-11e8-9a58-5254007205d6

采用 utf8mb4 字符集直接保存 32 个字符需要占用 128 字节，对于主键来说还是太长。但 UUID 中的每个字符都是十六进制字符，两个十六进制字符占用 1 字节，这样可以轻松将 UUID 转换为 binary(16)，占用 16 字节，所需空间大大减少，而且二进制字符串检索效率很高。

但由于 UUID 的组成中将 timestamp 部分的低位时间段（如毫秒）放在了前面，高位时间段（如年、月、日）放在了后面，这会导致前面的字符变化很快，后面的变化很慢，从而使产生的 UUID 不能顺序自增，这会导致索引插入效率大大降低。为解决这一问题，MySQL 8 提供了两个函数：UUID_TO_BIN(参数1,参数2)和 BIN_TO_UUID(参数1,参数2)。

（2）UUID_TO_BIN(参数1, 参数2)：将 UUID 转化为 16 位二进制字符串，参数 1 为 UUID 字符串，如果参数 2 为 true，则将 UUID 中的 timestamp 部分中的 time-low（第一段字符）和 time-high（第三段字符）调换，这样产生的 UUID 是顺序递增的。

（3）BIN_TO_UUID(参数1, 参数2)：将 16 位二进制字符串转化为可读的 UUID，参数 1 为 16 位二进制字符串，如果参数 2 省略或为 false，则将二进制字符串原位转换；如果参数 2 为 true，则将原来调换的 time-low 和 time-high 再调换回去，返回原本的 UUID。

【例 5.4】 测试 UUID 和 timestamp。

(1) 创建一张测试表。
```
USE mydb;
DROP TABLE IF EXISTS test;
CREATE TABLE test
(
    ID1      varbinary(16) PRIMARY KEY,
    ID2      timestamp DEFAULT CURRENT_TIMESTAMP()
);
```

(2) 使用 UUID_TO_BIN 函数插入 3 条记录。
```
INSERT INTO test (ID1) VALUES(UUID_TO_BIN(UUID(),true));
INSERT INTO test (ID1) VALUES(UUID_TO_BIN(UUID(),true));
INSERT INTO test (ID1) VALUES(UUID_TO_BIN(UUID(),true));
```

(3) 查看插入记录结果。
```
SELECT ID1,BIN_TO_UUID(ID1,true) ID1HEX FROM test;
```
运行结果如图 5.7 所示。

ID1	ID1HEX
□??羲8€?{D旴&	1cc17038-1fdf-11eb-80af-107b44954a26
□??全记?{D旴&	1cc8abde-1fdf-11eb-80af-107b44954a26
□??题€?{D旴&	1cd7817d-1fdf-11eb-80af-107b44954a26

图 5.7 运行结果

其中，ID1 列的内容是二进制形式的，所以显示为乱码。

如果需要按主键查询，则需要使用对应的函数：
```
SELECT * FROM test
    WHERE ID1=UUID_TO_BIN('1cc17038-1fdf-11eb-80af-107b44954a26',true);
```
运行结果：第 1 条记录被查询显示。

5.1.2 插入查询记录

如果想将已经存在的表记录插入指定的表中，则使用下列语句。
```
INSERT INTO 目标表名(列名, …)
    SELECT (输出项, …) FROM 源表名 [WHERE 条件]
    [ON DUPLICATE KEY UPDATE 列名 = 值, …];
```
其中，将 SELECT 查询得到的记录插入 INTO 指定的目标表中。ON DUPLICATE KEY UPDATE 表示，当插入的记录行在目标表的主键（PRIMARY KEY）或唯一索引列（UNIQUE）中已经存在时，用新行更新已有行。

1. 将记录插入另一个表

【例 5.5】 把订单新表（orders_new）中包含支付金额的记录插入订单表（orders）中。
```
USE emarket;
SELECT * FROM orders_new;                              # (a)
DELETE FROM orders;
INSERT INTO orders(订单编号, 账户名, 支付金额, 下单时间)
    SELECT 订单编号, 账户名, 支付金额, 下单时间 FROM orders_new WHERE 支付金额>0;
SELECT * FROM orders;                                  # (b)
```
运行结果如图 5.8 所示。

订单编号	账户名	姓名	支付金额	下单时间
1	easy-bbb.com	易 斯	0.00	2021-02-18
2	23168-aa.com	(Null)	108.00	2021-02-18
100	easy-bbb.com	周俊邻	0.00	2021-02-18
101	easy-bbb.com	周俊邻	15.00	2021-02-18

（a）orders_new 表记录

订单编号	账户名	支付金额	下单时间
2	23168-aa.com	108.00	2021-02-18
101	easy-bbb.com	15.00	2021-02-18

（b）orders 表记录

图 5.8 运行结果

2. 通过 ON DUPLICATE KEY UPDATE 子句来避免插入冲突

【例 5.6】 把订单新表（orders_new）中包含支付金额的记录插入订单表（orders）中，相同记录更新指定列。

（1）修改订单新表（orders_new）中订单编号为 100 和 101 的记录的支付金额。

```
USE emarket;
UPDATE orders_new SET 支付金额 = 26.30  WHERE 订单编号 = 100;
UPDATE orders_new SET 支付金额 = 150  WHERE 订单编号 = 101;
```

（2）执行插入语句。

```
INSERT INTO orders(订单编号, 账户名, 支付金额, 下单时间)
    SELECT 订单编号, 账户名, 支付金额, 下单时间 FROM orders_new WHERE 支付金额>0
    ON DUPLICATE KEY UPDATE 支付金额=orders_new.支付金额;
SELECT * FROM orders;
```

运行结果如图 5.9 所示。

订单编号	账户名	支付金额	下单时间
2	23168-aa.com	108.00	2021-02-18
100	easy-bbb.com	26.30	2021-02-18
101	easy-bbb.com	150.00	2021-02-18

图 5.9 运行结果

可以看到，订单编号为 100 和 101 的记录被修改了支付金额。

5.1.3 导入文件数据

1. 导入文本数据

MySQL 的 LOAD DATA 语句能以非常快的速度将文本文件中的数据导入表中：

```
LOAD DATA [LOCAL] INFILE 文件名 INTO TABLE 表名                    # (a)
    FIELDS …                                                      # (b)
    LINES …                                                       # (c)
```

说明：

(a)“文件名”用单引号括起来，文件以普通文本文件（.txt）格式保存。

如果指定了 LOCAL，则由客户端上的程序读取文件并将其发送到服务器，“文件名”可以写出完整的路径名来指定文件的确切位置；也可以以相对路径名的形式给出，MySQL 将以相对于启动客户端程序的目录解释该名称。如果未指定 LOCAL，则文件必须位于服务器上，并由服务器直接读取。

（b）指定导入数据时对字段格式及属性的具体要求。

（c）指定导入数据时对文本文件中行格式及属性的具体要求。

【例 5.7】 利用 LOAD DATA 语句从 emarket 数据库目录中读取文件 commodity.txt，将文件内容加载到商品表（commodity）中。

commodity.txt 内容如图 5.10 所示。

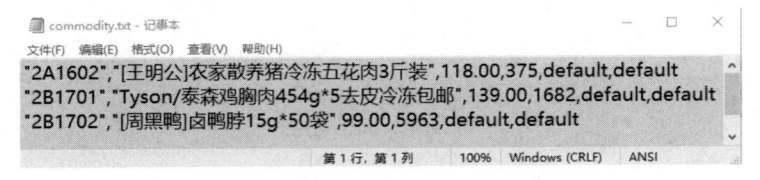

图 5.10 commodity.txt 内容

其中，列的内容也可以包含""、null 和 default，但对于生成列需要用 default 占位。

（1）客户端本地导入文件。

为使本例能正常操作，需要将 local_infile 这个系统全局环境变量设置为 ON，执行如下语句，然后查看设置结果：

```
SET GLOBAL local_infile = ON;
```

（2）将文件 commodity.txt 的内容加载到商品表中。

```
USE emarket;
LOAD DATA LOCAL INFILE 'E:\MySQL8\\DATAFILE\\commodity.txt' INTO TABLE commodity
    CHARACTER SET gbk                                       #（a）
    FIELDS
    TERMINATED BY ','                                       #（b）
    ENCLOSED BY '\"'                                        #（c）
    ESCAPED BY '\'                                          #（d）
    LINES
    TERMINATED BY '\r\n';                                   #（e）
```

说明：

（a）CHARACTER SET 为 MySQL 从文件导入数据指定字符集。由于本例文本中含有汉字字符，为了正确地解释文件内容，这里将字符集设为 gbk。

注意：在 E:\MySQL8\DATAFILE 目录中分隔符 "\" 需要变成 "\\"。

（b）设置字段之间的分隔字符（单个或多个），默认为制表符（"\t"），本例文本文件中数据字段间是以逗号分隔的，故这里设为","。

（c）设置包围（引用）字段的字符，只能是单个字符，本例文本文件中以双引号引用字段内容，故设为 "\""。

（d）控制如何写入或读取特殊字符，即设置转义字符。

（e）用于设置文本文件中每行的结束符，可以为单个或多个字符，本例为回车换行符 "\r\n"。

2. 导入 XML 数据

MySQL 的 LOAD XML 语句能将外部 XML 文件中定义的数据导入表中。

```
LOAD XML [LOCAL] INFILE 文件名 INTO TABLE 表名           #（a）
    ROWS IDENTIFIED BY '<标记名>'                        #（b）
    [(@变量1, …)]                                        #（c）
    [SET 列名1 = @变量1, …];                              #（c）
```

说明：

（a）"文件名" 同样用单引号括起来，要写出完整后缀（.xml）。也可以指定 LOCAL 关键字，由客户端上的程序读取 XML 文件发送给服务器，服务器定位文件的规则同 LOAD DATA 语句。

（b）据此检索和导入所有与该名称匹配的标记内的数据内容作为表记录。

（c）导入数据时，MySQL 服务器默认查找 XML<标记名>中与数据库表的列名相匹配的字段名。当 XML 文件中的数据字段名与表列名称不相同时，需要在语句中先声明一个变量列表，然后使用 SET 子句将数据库表中的列名设置为要导入的对应匹配字段的变量的值。

要导入 XML 文件数据，XML 文件中的内容首先需要按照 XML 格式组织编写：

```
<?xml version="1.0" encoding="UTF-8"?>
<data>
    内容描述
</data>
```

其中，内容描述的数据可以采用下列 3 种基本格式。

（1）字段名作为属性，字段值作为属性值。

（2）直接将字段名作为标记，字段值就是标记的内容。

（3）字段名作为<field>标记的 name 属性，值是这些标记的内容。

【例 5.8】 将 XML 文件（emarket.xml）中的商品数据内容导入商品表和供应商表中。

（1）本地 E:\MySQL8\DATAFILE 目录下的 emarket.xml 的内容：

```
<?xml version="1.0" encoding="UTF-8"?>
<data>
    <commodity cid="3BA301" cname="波士顿龙虾特大鲜活 1 斤" price="149.00" amount="2800"/>
    <commodity cid="3C2205" cname="[参王朝]大连6-7年深海野生干海参" price="1188.00" amount="1203"/>
    <commodity cid="4A1601">
        <cname>农家散养草鸡蛋40 枚包邮</cname>
        <price>33.90</price>
        <amount>690</amount>
    </commodity>
    <commodity>
        <field name="cid">4C2402</field>
        <field name="cname">青岛啤酒500ml*24 听整箱</field>
        <field name="price">112.00</field>
        <field name="amount">23427</field>
    </commodity>
    <supplier sid="01" sname="陕西金苹果有限公司"/>
    <supplier sid="02" sname="山东烟台香飘苹果公司"/>
    <supplier sid="03" sname="新疆阿克苏地区联合体"/>
    <supplier sid="05" sname="新疆安利达果品旗舰店"/>
    <supplier sid="06" sname="安徽砀山王牌梨供应公司"/>
    <supplier sid="16" sname="安徽六安果品旗舰店"/>
    <supplier sid="17" sname="武汉新农合作有限公司"/>
    <supplier sid="22" sname="大连参一品官方旗舰店"/>
    <supplier sid="24" sname="青岛新品啤酒股份有限公司"/>
    <supplier sid="A1" sname="万通供应链（上海）有限公司"/>
    <supplier>
        <field name="sid">A3</field>
        <field name="sname">大连海洋世界海鲜有限公司</field>
    </supplier>
</data>
```

其中包含 4 条商品表（commodity）记录和 11 条供货商表（supplier）记录。MySQL 通过这种机制，可以实现用同一个 XML 文件存储不同应用的多方面的数据，需要时再通过标记名区分需要导入的数据，在增强灵活性的同时又避免了数据冗余。

供货商表（supplier）结构如图 5.11 所示。

图 5.11 供货商表（supplier）结构

（2）将 XML 包含<commodity>标记的数据导入 commodity 表。

```
SET GLOBAL local_infile = ON;
USE emarket;
LOAD XML LOCAL INFILE 'E:\MySQL8\\DATAFILE\\emarket.xml' INTO TABLE commodity
    CHARACTER SET gbk                                    #（a）
    ROWS IDENTIFIED BY '<commodity>'                     #（b）
    (@cid, @cname, @price, @amount)                      #（c）
    SET 商品编号=@cid, 商品名称=@cname, 价格=@price, 库存量=@amount;
                                                         #（c）
SELECT * FROM commodity WHERE LEFT(商品编号,1)>='3';
```

运行结果如图 5.12 所示。

图 5.12 运行结果

说明：
（a）指定文件内容字符集为 gbk。
（b）指定文件中采用<commodity>作为行记录标记。
（c）设置变量名与字段名对应，然后通过 SET 把字段名与表列名对应起来。
（3）将包含<supplier>标记的数据导入供应商（supplier）表中。

```
SET GLOBAL local_infile = ON;
LOAD XML LOCAL INFILE 'E:\MySQL8\\DATAFILE\\emarket.xml'
    INTO TABLE supplier
    CHARACTER SET gbk
    ROWS IDENTIFIED BY '<supplier>'
    (@sid, @sname)
    SET 供货商编号 = @sid, 供货商名称 = @sname;
SELECT * FROM supplier;
```

运行结果如图 5.13 所示。

图 5.13 运行结果

5.1.4 导入 Excel/Word 文件数据

用 MySQL 语句导入数据多用于应用程序，开发人员先把语句写在程序代码中，然后通过界面提供导入功能。用户只要单击该功能按钮就可导入。

在应用程序开发阶段，需要导入一些已经存在于其他文档中的记录进行测试，可以直接用 Navicat 进行操作。Navicat 可以导入 TXT、XML 和 JSON 文件等很多格式的数据到 MySQL 表中。

实际应用中，有的表（部分）数据已经产生在 Excel 表中，而 MySQL 没有直接导入它们的命令，这时可以用 Navicat 进行操作。

Excel 文件内容如图 5.14 所示，Word 订单项表内容如图 5.15 所示。

	A	B	C	D
1	订单编号	账户名	支付金额	下单时间
2	1	easy-bbb.com	129.40	2019.10.01
3	2	sunrh-phei.net	495.00	2019.10.03
4	3	sunrh-phei.net	171.80	2019.12.18
5	4	231668-aa.com	29.80	2020.01.12
6	5	easy-bbb.com	119.60	2020.01.06
7	6	sunrh-phei.net	33.80	2020.03.10
8	7	sunrh-phei.net	1418.60	2020.06.03
9	8	easy-bbb.com	358.80	2020.05.25
10	9	231668-aa.com	149.00	2020.11.11

图 5.14　Excel 文件内容

订单编号	商品编号	订货数量	发货否
1	1A0201	2	1
1	1B0501	1	1
2	2B1702	5	1
4	1A0201	1	1
3	1GA101	1	1
3	4C2402	1	1
5	1GA101	2	1
6	1B0602	2	1
8	1GA101	6	1
7	2A1602	10	1
7	1B0501	2	0
7	2B1702	1	1
9	1A0201	5	0

图 5.15　Word 订单项表内容

可将该 Excel 文件导入 emarket 数据库的 orders 表中。将 Word 表格内容存放到 Excel 中，然后用 Excel 导入。也可存为 CSV 文件，然后选择 CSV 方式导入订单项表（orderitems）中。

5.1.5　导入图片数据

下面对商品表的第一条记录导入图片数据，由于要执行 INSERT 语句，这里先将第一条记录删除，再连同图片数据一起执行插入操作：

```
DELETE FROM commodity WHERE 商品编号 = '1A0101';
INSERT INTO commodity(商品编号, 商品名称, 价格, 库存量, 商品图片)
    VALUES
    ('1A0101', '洛川红富士苹果冰糖心 10 斤箱装', 44.80, 3601, LOAD_FILE('E:/MySQL8/
DATAFILE/apple.jpg'));
SELECT 商品编号,商品图片 FROM commodity WHERE 商品编号 = '1A0101';
```

运行结果如图 5.16 所示。

商品编号	商品图片
1A0101	(BLOB) 18.03 KB

图 5.16　运行结果

说明：

（1）插入的图片文件大小不能超过 64KB。

（2）虽然在 my.ini 文件中指定了图片文件的存放路径，但这里的 LOAD_FILE('E:/MySQL8/DATAFILE/apple.jpg')仍然需要指定当前导入文件的路径。

用同样的方法可为其他商品导入图片数据。

（3）如果导入图片不成功，则可以查看系统配置文件 my.ini：

```
[mysqld]
…
# 图片存放路径
secure_file_priv=…
```

执行下列语句：
```
SHOW GLOBAL VARIABLES LIKE '%secure%';
```
可以查看 secure_file_priv 系统变量值。

将其修改成：secure_file_priv=对应图片文件路径，重新启动 MySQL 再试。

5.1.6 查询表记录复制

1. 新表列为已有表的部分或者全部

下列语句可对已有表查询记录并将表结构复制到另一个表中。
```
CREATE TABLE 表名
    AS ( SELECT 语句 )
```

【例 5.9】 在 emarket 数据库中，复制一个 commodity 表结构和内容。
```
CREATE TABLE commodity_copy3
    AS (SELECT * FROM commodity WHERE 商品编号 LIKE '1%' );
DESC commodity;                              # (a)
DESC commodity_copy3;                        # (b)
SELECT * FROM commodity_copy3;               # (c)
```
运行结果如图 5.17 所示。

Field	Type	Null	Key	Default	Extra
商品编号	char(6)	NO	PRI	(Null)	
商品名称	varchar(32)	NO		(Null)	
价格	decimal(6,2)	NO		0.00	
库存量	smallint unsigned	YES		0	
商品图片	blob	YES		(Null)	
总价	decimal(10,2)	YES		(Null)	VIRTUAL GENERATED
商品	varchar(100)	YES		(Null)	VIRTUAL GENERATED

(a)

Field	Type	Null	Key	Default	Extra
商品编号	char(6)	NO		(Null)	
商品名称	varchar(3)	NO		(Null)	
价格	decimal(6	NO		0.00	
库存量	smallint u	YES		0	
商品图片	blob	YES		(Null)	
总价	decimal(1	YES		(Null)	
商品	varchar(10	YES		(Null)	

(b)

商品编号	商品名称	价格	库存量	商品图片	总价	商品
1A0101	洛川红富士苹!	44.80	3601	(Null)	161324.80	1A0101 洛川红富士苹果冰糖心10斤箱装
1A0201	烟台红富士苹!	29.80	5698	(Null)	169800.40	1A0201 烟台红富士苹果10斤箱装
1A0302	阿克苏苹果冰	29.80	12680	(Null)	377864.00	1A0302 阿克苏苹果冰糖心5斤箱装

(c)

图 5.17 运行结果

从图中可以看出，在 commodity_copy3 表中没有主键，生成列变成普通列了。

2. 用 Navicat 复制表结构和数据

在实际数据库应用开发中，复制表结构和数据记录可以直接在 Navicat 环境下进行可视化操作，十分方便，具体方法如下。

选择需要复制的表并右击，在快捷菜单中选择"复制表"→"结构和数据"命令，系统生成一个新表，表结构（包括主键、索引、约束、外键、分区等）和记录与原表相同，但新表名在旧表名后面加了"_copy1"。

3. 创建表结构的同时移植已有表的部分列

将创建表部分列与已有表部分列合在一起，使用下列语句。
```
CREATE TABLE 表名
(
    列名, …
) SELECT 语句
```

【例 5.10】 创建 commodity_copy4 表，仅需要 commodity 表商品编号、商品名称和价格列。

```
USE emarket;
CREATE TABLE commodity_copy4
(
    商品ID        int     NOT NULL AUTO_INCREMENT PRIMARY KEY
) SELECT 商品编号, 商品名称, 价格 FROM commodity;
SELECT * FROM commodity_copy4;
```

commodity_copy4 表记录如图 5.18 所示。

商品ID	商品编号	商品名称	价格
1	1A0101	洛川红富士苹果冰糖心10斤	44.80
2	1A0201	烟台红富士苹果10斤箱装	29.80
3	1A0302	阿克苏苹果冰糖心5斤箱装	29.80

图 5.18 commodity_copy4 表记录

5.2 修改记录

在 MySQL 操作中，修改记录有两种途径，一种是使用 REPLACE 语句以新记录替换旧记录，另一种是用 UPDATE 语句直接更新已有的记录。

5.2.1 替换记录

用 REPLACE 语句实现记录替换操作，有以下三种格式。

```
REPLACE INTO 表名 [(列表)] VALUES(值, …)
REPLACE INTO 表名
    SET 列名 = 值, …
REPLACE INTO 目标表名(列表1)
    SELECT (列表2) FROM 源表名 [WHERE 条件]
```

REPLACE 替换记录的语法与插入（INSERT）记录的语法类似，它们的功能差别如下。

（1）INSERT 只能插入记录，如果插入的记录的主键内容在表中存在，语句就会出错。

（2）如果 REPLACE 加入的内容在表中不存在，则插入记录。如果插入记录的主键在表中存在，则它会先删除原来的记录，然后插入新记录。

在不确定表中是否已存在与所要插入记录主键相同的记录时，用 REPLACE 语句执行替换操作，可避免因 INSERT 语句无法插入重复主键而出错，这在需要给数据库中已有记录补充录入新数据的场合非常有用，不需要人为查找和删除原有的重复记录。

1. 插入或者替换记录

【例 5.11】 用 REPLACE 语句向与 commodity 表结构相同的新表 commodity_new 中插入记录。

```
USE emarket;
CREATE TABLE commodity_new LIKE commodity;                                    #（a）
REPLACE INTO commodity_new(商品编号, 商品名称, 价格, 库存量) SELECT 商品编号, 商品名称,
价格, 库存量 FROM commodity WHERE LEFT(商品编号,1) <='2';                        #（b）
REPLACE INTO commodity_new(商品编号, 商品名称, 价格, 库存量)
    VALUES('1GA101', '智利车厘子2斤大樱桃整箱顺丰包邮',80.00, 6000);             #（c）
REPLACE INTO commodity_new(商品编号, 商品名称, 价格, 库存量)
    VALUES('1GA101', '智利车厘子2斤大樱桃整箱顺丰包邮',59.80, 5420);             #（d）
SELECT * FROM commodity_new;
```

运行结果如图 5.19 所示。

商品编号	商品名称	价格	库存量	商品图片	总价	商品
1A0101	洛川红富士苹果冰糖心10斤箱装	44.80	3601	(Null)	161324.80	1A0101 洛川红富士苹果冰糖心10斤箱装
1A0201	烟台红富士苹果10斤箱装	29.80	5698	(Null)	169800.40	1A0201 烟台红富士苹果10斤箱装
1A0302	阿克苏苹果冰糖心5斤箱装	29.80	12680	(Null)	377864.00	1A0302 阿克苏苹果冰糖心5斤箱装
1B0501	库尔勒香梨10斤箱装	69.80	8902	(Null)	621359.60	1B0501 库尔勒香梨10斤箱装
1B0601	砀山梨10斤箱装大果	19.90	14532	(Null)	289186.80	1B0601 砀山梨10斤箱装大果
1B0602	砀山梨5斤箱装特大果	16.90	6834	(Null)	115494.60	1B0602 砀山梨5斤箱装特大果
1GA101	智利车厘子2斤大樱桃整箱顺丰包邮	59.80	5420	(Null)	324116.00	1GA101 智利车厘子2斤大樱桃整箱顺丰包邮
2A1602	[王明公]农家散养猪猪冻五花肉3斤装	118.00	375	(Null)	44250.00	2A1602 [王明公]农家散养猪猪冻五花肉3斤装
2B1701	Tyson/泰森鸡胸肉454g*5去皮冷冻	139.00	1682	(Null)	233798.00	2B1701 Tyson/泰森鸡胸肉454g*5去皮冷冻
2B1702	[周黑鸭]卤鸭脖15g*50袋	99.00	5963	(Null)	590337.00	2B1702 [周黑鸭]卤鸭脖15g*50袋

图 5.19 运行结果

说明：
（a）创建新表 commodity_new，表结构与 commodity 表结构（包含生成列）相同。
（b）复制 commodity 表中符合 LEFT(商品编号,1) <='2'条件的记录到 commodity_new 表中。
（c）插入一条商品编号为'1GA101'的记录。
（d）修改一条商品编号为'1GA101'的记录中的价格和库存量列数据。
语句影响的记录如图 5.20 所示。

```
# (a)
REPLACE INTO commodity_new(商品编号，商品名称，价格，库存量) SELECT 商品编号，
品编号,1) <='2'
> Affected rows: 9
> 时间: 0.049s

# (b)
REPLACE INTO commodity_new(商品编号，商品名称，价格，库存量)
        VALUES('1GA101','智利车厘子2斤大樱桃整箱顺丰包邮',80.00, 6000)
> Affected rows: 1
> 时间: 0.073s

# (c)
REPLACE INTO commodity_new(商品编号，商品名称，价格，库存量)
        VALUES('1GA101','智利车厘子2斤大樱桃整箱顺丰包邮',59.80, 5420)
> Affected rows: 2
> 时间: 0.162s

# (d)
SELECT * FROM commodity_new
> OK
> 时间: 0.001s
```

图 5.20 语句影响的记录

说明：
（1）REPLACE INTO commodity_new…SELECT 语句从 commodity 表中选取符合要求的记录向 commodity_new 表中插入，影响了 9 条记录。
（2）REPLACE INTO commodity_new…VALUES('1GA101',…80.00, 6000)语句直接插入 1 条记录。
（3）REPLACE INTO commodity_new … VALUES('1GA101',…59.80, 5420)语句替换了 1 条记录，影响了两条记录（先删除 1 条记录，再插入 1 条记录）。
（4）SELECT * FROM commodity_new 语句没有影响任何记录。
注意：REPLACE 语句在具有非单列作为主键的表上运行时，新记录在所有主键列上的值必须都与被替换的行的现有列值相匹配，否则，MySQL 将视其为两个不同的记录行，将其分别插入表中而非执行替换操作。

2. 默认值的影响
【例 5.12】 修改 commodity_new 表记录。
（1）修改编号为"2A1602"的记录的商品名称。

```
USE emarket;
REPLACE INTO commodity_new
    SET 商品编号='2A1602', 商品名称='冷冻五花肉';
```

出错提示信息如图 5.21 所示。

```
信息  状态
REPLACE INTO commodity_new
        SET 商品编号 = '2A1602', 商品名称 = '冷冻五花肉'
> 1364 - Field '价格' doesn't have a default value
> 时间: 0s
```

图 5.21　出错提示信息

说明：

创建表的时候“价格”列未指定默认值，在用 REPLACE 语句替换时将强制用户对没有默认值的字段赋值，否则无法执行。

但如果设置为非严格模式：

```
SET SQL_MODE=' ';
```

上述语句可以执行。

（2）改写上面的语句。

```
REPLACE INTO commodity_new
    SET 商品编号='2A1602', 商品名称='冷冻五花肉', 价格=118;
SELECT * FROM commodity_new WHERE 商品编号='2A1602';
```

运行结果如图 5.22 所示。

商品编号	商品名称	价格	库存量	商品图片	总价	商品
2A1602	冷冻五花肉	118.00	0	(Null)	0.00	2A1602 冷冻五花肉

图 5.22　运行结果

可以看到，编号为“2A1602”的“商品名称”已经改成了新内容，由于 SET 子句并未指定库存量，故 MySQL 取其默认值 0。

（3）基于默认值运算。

```
REPLACE INTO commodity_new
    SET 商品编号='2A1602', 商品名称='冷冻五花肉', 价格=价格*0.8, 库存量=库存量+10;
SELECT * FROM commodity_new WHERE 商品编号='2A1602';
```

运行结果如图 5.23 所示。

商品编号	商品名称	价格	库存量	商品图片	总价	商品
2A1602	冷冻五花肉	0.00	10	(Null)	0.00	2A1602 冷冻五花肉

图 5.23　运行结果

说明：

REPLACE 语句不能从原记录行引用值并在新记录行中使用它们，MySQL 其实是在列默认值（或隐式默认值）的基础上执行运算的，简言之，如果使用“SET 列名 = 列名 + 10”这样的赋值形式，则相当于“SET 列名 = DEFAULT(列名) + 10”，本例“库存量”默认值是 0，故运算后为 10；而“价格”列未定义默认值，MySQL 取其隐式默认值 0.00，乘以 0.8 后仍然为 0.00。

5.2.2　更新记录

更新表中的记录使用 UPDATE 语句，它可以用来更新一个表，也可以用来更新多个表。UPDATE

命令更新记录与 REPLACE 更新记录的最大区别在于：它在原来的记录上更新指定列内容，没有更新的列仍然保持原来的内容。

1. 单表更新

这是 UPDATE 语句最常用的方式，基本语法格式如下：

```
UPDATE 表名 SET 列名 = 值 …                              #（a）
    [WHERE 条件]                                       #（b）
    [ORDER BY …]                                      #（c）
    [LIMIT 行数]                                       #（d）
```

说明：

（a）UPDATE 语句使用新值更新指定表中现有行的列，SET 子句指示要更新的列以及对应的新值，可以将每个新值作为表达式或关键字（默认值）给出。

（b）如果指定了 WHERE 子句，则指定标识要更新行的条件；如果没有 WHERE 子句，则更新表中所有行。

（c）如果指定了 ORDER BY 子句，则按指定的顺序更新行。

（d）LIMIT 子句限制可更新的行数。

1）更新符合条件的记录

【例 5.13】 更新 commodity_new 表的记录。

```
USE emarket;
UPDATE commodity_new
    SET 价格=118, 库存量=120   WHERE 商品编号='2A1602';
SELECT * FROM commodity_new WHERE 商品编号='2A1602';       #（a）
UPDATE commodity_new
    SET 价格=价格*0.8, 库存量=库存量+10
    WHERE 商品编号='2A1602';
SELECT * FROM commodity_new WHERE 商品编号='2A1602';       #（b）
```

运行结果如图 5.24 所示。

商品编号	商品名称	价格	库存量	商品图片	总价	商品
2A1602	冷冻五花肉	118.00	120	(Null)	14160.00	2A1602 冷冻五花肉

（a）

商品编号	商品名称	价格	库存量	商品图片	总价	商品
2A1602	冷冻五花肉	94.40	130	(Null)	12272.00	2A1602 冷冻五花肉

（b）

图 5.24　运行结果

说明：

（a）仅修改商品编号为'2A1602'的记录的价格和库存量，其他列保持原内容。

（b）价格在原来的基础上乘以 0.8，库存量在原来的基础上加 10。

2）顺序更新记录

【例 5.14】 更新 commodity_new 表商品的价格。所有商品的价格先降 10%，库存量最大的两个商品的价格再降 5%。

```
USE emarket;
SELECT 商品编号,商品名称,价格,库存量 FROM commodity_new ORDER BY 库存量 DESC;
                                                          #（a）
UPDATE commodity_new SET 价格=价格-价格*0.1;
```

```
UPDATE commodity_new SET 价格=价格*0.95
    ORDER BY 库存量 DESC LIMIT 2;
SELECT 商品编号,价格,库存量 FROM commodity_new ORDER BY 库存量 DESC;
                                                              # (b)
```

运行结果如图 5.25 所示。

商品编号	商品名称	价格	库存量
1B0601	砀山梨10斤箱装大果	19.90	14532
1A0302	阿克苏苹果冰糖心5斤箱装	29.80	12680
1B0501	库尔勒香梨10斤箱装	69.80	8902
1B0602	砀山梨5斤箱装特大果	16.90	6834
2B1702	[周黑鸭]卤鸭脖15g*50袋	99.00	5963
1A0201	烟台红富士苹果10斤箱装	29.80	5698
1GA101	智利车厘子2斤大樱桃整箱顺丰包邮	59.80	5420
1A0101	洛川红富士苹果冰糖心10斤箱装	44.80	3601
2B1701	Tyson/泰森鸡胸肉454g*5去皮冷冻]	139.00	1682
2A1602	冷冻五花肉	94.40	130

(a)

商品编号	价格	库存量
1B0601	17.01	14532
1A0302	25.48	12680
1B0501	62.82	8902
1B0602	15.21	6834
2B1702	89.10	5963
1A0201	26.82	5698
1GA101	53.82	5420
1A0101	40.32	3601
2B1701	125.10	1682
2A1602	84.96	130

(b)

图 5.25 运行结果

说明：

（a）commodity_new 表价格更新前数据。

（b）commodity_new 表价格更新后数据：

商品编号='1B0601'：价格=19.90*0.9*0.95=17.0145≈17.01。

商品编号='1A0302'：价格=29.80*0.9*0.95=25.479≈25.48。

其他商品（如商品编号='1B0501'）的价格=69.80*0.9=62.82。

2. 多表更新

多表更新即关联多个表，用本表或者其他表列的数据共同更新指定列。

```
UPDATE 表名1，表名2，…
    SET 表名1.列名 = 表名2.列名，
    …
    WHERE 多表关联条件；
```

1）把查询结果作为表进行更新

【例 5.15】 将 commodity_new 表中与 commodity 表价格差小于 15，且原 commodity 表价格高于 100 的商品价格减 10。

```
USE emarket;
SELECT 商品编号, 价格 FROM commodity WHERE 商品编号<'3';         # (a)
SELECT 商品编号, 价格 FROM commodity_new;                       # (b)
UPDATE commodity_new,(SELECT 商品编号, 价格 AS 原价 FROM commodity WHERE 商品编号
<'3' AND 价格>=100) AS commodity_temp
    SET commodity_new.价格 = commodity_new.价格 -10
        WHERE commodity_temp.原价- commodity_new.价格 <15 AND commodity_new.商品编号 =
commodity_temp.商品编号；
    SELECT 商品编号, 价格 FROM commodity_new;                   # (c)
```

运行结果如图 5.26 所示。

说明：

（a）显示 commodity 表商品编号小于'3'的记录，因为 commodity_new 表仅包含商品编号小于'3'的记录。

（b）显示 commodity_new 表所有记录。

（c）执行更新后的 commodity_new 表所有记录中，仅有 1 条记录更新。

商品编号	价格		商品编号	价格		商品编号	价格
1A0101	44.80		1A0101	40.32		1A0101	40.32
1A0201	29.80		1A0201	26.82		1A0201	26.82
1A0302	29.80		1A0302	25.48		1A0302	25.48
1B0501	69.80		1B0501	62.82		1B0501	62.82
1B0601	19.90		1B0601	17.01		1B0601	17.01
1B0602	16.90		1B0602	15.21		1B0602	15.21
			1GA101	53.82		1GA101	53.82
2A1602	118.00		2A1602	84.96		2A1602	84.96
2B1701	139.00		2B1701	125.10		2B1701	115.10
2B1702	99.00		2B1702	89.10		2B1702	89.10
(a)			(b)			(c)	

图 5.26 运行结果

2）多表记录同步

【例 5.16】 将 commodity_new 表数据同步到与 commodity 表的数据一致。

```
USE emarket;
UPDATE commodity_new, commodity
    SET commodity_new.商品名称 = commodity.商品名称,
        commodity_new.价格 = commodity.价格,
        commodity_new.库存量 = commodity.库存量
    WHERE commodity_new.商品编号 = commodity.商品编号;
SELECT * FROM commodity_new;
```

执行后 commodity_new 表中与 commodity 表中商品编号相同的记录，数据恢复为与 commodity 表的一样，但 commodity 表中没有的记录（1GA101），commodity_new 表仍然保持原来的内容，运行结果如图 5.27 所示。

商品编号	商品名称	价格	库存量	商品图片	总价	商品
1A0101	洛川红富士苹果冰糖心10斤箱装	44.80	3601	(Null)	161324.80	1A0101 洛川红富士苹果冰糖心10斤箱装
1A0201	烟台红富士苹果10斤箱装	29.80	5698	(Null)	169800.40	1A0201 烟台红富士苹果10斤箱装
1A0302	阿克苏苹果冰糖心5斤箱装	29.80	12680	(Null)	377864.00	1A0302 阿克苏苹果冰糖心5斤箱装
1B0501	库尔勒香梨10斤箱装	69.80	8902	(Null)	621359.60	1B0501 库尔勒香梨10斤箱装
1B0601	砀山梨10斤箱装大果	19.90	14532	(Null)	289186.80	1B0601 砀山梨10斤箱装大果
1B0602	砀山梨5斤箱装特大果	16.90	6834	(Null)	115494.60	1B0602 砀山梨5斤箱装特大果
1GA101	智利车厘子2斤大樱桃整箱顺丰包邮	53.82	5420	(Null)	291704.40	1GA101 智利车厘子2斤大樱桃整箱顺丰包邮
2A1602	[王明公]农家散养猪冷冻五花肉3斤装	118.00	375	(Null)	44250.00	2A1602 [王明公]农家散养猪冷冻五花肉3斤装
2B1701	Tyson/泰森鸡肉454g*5去皮冷冻	139.00	1682	(Null)	233798.00	2B1701 Tyson/泰森鸡肉454g*5去皮冷冻
2B1702	[周黑鸭]卤鸭脖15g*50袋	99.00	5963	(Null)	590337.00	2B1702 [周黑鸭]卤鸭脖15g*50袋

图 5.27 运行结果

在 commodity 表中增加商品编号为'1GA101'的记录，价格为 59.80，库存量为 5420。

```
INSERT INTO commodity(商品编号, 商品名称, 价格, 库存量)
    VALUES('1GA101', '智利车厘子2斤大樱桃整箱顺丰包邮',59.80, 5420);
```

3. 图片列更新

如果表中包含图片列，则在实际情况下也要更新图片列记录。例如，对于商品表，如果销售的商品有变化，要更新对应的图片，则可以使用下列语句：

```
UPDATE 表名 SET 列名 = LOAD_FILE('路径/图片文件名')
```

在执行更新前，先要将系统配置文件 my.ini 中的变量置空：

```
# 图片存放路径
secure_file_priv=
```

【例 5.17】 更新 commodity 表中的商品图片。

```
USE emarket;
UPDATE commodity
    SET 商品图片=LOAD_FILE('E:/MySQL8/DATAFILE/apple1.jpg')
```

```
            WHERE 商品编号='1A0201';
SELECT 商品编号,商品图片 FROM commodity WHERE 商品编号 = '1A0201';
```
显示结果如图 5.28 所示。

下列语句可将已经存在的图片列清空：
```
UPDATE commodity
    SET 商品图片=NULL
    WHERE 条件;
```

商品编号	商品图片
1A0201	(BLOB) 25.12 KB

图 5.28 显示结果

在 Navicat 中，选择对应的图片列，右击，在快捷菜单中选择"设置为 NULL"命令也可清空当前记录图片列内容。

5.2.3 JSON 类型列记录修改

MySQL 8 的优化器对 JSON 列记录的修改采用局部就地更新的方式，而非删除后重新写入整个 JSON 文档，这么做可以提高操作性能和效率。前面介绍的对普通记录的替换和更新操作同样适用于含有 JSON 类型列数据的记录，只不过对记录中 JSON 列数据进行操作时要额外加上对应的操作函数。
```
UPDATE 表名
    SET JSON类型列名 = 操作函数名(列名, 路径, 值, …)  [WHERE 条件];
```
说明：

（1）JSON 类型操作函数。

JSON_INSERT(j, 路径, 值, …)：加入新的键值，如果该名称的键已经存在，则不进行任何操作。可以同时插入多项，下同。

JSON_REPLACE(j, 路径, 值, …)：用于替换 JSON 中已有的键值，只有当该名称的键存在时，才执行替换，否则不进行任何操作。

JSON_SET(j, 路径, 值, …)：不管原来的键存不存在都会执行操作，存在时对原键值进行修改，不存在时则加入新键。

JSON_REMOVE(j, 路径, 键, …)：删除已有键值。

（2）路径。

要操作的数据项所在的键路径，以"'$.键名'"的形式给出，如果有多层 JSON 对象嵌套，在访问内层 JSON 数据时，要以"."分隔，依次写出该数据项路径上自外向内的所有键名。

例如：
```
SET @j='{"a": 11, "b": 12, "cd": {"c": 21, "d": 22} }';
```
路径：'$.a'、'$.cd.d'等。

（3）值。

既可以是字符串、数值类型，也可以是另一个新创建的 JSON 对象。

【例 5.18】 修改 user 表 JSON 列记录。

（1）查询。
```
USE emarket;
SELECT 账户名,姓名,常用地址 FROM user WHERE JSON_EXTRACT(常用地址, '$."地址"."位置"')="尧新大道16号";
```
user 表查询结果如图 5.29 所示。

账户名	姓名	常用地址
231668-aa.com	周俊邻	{"地址": {"区": "栖霞", "市": "南京", "省": "江苏", "位置": "尧新大道16号"}, "收件人": "米悦", "收件人电话": "1391386655X"}
sunrh-phei.net	孙囹锦	{"地址": {"区": "栖霞", "市": "南京", "省": "江苏", "位置": "尧新大道16号"}}

图 5.29 user 表查询结果

说明：JSON_EXTRACT(常用地址, '$."地址"."位置"')表示找常用地址（JSON 类型）在"地址"."位置"路径下对应的值，为"尧新大道 16 号"，包含两条记录。

（2）修改常用地址（JSON 类型）列内容。
```
UPDATE user
    SET 常用地址=JSON_SET(常用地址,'$."地址"', JSON_OBJECT("省","黑龙江","市","大庆","区","高新","位置","学府街 99 号"))
    WHERE 账户名 ='sunrh-phei.net';                              #（a）
UPDATE user
    SET 常用地址 = JSON_INSERT(常用地址,'$."收件人"',"欧阳红",'$."收件人电话"',"1538099366X",'$."NOTE"',"9:00 以后")
    WHERE 账户名 ='sunrh-phei.net';                              #（b）
UPDATE user
    SET 常用地址 = JSON_REMOVE(常用地址,'$."NOTE"')
    WHERE 账户名 ='sunrh-phei.net';                              #（c）
SELECT 账户名,常用地址 FROM user WHERE 账户名 ='sunrh-phei.net';
```
user 表查询结果如图 5.30 所示。

账户名	常用地址
sunrh-phei.net	{"地址": {"区": "高新", "市": "大庆", "省": "黑龙江", "位置": "学府街99号"}, "收件人": "欧阳红", "收件人电话": "1538099366X"

图 5.30　user 表查询结果

说明：
（a）修改的地址项采用 JSON_OBJECT(…)表示。
（b）在最外层插入 3 个键值对。
（c）删除'$."NOTE"'键对应的键值对。

5.2.4　空间类型列记录修改

空间类型列记录也可以通过 REPLACE 语句和 UPDATE 语句进行操作。
```
REPLACE INTO 表名(空间列名) VALUES(空间对象值);
UPDATE 表名 SET 空间列名 = 空间对象值 …[WHERE 条件]
```
需要注意的是：因为在空间类型列上无法建立主键和唯一性约束，若要通过 REPLACE 语句执行修改，就必须为表额外添加一个非空间类型的索引列，否则 REPLACE 语句执行的将是插入而非修改操作。

【例 5.19】 修改 user 表空间列记录。
```
USE emarket;
UPDATE user
    SET 投递位置= ST_GeomFromText('POINT(125.141403 46.588425)')
    WHERE 账户名='sunrh-phei.net';
SELECT 账户名, 姓名, 常用地址, 投递位置
    FROM user
    WHERE 投递位置 = ST_GeomFromText('POINT(125.141403 46.588425)');
```
运行结果如图 5.31 所示。

账户名	姓名	常用地址	投递位置
sunrh-phei.net	孙函锦	{"地址": {"区": "高新", "市": "大庆", "省": "黑龙江",	POINT(125.141403 46.588425)

图 5.31　运行结果

可见成功实现了修改。

5.3 删除记录

5.3.1 删除行

DELETE 语句可从数据库表中删除符合条件的记录行,分为单表删除操作和多表删除操作。

1. 单表删除

单表删除使用的 DELETE 语句格式如下:

```
DELETE FROM 表名
    [WHERE 条件]
    [ORDER BY …]
    [LIMIT 行数]
```

其中,WHERE 子句指定删除记录的条件,如果没有 WHERE 子句,则删除表中所有行;ORDER BY 子句按指定的顺序删除行;LIMIT 子句限制最大可删的行数。

【例 5.20】 采用多种方式删除 commodity_new 表的记录。

注意,在初始练习时,为了避免错误删除记录(特别是删除所有记录),在删除记录前可以先对原表进行备份。在 Navicat 环境下操作,选择需要备份的表(如 commodity_new)并右击,在快捷菜单中选择"复制表"→"结构和数据"命令。

```
USE emarket;
DELETE FROM commodity_new WHERE 商品编号 LIKE '2A%';
DELETE FROM commodity_new WHERE 商品编号 LIKE '1A%' LIMIT 2;
SELECT 商品编号,商品名称,库存量 FROM commodity_new;          #(a)
DELETE FROM commodity_new ORDER BY 库存量 ASC LIMIT 2;
SELECT 商品编号,商品名称,库存量 FROM commodity_new;          #(b)
```

运行结果如图 5.32 所示。

商品编号	商品名称	库存量
1A0302	阿克苏苹果冰糖心5斤箱装	12680
1B0501	库尔勒香梨10斤箱装	8902
1B0601	砀山梨10斤箱装大果	14532
1B0602	砀山梨5斤箱装特大果	6834
1GA101	智利车厘子2斤大樱桃整箱顺丰包邮	5420
2B1701	Tyson/泰森鸡胸肉454g*5去皮冷冻1	1682
2B1702	[周黑鸭]卤鸭脖15g*50袋	5963

(a)

商品编号	商品名称	库存量
1A0302	阿克苏苹果冰糖心5斤箱装	12680
1B0501	库尔勒香梨10斤箱装	8902
1B0601	砀山梨10斤箱装大果	14532
1B0602	砀山梨5斤箱装特大果	6834
2B1702	[周黑鸭]卤鸭脖15g*50袋	5963

(b)

图 5.32 运行结果

说明:

(a)原商品编号以"2A"打头的记录及"1A0101""1A0201"记录不见了。

(b)删除库存量最小的两条商品记录:2B1701(库存量为 1682)和 1GA101(库存量为 5420)。

2. 多表删除

可以在 DELETE 语句中指定多个表,根据 WHERE 子句中的条件从一个或多个表中删除行。根据要删除的表在语句中出现的位置,有两种写法。

1)只删除 FROM 之前列出的表中的匹配行

写法如下:

```
DELETE 表名, … FROM 表名, …
```

```
    WHERE 连接条件
```
这里，FROM 后面的表名列表中罗列出的表可以不在 FROM 之前的表名中。也可以使用连接关键字（如 INNER JOIN 等）指定连接方式，例如：
```
DELETE t1, t2 FROM t1 INNER JOIN t2 INNER JOIN t3
    WHERE t1.id = t2.id AND t2.id = t3.id;
```
该语句在检索要删除的行时使用 t1、t2 和 t3 三个表，但是只删除表 t1 和 t2 中匹配的行。

2）删除 USING 子句之前列出的表中的匹配行

写法如下：
```
DELETE FROM 表名, … USING 表名, …
    WHERE 连接条件
```
这种格式与第 1 种等价，区别在于改变了要执行删除的表名的书写位置，放在 FROM 之后，以 USING 子句将它们与用于搜索的表名列表隔开，例如：
```
DELETE FROM t1, t2 USING t1 INNER JOIN t2 INNER JOIN t3
    WHERE t1.id = t2.id AND t2.id = t3.id;
```
该语句的作用也与第 1 种一样。

前面的示例使用内部连接（INNER JOIN），也可以使用 SQL 所允许的其他类型的连接，例如：
```
DELETE t1 FROM t1 LEFT JOIN t2 ON t1.id = t2.id WHERE t2.id IS NULL;
```
使用左连接（LEFT JOIN）删除 t1 中与 t2 不匹配的行。

【例 5.21】 多表删除。

（1）当前记录情况。

当前 commodity_new 表和 commodity_list 表中记录如图 5.33 所示。

商品编号	商品名称	库存量
1A0302	阿克苏苹果冰糖心5斤箱装	12680
1B0501	库尔勒香梨10斤箱装	8902
1B0601	砀山梨10斤箱装大果	14532
1B0602	砀山梨5斤箱装特大果	6834
2B1702	[周黑鸭]卤鸭脖15g*50袋	5963

（a）commodity_new 表

商品编号	类别编号	商品名称
1A0101	1A	洛川红富士苹果冰糖心10斤箱装
1A0201	1A	烟台红富士苹果10斤箱装
1B0501	(Null)	库尔勒香梨10斤箱装

（b）commodity_list 表

图 5.33 当前 commodity_new 表和 commodity_list 表中记录

（2）将两表中有相同商品编号的记录删去。
```
USE emarket;
DELETE FROM commodity_new, commodity_list
    USING commodity_new, commodity_list
    WHERE commodity_new.商品编号 = commodity_list.商品编号;
SELECT 商品编号,商品名称 FROM commodity_new;                       #（a）
SELECT 商品编号,类别编号 FROM commodity_list;                      #（b）
```
运行后，commodity_new 表和 commodity_list 表中记录如图 5.34 所示。

商品编号	商品名称
1A0302	阿克苏苹果冰糖心5斤箱装
1B0601	砀山梨10斤箱装大果
1B0602	砀山梨5斤箱装特大果
2B1702	[周黑鸭]卤鸭脖15g*50袋

（a）commodity_new 表

商品编号	类别编号
1A0101	1A
1A0201	1A

（b）commodity_list 表

图 5.34 删除后 commodity_new 表和 commodity_list 表中记录

商品编号为 1B0501 的两表均有的记录被删除了。

5.3.2 清空表记录

TRUNCATE 语句可直接清空表中所有记录。
```
TRUNCATE TABLE 表名;
```
虽然不带 WHERE 子句的 DELETE 语句也可以清空表中所有记录,但它与 TRUNCATE 语句在执行机制上有本质的区别。

下面以一个包含自增列的表为例来说明。

【例 5.22】 TRUNCATE 语句与 DELETE 语句的区别。

(1) DELETE 语句测试。

用 DELETE 语句清空 orders_new 表中所有记录,然后插入记录。
```
USE emarket;
DELETE FROM orders_new;
INSERT INTO orders_new(账户名, 支付金额, 下单时间)
    VALUES('easy-bbb.com', 98.00, '2020-06-06 16:49:52');
SELECT * FROM orders_new;
```
运行结果如图 5.35 所示。

订单编号	账户名	姓名	支付金额	下单时间
102	easy-bbb.com	(Null)	98.00	2020-06-06

图 5.35 运行结果

可以看到,重新插入的记录"订单编号"变成了 102。这是因为 DELETE 在清空表的时候先将表中原有记录删除,再插入记录,插入的记录被 MySQL 当作一条新的记录看待,由于"订单编号"列为 AUTO_INCREMENT(自增)属性,故新插入的记录列值在原记录基础上增 1。

(2) TRUNCATE 语句测试。

TRUNCATE 语句先清空 orders_new 表,再插入记录。
```
TRUNCATE TABLE orders_new;
INSERT INTO orders_new(账户名, 支付金额, 下单时间)
    VALUES('easy-bbb.com', 98.00, '2020-06-06 16:49:52');
SELECT * FROM orders_new;
```
运行结果如图 5.36 所示。

订单编号	账户名	姓名	支付金额	下单时间
1	easy-bbb.com	(Null)	98.00	2020-06-06

图 5.36 运行结果

可以看到,重新插入的记录"订单编号"仍为 1。这是因为,TRUNCATE 清空表先将原表整个删除。这样一来,插入记录实际上是往与原表相同的一个新表中录入,由于新表为一空表,没有记录,于是将插入的这条记录看作第一条记录,"订单编号"就是 1 了。

从两种语句执行后的输出信息也可以看出两者在执行机制上的不同,如图 5.37 所示。

可以看到,DELETE 语句输出的 Affected rows(影响行数)为 1,而 TRUNCATE 语句只输出 OK,而无影响行数,就是因为 TRUNCATE 语句直接删了整个表而未统计表记录的行数。

由于 TRUNCATE 语句直接删除整个表,故当表中数据量很大时,它比 DELETE 语句在执行速度上要快得多,但在操作前一定要确认。

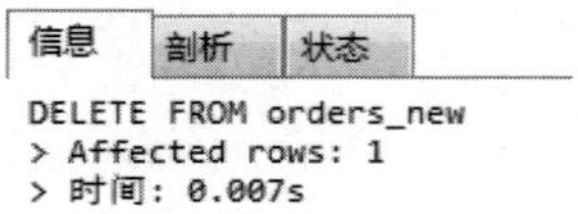

```
信息  剖析  状态
DELETE FROM orders_new
> Affected rows: 1
> 时间: 0.007s
```

```
信息  剖析  状态
TRUNCATE TABLE orders_new
> OK
> 时间: 0.032s
```

(a) DELETE 语句输出信息 　　　　　　(b) TRUNCATE 语句输出信息

图 5.37　两种语句执行后的输出信息

5.4　导出记录

5.4.1　表记录导出方式

1. 利用全部或者符合条件的记录形成新表

```
CREATE TABLE 表名 AS ( SELECT 语句 )
```

2. 将全部或者符合条件的记录加入已经存在的表中

```
INSERT INTO 目标表名(列名，…)
    SELECT (输出项，…) FROM 源表名 [WHERE 条件]
    [ON DUPLICATE KEY UPDATE 列名 = 值，…];
```

5.4.2　表导出形成文件

1. 表记录导出

下列命令可把表记录导出到一个文件中。

```
SELECT * INTO OUTFILE '文件名' 导出选项 | DUMPFILE '文件名'
```

其中，"导出选项"如下：

```
[FIELDS
    [TERMINATED BY '字符串']
    [[OPTIONALLY] ENCLOSED BY '字符']
    [ESCAPED BY '转义字符']
]
[LINES TERMINATED BY '字符串']
```

说明：

（1）导出文件默认在服务器上创建，并且文件名不能是已经存在的，否则可能将原文件覆盖，需要在文件名前加上具体的路径。

在文件中，数据行以一定的形式存放，空格用 "\N" 表示。

（2）FIELDS 子句指定导出文件中数据存放的格式。可指定下列格式中的一个。

TERMINATED BY：指定列值之间的分隔符号。

ENCLOSED BY：指定包裹字符串的符号（如双引号）。若加上关键字 OPTIONALLY，则表示所有类型值都放在双引号之间。

ESCAPED BY：指定转义字符，例如，ESCAPED BY '*'，将 "*" 指定为转义字符，取代 "\"，如空格将表示为 "*N"。

（3）LINES 子句指定一行结束的标志。

如果 FIELDS 和 LINES 子句都不指定，则默认声明以下子句：

```
FIELDS TERMINATED BY '\t' ENCLOSED BY '' ESCAPED BY '\\'
LINES TERMINATED BY '\n'
```

（4）如果使用 DUMPFILE 而非 OUTFILE，则导出的文件中所有的行都彼此紧挨着放置，行之间没有任何标记，就成了一个长长的值。

【例 5.23】 导出 mydb 数据库 youth 表的所有记录到 E:\MySQL8\DATAFILE 目录中的 myfile1.txt 文件中，列值如果是字符就用双引号标注，列值之间用逗号隔开，每行以"\n"为结束标志。

```
USE mydb;
SELECT * FROM xs
    INTO OUTFILE 'E:/MySQL8/DATAFILE/myfile1.txt'
    FIELDS
        TERMINATED BY ','
        OPTIONALLY ENCLOSED BY '"'
    LINES TERMINATED BY '\n';
```

导出成功后可以查看 E:\MySQL8\DATAFILE 目录中的 myfile1.txt 文件，文件内容如图 5.38 所示。

说明：

（1）如果数据库（表）的字符集与操作系统字符集不同，则导出的 TXT 文件会显示乱码。

（2）如果导出文件不成功，则可以查看系统配置文件 my.ini。可以修改[mysqld]段 secure_file_priv=，重新启动 MySQL 再试。

2. Navicat 导出

用 Navicat 导出与导入操作类似，而且当数据库（表）的字符集与操作系统字符集不同时，Navicat 会自动转换。注意，在 Navicat 中字段指表列，字段名就是列名。

【例 5.24】 导出 emarket 数据库 orderitems 表的数据到 E:\MySQL8\DATAFILE 目录中的 orderitems1.txt 文件中。

右击要导出的 orderitems 表，在快捷菜单中选择"导出向导"命令，选择导出格式为文本文件（*.txt），单击"下一步"按钮，勾选源栏的表名，在对应"导出到"栏选择目录和文件，文件名为 E:\MySQL8\DATAFILE\orderitems1.txt。单击"高级"按钮，可以选择字符集（这里采用默认值）。单击"下一步"按钮，选择列名。单击"下一步"按钮，选择字段（列）数据分隔符和日期格式。单击"下一步"按钮，单击"开始"按钮。导出的文件内容如图 5.39 所示。

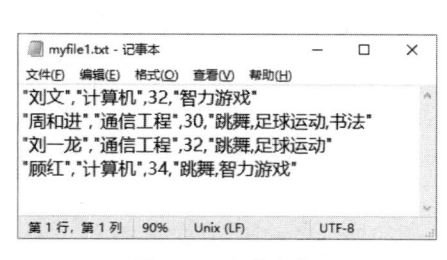

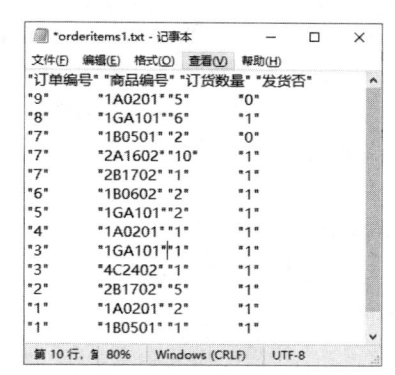

图 5.38　文件内容　　　　　　　　图 5.39　导出的文件内容

3. 导出图片

用 Navicat 还可将导入的商品图片从数据库表中导出，操作方法：右击商品图片的 blob 字段，单击"保存数据为"命令，在弹出的"另存为"对话框中选择保存路径、指定文件名，后缀为".jpg"，单击"保存"按钮即可将图片导出至特定路径下。

5.5 数据库备份与恢复

尽管 MySQL 系统采取了各种措施来保证数据库的安全性和完整性，但硬件故障、软件错误、病毒、误操作或故意破坏仍可能发生。因此，MySQL 提供了把数据库从错误状态恢复到某一正确状态的功能，数据库的恢复是以备份为基础的。MySQL 的备份和恢复为存储在 MySQL 数据库中的关键数据提供了重要的保护手段。通过备份和恢复可将数据库从一台服务器移植到另一台服务器上。

MySQL 提供了三种数据库备份形式。

（1）备份文件：通过 SQL 语句或使用客户端工具导出数据或表文件的副本来备份数据库。

（2）日志文件：通过保存更新数据的所有语句来备份数据库。

（3）主从复制：此功能建立在两个或以上的服务器之间，通过设定它们的主从关系来实现备份。

5.5.1 mysqldump 备份和恢复

前面介绍数据库表记录操作时已经讲过采用 SELECT * INTO OUTFILE '文件名'语句将表记录导出到文件中，同时，使用 LOAD DATA…INFILE 语句将一个文件中的数据导入数据库表中。这里，SQL 语句只能导出或导入数据记录的内容，不包括表的结构，如果表的结构文件损坏，则必须先恢复原来的表结构。

在 MySQL 目录下的 bin 子目录中有很多客户端程序，其中 mysqldump 程序专用于数据库的备份，mysql 程序则用于数据库的恢复。

1. 利用 mysqldump 备份数据库及表

mysqldump 是 MySQL 内置的工具，允许用户将数据库指定不同的选项备份到文件、服务器，甚至是压缩文件中。

mysqldump 备份包括下列三种写法：

```
mysqldump [选项] 数据库 [表] >文件名
mysqldump [选项] --databases [选项] 数据库 … >文件名
mysqldump [选项] --all-databases [选项] >文件名
```

常用选项：

-u：后面的用户需要具有相应权限才能备份。

-p：后面跟密码，不能有空格；也可不跟密码，回车后再输入密码，系统显示"*"。

-h：主机名。如果是本地服务器，则可以省略-h 参数。

--databases：备份数据库。

--all-databases：备份所有数据库。

--tables：表。

--where：记录筛选条件。

-d：只备份数据。

-help：得到 mysqldump 选项表及帮助信息。

\>：导出符。表示导出到指定的文件中。

文件名：可指定存放文件的目录（如 E:\MySQL8\DATABAK\），目录必须已经创建，如有同名文件将被覆盖。在描述目录时，"/"和"\"等同。因为这种备份生成的是 SQL 语句，所以文件扩展名一般为.sql。

【例 5.25】 备份数据库。

在 Windows 命令行窗口中，进入 MySQL 安装目录的 bin 子目录：
```
E:\>cd E:\MySQL8\mysql-8.0.21-winx64\bin
```
注意：如果将该路径设置在 Windows 环境变量 path 中，则不进入 bin 子目录也可直接运行。

（1）备份 emarket 数据库（包括所有对象和数据）。
```
mysqldump -uroot -p --databases emarket > E:\MySQL8\DATABAK\emarket.sql
```
（2）备份 emarket 和 mytab 两个数据库。
```
mysqldump -uroot -p --databases emarket mydb > E:/MySQL8/DATABAK/e-m-db2.sql
```
（3）备份 OPPO 主机 test 数据库（包括所有对象和数据）。
```
mysqldump -uroot -pross123456 -h OPPO --databases test > E:\MySQL8\DATABAK\oppo_test.sql
```
注意："ross123456" 是 OPPO 主机 root 用户的登录密码。

（4）备份 emarket 数据库 commodity 和 supplier 表。
```
mysqldump -uroot -p123456 --databases emarket --tables commodity supplier > E:\MySQL8\DATABAK\cstables1.sql
```
或者
```
mysqldump -h localhost -u root -p123456 emarket commodity supplier > E:\MySQL8\DATABAK\cstables2.sql
```
（5）备份 emarket 数据库所有表结构。
```
mysqldump -h localhost -u root -p -d emarket > E:\MySQL8\DATABAK\emarket-stru.sql
```
（6）备份所有数据库的表结构。
```
mysqldump -h localhost -u root -p -d --all-databases > E:\MySQL8\DATABAK\all_stru.sql
```

2. 恢复数据库及表

mysqldump 备份的文件中存储的是 SQL 语句的集合，用户可以将这些语句还原到服务器上以恢复一个损坏的数据库。此恢复命令只能恢复数据库中被损坏的表及数据，如果删除的是整个数据库，则无法恢复，除非再建一个同名的数据库，然后在其中恢复表和数据。

【例 5.26】 先备份本地 mydb 数据库，再用备份文件将其恢复。

（1）备份本地 mydb 数据库。
```
mysqldump -uroot -p --databases mydb > E:\MySQL8\DATABAK\mydb.sql
```
（2）删除 mydb 数据库中的表（如 mytab）。注意，如果删除 mydb 数据库，则需要先创建一个空的 mydb 数据库，才能恢复 mydb 数据库。

（3）恢复 mydb 数据库。
```
mysql -uroot -p123456 mydb < E:\MySQL8\DATABAK\mydb.sql
```
（4）查看 mydb 数据库中的对象。

执行后可看到被删除的 mytab 表及其数据恢复了。

5.5.2 使用日志文件备份和恢复

在实际操作中，用户和系统管理员不可能随时备份数据，当数据丢失时，或者数据库目录中的文件损坏时，只能恢复已经备份的文件，而在这之后更新的数据就无能为力了。要解决这个问题，就必须使用日志文件。日志文件可以实时记录修改、插入和删除的 SQL 语句。在 MySQL 8 中，更新日志已经被二进制日志取代，它是一种更有效的格式，包含所有更新了数据或者已经潜在更新了数据的 SQL 语句，语句以"事件"的形式保存。

1. 启用日志

二进制日志可以在启动服务器的时候启用，这需要修改 MySQL 安装文件夹中的配置文件 my.ini。

```
log-bin[=文件名]
```

说明：加入该选项后，服务器启动时就会加载该选项，从而启用二进制日志。如果文件名包含扩展名，则扩展名被忽略。MySQL 服务器为每个二进制日志名后面添加一个数字扩展名。每次启动服务器或刷新日志时该数字加 1。如果文件名未给出，则默认为主机名。

假设这里文件名为 bin_log。若不指定目录，则在 MySQL 的 Data 目录下自动创建二进制日志文件。由于使用 mysqlbinlog 工具处理日志时，日志必须处于 bin 目录下，所以日志的路径就指定为 bin 目录路径，添加的行改为以下内容：

```
log-bin=mysql 目录/bin/bin_log
```

保存，重启服务器。

重启服务器的方法：先关闭服务器，在窗口中输入以下命令：

```
net stop MySQL 服务名
```

再启动服务器：

```
net start MySQL 服务名
```

此时，MySQL 安装目录的 bin 目录下多出了两个文件：bin_log.000001 和 bin_log.index。bin_log.000001 就是二进制日志文件，以二进制形式存储，用于保存数据库更新信息。当这个日志文件大小达到最大时，MySQL 会自动创建新的二进制文件。bin_log.index 是服务器自动创建的二进制日志索引文件，包含所有使用的二进制日志文件的文件名。

2. 处理日志

在 Windows 命令行窗口中，进入 MySQL 安装目录中的 bin 目录。

（1）使用 mysqlbinlog 可以查看和处理二进制日志文件。

```
mysqlbinlog [选项] log-files…
```

例如，运行以下命令可以查看 bin_log.000001 的内容：

```
mysqlbinlog bin_log.000001
```

由于二进制数据可能非常庞大，无法在屏幕上延伸，故可以保存到文本文件中：

```
mysqlbinlog bin_log.000001 > D:/file/lbin-log000001.txt
```

（2）使用日志恢复数据。

```
mysqlbinlog [选项] log-files… | mysql [用户选项]
```

【例 5.27】 假设用户在星期一下午 1 点使用 mysqldump 进行数据库 emarket 的完全备份，备份文件为 file.sql。从星期一下午 1 点开始用户启用日志，bin_log.000001 文件保存了从星期一下午 1 点到星期二下午 1 点的所有更改，在星期二下午 1 点运行一条 SQL 语句：

```
flush logs;
```

此时创建了 bin_log.000002 文件，在星期三下午 1 点时数据库崩溃。现要将数据库恢复到星期三下午 1 点时的状态。

（a）首先将数据库恢复到星期一下午 1 点时的状态：

```
mysqldump -uroot -p密码 emarket < file.sql
```

（b）将数据库恢复到星期二下午 1 点时的状态：

```
mysqlbinlog bin_log.000001 | mysql -uroot -p密码
```

（c）将数据库恢复到星期三下午 1 点时的状态：

```
mysqlbinlog bin_log.000002 | mysql -uroot -p密码
```

由于日志文件要占用很大的硬盘资源，所以要及时将没用的日志文件清除。

（3）SQL 语句用于清除所有的日志文件。
```
reset master;
```
如果要删除部分日志文件，则可以使用 PURGE MASTER LOGS 语句：
```
PURGE {MASTER | BINARY} LOGS TO '文件名'
```
或
```
PURGE {MASTER | BINARY} LOGS BEFORE '日期'
```
说明：第一个语句用于删除指定名称的日志文件，第二个语句用于删除指定日期之前的日志文件。MASTER 和 BINARY 是同义词。

5.5.3 文件系统和实时数据库备份

MySQL 是流行的开源数据库管理系统，为了维护数据安全性，在企业数据备份上有很多方法，需要根据企业数据库数据量、安全性要求、资金支持等情况进行选择，主要包括命令行窗口备份程序、主从复制进行备份、使用文件系统快照进行 MySQL 备份、实时数据库备份产品。MySQL 的 Cluster 版本支持的集群功能本身就是一种备份方法。

第 6 章 分区、表空间和行格式

表空间用于确定表存放在什么文件中，分区用于描述表记录的分类区域，行格式表示每一条记录在物理上是如何存储的。

6.1 分区

6.1.1 分区简介

MySQL 从 5.1 版本开始支持分区功能，分区可按照一定逻辑跨文件系统分配数据库的单个表的多个部分。

1. 优点

（1）在定义每一个分区时可以指定该分区记录存储的路径和文件名，这样可以在一个表中存储比单个磁盘或文件系统更多的数据。

（2）对于不需要保存的数据，可以删除与这些数据有关的分区，删除的效率远比 DELETE 语句高。

（3）当 WHERE 子句中包含分区条件时，可以只扫描必要的一个或者多个分区来提高查询效率。例如：

```
SELECT * FROM test PARTITION (p0,p1) WHERE c < 5;
```

仅选择与 WHERE 条件匹配的分区 p0 和 p1 中的那些行，而不检索表 test 的其他分区，这样就可以自动从搜索中排除无关的分区，极大地提高了某些查询的效率。

（4）涉及聚合函数 SUM、COUNT 的查询时，可以在每个分区上并行处理。例如：

```
SELECT 订单编号, COUNT(订单编号) FROM orderitems GROUP BY 订单编号;
```

会在每个分区上都同时运行查询。

（5）在多个磁盘上传输数据，可以实现更高的查询吞吐量。还可以在创建分区表之后通过更改分区以改善在首次设置分区方案时可能不经常使用的频繁查询，达到重新组织数据的目的。

（6）INSERT、REPLACE、UPDATE、DELETE 和 LOAD DATA、LOAD XML 等语句也都支持分区选择，可以将不同安全级别的数据存储于不同分区中，通过控制授权，只允许拥有特定权限的用户操作特定的分区，这种隔离极大地提高了系统安全性，可防止对重要核心数据的任意访问或误操作导致的损失。

2. 注意事项

（1）一个表最多有 1024 个分区。

（2）在 MySQL 5.1 中，分区表达式必须为整数或者返回整数，而在 MySQL 5.5 以后的版本中可以使用非整数，即可以采用其他的数据类型（但不是所有的数据类型）来分区。

（3）只有 InnoDB 和 MyISAM 存储引擎支持分区。

（4）分区表无法使用外键约束，包含空间类型列的表不能使用分区。

6.1.2 范围分区

每个分区包含分区表达式值位于给定范围内的行，范围应该是连续的而不是重叠的，并且使用 LESS THAN 操作符定义。范围分区定义如下：

```
PARTITION BY RANGE (表达式 | 列名)              # (a)
| PARTITION BY RANGE COLUMNS(列名表)            # (b)
PARTITIONS 数量
[(
    PARTITION 分区名 VALUES LESS THAN (值表),
    …
)];
```

说明：

（1）范围分区（BY RANGE）表达式和列只能为整数类型。分区的列值为 NULL，将其视为小于任何值，系统函数 YEAR(NULL)返回 NULL。

（2）范围列（BY RANGE COLUMNS）接收一个或多个列的列名表，列的数据类型可以是整数、字符串（text 和 blob 除外）、日期（日期和时间）。

范围列中多列之间是或关系。例如，PARTITION p0 VALUES LESS THAN(x0,y0)，放到 p0 分区的记录需要满足：x<x0 或者 y<y0。

（3）定义每一个分区时可以指定该分区记录存储的路径和文件名，否则采用默认路径和文件名。

1. 创建分区表

【例 6.1】 创建一个分区表 youth，划分为 3 个分区，存储不同年代出生的青年的姓名和生日。

（1）创建分区表 youth。

```
USE mydb;
CREATE TABLE youth
(
    ID   int NOT NULL AUTO_INCREMENT,
    Name char(4),
    Birth   date,
    PRIMARY KEY pk(ID, Birth),                      # (a)
    UNIQUE KEY uk(Name, Birth)                      # (a)
)   ENGINE = INNODB
    PARTITION BY RANGE (YEAR(Birth))                # (a)
    PARTITIONS 3
    (
        PARTITION p0 VALUES LESS THAN (1990),       # (b)
        PARTITION p1 VALUES LESS THAN (2000),       # (b)
        PARTITION p2 VALUES LESS THAN MAXVALUE      # (c)
    );
```

说明：

（a）按照年份分区，分区表达式 YEAR(Birth) 使用了 Birth 列，为获得 Birth 列的日期值，该表上的主键 pk 和唯一键 uk 都必须包含 Birth 列，否则无法创建分区表。

当然，若表中没有主键，则以任何（允许作为分区）列进行分区都是可以的。

（b）定义每一个分区：PARTITION 后面跟的是分区的名称（p0、p1、p2），名称遵循标识符的规则，不区分大小写。如果没有指定分区的名称，则自动为分区命名 p0、p1、p2、…、pn-1（n 是分区数量）。LESS THAN 后指定本分区出生年代值的上界。这样定义后，就在表中为 1990 年前、1990—2000 年和 2000 年以后的记录分别划定了各自存储的分区，实现了数据记录分开存放。

（c）因为按照范围（BY RANGE）小于（LESS THAN）分区，所以最后需要表达最大值（MAXVALUE）。

（2）插入 youth 表记录。

向 youth 表中插入一些测试数据记录：

```
INSERT INTO youth(Name, Birth)
    VALUES
    ('易斯', '19801112'),
    ('孙函锦', '19891203'),
    ('周俊邻', '19830801'),
    ('徐鹤', '19960817'),
    ('周何骏', '20130925'),
    ('周骁玙', '20151102');
```

其中，1990 年前有 3 条，1990—2000 年有 1 条，2000 年后有 2 条。

2. 查询分区信息

MySQL 8 的表分区信息统一存储在系统数据库 information_schema 的 PARTITIONS 表中，用户可根据需要进行查询。

【例 6.1 续】 查询 youth 表分区信息。

```
SELECT
        PARTITION_NAME 分区名称,
        PARTITION_ORDINAL_POSITION 排序,
        PARTITION_METHOD 分区类型,
        PARTITION_EXPRESSION 表达式,
        PARTITION_DESCRIPTION 描述,
        CREATE_TIME 创建时间,
        TABLE_ROWS AS 记录数
    FROM information_schema.PARTITIONS
    WHERE TABLE_SCHEMA = SCHEMA() AND TABLE_NAME = 'youth';
```

分区信息如图 6.1 所示。

分区名称	排序	分区类型	表达式	描述	创建时间	记录数
p0	1	RANGE	year(`Birth`)	1990	2020-06-12 15:56:42	3
p1	2	RANGE	year(`Birth`)	2000	2020-06-12 15:56:42	1
p2	3	RANGE	year(`Birth`)	MAXVALUE	2020-06-12 15:56:42	2

图 6.1 分区信息

可以看到最后一列已经显示出存放在每个分区中的记录数。

3. 查询分区数据记录

分区后，就可以使用包含 PARTITION(分区名, …)子句的 SELECT 语句单独查询存储在不同分区中的数据记录了。

【例 6.1 续】 查询 youth 表分区记录。

```
USE mydb;
SELECT Name, Birth FROM youth PARTITION(p0);                        # (a)
SELECT Name AS 姓名, Birth AS 生日 FROM youth PARTITION(p1, p2);
                                                                    # (b)
SELECT count(*) FROM youth PARTITION(p0, p1,p2);                    # (c)
SELECT count(*) FROM youth;                                         # (c)
```

```
SELECT * FROM youth WHERE YEAR(Birth) > 2000;                    # (d)
```
显示结果如图 6.2 所示。

Name	Birth
周俊邻	1983-08-01
孙函锦	1989-12-03
易斯	1980-11-12

(a)

姓名	生日
徐鹤	1996-08-17
周何骏	2013-09-25
周骁玛	2015-11-02

(b)

记录数
6

(c)

ID	Name	Birth
5	周何骏	2013-09-25
6	周骁玛	2015-11-02

(d)

图 6.2 显示结果

说明：

（1）记录分区后，可以通过表的分区查询，例如，（a）因为仅查询 p0 分区，故效率较高。

（2）按 YEAR(Birth) > 2000 条件查询，它是分区表达式，所以仅对 p2 分区（共两条记录）进行查询。但如果没有分区，仍然采用这个查询条件，则需要在整个表（共 6 条记录）中查询。

4. 修改分区表

修改分区表就是在 ALTER TABLE 语句修改表结构的同时使用 PARTITION BY 子句描述修改的分区信息，包括对未分区的表进行分区和对已分区的表重新规划分区。

```
ALTER TABLE 表名
    PARTITION BY 分区类型(分区表达式)
    (
        分区定义, …
    );
```

这实际上就是将新的分区类型及定义信息完整写出来，覆盖已有的分区。

【例 6.1 续】 修改 youth 表为两个分区，分界点为 2000 年。

```
USE mydb;
ALTER TABLE youth
    PARTITION BY RANGE (YEAR(Birth))
    PARTITIONS 2
    (
        PARTITION p0 VALUES LESS THAN (2000),
        PARTITION p1 VALUES LESS THAN MAXVALUE
    );
SELECT * FROM youth PARTITION(p0);                               # (a)
SELECT * FROM youth PARTITION(p1);                               # (b)
SELECT * FROM youth PARTITION(p0) WHERE name='易斯';             # (c)
```

显示结果如图 6.3 所示。

ID	Name	Birth
3	周俊邻	1983-08-01
2	孙函锦	1989-12-03
4	徐鹤	1996-08-17
1	易斯	1980-11-12

(a)

ID	Name	Birth
5	周何骏	2013-09-25
6	周骁玛	2015-11-02

(b)

ID	Name	Birth
1	易斯	1980-11-12

(c)

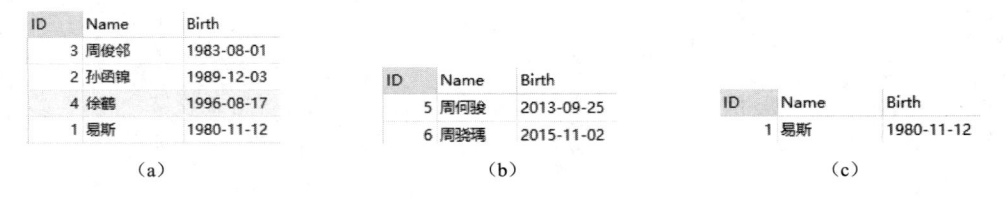

图 6.3 显示结果

说明：因为 youth 表前面已经创建了分区，所以系统会移除原来的分区，然后创建新分区。在实际应用中，当表中已经存在很多记录时，该操作需要特别慎重。

为了后面举例方便，操作后再用 ALTER TABLE 语句将表修改回原来的分区状况。

【例 6.2】 对商品表（commodity）副本商品分区表（commodity_part）以商品编号列分区。

(1) 生成商品表（commodity）副本。
```
USE emarket;
CREATE TABLE commodity_part
    AS ( SELECT 商品编号,商品名称,价格,库存量 FROM commodity );
```
(2) 对商品分区表（commodity_part）以商品编号列分区。
```
ALTER TABLE commodity_part
    PARTITION BY RANGE COLUMNS (商品编号)
    (
        PARTITION 水果 VALUES LESS THAN ('2'),
        PARTITION 肉禽 VALUES LESS THAN ('3'),
        PARTITION 海鲜水产 VALUES LESS THAN ('4'),
        PARTITION 粮油蛋 VALUES LESS THAN (MAXVALUE)
    );
SELECT * FROM commodity_part PARTITION(水果);           # (a)
SELECT * FROM commodity_part PARTITION(肉禽);           # (b)
SELECT * FROM commodity_part PARTITION(海鲜水产);       # (c)
SELECT * FROM commodity_part PARTITION(粮油蛋);         # (d)
```

运行结果如图 6.4 所示。

商品编号	商品名称	价格	库存量
1A0101	洛川红富士苹果冰糖心10斤箱装	44.80	3601
1A0201	烟台红富士苹果10斤箱装	29.80	5698
1A0302	阿克苏苹果冰糖心5斤箱装	29.80	12680
1B0501	库尔勒香梨10斤箱装	69.80	8902
1B0602	砀山梨5斤箱装特大果	16.90	6834
1GA101	智利车厘子2斤大樱桃整箱顺丰包邮	59.80	5420
1B0601	砀山梨10斤箱装大果	19.90	14532

(a)

商品编号	商品名称	价格	库存量
2A1602	[王明公]农家散养猪冷冻五花肉3斤装	118.00	375
2B1701	Tyson/泰森鸡胸肉454g*5去皮冷冻包邮	139.00	1682
2B1702	[周黑鸭]卤鸭脖15g*50袋	99.00	5963

(b)

商品编号	商品名称	价格	库存量
3BA301	波士顿龙虾特	149.00	2800
3C2205	[参王朝]大连6	1188.00	1203

(c)

商品编号	商品名称	价格	库存量
4A1601	农家散养草鸡蛋40枚包邮	33.90	690
4C2402	青岛啤酒500ml*24听整箱	112.00	23427

(d)

图 6.4 运行结果

6.1.3 列表分区

在列表分区中，每个分区都是根据一组值表中的一个列值的成员关系来定义和选择的，而不是根据一个连续的值范围来选择的。它也有两种形式。

```
PARTITION BY LIST (表达式 | 列名)                       # (a)
| PARTITION BY LIST COLUMNS (列名表)                    # (b)
PARTITIONS 数量
[(
    PARTITION 分区名 VALUES IN (值表),                  # (c)
    ...
)];
```

说明：

（a）列表分区（BY LIST）可用整数类型列名或者基于一个列的整数表达式，在 IN 中分区定义列值，作为列值的记录加入该分区。

（b）列表列分区（BY LIST COLUMNS）可用非整数类型的列，并可用多列进行分区。不允许用含列名的表达式。

(c) 列名、表达式中包含的列名和列名表中的列名必须包含在主键中。

1. 列表分区

列表分区与范围分区相比有下列不同点。

（1）范围分区是小于指定值的范围内的记录均进入分区，而列表分区只有列的值或者表达式的值在值表中才能加入分区。也就是说，范围分区的条件是一个面，而列表分区的条件是多个点。

（2）由于列表分区的记录值只能在分区定义的 IN 子句后的值表中选择，所以这种分区表中不能插入任意值的记录。

（3）列表分区将空值 NULL 看作一个值，像对待其他值一样对待。当且仅当分区定义中的某一个分区使用包含 NULL 的值表定义时，列表分区才允许分区列上的 NULL 值插入。

【例6.3】 对订单分区表（orders_part）按"下单时间"的季度分区。

（1）因为需要创建分区的表如果包含主键，创建分区的列必须包含在主键中，而原来 orders_part 表主键为"订单编号"，所以还需要将"下单时间"列作为共同主键。如果原来 orders_part 表没有主键，"下单时间"列就不需要设置为主键。

（2）按照"下单时间"列进行列表分区。

```
USE emarket;
ALTER TABLE orders_part
    PARTITION BY LIST (month(下单时间))
    (
        PARTITION 第1季度 VALUES IN (1,2,3),
        PARTITION 第2季度 VALUES IN (4,5,6),
        PARTITION 第3季度 VALUES IN (7,8,9),
        PARTITION 第4季度 VALUES IN (10,11,12)
    );
SELECT * FROM orders_part PARTITION(第1季度);
```

2. 列表列分区

列表列分区中列可以是单列，也可以是多列。每一列的数据类型可以是整数、字符和日期。

【例6.4】 列表多列分区。

（1）创建分区测试表。

```
USE mydb;
DROP TABLE IF EXISTS test;
CREATE TABLE test
(
    a       int,
    b       char(2),
    c       char(4)
)
```

（2）对创建的分区测试表分区。

```
ALTER TABLE test
    PARTITION BY LIST COLUMNS (a,b)                          # (a)
    (
        PARTITION p0 VALUES IN ((11, 'A1'), (12,'A2')),      # (b)
        PARTITION p1 VALUES IN ((21, 'B1'), (22,'B2')),      # (b)
        PARTITION p2 VALUES IN ((10, NULL), (NULL,'A0'))     # (b)
    );
```

说明：

（a）分区列表包含 a 和 b 两列。

（b）这里 p0、p1 和 p2 分区包含两对元组值表（它们的值个数不一定相同）。

（3）输入分区表数据，如图 6.5 所示。

a	b	c
11	A1	P0
12	A2	P0
22	B2	P1
10	(Null)	P2
10	(Null)	P2

图 6.5　输入分区表数据

（4）查询分区记录。

```
SELECT * FROM test PARTITION(p0);
```

6.1.4　散列分区

散列分区又称哈希分区，主要用于确保数据在预定数目的分区之间均匀分布。与范围分区和列表分区不同，它无须给出分区定义显式地指定一个或一组给定的列值，只须在要执行散列算法的列上写出一个表达式。

```
PARTITION BY [LINEAR] HASH (表达式 | 列名 )
    [PARTITIONS 数量];
```

说明：

（1）表达式结果可以是整数，也可以是一个整数类型列。

对于任何产生 NULL 值的分区表达式都视其返回值为零，取模数后将其分在 0 号分区。

（2）散列分区按照简单模数（MOD）算法划分记录，即存储记录的分区号 n = MOD(表达式值, 分区数量)。不指定分区数时，分区数默认为 1。

线性散列（包含“LINEAR”选项）使用了两个线性幂的算法，可以更快地添加、删除、合并和分割分区，这在处理包含大量（TB 级）数据的表时非常有用。但与常规散列分区可以通过适当选取表达式函数来实现记录均匀分布相比，线性散列分区中记录均匀分布的可能性很小。

（3）给表分区的主要目的是提高查询性能。在表记录查询机会相同和分区数量一定的情况下，为了提高查询性能，应该尽可能将记录均匀分布在各分区中。

（4）系统自动指定的分区名称为 p0,p1,⋯,pn。

【例 6.5】 对 youth 表副本进行散列分区。

（1）复制 youth 表基本结构和记录为 youth_part。

```
USE mydb;
CREATE TABLE youth_part
    AS (SELECT * FROM youth);
SELECT * FROM youth_part
    ORDER BY ID;
```

按序显示记录，如图 6.6 所示。

ID	Name	Birth
1	易斯	1980-11-12
2	孙函锦	1989-12-03
3	周俊邻	1983-08-01
4	徐鹤	1996-08-17
5	周何骏	2013-09-25
6	周骁珺	2015-11-02

图 6.6　按序显示记录

（2）按 ID 列进行散列分区，划分为 3 个分区。

```
USE mydb;
ALTER TABLE youth_part
    PARTITION BY HASH (ID) PARTITIONS 3;
```

查看 youth_part 表的分区信息，如图 6.7 所示。

分区名称	排序	分区类型	表达式	描述	创建时间	记录数
p0	1	HASH	\`ID\`	(Null)	2021-02-10 16:34:34	2
p1	2	HASH	\`ID\`	(Null)	2021-02-10 16:34:34	2
p2	3	HASH	\`ID\`	(Null)	2021-02-10 16:34:34	2

图 6.7　查看 youth_part 表的分区信息

因为 ID 列值是自增的，故采用散列分区可以做到均匀分布记录。

```
USE mydb;
ALTER TABLE youth_part
    PARTITION BY HASH (YEAR(birth)) PARTITIONS 3;
SELECT * FROM youth_part PARTITION(p0);                    #（a）
SELECT * FROM youth_part PARTITION(p1);                    #（b）
SELECT * FROM youth_part PARTITION(p2);                    #（c）
```
查询记录分区，如图 6.8 所示。

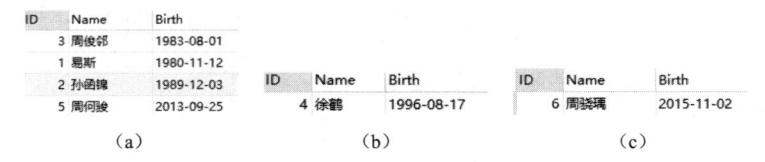

图 6.8　查询记录分区

可以发现，分区记录很不均匀。因为这里只是简单地对记录的年份值执行散列，而同一个年份值散列结果是相同的，都被归于同一个分区中。在上面的表中，1980、1983、1989 和 2013 这 4 个年份 MOD 3=0，放在 p0 分区；1996 年份 MOD 3=1，放在 p1 分区；2015 年份 MOD 3=2，放在 p2 分区。

6.1.5　键分区

键分区与散列分区的不同之处在于，用来分区的散列函数是由 MySQL 服务器提供的。键分区也分为常规键和线性键两种形式。
```
PARTITION BY [LINEAR] KEY ([列名表])
    [PARTITIONS 数量];
```
说明：

（1）键只接收零个或多个列名的列表，键分区的列不局限于整数或 NULL 值，也可以是字符类型、日期类型列。

（2）如果表有主键，则用作分区键的任何列都必须包含该表的部分或全部主键。如果没有指定列名作为分区键，则使用表的主键（如果有）。如果没有主键，但有唯一键（唯一键列需要定义为 NOT NULL），那么就使用唯一键作为分区键。

（3）系统自动指定的分区名称为 p0,p1,…,pn。

【例 6.6】　对 emarket 数据库用户表（user）的副本（user_part）进行键分区。

分析：

（1）实际应用时用户表（user）记录很多，而且几乎所有用户都会频繁登录，为了提高查询速度，用键分区是比较合适的。

（2）用户表（user）包含投递位置（point 数据类型），需要删除才能分区。此时设计者需要权衡利弊。

（3）创建用户表（user）的副本（user_part）进行键分区。
```
USE emarket;
CREATE TABLE user_part
    AS (SELECT * FROM user);
ALTER TABLE user_part
    DROP 投递位置,
    ADD PRIMARY KEY(账户名)
    PARTITION BY KEY() PARTITIONS 3;
```
说明：CREATE TABLE…AS (SELECT * FROM…)复制表不包含主键，所以需要加入"账户名"

作为主键。因为这里只有主键，没有其他唯一键，所以 BY KEY 可以不指定列名，默认为"账户名"列。

线性键分区的效果与散列分区相同，分区号也是通过两个线性幂算法得到的。

6.1.6 子分区

子分区也称复合分区，是分区表中对每个分区的进一步划分，采用 SUBPARTITION BY 子句。

```
PARTITION BY 分区类型 { 表达式 }
    SUBPARTITION BY 子分区类型 { 表达式 }
    SUBPARTITIONS 子分区数量
    [(
        分区定义
    )];
```

6.1.7 分区管理

分区管理包括范围和列表分区的添加、删除、重组、交换和移除，散列和键分区的拆分、合并和移除。

1. 范围和列表分区的添加、删除和移除

添加和删除分区只能用于范围和列表（RANGE/LIST）分区。

（1）向已经创建的分区中添加分区定义。

```
ALTER TABLE 表名
    ADD PARTITION
    (
        分区定义
    );
```

（2）删除已经创建的分区和分区记录。

```
ALTER TABLE 表名
    DROP PARTITION 分区名;
```

（3）如果清除表上的全部分区但不删数据，可移除分区。

```
ALTER TABLE 表名 REMOVE PARTITIONING;
```

【例 6.7】 给商品目录表（commodity_list）添加一个名为"其他"的分区，向其中插入一些记录，然后删除该分区。

（1）商品目录表（commodity_list）原来已经包含 4 个分区，首先添加新分区。

```
USE emarket;
ALTER TABLE commodity_list
    ADD PARTITION
    (
        PARTITION 其他 VALUES IN ('5A', '5B')
    );
```

（2）批量插入记录。

```
INSERT INTO commodity_list
    (商品编号,类别编号,商品名称)
        VALUES ('5A0101','5A', '其他1'), ('5B0101','5B', '其他2');
SELECT * FROM commodity_list PARTITION(其他);
```

显示结果如图 6.9 所示。

（3）删除商品目录表（commodity_list）“其他”分区。

```
ALTER TABLE commodity_list
    DROP PARTITION 其他;
SELECT * FROM commodity_list WHERE LEFT(类别编号,1)='5';
```

显示结果如图 6.10 所示。

商品编号	类别编号	商品名称
5A0101	5A	其他1
5B0101	5B	其他2

图 6.9　插入新分区的记录

商品编号	类别编号	商品名称
(N/A)	(N/A)	(N/A)

图 6.10　删除分区

注意： 执行 DROP PARTITION 删除某个特定分区时，会同时删除该分区中的数据记录。

2. 范围和列表分区重组

如果想在不丢失数据的情况下更改表的分区，则可以重组表的分区。

```
ALTER TABLE 表名
    REORGANIZE PARTITION 分区名 INTO
    (
        分区（重组的）定义
    );
```

【例 6.8】 对 youth 表中存储 1980 年后出生的年轻人记录的 p0 分区进一步划分，分出 1985 年后出生的年轻人。

（1）原来 youth 表中的分区和记录情况。

原来 youth 表中 p0 分区条件为 PARTITION p0 VALUES LESS THAN (1990)。

```
USE mydb;
SELECT * FROM youth PARTITION(p0);
```

查询结果如图 6.11 所示。

ID	Name	Birth
3	周俊邻	1983-08-01
2	孙函锦	1989-12-03
1	易斯	1980-11-12

图 6.11　查询结果

（2）对 youth 表中的 p0 分区进行重组。

```
ALTER TABLE youth
    REORGANIZE PARTITION p0 INTO
    (
        PARTITION n0 VALUES LESS THAN (1985),
        PARTITION n1 VALUES LESS THAN (1990)
    );
SELECT * FROM youth PARTITION(n0);                              # (a)
SELECT * FROM youth PARTITION(n1);                              # (b)
```

运行结果如图 6.12 所示。

ID	Name	Birth
3	周俊邻	1983-08-01
1	易斯	1980-11-12

（a）

ID	Name	Birth
2	孙函锦	1989-12-03

（b）

图 6.12　运行结果

对 youth 表中的 p0 分区重组后所有分区的情况如图 6.13 所示。

分区名称	分区类型	描述
n0	RANGE	1985
n1	RANGE	1990
p1	RANGE	2000
p2	RANGE	MAXVALUE

图 6.13　对 youth 表中的 p0 分区重组后所有分区的情况

可见，重组后原表的 p0 分区不存在了，被细分成了 n0 和 n1 两个分区，它们与 p1、p2 分区在地位上是等同的，不能认为 n0 和 n1 分区是原 p0 分区的子分区。

3. 范围和列表分区交换

MySQL 还可以在不同表的分区之间交换数据。

```
ALTER TABLE 表名1
    EXCHANGE PARTITION 分区名 WITH TABLE 表名2;
```

【例 6.9】 对 youth 表执行分区交换，引入新记录。

（1）首先用 LIKE 语句从 youth 表复制一个结构一模一样的新表 youth_copy1。

```
USE mydb;
CREATE TABLE youth_copy1 LIKE youth;
```

该语句在复制 youth 表结构的同时，一并复制分区结构。

（2）清除 youth_copy1 表上的分区结构，插入新记录。

```
ALTER TABLE youth_copy1
    REMOVE PARTITIONING;
INSERT INTO youth_copy1(Name, Birth) VALUES ('林雪', '19840616');
```

（3）执行交换分区的操作，将表的 n0 分区与 youth_copy1 表交换。

```
ALTER TABLE youth
    EXCHANGE PARTITION n0 WITH TABLE youth_copy1;
SELECT * FROM youth;
SELECT * FROM youth_copy1;
```

显示结果如图 6.14 所示。

ID	Name	Birth
1	林雪	1984-06-16
2	孙函锦	1989-12-03
4	徐鹤	1996-08-17
5	周何骏	2013-09-25
6	周骁珩	2015-11-02

youth 表记录

ID	Name	Birth
3	周俊邻	1983-08-01
1	易斯	1980-11-12

youth_copy1 表记录

图 6.14　显示结果

```
SELECT * FROM youth PARTITION(n0);
SELECT * FROM youth_copy1;
```

显示结果如图 6.15 所示。

ID	Name	Birth
1	林雪	1984-06-16

ID	Name	Birth
3	周俊邻	1983-08-01
1	易斯	1980-11-12

图 6.15　显示结果

4. 散列与键分区的拆分、合并和移除

散列与键分区不能像范围和列表分区那样直接添加或删除，一般通过指定分区增减的数量来拆分和合并。

（1）拆分分区，增加分区的数量。

```
ALTER TABLE 表名
    ADD PARTITION
    PARTITIONS 分区数量增量;
```

（2）合并分区，减少分区的数量。

```
ALTER TABLE 表名
```

```
    COALESCE PARTITION 分区数量减量;
```

（3）移除分区，清除表中的全部分区，但不删除数据。

```
ALTER TABLE 表名 REMOVE PARTITIONING;
```

【例 6.10】 对 mydb 数据库 youth_part 表进行分区拆分和合并。

（1）目前 youth_part 表所有记录和按 ID 列进行散列分区的情况如图 6.16 所示。

ID	Name	Birth
1	易斯	1980-11-12
2	孙函锦	1989-12-03
3	周俊邻	1983-08-01
4	徐鹤	1996-08-17
5	周何骏	2013-09-25
6	周骁珝	2015-11-02

分区名称	排序	分区类型	表达式	描述	创建时间	记录数
p0	1	HASH	`ID`	(Null)	2021-02-10 16:34:34	2
p1	2	HASH	`ID`	(Null)	2021-02-10 16:34:34	2
p2	3	HASH	`ID`	(Null)	2021-02-10 16:34:34	2

图 6.16　目前 youth_part 表所有记录和按 ID 列进行散列分区的情况

（2）将 youth_part 表分区数量从 3 个拆分为 4 个（增量为 1）。

```
USE mydb;
ALTER TABLE youth_part
    ADD PARTITION
    PARTITIONS 1;
SELECT * FROM youth_part PARTITION(p0);                    # (a)
SELECT * FROM youth_part PARTITION(p1);                    # (b)
SELECT * FROM youth_part PARTITION(p2);                    # (c)
SELECT * FROM youth_part PARTITION(p3);                    # (d)
```

查询结果如图 6.17 所示。

ID	Name	Birth
3	周俊邻	1983-08-01
6	周骁珝	2015-11-02

（a）

ID	Name	Birth
2	孙函锦	1989-12-03
5	周何骏	2013-09-25

（b）

ID	Name	Birth
(N/A)	(N/A)	(N/A)

（c）

ID	Name	Birth
3	周俊邻	1983-08-01
6	周骁珝	2015-11-02

（d）

图 6.17　查询结果

（3）将分区数量从 4 个合并成 2 个（减量为 2）。

```
ALTER TABLE youth_part
    COALESCE PARTITION 2;
```

6.2　表空间

MySQL 8 数据库通过表空间存储和管理数据，表空间分为共享表空间和独立表空间。

共享表空间：一个数据库的所有的表数据、索引文件全部放在一个文件中，默认这个共享表空间的文件路径在 data 目录下，默认的文件名为 bdata1，可以分成多个文件，存放到不同的磁盘上。

系统表空间、通用表空间、临时表空间和日志表空间均为共享表空间。

独立表空间：每个表对应一个.ibd 文件存储表的数据内容以及索引。该文件可以在不同的数据库间移动。DROP TABLE 语句可自动回收表空间，删除大量数据后通过 ALTER TABLE TABLENAME ENGINE=INNODB 语句回收不用的空间。InnoDB 使用 TURNCATE TABLE 语句会使空间收缩。

单表表空间为独立表空间。

1. 系统表空间

系统表空间是由 InnoDB 引擎维护的用来存放 MySQL 系统相关信息的一个特殊的共享表空间。用户创建的表也可以指定为系统表空间。在配置文件中指定下列控制参数：

innodb_data_file_path：设定表空间大小及文件。
```
innodb_data_file_path = ibdata1:50M;ibdata2:50M:autoextend[:max:空间大小]
```
其中，autoextend 表示自动扩展（默认每次扩展 64M），max 为最大文件大小，只能在最后一个文件上指定。默认值为 ibdata1:12M:autoextend。

innodb_data_home_dir：设定表空间的存放位置。
```
innodb_data_home_dir = /文件路径
```
注意，"="两边必须有空格，用户需要预先创建好目录且保证权限正确。

2. 单表表空间

设置 innodb_file_per_table 参数为 1（或 ON），用户此后创建的每个表都采用单表表空间，在对应数据库目录下生成一个文件，主文件与表同名，扩展名为 ibd。如果设置为 0（或 OFF），在没有显式指定表空间时，用户创建的表采用系统表空间。

3. 通用表空间

通用表空间是用来存放用户创建的表数据及索引的一个共享表空间，与单表表空间不同，多个表的数据可存放在同一通用表空间内，表空间文件的存放路径是用户创建时指定的绝对路径，否则存放在数据库默认路径下。

4. 临时表空间

临时表空间用于暂存 MySQL 中的临时表，通过 innodb_temp_data_file_path 参数配置表空间临时数据文件的相对路径、名称、大小和属性。临时表空间在每次启动 MySQL 服务器时创建，在正常关闭时被删除，但服务器意外停止时不会删除临时表空间，这种情况下需要数据库管理员手动删除临时表空间或重新启动服务器。

5. 日志表空间

日志表空间包括重做日志表空间（REDO 表空间）和撤销日志表空间（UNDO 表空间）。

REDO 表空间存放 InnoDB 引擎的事务日志，用于在数据库崩溃后进行数据恢复，保证数据完整性。REDO 表空间位于数据库默认路径下的 ib_logfile0、ib_logfile1 等文件中，存放数据被修改后的值，以物理页的形式存放在重做日志中，循环使用。

UNDO 表空间存放的也是事务日志，可以配合 REDO 表空间执行数据恢复功能，还可以实现多版本控制。UNDO 表空间位于数据库默认路径下的 ibdata1 文件中，存放数据被修改前的值。

6.2.1 表空间的创建和使用

通过下列语句创建表空间：
```
CREATE [UNDO] TABLESPACE 表空间名
    ADD DATAFILE 文件名；
```
其中，UNDO 指明创建撤销日志表空间，否则创建的是通用表空间；ADD DATAFILE 后的"文件名"是对应表空间文件的名称。

【例 6.11】 通用表空间的创建和使用。

（1）创建通用表空间。
```
CREATE TABLESPACE mytblspc_general
    ADD DATAFILE 'mydata_general.ibd' Engine = InnoDB;
```
此时，在 MySQL 的数据目录（\data）下可找到该表空间对应的数据文件 mydata_general.ibd。

在 Navicat 中可以看到指定服务器连接下创建的表空间名，这里也可以新建表空间、设计表空间和删除表空间。

（2）在表空间中创建表。
```
USE emarket;                                              # (a)
CREATE TABLE commodity_general
(
    商品编号      char(6)        NOT NULL  PRIMARY KEY,
    商品名称      varchar(32)    NOT NULL,
    价格          float(7,2)     NOT NULL,
    库存量        int(6)         NOT NULL  default 0,
    商品图片      blob      NULL
)   TABLESPACE mytblspc_general                           # (a)
ROW_FORMAT = COMPACT;                                     # (b)
```
说明：

（a）虽然语句是在 emarket 数据库上执行的，但由于指定了表空间，故实际创建的表存储在\data 下的 mydata_general.ibd 文件中，而在 emarket 数据库目录中是找不到 commodity_general.ibd 文件的。

（b）ROW_FORMAT = COMPACT 指定表为紧凑行格式。各种行格式将在本章后面介绍。

（3）查看通用表空间信息。
```
SELECT NAME, SPACE_TYPE FROM information_schema.INNODB_TABLES
    WHERE NAME = 'emarket/commodity_general';
```
查询结果如图 6.18 所示。

"General" 表示通用表空间，通用表空间的类型信息只能从 information_schema 库的 INNODB_TABLES 表中查到。

【例 6.12】 单表表空间的创建和使用。
```
SET GLOBAL innodb_file_per_table = ON;
USE mydb;
CREATE TABLE youth_single
(
    ID            int NOT NULL AUTO_INCREMENT,
    Name          char(4),
    Birth         date,
    PRIMARY KEY pk(ID, Birth)
);
SELECT NAME, SPACE_TYPE FROM information_schema.INNODB_TABLES
    WHERE NAME = 'mydb/youth_single';
```
查询结果如图 6.19 所示。

NAME	SPACE_TYPE
emarket/commodity_general	General

图 6.18　查询结果

NAME	SPACE_TYPE
mydb/youth_single	Single

图 6.19　查询结果

说明：因为当前会话前设置了 innodb_file_per_table = ON，而 CREATE TABLE youth_single 创建表时没有指定表空间，故该表默认为单表表空间。

此时在（\data\mydb）下生成了对应该单表表空间的 youth_single.ibd 文件。

6.2.2　表空间中表的移动

ALTER TABLE 语句通过指定表空间项，可使表在系统表空间、单表表空间、通用表空间等不同类型的表空间之间自由移动。

```
ALTER TABLE 表名 TABLESPACE = 表空间名/类型;
```

其中,"表空间名"是要移动到的表空间的名称;"类型"用来标识系统表空间或单表表空间,"innodb_system"表示系统表空间,"innodb_file_per_table"表示单表表空间。

将 commodity_general 表由通用表空间移入系统表空间:

```
ALTER TABLE emarket.commodity_general TABLESPACE = innodb_system;
```

将 commodity_general 表由系统表空间移入单表表空间:

```
ALTER TABLE emarket.commodity_general TABLESPACE = innodb_file_per_table;
```

此时,在 emarket 数据库目录下会生成 commodity_general 单表表空间的数据文件 commodity_general.ibd。

将 commodity_general 表由单表表空间移回通用表空间:

```
ALTER TABLE emarket.commodity_general TABLESPACE = mytblspc_general;
```

此时,emarket 数据库目录下的数据文件 commodity_general.ibd 不见了。

6.2.3 删除表空间

删除表空间使用下列语句:

```
DROP [UNDO] TABLESPACE 表空间名;
```

对于不同类型的表空间,删除时需要满足不同的要求。共享表空间必须先删除表,之后才能删除表空间。

【例 6.13】 删除 mytblspc_general 通用表空间。

```
DROP TABLE emarket.commodity_general;
DROP TABLESPACE mytblspc_general;
```

在删除单表表空间对应的表后,单表表空间也就同时被删除了,不需要专门删除。

6.3 行格式

行格式就是表中行的物理存储方式。MySQL 8 的 InnoDB 存储引擎支持 4 种行格式:REDUNDANT(冗余)、COMPACT(紧凑)、DYNAMIC(动态)和 COMPRESSED(压缩),每种行格式的存储特性如表 6.1 所示。

表 6.1　MySQL 8 行格式存储特性

行格式	紧凑存储	增强变长列	大索引键前缀	压缩支持	支持表空间类型
REDUNDANT	否	否	否	否	系统、单表、通用
COMPACT	是	否	否	否	系统、单表、通用
DYNAMIC	是	是	是	否	系统、单表、通用
COMPRESSED	是	是	是	是	单表、通用

在创建表指定行格式的同时还可以包括行格式的参数。

```
CREATE TABLE 表名
(
    列定义,
    …
) TABLESPACE 表空间名 ROW_FORMAT = 行格式类型 参数 = 值…;
```

第6章 分区、表空间和行格式

【例6.14】 创建通用表空间,设置 FILE_BLOCK_SIZE 参数。

(1) 创建表空间,设置 FILE_BLOCK_SIZE 参数。

```
CREATE TABLESPACE mytblspc_general1
    ADD DATAFILE 'mydata_general1.ibd'
        FILE_BLOCK_SIZE = 8192 Engine = InnoDB;
```

(2) 创建表,指定为压缩表,设置 KEY_BLOCK_SIZE 参数。

```
CREATE TABLE test
(
    c int PRIMARY KEY
) TABLESPACE mytblspc_general1
    ROW_FORMAT = COMPRESSED KEY_BLOCK_SIZE = 8;
```

因为压缩表的物理页面大小必须等于 FILE_BLOCK_SIZE/1024,所以创建表空间时将 FILE_BLOCK_SIZE 指定为8192,要求压缩表的 KEY_BLOCK_SIZE 为8。

(3) 修改表,指定压缩表和 KEY_BLOCK_SIZE 参数。

```
ALTER TABLE mydb.youth
    TABLESPACE mytblspc_general1
    ROW_FORMAT = COMPRESSED KEY_BLOCK_SIZE =8;
```

第7章 运算符、表达式和系统函数

MySQL 在标准 SQL 基本语言元素的基础上进行了扩充,提供了丰富的运算符和系统函数,大大扩展了 SQL 的功能。

7.1 常量和变量

运算符是用来连接操作数以执行运算的,操作数分为常量和变量两类。

7.1.1 常量

常量指在程序运行过程中值不变的量,又称字面值或标量值。常量的使用格式取决于值的数据类型,下面分类介绍。

1. 数值常量

1) 十进制数常量

十进制数常量分为整数常量和浮点数常量,整数常量即不带小数点的十进制数,浮点数常量是使用小数点的数值常量。

2) 非十进制数常量

非十进制数常量包括二进制数常量和十六进制数常量,它们只能表示整数。有两种表示方式,一种是以 0 打头,在进制表示符后跟进制数;另一种是以进制表示符打头,后跟进制数字符串。

【例 7.1】 常量的表示和显示。

```
SELECT 1894, -2, +145345234, -2147483648;                #(a)整数常量
SELECT 5.26, 1.39, 101.5E5, 0.5E-2;                      #(b)小数常量、浮点数常量
SELECT 152+5.26, 78+0.5E-2;                              #(c)浮点数常量运算
SELECT 0b1000001, b'1000011', 0x4142, x'4344';           #(d)二进制数和十六进制数常量
```

运行结果如图 7.1 所示。

1894	-2	145345234	-2147483648
1894	-2	145345234	-2147483648

(a)

5.26	1.39	101.5E5	0.5E-2
5.26	1.39	10150000	0.005

(b)

152+5.26	78+0.5E-2
157.26	78.005

(c)

0b1000001	b'1000011'	0x4142	x'4344'
A	C	AB	CD

(d)

图 7.1 运行结果

2. 字符串常量

字符串常量可以用引号括起来,也可以通过十六进制形式表达。

1）一般字符串常量

一般字符串常量用单引号括起来。例如：'你好，How are you!'。其中，ASCII 字符用 1 字节存储，中文用 2 字节存储。

2）Unicode 字符串常量

Unicode 字符串常量前面有一个 N 标志符，代表 SQL—92 标准的国际语言（National Language），用单引号括起字符串。例如：N'你好，How are you!'。其中，每个字符（中文或者英文）用 2 字节存储。

3）字符串中特殊字符的表示

在字符串中不仅可以使用普通字符，也可以使用转义序列来表示特殊字符，如表 7.1 所示。每个转义序列以一个反斜杠（\）开始。

表 7.1　字符串转义序列

序　　列	含　　义
\0	一个 ASCII 零值字节（NULL）字符
\n	一个回车符
\r	一个换行符（Windows 中使用\r\n 作为新行标志）
\t	一个定位符
\b	一个退格符
\Z	Ctrl+Z
\'	一个单引号（'）
\"	一个双引号（"）
\\	一个反斜杠（\）
\%	一个"%"符，用于在正文中搜索包含"%"的字符，否则"%"被解释为一个通配符
_	一个"_"符，用于在正文中搜索包含"_"的字符，否则"_"被解释为一个通配符

4）字符串中包含引号字符

字符串中包含单引号（'），字符串需要用双引号（"）括起来，否则需要用转义字符（\'）表示单引号；字符串中包含双引号（"），字符串需要用单引号（'）括起来，否则需要用转义字符（\"）表示双引号。

5）十六进制数、二进制数表示字符串

每对（两个）十六进制数被转换为一个字符，不区分大小写。

例如：0x4142 和 x'4142'表示字符串 AB，x'4D7953514C'表示字符串 MySQL。

每 8 位（1 字节）二进制数被转换为一个字符。

例如：0b01000001 表示字符 A，b'0100000101000010'表示字符串 AB。

在输出显示时，十六进制数和二进制数默认表达字符，而在参与算术运算时默认表达数值。

【例 7.2】　字符串常量的表示和显示。

```
SELECT 'hello', '"hello', 'hel""lo', 'hel''lo', '\'hello';                    #(a)
SELECT "'hello","'hel''lo","\"hello\n""hello";                                #(b)
SELECT -0b1000011, b'1000011'+0, 0x1F0+1,-x'01F0';                            #(c)
SELECT 0b01000001, x'4D7953514C';                                             #(d)
```

运行结果如图 7.2 所示。

hello	"hello	hel""lo	hel'lo	'hello		'hello	'hel''lo	"hello"hello
hello	"hello	hel""lo	hel'lo	'hello		'hello	'hel'lo	"hello"hello

(a) (b)

-0b1000011	b'1000011'+0	0x1F0+1	-x'01F0'		0b01000001	x'4D7953514C'
-67	67	497	-496		A	MySQL

(c) (d)

图 7.2 运行结果

3. 日期和时间常量

当字符串被用于日期和时间位置、符合日期和时间格式要求且有效时，就会被看成日期和时间常量。

日期型常量包括年、月、日，如 "2021-06-17"。

时间型常量包括小时数、分钟数、秒数及微秒数，如 "12:30:43.00013"。

日期和时间型常量是日期和时间的组合，如 "2021-06-17 12:30:43"。

注意，MySQL 是按 "年-月-日" 的顺序表示日期的，中间的间隔符 "-" 也可以换成 "\" "@" 或 "%" 等特殊符号。此外，日期和时间常量必须是有效的，如'2021-02-31'字符串就是错误的日期和时间常量。

【例 7.3】 日期和时间常量的显示。

```
SELECT '2021-06-17',CURDATE();              # (a) 日期和当前日期
SELECT '12:30:43.00013',CURTIME();           # (b) 时间和当前时间
SELECT '2021-06-17 12:30:43',NOW();          # (c) 当前日期和时间
```

运行结果如图 7.3 所示。

2021-06-17	CURDATE()		12:30:43.00013	CURTIME()		2021-06-17 12:30:43	NOW()
2021-06-17	2021-04-28		12:30:43.00013	10:01:23		2021-06-17 12:30:43	2021-04-28 10:01:23

(a) (b) (c)

图 7.3 运行结果

4. 布尔值

布尔值只包含两个可能的值：TRUE 和 FALSE。TRUE 的数字值为 1，FALSE 的数字值为 0。

5. NULL 值

NULL 值适用于各种列类型，它通常用来表示 "没有值" "无数据" 等含义，并且不同于数字值 0 和空字符串（"）。

7.1.2 变量

变量用于存放临时数据，可以改变变量中的数据。通过变量名引用和改变其中数据，变量可以存放各种类型的数据。

变量可分为系统变量、用户变量和局部变量。

系统变量是 MySQL 定义的变量，用于表达系统的各种状态，它们在 MySQL 服务器启动时就被引入并初始化为默认值。用户可以直接获取其值，有些系统变量还可以进行修改。系统变量通过@@标识，可在当前会话中使用，也可通过加全局前缀在所有会话中使用；用户变量通过@标识，可在当前会话中使用；局部变量只能在存储过程和用户自定义函数等过程体的复合语句（BEGIN…END）中使用。

1. 系统变量

MySQL 有一些特定的设置。例如：有些设置定义数据如何被存储，有些设置影响处理速度，有些设置与日期有关，这些设置就是系统变量。

1）系统变量的获取和设置

例如：通过@@VERSION 可获得当前使用的 MySQL 版本，这样的系统变量的值是不能改变的。

大多数系统变量应用于 SQL 语句中时必须在名称前加两个@符号，而为了与其他 SQL 产品保持一致，某些特定的系统变量是要省略@@符号的，如 CURRENT_DATE（系统日期）、CURRENT_TIME（系统时间）、CURRENT_TIMESTAMP（系统时间戳）和 CURRENT_USER（SQL 用户名）。

例如：
```
SELECT @@VERSION, CURRENT_TIME;
```

显示结果如图 7.4 所示。

@@VERSION	CURRENT_TIME
8.0.21-commercial	16:38:22

图 7.4　显示结果

这里获得了 MySQL 版本和系统当前时间。

有些系统变量可以通过 SET 语句来修改：
```
SET [GLOBAL| SESSION] 系统变量名 = 表达式
```
或者
```
SET @@GLOBAL.| @@SESSION.系统变量名 = 表达式
```

说明：

（1）系统变量名前加 GLOBAL 关键字或"@@GLOBAL."前缀表示全局系统变量，而带有 SESSION 关键字或"@@SESSION."前缀表示会话系统变量。SESSION 还有一个同义词 LOCAL。如果在使用系统变量时不指定关键字，则默认为会话系统变量。

（2）表达式：要给变量赋的值，可以是常量、变量或它们通过运算符组成的式子。

（3）如果指定表达式为"DEFAULT"，则恢复为默认值。

（4）在只能使用会话系统变量时设置为全局系统变量，或者在只能使用全局系统变量时设置为会话系统变量，均会显示出错信息。

注意：MySQL 的设置可以在运行时通过 SET GLOBAL 命令来更改，但是这种更改只会临时生效，下次启动时数据库又会从配置文件中读取设置参数。

MySQL 8 新增了 SET PERSIST 命令：
```
SET PERSIST 系统变量名 = 值;
```

MySQL 会将该命令的配置保存到数据目录下的配置文件（auto.cnf）中，下次启动时会读取该文件，用其中的配置来覆盖默认的配置文件。

2）全局系统变量和会话系统变量

（1）当 MySQL 启动时，全局系统变量会被初始化，并被应用于此后每一个启动的会话。如果设置 GLOBAL（需要超级用户权限），则该值会被记住，并被用于新的连接，直到服务器重新启动为止。

（2）会话系统变量只适用于当前的会话。大多数会话系统变量的名字和全局系统变量的名字相同。当启动会话时，默认情况下，每个会话系统变量的值都和同名的全局系统变量的值相同。一个会话系统变量的值是可以改变的，但是这个新的值仅适用于当前正在运行的会话。

（3）改变全局系统变量的值时，同名的会话系统变量的值保持不变。

3）系统变量清单
```
SHOW VARIABLES [LIKE 条件]                    #显示系统变量清单
SHOW GLOBAL VARIABLES [LIKE 条件]             #显示所有全局系统变量
```

```
SHOW SESSION VARIABLES [LIKE 条件]                    #显示所有会话系统变量
```
例如：
```
SHOW VARIABLES;                                       # (a)
SHOW GLOBAL VARIABLES LIKE 'table_%';                 # (b)
SHOW SESSION VARIABLES LIKE 'character_%';            # (c)
```
说明：

（a）获得所有系统变量清单，共 601 个。

（b）获得与特定模式匹配的系统变量清单，须使用 LIKE 子句，通配符为 "%"。

（c）获得字符集会话系统变量清单。

2．用户变量

用户自己定义的变量称为用户变量，可在其中保存值，以后再引用它，这样在一个会话中可以将值从一个语句传递到另一个语句。

用户变量可用下列语句定义和赋值：
```
SET @变量名 = 表达式, …
```
说明：

（1）变量名由当前字符集中的文字和数字字符、"."、"_" 和 "$" 组成。当变量名中需要包含一些特殊符号（如空格、#等）时，可以使用双引号或单引号将整个变量括起来。@必须放在用户变量的前面，以便将它和列名区分开。

（2）用户变量的数据类型取决于赋予它的表达式值。表达式可以是常量、已经赋值的用户变量或它们通过运算符组成的式子，也可以是 NULL。

（3）没有初始化的用户变量的值为 NULL。

【例 7.4】 创建用户变量及其表达式。
```
SET @user1 = 1, @user2 = @user1 + 1;
SELECT @user1, @user2, @user3;                        # (a)
SET @user2 = @user1 + 1;
SELECT @user1, @user2;                                # (b)
```
运行结果如图 7.5 所示。

@user1	@user2	@user3		@user1	@user2
1	(Null)	(Null)		1	2

（a）　　　　　　　　　　　　　（b）

图 7.5　运行结果

（4）用户变量只有被创建并初始化后，才可以用于 SQL 语句中，变量名前必须加上@符号。

【例 7.5】 以 "商品名称" 作为中间变量查询指定编号的商品信息。
```
USE emarket;
SET @cid='1A0101';
SET @cname = (SELECT 商品名称 FROM commodity WHERE 商品编号=@cid);
SELECT @cid,@cname;                                   # (a)
SELECT 商品名称,价格 FROM commodity WHERE 商品编号=@cid INTO @cname,@cprice;
SELECT @cid, @cname, @cprice;                         # (b)
```
运行结果如图 7.6 所示。

@cid	@cname
1A0101	洛川红富士苹果冰糖心10斤箱装

(a)

@cid	@cname	@cprice
1A0101	洛川红富士苹果冰糖心10斤箱装	44.80

(b)

图 7.6 运行结果

说明：

（a）将"商品编号"等于用户变量@cid（'1A0101'）值的"商品名称"存于用户变量@cname 中并显示。这种方式查询的输出项只能有一个，并且查询出的记录最多有一个，因为它只能存放一个值。注意，SELECT 语句需要括起来。

（b）这种方式查询的输出项可以有多个，但 INTO 后面的项需要一一对应。同时，查询出的记录最多有一个，因为每个用户变量只能存放一个值。

（5）用其他语句代替 SET 语句来为用户变量分配一个值，分配符必须为":="，而不能用"="，因为在非 SET 语句中"="被视为比较操作符。

例如：

```
SELECT @t2 := (@t2 := 2) + 5 AS t2;
```

（6）用户变量可以用于存放数据库的查询结果。

7.2 运算符与表达式

运算符用来对它的操作数进行运算。MySQL 系统提供的运算符很丰富，主要有赋值运算符、算术运算符、比较运算符、逻辑运算符和位运算符等。以运算符连接各操作数构成的式子称为表达式。

7.2.1 赋值运算符

赋值运算符有":="和"="两种形式，它使左侧的用户变量采用右侧的值，右侧的值可以是文字、另一个存储值的变量或任何能产生标量值的表达式（包括查询结果）。用户变量的数据类型由其赋值决定。

因"="只有在 SET 语句中才被作为赋值运算符使用，其他上下文情形下都被视作等于比较运算符，而":="在任何合法的 SQL 语句中都是赋值运算符，故实际应用中要进行赋值运算时，建议优先采用":="。

【例 7.6】 利用赋值运算符修改数据库表列值。

```
USE mydb;
CREATE TABLE test (t1 int);
INSERT INTO test VALUES(3), (5), (7);
SELECT * FROM test;
SET @var1:=5;
UPDATE test SET t1 = 2 WHERE t1 = @var1;
SELECT * FROM test;
```

这里，UPDATE 语句的"SET t1 = 2"中的"="被作为赋值运算符使用，成功实现了更新。

7.2.2 算术运算符

算术运算符是用于数值型数据运算的，算术运算符如表 7.2 所示。

表 7.2 算术运算符

运算符	作用	实例	运算符	作用	实例
DIV	整数除法	7 DIV 2=3	*	乘法	7 * 2=14
/	除法	7/2=3.5	-	减法或负号	-7-2=-9
%,MOD	取模运算	7 % 2=1	+	加法	-7+2=-5

（1）算术运算符的优先级：先算括号里面的；先负号（-），再*、/、DIV，然后是%，最后是+和-；同级中的顺序为从左到右。

（2）DIV 与/的区别是它会丢弃运算结果的小数部分。

（3）系统自动将除法运算结果规格化为固定位数的小数，除数为零时会产生 NULL 的结果。

（4）不同进制数进行算术运算时均转换为十进制数。

（5）数值字符串被当成数值进行运算。字符串中含非数字字符时，其前面的数字字符被当成数值。若首字符为非数字字符，则将其视作 0。

例如：

```
SELECT -7/2+1,7 DIV 2,7 MOD 2,(7 % -2)+0.5*(-0.1),1/(7 MOD 2-1);  # (a)
SELECT 0b01101+b'11',0x1E+'11',-b'01101'+21+x'1E',21-'3A'-'C3';   # (b)
```

运行结果如图 7.7 所示。

-7/2+1	7 DIV 2	7 MOD 2	(7 % -2)+0.5*(-0.1)	1/(7 MOD 2-1)
-2.5000	3	1	0.95	(Null)

(a)

0b01101+b'11'	0x1E+'11'	-b'01101'+21+x'1E'	21-'3A'-'C3'
16	41	38	18

(b)

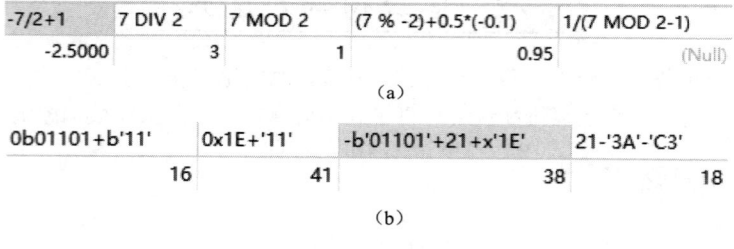

图 7.7 运行结果

说明：

（a）-7/2+1=-2.5：显示-2.5000。如果显示小数点后面 2 位数（-2.50），可以进行格式控制。

```
SELECT FORMAT(-7/2+1,2);
```

(7 % -2)+0.5*(-0.1)：-2→(7 % -2)=1，-0.1→0.5*(-0.1)=-0.05，1-0.05=0.95。

1/(7 MOD 2-1)：7 MOD 2=1，1-1=0，1/0=NULL。

（b）0b01101+b'11'：二进制数+二进制串，作为二进制数计算。

0x1E+'11'：十六进制数+十进制串，作为十进制数计算。

-b'01101'+21+x'1E'：二进制串+十进制数+十六进制串，作为十进制数计算。

21-'3A'-'C3'：十进制数-打头含数字的字符串-打头不含数字的字符串，21-3-0=18。

7.2.3 比较运算符

比较运算符用于操作数间的比较运算，运算的结果是 1、0 或 NULL。它经常用在 SELECT 语句的 WHERE 子句中表达查询条件。比较运算符如表 7.3 所示。

表 7.3　比较运算符

运　算　符	作　　用	运　算　符	作　　用
=	等于	<	小于
<=>	安全等于	>=	大于或等于
<>, !=	不等于	>	大于
<=	小于或等于		

1. 等于运算符（=）

等于运算符（=）用来判断数字、字符串和表达式是否相等，如果相等则返回值为 1，否则返回值为 0。等于运算符在比较时遵循如下规则。

（1）若两个参数均为数值或者数值表达式，则按照数值进行比较。

例如：
```
SET @t=5.001;
SELECT 1.0 = 1, @t = 5+1e-3, 0 = 1e-90;
```
运行结果如图 7.8 所示。

1.0 = 1	@t = 5+1e-3	0 = 1e-90
1	1	0

图 7.8　运行结果

（2）若用数值字符串和数字进行比较，则自动将字符串转换为数值后进行比较。

例如：
```
SELECT '3 ' = 3, '0.0' = 0, '0.05' = 5e-2, 0.05 = '5e-2', '0.05' = '5e-2';
```
运行结果如图 7.9 所示。

'3 ' = 3	'0.0' = 0	'0.05' = 5e-2	0.05 = '5e-2'	'0.05' = '5e-2'
1	1	1	1	0

图 7.9　运行结果

因为两边都是字符串，所以用科学记数法表示的 5e-2 不会被转换为数值，而是直接进行字符串比较。

用全角数值字符串和数字进行比较，也会先将字符串转换成对应数值，然后进行比较。

例如：
```
SET ＠４=3.14159;
SELECT 3.1416<'４',3.1416<＠４;
```
运行结果如图 7.10 所示。

这里，４是全角字符，＠４是用户变量，'４'是全角数值字符串。

（3）用非数值字符串和数字进行比较时，将字符串转换为 0，然后进行比较。

例如：
```
SET @π=3.14159;
SELECT 3.14<'π',3.14<@π,'A'=0;
```
运行结果如图 7.11 所示。

3.1416<'4'	3.1416<@4
1	0

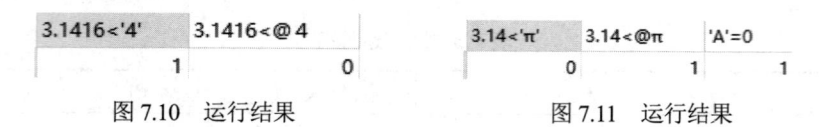

图 7.10 运行结果

3.14<'π'	3.14<@π	'A'=0
0	1	1

图 7.11 运行结果

π 是数学上表示数值的符号，但这里的 π 是全角字符，@π 是用户变量，'π'是非数值字符串。

（4）若两个参数都是（单引号或双引号括起来的）字符串，则按照字符串进行比较。只有字符顺序和个数完全相同，字符串才相等。注意，空格也是字符。

例如：

```
SELECT "he"='he', 'he'=LEFT('he',1)+'e','H'='h','he'='h','h '='h';
```

运行结果如图 7.12 所示。

"he"='he'	'he'=LEFT('he',1)+'e'	'H'='h'	'he'='h'	'h '='h'
1	1	1	0	0

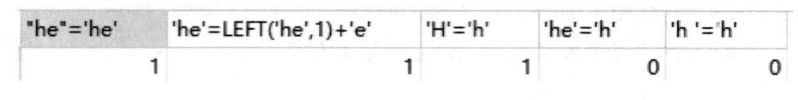

图 7.12 运行结果

（5）ASCII 码字符在不同的字符集中存储的代码是相同的，中文在不同的中文字符集中存储的代码是相同的，但中文字符集和非中文字符集存储的代码是不同的。

例如：

```
SELECT _utf8'he'=_gbk'he',_utf8'汉'=_gbk'汉';
SELECT 'he'=N'he',_gbk'汉'=N'汉';
```

运行结果如图 7.13 所示。

_utf8'he'=_gbk'he'	_utf8'汉'=_gbk'汉'	'he'=N'he'	_gbk'汉'=N'汉'
1	0	1	0

图 7.13 运行结果

（6）大小写字符是否相等取决于当前字符排序规则。

【例 7.7】 大小写字符串比较和字符排序规则。

① 显示当前字符排序规则。

```
SHOW VARIABLES LIKE 'COLLATION_%';
```

运行结果如图 7.14 所示。

Variable_name	Value
collation_connection	utf8mb4_0900_ai_ci
collation_database	utf8mb4_0900_ai_ci
collation_server	utf8mb4_0900_ai_ci

图 7.14 运行结果

其中，collation 打头的变量描述各种排序规则，Value 中的"ci"表示不区分大小写。

② 字符串比较。

```
SELECT 'ABC'='abc','ABC'=_utf8mb4'abc' COLLATE utf8mb4_0900_as_cs;
```

运行结果如图 7.15 所示。

'ABC'='abc'	'ABC'=_utf8mb4'abc' COLLATE utf8mb4_0900_as_cs
1	0

图 7.15 运行结果

说明：由于当前字符串排序规则不区分大小写，所以第 1 项的'ABC'='abc'为真，但第 2 项区分大小写的字符串比较中，'ABC'='abc'为假。

（7）元组比较两项对应列的数据项是否相等。

【例 7.8】 元组相等比较。
```
SELECT ('1A', '苹果') = ('1B', '梨'),
    ('1A', '苹果') = ('1A', '梨'), ('1A', '苹果') = ('1A', '苹果');
```
运行结果如图 7.16 所示。

('1A', '苹果') = ('1B', '梨')	('1A', '苹果') = ('1A', '梨')	('1A', '苹果') = ('1A', '苹果')
0	0	1

图 7.16　运行结果

说明：

第 1 项：第 1 列'1A'与'1B'不相等，结果为假。

第 2 项：第 1 列相等，第 2 列'苹果'和'梨'不相等，结果为假。

第 3 项：第 1 列和第 2 列均相等，结果为真。

（8）若有一个或两个参数为 NULL，则比较运算的结果为 NULL。

例如：
```
SELECT ''=NULL, NULL=NULL;
```

''=NULL	NULL=NULL
(Null)	(Null)

图 7.17　运行结果

运行结果如图 7.17 所示。

（9）半角字符和全角字符是不相等的。

在 GB 2312 编码中，键盘上出现的可以打印的字符均有编码，这些字符就跟汉字一样。GB 2312 内码兼容 ASCII 码，ASCII 码每一字节的最高位为 0，称为半角字符；汉字每一字节的最高位为 1，不是真正的汉字的符号称为全角字符。半角字符和全角字符是不相等的，而且半角字符编码小于全角字符编码。GBK 编码是 GB 2312 编码的扩展。

【例 7.9】 半角字符和全角字符比较。
```
SET character_set_client =utf8;
SELECT 'a'= 'A', 'a'< _gbk'A';              # (a)
SET character_set_client =gbk;
SELECT @@character_set_system;              # (b)
SELECT 'a'= 'A', 'a'< 'A';                  # (c)
```
运行结果如图 7.18 所示。

'a'= 'A'	'a'< _gbk'A'
1	1

(a)

@@character_set_system
utf8

(b)

'a'= 'Ａ'	'a'< 'Ａ'
0	1

(c)

图 7.18　运行结果

说明：

（a）客户端字符集 character_set_client 为 utf8，对应的默认排序规则为不区分大小写。全角字符'A'转换为半角字符'A'后与半角字符'a'相等。而 gbk'A'就是全角字符'A'，与半角字符'a'不相等，而且全角字符'A'编码大于半角字符'a'编码。

（b）设置客户端字符集 character_set_client 为 gbk，对应的默认排序规则为区分大小写，当前默认的 character_set_system 字符集为 utf8。

（c）字符集 gbk 区分大小写，'A'是全角字符，与半角字符'a'不相等，而且全角字符'A'编码大于半角字符'a'编码。SELECT 语句标题显示字符受 MySQL 元数据字符集 character_set_system 控制，而在 utf8 字符集中不能表达 gbk 字符集中的全角字符，所以标题全角字符显示为乱码，而且 character_set_system 字符集也不能通过会话进行修改。

2. 安全等于（<=>）

在两个操作数均为 NULL 时，返回值为 1，否则返回值为 0。除此之外，它与普通等于运算符（=）作用完全相同。

例如：

```
SELECT 3<=>ABS(-3), '' <=> NULL, NULL <=> NULL, 0 <=> NULL;
```

运行结果如图 7.19 所示。

3<=>ABS(-3)	'' <=> NULL	NULL <=> NULL	0 <=> NULL
1	0	1	0

图 7.19 运行结果

3. 不等于（<>或!=）

不等于运算符（<>或!=）用于数字、字符串、表达式不相等的判断，如果不相等就返回 1，否则返回 0。对于元组比较(a, b) <= (x, y)，只要有一个数据项不同，结果就为 1。

4. 小于或等于（<=）

如果左边的操作数小于或等于右边的操作数，则返回值为 1，否则返回值为 0。

元组比较(a, b) <= (x, y)等效于(a < x) OR ((a = x) AND (b <= y))。

例如：

```
SELECT ('1A', 'orange') <= ('1C', 'apple'), ('1C', 'orange') <= ('1C', 'apple');
```

运行结果如图 7.20 所示。

('1A', 'orange') <= ('1C', 'apple')	('1C', 'orange') <= ('1C', 'apple')
1	0

图 7.20 运行结果

说明：

第一项：因为第 1 列'1A' < '1C'，故无须看第 2 列，直接返回 1。

第二项：第 1 列相等（都是'1C'），因'orange'>'apple'（字符 o 大于 a），故返回 0。

5. 小于（<）

小于运算符（<）用来判断左边的操作数是否小于右边的操作数，如果小于，则返回值为 1，否则返回值为 0。

元组比较(a, b) < (x, y) 等效于(a < x) OR ((a = x) AND (b < y))。

6. 大于或等于（>=）

大于或等于运算符（>=）用来判断左边的操作数是否大于或等于右边的操作数，如果大于或等于，则返回值为 1，否则返回值为 0。该运算符不能用于判断空值。

元组比较(a, b) >= (x, y) 等效于(a > x) OR ((a = x) AND (b >= y))。

7. 大于（>）

大于运算符（>）用来判断左边的操作数是否大于右边的操作数，如果大于，则返回值为 1，否则返回值为 0。该运算符不能用于判断空值。

元组比较(a, b) > (x, y) 等效于(a > x) OR ((a = x) AND (b > y))。

7.2.4 判断运算符

判断运算符用于判断值是否为空（IS NULL）、是否在范围内（BETWEEN…AND…）、是否在列表中（IN）等。

1. IS NULL（ISNULL）和 IS NOT NULL

```
表达式 IS NULL
表达式 ISNULL
表达式 IS NOT NULL
```

"表达式 IS NULL"或者"表达式 ISNULL"中表达式的值为NULL，则返回值为1，否则返回值为0。"表达式 IS NOT NULL"中表达式的值非空，则返回值为1，否则返回值为0。

ISNULL(表达式)：系统函数 ISNULL(表达式)与"表达式 IS NULL"功能相同。

例如：

```
SELECT NULL IS NULL, ISNULL(100 / (2 - 2)),
       ('' = NULL) IS NOT NULL, (NULL = NULL) IS NOT NULL;
```

运行结果如图 7.21 所示。

NULL IS NULL	ISNULL(100 / (2 - 2))	('' = NULL) IS NOT NULL	(NULL = NULL) IS NOT NULL
1	1	0	0

图 7.21 运行结果

说明：

（1）表达式"100 / (2-2)"除数为0，结果为NULL。

（2）"('' = NULL)"和"(NULL = NULL)"皆为空值。

（3）IS NULL 和 ISNULL 的作用相同，而 IS NULL 和 IS NOT NULL 的返回值正好相反。

注意：只有ISNULL作为比较函数使用时，才写成"ISNULL(表达式)"的形式，其他情况下只能写成"表达式 IS NULL"或"表达式 IS NOT NULL"的形式。

2. BETWEEN…AND…

```
表达式 BETWEEN 最小值 AND 最大值
```

作用等同于：

```
最小值 <= 表达式 AND 表达式 <= 最大值
```

如果表达式值大于或等于最小值且小于或等于最大值，则返回1，否则返回0。

【例 7.10】 表达式值范围判断。

（1）数值表达式范围判断。

```
SET @x=-1;
SELECT @x BETWEEN -2 AND 0, @x+1 BETWEEN 0 AND 2, ABS(@x) BETWEEN -2 AND 0;
```

运行结果如图 7.22 所示。

@x BETWEEN -2 AND 0	@x+1 BETWEEN 0 AND 2	ABS(@x) BETWEEN -2 AND 0
1	1	0

图 7.22 运行结果

（2）字符串范围判断。

```
SET @x='hello';
```

```
SELECT
    @x BETWEEN 'A' AND 'Z',                  # (a)
    @x BETWEEN 'hel' AND 'help',             # (b)
    @x BETWEEN 'good' AND '你好',            # (c)
    @x BETWEEN 'HELLO' AND ' hello',         # (d)
    @x BETWEEN 'z' AND 'a';                  # (e)
```

运行结果如图 7.23 所示。

@x BETWEEN 'A' AND 'Z'	@x BETWEEN 'hel' AND 'l'	@x BETWEEN 'good' ANI	@x BETWEEN 'HELLO' AN	@x BETWEEN 'z' AND 'a'
1	1	1	0	0

图 7.23 运行结果

说明：
（a）不区分大小写。
（b）"'<'lo'，'l'<'p'。
（c）'g'<'h'，'h'<'你'。
（d）'H'<='h'，'h'>' '。
（e）'z'>'h'，'h'>'a'。

3. IN 和 NOT IN

```
值 IN (值1, 值2, …, 值 n)
值 NOT IN (值1, 值2, …, 值 n)
```

IN 运算符用来判断操作数是否为 IN 列表中的一个值，如果是，则返回值为 1，否则返回值为 0。NOT IN 运算符则正好相反。

（1）数值和字符串符合等于比较（=）条件，IN 条件才为真。

例如：

```
SET @x=-3;
SELECT 3.14 IN (ABS(@x)+0.14), 3.14 IN (3, 3.14159, 'π'), 'fruit' NOT IN
('fish','fruit ','apple','orange');
```

运行结果如图 7.24 所示。

其中，ABS(@x)+0.14=3.14，3.14159 与 3.14 不等，'fruit '包含了空格。

（2）对于"值 IN (…)"，在值为 NULL 的情况下，即使(…)中存在 NULL，IN 的返回值也为 NULL。

例如：

```
SELECT NULL IN (2, 3, 5, NULL);
```

运行结果如图 7.25 所示。

3.14 IN (ABS(@x)+0.14)	3.14 IN (3, 3.14159, 'π')	'fruit' NOT IN ('fish','fruit '
1	0	1

NULL IN (2, 3, 5, NULL)
(Null)

图 7.24 运行结果　　　　　图 7.25 运行结果

如果值非 NULL，但(…)中找不到匹配项且包含 NULL，则 IN 的返回值为 NULL。但是，在已经找到匹配项的情况下，即使(…)中包含 NULL，也能正常返回 1。

```
SELECT '3.14' IN (0, 3.14159, NULL), 3.14 IN (3, 3.14, NULL);
```

运行结果如图 7.26 所示。

（3）应尽量避免依赖 IN 列表中值的隐式类型转换，因为这可能会产生非直观的结果而给实际应用带来麻烦。

例如：
```
SELECT 'a' IN (0), 0 IN ('b');
```
运行结果如图 7.27 所示。

'3.14' IN (0, 3.14159, NULL)	3.14 IN (3, 3.14, NULL)
(Null)	1

图 7.26 运行结果

'a' IN (0)	0 IN ('b')
1	1

图 7.27 运行结果

（4）IN、NOT IN 还可以用于元组比较。例如：
```
SELECT (7,5) IN ((2, 3), (5, 7)), ('1A', '苹果', '洛川') NOT IN (('1B', '梨', '砀山'), ('1A', '苹果', '烟台'));
```
运行结果如图 7.28 所示。

(7,5) IN ((2, 3), (5, 7))	('1A', '苹果', '洛川') NOT IN (('1B', '梨', '砀山'), ('1A', '苹果', '烟台'))
0	1

图 7.28 运行结果

其中，(7, 5)与(5, 7)不同。

7.2.5 字符串匹配

1. 字符串通配符匹配：LIKE

表达式 LIKE 匹配条件

如果表达式满足匹配条件，则返回 1，否则返回 0。表达式和匹配条件中任何一个为空，则结果为 NULL。

可以使用下面两种通配符。

'%'：匹配任何数目的字符，甚至包括''字符。

'_'：只能匹配一个字符。

例如：
```
SELECT 'Tyson/泰森鸡胸肉' LIKE 'Tyson_____',     #（a）结果：1
       'Tyson/泰森鸡胸肉' LIKE 'Tyson%';          #（b）结果：1
```
说明：

（a）'Tyson_____'（6 个 "_"）表示匹配以 "Tyson" 开头后跟 6 个字符的字符串，而 "/泰森鸡胸肉" 正好是 6 个字符，满足匹配条件，匹配成功，返回 1。

（b）'Tyson%'表示匹配以 "Tyson" 开头的字符串，"Tyson/泰森鸡胸肉" 满足匹配条件，也返回 1。只要以 "Tyson" 开头，后面有没有字符均满足条件。

另外，"_" 和 "%" 可以放在字符串的任何位置，并且可以合用。"_" 和 "%" 作为内容描述字符时需要采用相应的转义字符。

【例 7.11】 字符串通配符匹配测试。
```
SELECT 'character_set_client' LIKE '%set_client';      #（a）结果：1
SELECT 'character_set_client' LIKE '%set\_client';     #（b）结果：1
SELECT 'character_set\_client' LIKE '%set\_client';    #（c）结果：0
SELECT 'Tyson/泰森鸡胸肉' LIKE '%_鸡胸肉';              #（d）结果：1
```
说明：

（a）'character_set_client'中的 "_" 均为字符串内容，'%set_client'中的 "%" 和 "_" 均为匹配描述字符。

(b)'%set_client'中的"_"为内容描述字符"_"的转义字符。

(c)'character_set_client'中的"_"为两个内容描述字符,'%set_client'的"_"中的"\"是内容描述字符,而"_"是匹配描述字符。

(d)'%__鸡胸肉'中有一个匹配描述字符"%"和两个匹配描述字符"_"。

2. 字符串匹配正则表达式：REGEXP

通过正则表达式可实现更复杂的字符串匹配。

表达式 REGEXP 匹配条件

如果表达式满足匹配条件，则返回 1，否则返回 0。若表达式和匹配条件中任何一个为空，则结果为 NULL。

REGEXP 运算符在进行匹配时，常采用下面几种通配符。

(1)'^'：匹配以该字符后面的字符开头的字符串。

(2)'$'：匹配以该字符后面的字符结尾的字符串。

(3)'.'：匹配任何一个单字符。

(4)'[...]'：匹配在方括号内的任何字符，例如，[abc]匹配'a'、'b'或'c'。描述字符的范围可使用"-"，例如，[a-z]匹配任何字母，而[0-9]匹配任何数字。

(5)'*'：匹配零个或多个在它前面的字符，例如，'x*'匹配任何数量的'x'字符，'[0-9]*'匹配任何数量的数字，而'*'匹配任何数量的任何字符。

例如：

```
SELECT 'mysql' REGEXP '^m', 'mysql' REGEXP 'l$', 'mysql' REGEXP 'm.sql';
                                                                            # (a)
SELECT 'mysql' REGEXP '[a-k]', 'mysql' REGEXP '[l-z]';                      # (b)
```

运行结果如图 7.29 所示。

'mysql' REGEXP '^m'	'mysql' REGEXP 'l$'	'mysql' REGEXP 'm.sql'	'mysql' REGEXP '[a-k]'	'mysql' REGEXP '[l-z]'
1	1	1	0	1

(a)   (b)

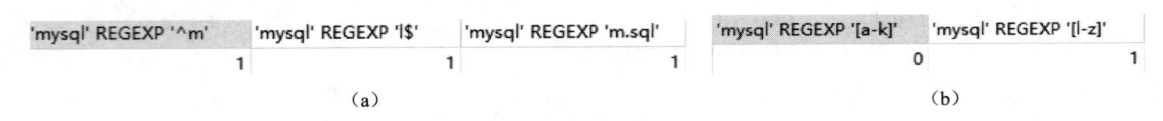

图 7.29　运行结果

本例指定的字符串为'mysql'，匹配结果说明：

'^m'表示匹配任何以字母 m 开头的字符串，满足匹配条件，返回 1。

'l$'表示匹配任何以字母 l 结尾的字符串，满足匹配条件，返回 1。

'm.sql'表示匹配任何长度为 5，且在字母 m 与 s 之间有一个字符的字符串，满足匹配条件，返回 1。

由于'mysql'中的所有字符皆排在字母 k 之后，无法与'[a-k]'范围内的字符相匹配，因此返回 0；与'[l-z]'范围内的字符可以匹配，因此返回 1。

7.2.6　逻辑运算符和位运算符

操作数作为一个逻辑值参与运算要使用逻辑运算符，操作数中的每一位分别进行逻辑运算则要使用位运算符。

1. 逻辑运算符

逻辑运算符用于对操作数整体进行逻辑操作，如表 7.4 所示。

表 7.4 逻辑运算符

运算符	作用	逻辑运算表（真：1 或者 TRUE，假：0 或者 FALSE）
NOT, !	逻辑非	NOT 0=1，NOT 1=0，NOT NULL=NULL
AND, &&	逻辑与	0 AND 0=0，0 AND 1=0，1 AND 0=0，1 AND 1=1，x AND NULL=NULL
OR, ||	逻辑或	0 OR 0=0，0 OR 1=1，1 OR 0=1，1 OR 1=1，1 OR NULL=1，0 OR NULL=NULL
XOR	逻辑异或	0 XOR 0=0，0 XOR 1=1，1 XOR 0=1，1 XOR 1=0，x XOR NULL=NULL

说明：

（1）将所有非零数字（如-98）、数字打头的字符串都看作 1（TRUE），而非数字（如'Apple 苹果'）的字符串则看作 0（FALSE）。

（2）从 MySQL 8.0.17 开始，不推荐使用!、&&、||符号，因它们均为软件开发商定义扩展的逻辑运算符，在将来的 MySQL 版本中将取消对它们的支持。应将应用程序中使用的!、&&、||符号调整为标准 SQL 的逻辑运算符 NOT、AND 和 OR。

例如：

```
SELECT NOT -98, NOT 0, !NULL, !'Apple 苹果', ! FALSE, NOT '1';
```

运行结果如图 7.30 所示。

NOT -98	NOT 0	!NULL	!'Apple苹果'	! FALSE	NOT '1'
0	1	(Null)	1	1	0

图 7.30 运行结果

【例 7.12】 逻辑运算符测试。

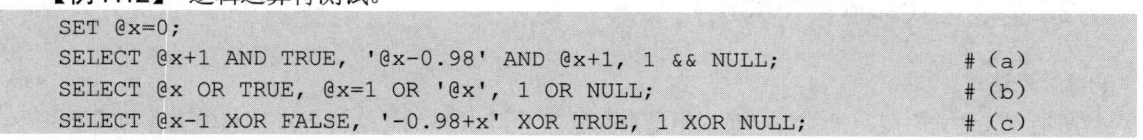

```
SET @x=0;
SELECT @x+1 AND TRUE, '@x-0.98' AND @x+1, 1 && NULL;      # (a)
SELECT @x OR TRUE, @x=1 OR '@x', 1 OR NULL;               # (b)
SELECT @x-1 XOR FALSE, '-0.98+x' XOR TRUE, 1 XOR NULL;    # (c)
```

运行结果如图 7.31 所示。

@x+1 AND TRUE	'@x-0.98' AND @x+1	1 && NULL
1	0	(Null)

(a)

@x OR TRUE	@x=1 OR '@x'	1 OR NULL
1	0	1

(b)

@x-1 XOR FALSE	'-0.98+x' XOR TRUE	1 XOR NULL
1	0	(Null)

(c)

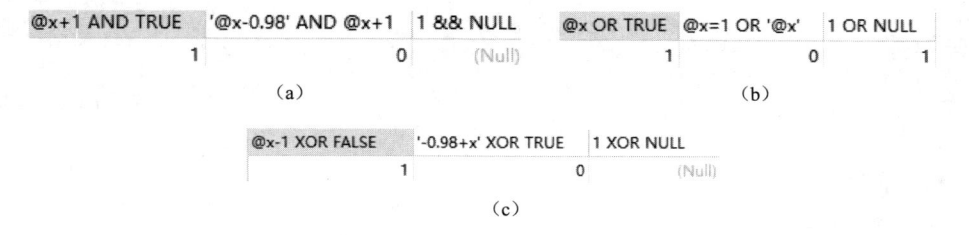

图 7.31 运行结果

2. 位运算符

位运算符是在二进制数上进行计算的运算符，它先将操作数转换成二进制数，然后进行位运算，最后将计算结果从二进制数转换成十进制数。

位运算符如表 7.5 所示。

表 7.5 位运算符

运算符	作用	实例：x= 0b01010011=83　　y= 0b00001111=15
~	按位取反	~x=0b10101100=172
&	按位与	x&y=0b00000011=3
|	按位或	x|y=0b01011111=95
^	按位异或	x^ y=0b01011100=92
<<	左移	y<<2=ob00111100=60
>>	右移	y>>2=0b00000011=3

【例 7.13】 位运算符测试。

```
SET @x=83;
SET @y=15;
SELECT ~0-~@x, @x & @y, @x|@y, @x ^ @y, @y<<2, @y>>2;
```

运行结果如图 7.32 所示。

~0-~@x	@x & @y	@x|@y	@x ^ @y	@y<<2	@y>>2
83	3	95	92	60	3

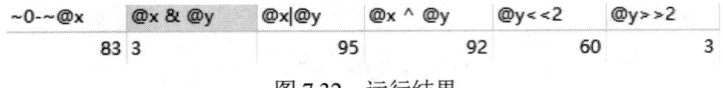

图 7.32　运行结果

说明：~0=1…111，~@x=~0-@x，~0-~@x=@x=83。

7.2.7 表达式和运算符的优先级

1. 表达式

所谓"表达式"就是操作数（包括常量和变量）、列名函数通过运算符进行有机组合的式子。

例如，下列 SELECT 语句显示项均为表达式：

```
SET @x=7;                                    # (a)
SELECT (@x % -2)+0.5*(-0.1);                 # (b)
SELECT 3.14 IN(ABS(@x)+0.14);                # (c)
SELECT 'mysql' REGEXP '[a-k]';               # (d)
```

说明：

（a）赋值表达式。

（b）算术表达式。

（c）算术表达式。

（d）字符串匹配逻辑表达式。

又如，操作数据库表的 SQL 语句表达式：

```
USE emarket;
CREATE TABLE user
(
    ...
    手机号    char(11)    NOT NULL
        UNIQUE CHECK(LENGTH(TRIM(手机号)) = 11 AND LEFT(手机号,1) = '1'),
                                                                    # (a)
    ...
```

```
            CHECK(YEAR(有效期) - CONVERT(SUBSTR(身份证号,7,4),UNSIGNED) >= 20)
                                                                            # (b)
);
SELECT … FROM commodity WHERE 商品编号 < '3' AND 价格 >= 100;              # (c)
UPDATE …
        SET commodity_new.价格 = commodity_new.价格 - 10                    # (d)
        WHERE commodity_temp.原价 - commodity_new.价格 < 15 AND commodity_new.商品编
号 = commodity_temp.商品编号;                                                # (e)
```

说明：

设 se 表示字符串表达式，ae 表示算术表达式，ce 表示比较表达式，le 表示逻辑表达式，ve 表示赋值表达式，那么表达式计算顺序如下：

(a) se1：TRIM(手机号)，ae1：LENGTH(se1)，se2：LEFT(手机号,1)；ce1：ae1=11，ce2：se2='1'；le1：ce1 AND ce2。

(b) ae1：YEAR(有效期)，se1：SUBSTR(身份证号,7,4)，ae2：CONVERT(se1,UNSIGNED)；ae3：ae1-ae2；ce1：ae3>=20。

(c) ce1：商品编号 <'3'，ce2：价格 >= 100；le1：ce1 AND ce2。

(d) ae1：commodity_new.价格 – 10；ve1：commodity_new.价格 = ae1。

(e) ae1：commodity_temp.原价 - commodity_new.价格；ce1：ae1 < 15，ce2：commodity_new.商品编号 = commodity_temp.商品编号；le1：ce1 AND ce2。

2. 运算符的优先级

当一个复杂的表达式中有多个运算符时，运算符的优先级决定了执行运算的先后次序，它会影响所得到的运算结果。

运算符的优先级如表 7.6 所示，级别数字越小表示优先级越高。

表 7.6 运算符的优先级

运 算 符	级 别
!（逻辑取反）	0
-（负号）、~（按位取反）	1
^（按位异或）	2
*（乘法）、/（除法）、DIV（整数除法）、%和MOD（取模）	3
+（加法）、-（减法）	4
<<（位左移）、>>（位右移）	5
&（按位与）	6
|（按位或）	7
比较运算符：=、<=>、<>、!=、<=、<、>=、>、IS NULL、IN、LIKE、REGEXP	8
BETWEEN…AND…	9
NOT（逻辑非）	10
AND 和&&（逻辑与）	11
XOR（逻辑异或）	12
OR 和||（逻辑或）	13
=（赋值）、:=	14

说明：

（1）对表达式求值时，优先级高的运算符先进行计算。

（2）当一个表达式中有多个运算符优先级相同时，根据它们在表达式中的位置，从左至右依次进行计算。但有一个例外，赋值（=、:=）是从右至左进行的。

（3）=作为比较运算符时，与<=>、<>、!=、<=、<、>=、>等具有相同的优先级；但作为赋值运算符时，与 := 优先级相同。

（4）一些运算符的优先级和含义取决于 SQL 模式，如在默认情况下，! 的优先级高于 NOT，但启用 HIGH_NOT_PRECEDENCE 后，两者具有相同的优先级。

（5）可用括号改变运算符的优先级，即先对括号内的表达式求值，再对括号外的运算符进行运算。若表达式中有嵌套的括号，则首先对嵌套最深的表达式求值。

例如，对于(@x % -2) + 0.5*(-0.1)，运算顺序如下：

→@x % -2=a

→0.5*(-0.1)=b

→a+b。

对于 commodity_temp.原价-commodity_new.价格 <15 AND commodity_new.商品编号 = commodity_temp.商品编号，运算顺序如下：

→commodity_temp.原价-commodity_new.价格=a

→a<15=b

→commodity_new.商品编号 = commodity_temp.商品编号=c

→b AND c

7.3 系统函数

MySQL 8 系统函数可以分为数学函数、字符串函数、日期和时间函数、类型转换函数、JSON 函数、空间数据处理函数、窗口函数和其他函数。

MySQL 8 系统函数由函数名和参数组成，少数函数可以没有参数。函数处理结果可在表达式中直接使用，也可通过变量获得。

1. 数学函数

数学函数是用来处理数值型数据的函数，主要有常用运算函数、数制及转换函数、取接近值函数、幂和对数函数、随机数函数、三角函数等。有错误产生时，数学函数返回 NULL。

2. 字符串函数

字符串函数是专门用来处理字符串数据的，可实现对字符串进行长度统计、比较、获取、定位、改变、合并、替换、删除空格等诸多灵活而强大的功能。

字符串函数包括长度统计和比较函数、获取字符串函数、字符串定位函数、改变字符串函数、删除空格函数和生成字符串函数。

3. 日期和时间函数

日期和时间函数又分为日期函数和时间函数，分别用来处理日期和时间值。日期函数通常接收 date 类型的参数，也可使用 datetime、timestamp 类型的参数，但会忽略值的时间部分；同样，时间函数通常使用 time 类型的参数，也可接收 datetime、timestamp 类型的参数，但会忽略其日期部分。此外，许多日期和时间函数还可以同时接收描述日期和时间的数字和字符串类型的参数。

日期和时间函数包括获取当前日期和时间函数、获取日期包含信息函数、获取时间包含信息函数、计算日期所在周函数、日期和时间运算函数、日期和时间格式化函数、时间与秒转换函数。

4. 类型转换函数

类型转换函数包括将数值转换为进制字符串函数、进制与对应字符函数、将字符串转换为数值和日期函数、IP 地址转换函数。

5. JSON 函数

JSON 函数用于 JSON 数据类型及 JSON 列记录的操作，包括 JSON 基本操作函数、JSON 数据检索函数、JSON 数据修改函数、获取 JSON 属性函数和 JSON 数据转换函数。

6. 空间数据处理函数

空间数据处理函数分为空间对象创建函数、获取空间对象属性函数、空间对象计算和处理函数、几何对象判断函数。

MySQL 中的空间对象都有特定的格式，一般要将 WKT 串转换为对应格式，才能使用 MySQL 提供的空间数据处理函数进行存储、计算。

7. 窗口函数

MySQL 支持的窗口函数按照功能分为序号函数、分布函数、前后函数、头尾函数等。

8. 其他函数

其他函数包括判断函数、加密和解密函数、聚合函数（常用于 SELECT…GROUP BY 中）和系统信息函数。

第 8 章 查询、视图和索引

在创建数据库后,最常用的操作是查询。视图是由一个或多个基本表生成的数据集合,索引可以提高查询效率。

8.1 数据库查询

MySQL 可通过 SELECT 语句从表或视图中迅速、方便地检索到需要的数据。

SELECT 语句的功能非常强大,使用极为灵活,它可以实现对表的选择、投影及连接操作。其形式如下:

```
SELECT [ALL|DISTINCT|DISTINCTROW] 输出项,…
    [FROM 表名|视图名]                    /*指定数据源*/
    [WHERE 条件表达式]                    /*指定查询条件*/
    [GROUP BY … ]                         /*指定分组项*/
    [HAVING 条件]                         /*指定分组后筛选条件*/
    [ORDER BY …]                          /*指定输出行排列依据项*/
    [LIMIT 行数]                          /*指定输出行范围*/
    [UNION SELECT 语句]                   /*数据源联合*/
    [WINDOWS …]                           /*窗口定义*/
```

8.1.1 选择输出项

SELECT 语句中的"输出项"用于指定查询结果的显示顺序,如果"输出项"为查询表的所有列,也可用"*"表示,此时按照表设计时的顺序显示列。

1. 输出项为列名

输出项为一个表中的某些列名,列名之间以逗号分隔。当希望使用自己命名的标题时,可以在列名之后加"AS 别名"。

【例 8.1】 查询网上商城数据库(emarket)的商品表(commodity)中所有的商品编号、商品名称、库存量和价格。

```
USE emarket;
SELECT 商品编号, 商品名称, 库存量, 价格 AS 商品单价 FROM commodity;
```

查询结果如图 8.1 所示。

查询输出项标题为列名,价格列用"商品单价"作为标题,显示的是表中所有行(共 14 条记录)对应的列内容。

2. 输出项为表达式

输出项是包含列名的一般表达式。例如,对数字列进行各种计算。为了避免将不太直观的表达式作为输出项标题,可以用 AS 定义一个别名作为新的计算结果列的名称。

商品编号	商品名称	库存量	商品单价
1A0101	洛川红富士苹果冰糖心10斤箱装	3601	44.80
2A1602	[王明公]农家散养猪冷冻五花肉3斤装	375	118.00
2B1701	Tyson/泰森鸡胸肉454g*5去皮冷冻	1682	139.00
3BA301	波士顿龙虾特大鲜活1斤	2800	149.00
3C2205	[参王朝]大连6-7年深海野生干海参	1203	1188.00
4A1601	农家散养草鸡蛋40枚包邮	690	33.90
1A0201	烟台红富士苹果10斤箱装	5698	29.80
1B0501	库尔勒香梨10斤箱装	8902	69.80
1B0602	砀山梨5斤箱装特大果	6834	16.90
1GA101	智利车厘子2斤大樱桃整箱顺丰包邮	5420	59.80
2B1702	[周黑鸭]卤鸭脖15g*50袋	5963	99.00
1A0302	阿克苏苹果冰糖心5斤箱装	12680	29.80
1B0601	砀山梨10斤箱装大果	14532	19.90
4C2402	青岛啤酒500ml*24听整箱	23427	112.00

图 8.1　查询结果

【例 8.2】 将 1000 元以上的商品打 8 折出售，并同时显示原价和优惠价。
```
USE emarket;
SELECT LEFT(商品编号,1) AS 类别编号, 商品编号, 商品名称, 价格 AS '原　价', FORMAT(价格*0.8,2) AS 优惠价
    FROM commodity
    WHERE 价格 > 1000;
```
查询结果如图 8.2 所示。

类别编号	商品编号	商品名称	原 价	优惠价
3	3C2205	[参王朝]大连6-7年深海野生干海参	1188.00	950.40

图 8.2　查询结果

说明：

（1）LEFT(商品编号,1)为字符串表达式，用于获得商品编号列第 1 个字符。

（2）不允许在 WHERE 子句中使用列别名，如 WHERE 原价 > 1000。

（3）别名中含有空格时，须用引号括起来，如 AS '原　价'。

（4）价格包含两位小数，价格乘以 0.8 后就会超过两位小数，为了显示两位小数，采用 FORMAT(价格*0.8,2)函数。

【例 8.3】 查询用户表（user）中的姓名、年龄和身份证号是否有效。
```
SELECT 姓名,
       YEAR(NOW())-CONVERT(SUBSTR(身份证号,7,4),UNSIGNED)+1 AS 年龄,
       IF(有效期>=NOW(),'有效','过期') AS 身份证有效
    FROM user;
```
查询结果如图 8.3 所示。

说明：

（1）SUBSTR(身份证号,7,4)用于获得出生年份 n，CONVERT(n,UNSIGNED)用于将 n 转换为无符号整数 n1，YEAR(NOW())用于获得当前日期中的年份 n2，n2−n1+1 就是年龄。

（2）IF(有效期>=NOW(),'有效','过期')：将有效期（date 类型）列与当前日期进行对比，大于或等于为'有效'，否则为'过期'。

3．输出内容变换

在对表进行查询时，输出列显示内容可以通过 CASE 语句进行变换。
```
CASE
    WHEN 条件1 THEN 表达式1
    …
```

```
    ELSE 表达式 n
END
```

说明：如果条件 1 为真，则执行表达式 1，以此类推。

【例 8.4】 在 emarket 数据库商品分类表（category）中，显示商品分类记录对应的大类。

```
USE emarket;
SELECT 类别编号, 类别名称,
        CASE
            WHEN LEFT(类别编号,1) = '1' THEN '水果'
            WHEN LEFT(类别编号,1) = '2' THEN '肉禽'
            WHEN LEFT(类别编号,1) = '3' THEN '海鲜水产'
            ELSE '粮油蛋'
        END AS 大类
    FROM category;
```

查询结果如图 8.4 所示。

姓名	年龄	身份证有效
周俊邻	52	有效
易斯	62	有效
孙函锦	33	有效

图 8.3　查询结果

类别编号	类别名称	大类
1A	苹果	水果
1B	梨	水果
1C	橙	水果
1D	柠檬	水果
1E	香蕉	水果
1F	芒果	水果
1G	车厘子	水果
1H	草莓	水果
2A	猪肉	肉禽
2B	鸡鸭鹅	肉禽
2C	牛肉	肉禽
2D	羊肉	肉禽
3A	鱼	海鲜水产
3B	海鲜	海鲜水产
3C	海参	海鲜水产
4A	鸡蛋	粮油蛋
4B	调味料	粮油蛋
4C	啤酒	粮油蛋
4D	滋补保健	粮油蛋

图 8.4　查询结果

也可以采用 IF 函数嵌套变换输出项：

```
IF(逻辑表达式,表达式 1,表达式 2)
```

功能：如果逻辑表达式为真，则函数值为表达式 1 的值，否则为表达式 2 的值。表达式 2 也可以是 IF 函数，以此类推。

例如，商品表（commodity）中商品编号前两位对应类别编号，第一位是大类编号，要将输出项变换为商品大类名称，可以进行下列操作：

```
SELECT IF(LEFT(商品编号,1)='1','水果', IF(LEFT(商品编号,1)='2','肉禽',IF(LEFT(商品编号,1)='3','海鲜水产','粮油蛋'))) AS 大类, 商品编号, 商品名称, 价格, 库存量
    FROM commodity;
```

说明：显示商品表（commodity）所有记录，输出项包括大类、商品编号、商品名称、价格、库存量。大类通过商品编号第一个字符变换得到。

另外，如果变换的内容比较复杂，可以采用用户定义函数实现，把需要包含的值作为函数参数输入，函数输出就是变换的结果。

4．消除输出项的重复行

查询结果显示输出项时可能会出现重复行，可以使用 DISTINCT 或 DISTINCTROW 关键字消除结果集中的重复行。

【例 8.5】 查询 orders 表中出现的所有账户。

在 emarket 数据库的订单表（orders）中只选择账户名，由于同一个账户会多次购物而出现多个订单，消除重复行可以看清当前有哪些账户购物。

```
USE emarket;
SELECT 账户名 FROM orders;                              #（a）
SELECT DISTINCT 账户名 FROM orders;                     #（b）
```

查询结果如图 8.5 所示。

图 8.5　查询结果

5. 聚合函数

输出项表达式中用到的系统函数仅对包含的列值进行处理，而这里的"聚合函数"处理的是查询得到的行和列。表 8.1 列出了 MySQL 常用聚合函数。

表 8.1　MySQL 常用聚合函数

函 数 名	说　　明
COUNT	求记录行数
MAX	求最大值
MIN	求最小值
SUM	求表达式列的和
AVG	求表达式列的平均值
STD 或 STDDEV	求表达式列中所有值的标准差
VARIANCE	求表达式列中所有值的方差
GROUP_CONCAT	产生由一组列值组合而成的字符串

除 COUNT 函数外，所有聚合函数都会忽略空值。

【例 8.6】 统计 commodity 表中的商品记录总数，商品价格的最大值、最小值及平均值，并计算出全部商品的总价值。

```
USE emarket;
    SELECT COUNT(商品编号) AS 商品总数, MAX(价格) AS 最高价, MIN(价格) AS 最低价,
FORMAT(AVG(价格), 2) AS 均价, SUM(价格*库存量) AS 总价值
    FROM commodity;
```

查询结果如图 8.6 所示。

图 8.6　查询结果

【例 8.7】 计算 commodity 表中所有商品价格的方差和标准差。

统计学上的标准差等于方差的平方根,所以 STDEV(…)和 SQRT(VARIANCE(…))这两个表达式作用相同。

方差的计算按以下几个步骤进行。

(1) 计算相关列的平均值。
(2) 求列中的每个值与平均值之差。
(3) 计算差值的平方的总和。
(4) 用总和除以(列中的)值的个数得出结果。

```
USE emarket;
SELECT VARIANCE(价格) AS 方差, STDEV(价格) AS 标准差, SQRT(VARIANCE(价格)) AS 方差
的平方根 FROM commodity;                                                #(a)
SET @avg = (SELECT AVG(价格) FROM commodity);              #计算价格平均值
SELECT SUM(POW(价格 - @avg, 2)) / COUNT(商品编号) AS 方差 FROM commodity;
                                                                        #(b)
```

查询结果如图 8.7 所示。

方差	标准差	方差的平方根
84662.87923618786	290.96886300116006	290.96886300116006

(a)

方差
84662.87923618781

(b)

图 8.7 查询结果

这里使用了多种聚合函数与数学函数进行复合运算来计算方差,与直接用 VARIANCE 函数计算的结果一致。

MySQL 支持一个特殊的聚合函数 GROUP_CONCAT,它返回一组指定列的所有非 NULL 值构成的长字符串,这些值一个接着一个放置,中间用逗号隔开。这个字符串的最大长度标准值是 1024。

【例 8.8】 罗列出商品分类表(category)中水果大类的商品类别名称。

```
USE emarket;
SELECT GROUP_CONCAT(类别名称) FROM category WHERE LEFT(类别编号,1) = '1';
```

查询结果如图 8.8 所示。

6. JSON 类型列的部分内容

JSON 类型列的内容符合"键:值"结构,在输出项中可通过"列名->路径"或者"列名->>路径"及 JSON 函数指定部分内容。

例如:

```
SELECT 姓名, 常用地址->'$."地址"."位置"' 住址 FROM user;
```

查询结果如图 8.9 所示。

GROUP_CONCAT(类别名称)
苹果,梨,橙,柠檬,香梨,芒果,车厘子,草莓

图 8.8 查询结果

姓名	住址
周俊邻	"尧新大道16号"
易斯	"仙林大学城文苑路1号"
孙函锦	"学府街99号"

图 8.9 查询结果

注意:"地址"和"位置"都要加双引号。如果显示的住址内容不加引号,则要改用"->>"运算符。

8.1.2 单数据源

SELECT 语句的查询对象（数据源）由 FROM 子句指定：

FROM　数据源 [AS 别名],…
数据源:=表名 [分区] | 视图 | 查询 | 连接

说明：

数据源就是查询的数据来源，最常见的数据源就是一个或多个表。此外，数据源还可以是视图、查询结果及连接。由于连接的情况比较多，后面将用一节专门介绍。

1. 将表作为数据源

将表作为数据源时，如果查询表位于当前数据库中，直接写表名即可；如果查询表不在当前数据库中，表名前需要加数据库名前缀，或者使用"USE 数据库名"将指定的数据库变成当前数据库后再进行查询。

查询的数据库可以是用户创建的，也可以是 MySQL 系统自带的。

1）查询用户数据库表信息

例如：

```
USE emarket;
SELECT  *  FROM  mydb.test;
SELECT  *  FROM  commodity WHERE LEFT(商品编号,1) = '1';
```

2）查询系统数据库表信息

通过查询可以获得系统数据库存放服务器、数据库及其对象的有关信息。

例如：

（1）查询 MySQL 支持的字符集。

```
SELECT * FROM information_schema.character_sets;
```

（2）通过系统数据库 information_schema 字典表 columns 查询 mydb 数据库 mytab 表列的字符集和排序规则。

```
USE mydb;
SELECT column_name,character_set_name,collation_name FROM information_schema.columns WHERE table_name = 'mytab';
```

（3）通过系统数据库 information_schema 字典表 tables 查询指定表的状态信息。

```
SELECT * FROM information_schema.tables WHERE table_schema = 'mydb' and table_name = 'test';
```

（4）通过系统数据库 information_schema 的 PARTITIONS 表查询用户数据库表分区信息。

```
SELECT
        PARTITION_NAME 分区名称,
        PARTITION_ORDINAL_POSITION 排序,
        PARTITION_METHOD 分区类型,
        PARTITION_EXPRESSION 表达式,
        PARTITION_DESCRIPTION 描述,
        CREATE_TIME 创建时间,
        TABLE_ROWS AS 记录数
    FROM information_schema.PARTITIONS
    WHERE TABLE_SCHEMA = SCHEMA() AND TABLE_NAME = 'youth';
```

2. 将表分区作为数据源

若不指定分区，则表的所有记录均为查询数据源；若指定分区，则仅将指定分区内的记录作为查询数据源。

【例8.9】 查询商品表中水果库存量大于10000的商品。

（1）对商品表（commodity）进行查询。

```
USE emarket;
SELECT * FROM commodity WHERE LEFT(商品编号,1)= '1' AND 库存量>10000;
```

这里，查询的数据源为commodity表的所有记录。

后面默认当前数据库为emarket。

（2）对商品分区表指定分区查询。

前面已经对商品表（commodity）的副本商品分区表（commodity_part）进行过分区，这里为方便对比再次列出：

```
ALTER TABLE commodity_part
    PARTITION BY RANGE COLUMNS (商品编号)
    (
        PARTITION 水果 VALUES LESS THAN ('2'),
        PARTITION 肉禽 VALUES LESS THAN ('3'),
        PARTITION 海鲜水产 VALUES LESS THAN ('4'),
        PARTITION 粮油蛋 VALUES LESS THAN (MAXVALUE)
    );
```

按照分区查询，显示结果如图8.10所示。

```
SELECT * FROM commodity_part PARTITION(水果) WHERE 库存量 > 10000;
```

商品编号	商品名称	价格	库存量
1A0302	阿克苏苹果冰糖心5斤箱装	29.80	12680
1B0601	砀山梨10斤箱装大果	19.90	14532

图8.10 显示结果

这里查询的数据源为水果分区，包含的记录的商品编号小于'2'，也就是 LEFT(商品编号,1)='1'的记录。

（3）对商品分区表不指定分区查询。

```
SELECT * FROM commodity_part WHERE 商品编号 < '2' AND 库存量 > 10000;
```

因为WHERE条件包含商品编号列，所以系统会根据条件匹配分区。这里匹配的也是水果分区。

同理，对于表按HASH和KEY分区的情况，用户一般不能知道记录分区存放情况，所以不能显式指定查询分区数据源，但系统会根据WHERE查询条件是否包含分区列，匹配对应的分区进行查询，否则分区就失去意义了。所以应该将最频繁查询的列（表达式）作为分区依据。

3. 将查询结果作为数据源

将查询结果作为数据源：

```
FROM (SELECT 语句) 名称, …
```

将FROM后的查询结果作为数据源，对其进行查询。

【例8.10】 查询库存量在10000以上的水果。

```
SELECT * FROM  commodity WHERE LEFT(商品编号,1) = '1' AND 库存量 > 10000;    #（a）
SELECT * FROM (SELECT * FROM commodity WHERE LEFT(商品编号,1) = '1') commodity1
WHERE 库存量 > 10000;                                                      #（b）
```

说明：

（a）在commodity表中筛选出符合LEFT(商品编号,1) = '1' AND 库存量 >10000条件的记录。

（b）查询结果与（a）查询语句的结果相同。这里先从commodity表中筛选出符合LEFT(商品编号,1) = '1'条件的记录作为数据源（commodity1），然后在commodity1中查询符合"库存量 >10000"条件的记录。

4. 将视图作为数据源

将视图作为数据源进行查询与表一样，视图中的数据记录是由定义它的查询语句决定的。

```
USE emarket;
CREATE VIEW commodity_1
    AS  SELECT * FROM commodity WHERE LEFT(商品编号, 1) = '1';  # (a)
SELECT * FROM commodity_1 WHERE 库存量 > 10000;                  # (b)
```

说明：

（a）创建视图，视图中的数据是定义的查询结果，以视图名"commodity_1"标识。

（b）把 commodity_1 视图作为数据源，对其进行查询。

关于视图后面还会专门介绍。

8.1.3 多数据源

FROM 指定的查询数据源可以有多个（比较常用的是两个），而且数据源的类型可以不同，也就是说，数据源可以是表、查询结果、视图及它们的组合。包含多个数据源时，通过连接将它们变成一个整体进行查询，可以大大提高查询效率。

```
FROM  数据源 [AS 别名]，… ON 连接条件
```

多数据源可采用多种方法进行连接。

1. 全连接

各个数据源之间用逗号分隔就指定了一个全连接，又叫"等值连接"。连接后产生的中间结果是一个新表，它是每个数据源的每行都与其他数据源的每行交叉产生的所有可能组合，也就是笛卡儿积（每个数据源行数相乘），它的列包含所有数据源中出现的列。

例如，订单表（orders）包含 4 列 9 行（记录），订单项表（orderitems）包含 4 列 13 行（记录），如图 8.11 所示。

订单编号	帐户名	支付金额	下单时间
1	easy-bbb.com	129.40	2019-10-01
2	sunrh-phei.net	495.00	2019-10-03
3	sunrh-phei.net	171.80	2019-12-18
4	231668-aa.com	29.80	2020-01-12
5	easy-bbb.com	119.60	2020-01-06
6	sunrh-phei.net	33.80	2020-03-10
7	sunrh-phei.net	1418.60	2020-06-03
8	easy-bbb.com	358.80	2020-05-25
9	231668-aa.com	149.00	2020-11-11

订单编号	商品编号	订货数量	发货否
9	1A0201	5	0
8	1GA101	6	1
7	1B0501	2	0
7	2A1602	10	1
7	2B1702	1	1
6	1B0602	2	1
5	1GA101	2	1
4	1A0201	1	1
3	1GA101	1	1
3	4C2402	1	1
2	2B1702	5	1
1	1A0201	2	1
1	1B0501	1	1

图 8.11 订单表（orders）和订单项表（orderitems）

那么下列语句：

```
SELECT * FROM orders, orderitems;
```

将产生 9*13=117 行（记录），4+4=8 列作为输出项。

全连接的多个表可通过 WHERE 指定查询条件，输出项前需要以表名作为前缀，表明输出的内容出自哪个表。如果列名在各表中均不相同，输出列名前可不加前缀。

【例 8.11】 查找所有购买过商品的账户名、订单编号和商品编号。

分析：订单表（orders）中包含账户名和订单编号，订单项表（orderitems）中包含订单编号和商

品编号,所以需要把这两个表通过订单编号连接起来进行查询。

```
USE emarket;
SELECT 账户名, orderitems.订单编号, 商品编号
    FROM orders, orderitems
    WHERE orders.订单编号 = orderitems.订单编号;
```

显示结果如图 8.12 所示。

说明:

(1)这里是在 117 行(记录)中间结果中查询符合 WHERE orders.订单编号 = orderitems.订单编号条件的 13 条记录,输出项从 8 列中选择了 3 列。

(2)因为订单编号在两个表中都存在,所以需要加表名作为前缀来指定值从哪个表得到,而账户名和商品编号只在一个表中存在,可以不加前缀。

账户名	订单编号	商品编号
easy-bbb.com	1	1A0201
easy-bbb.com	1	1B0501
sunrh-phei.net	2	2B1702
sunrh-phei.net	3	1GA101
sunrh-phei.net	3	4C2402
231668-aa.com	4	1A0201
easy-bbb.com	5	1GA101
sunrh-phei.net	6	1B0602
sunrh-phei.net	7	1B0501
sunrh-phei.net	7	2A1602
sunrh-phei.net	7	2B1702
easy-bbb.com	8	1GA101
231668-aa.com	9	1A0201

图 8.12　显示结果

为了把多个表组成一个有效的整体进行查询,通常使用 JOIN 关键字指定连接类型,把它们连接起来:

```
表名 [INNER | CROSS] JOIN 表名 [连接条件]
| 表名 STRAIGHT_JOIN 表名
| 表名 STRAIGHT_JOIN 表名 ON 连接条件
| 表名 LEFT | RIGHT [OUTER] JOIN 表名 连接条件
| 表名 NATURAL [LEFT | RIGHT [OUTER]] JOIN 表名
```

2. 内连接

指定了 INNER 关键字(可省略)的连接是内连接,根据 ON 关键字后面的连接条件合并起来产生中间结果,行(记录)数是 ON 条件后的笛卡儿积。

(1)用内连接方法实现上例的功能。

```
SELECT 账户名, orderitems.订单编号, 商品编号
    FROM orders INNER JOIN orderitems
        ON (orders.订单编号 = orderitems.订单编号);
```

【例 8.11 续】　查找'2020-10-01'前下单且没有发货的账户名、订单编号、商品编号和下单时间。

```
SELECT  账户名,orderitems.订单编号,商品编号,下单时间
    FROM orders JOIN orderitems
        ON orders.订单编号 = orderitems.订单编号
    WHERE 下单时间<'2020-10-01' AND !发货否;
```

显示结果如图 8.13 所示。

账户名	订单编号	商品编号	下单时间
sunrh-phei.net	7	1B0501	2020-06-03

图 8.13　显示结果

说明:使用内连接后再用 WHERE 子句指定'2020-10-01'前下单且没有发货的筛选条件。"!发货否"表示没有发货,"发货否"是 bit 数据类型,!与 NOT 逻辑运算符功能相同。

(2)内连接还可用于多个表的连接。

【例 8.11 续】　查找'2020-10-01'前下单且没有发货的账户名、订单编号、商品编号、商品名称和下单时间。

分析:输出项账户名、订单编号、商品编号、商品名称和下单时间分布在 orders、orderitems 和 commodity 三个表中,所以需要连接这三个表。连接条件:orders 和 orderitems 通过订单编号连接,而

orderitems 和 commodity 通过商品编号连接。

```
SELECT 账户名,orderitems.订单编号,orderitems.商品编号,商品名称,下单时间
    FROM orderitems
        JOIN orders ON orderitems.订单编号 = orders.订单编号
        JOIN commodity ON orderitems.商品编号 = commodity.商品编号
    WHERE 下单时间<'2020-10-01' AND !发货否;
```

显示结果如图 8.14 所示。

账户名	订单编号	商品编号	商品名称	下单时间
sunrh-phei.net	7	1B0501	库尔勒香梨10斤箱装	2020-06-03

图 8.14 显示结果

如果要连接的表中有列名相同，并且连接的条件就是列名相等，那么 ON 条件也可以换成 USING(列名表)子句。下列语句与上面的语句等效。

```
SELECT B.账户名,A.订单编号,A.商品编号,C.商品名称,B.下单时间
    FROM orderitems AS A
        JOIN orders AS B  USING(订单编号)
        JOIN commodity AS C USING(商品编号)
    WHERE B.下单时间<'2020-10-01' AND !A.发货否;
```

3. 外连接

指定了 OUTER 关键字（可省略）的连接为外连接，包括：

● 左外连接（LEFT OUTER JOIN）：结果表中除了匹配行，还包括左表中有但右表中不匹配的行，对于这样的行，从右表中选择的列设置为 NULL。

● 右外连接（RIGHT OUTER JOIN）：结果表中除了匹配行，还包括右表中有但左表中不匹配的行，对于这样的行，从左表中选择的列设置为 NULL。

注意，外连接只能对两个表进行。

【例 8.12】 用外连接查找所有商品名称对应的订单编号、订货数量，未被订购的商品也要列出。

```
SELECT commodity.商品名称，订单编号，订货数量
    FROM commodity LEFT OUTER JOIN orderitems
        ON commodity.商品编号 = orderitems.商品编号;
```

显示结果如图 8.15 所示。

可以看到，未被订购的商品也一并列出来了。若本例不使用 LEFT OUTER JOIN，则结果中就不包含未被订购的商品信息。

下面的右连接与上面的语句效果相同。

```
SELECT commodity.商品名称，订单编号，订货数量
    FROM orderitems RIGHT JOIN commodity
        ON orderitems.商品编号 = commodity.商品编号;
```

4. 自然连接

自然连接用 NATURAL 关键字定义，它在语义上与使用 ON 条件的内连接相同，又分为自然左外连接（NATURAL LEFT OUTER JOIN）和自然右外连接（NATURAL RIGHT OUTER JOIN）。

【例 8.13】 查询所有被订购过的商品编号和商品名称。

```
SELECT 商品编号, 商品名称
    FROM commodity
    WHERE 商品编号 IN
    (
        SELECT DISTINCT 商品编号
```

```
        FROM commodity NATURAL RIGHT OUTER JOIN orderitems
    );
```

显示结果如图 8.16 所示。

商品名称	订单编号	订货数量
烟台红富士苹果10斤箱装	1	2
库尔勒香梨10斤箱装	1	1
[周黑鸭]卤鸭脖15g*50袋	2	5
智利车厘子2斤大樱桃整箱顺丰包邮	3	1
青岛啤酒500ml*24听整箱	3	1
烟台红富士苹果10斤箱装	4	1
智利车厘子2斤大樱桃整箱顺丰包邮	5	2
砀山梨5斤箱装特大果	6	2
库尔勒香梨10斤箱装	7	2
[王明公]农家散养猪冷冻五花肉3斤装	7	10
[周黑鸭]卤鸭脖15g*50袋	7	1
智利车厘子2斤大樱桃整箱顺丰包邮	8	6
烟台红富士苹果10斤箱装	9	5
洛川红富士苹果冰糖心10斤箱装	(Null)	(Null)
阿克苏苹果冰糖心5斤箱装	(Null)	(Null)
砀山梨10斤箱装大果	(Null)	(Null)
Tyson/泰森鸡胸肉454g*5去皮冷冻包邮	(Null)	(Null)
波士顿龙虾特大鲜活1斤	(Null)	(Null)
[参王朝]大连6-7年深海野生干海参	(Null)	(Null)
农家散养草鸡蛋40枚包邮	(Null)	(Null)

图 8.15　显示结果

商品编号	商品名称
1A0201	烟台红富士苹果10斤箱装
1B0501	库尔勒香梨10斤箱装
2B1702	[周黑鸭]卤鸭脖15g*50袋
1GA101	智利车厘子2斤大樱桃整箱顺丰包邮
4C2402	青岛啤酒500ml*24听整箱
1B0602	砀山梨5斤箱装特大果
2A1602	[王明公]农家散养猪冷冻五花肉3斤装

图 8.16　显示结果

说明：当 SELECT 语句中只选取一个用来连接表的列时，可以使用自然连接代替内连接。采用这种方法时，可以用自然左外连接替换左外连接，用自然右外连接替换右外连接。

5. 交叉连接

指定了 CROSS 关键字的连接是交叉连接。在不包含连接条件时，交叉连接实际上就是对两个表进行笛卡儿积运算，结果表是由第一个表的每一行与第二个表的每一行拼接后形成的表，因此结果表的行数等于两个表行数之积，故在 MySQL 中，交叉连接从语法上来说与内连接是等同的，两者可以互换。

6. 径直连接

径直连接就是以 STRAIGHT_JOIN 声明的连接，它的功能与 JOIN 类似，但能让左边的表驱动右边的表，能人为改变表优化器对多表连接查询的执行顺序，在某些应用场合能极大地提高多表连接查询的性能。径直连接的用法与内连接基本相同，不同的是，STRAIGHT_JOIN 后不可以使用 USING 子句替代 ON 条件。另外，它只适用于内连接而不能用于外连接，这是因为，外连接中无论是左外连接（LEFT OUTER JOIN）还是右外连接（RIGHT OUTER JOIN）都已经指定了表的执行顺序。

8.1.4　查询条件：逻辑条件

WHERE 子句用于指定查询条件。

```
WHERE 查询条件
```

查询条件是各种运算符和表达式的组合，其最后运算结果只能是逻辑值 TRUE（真）、FALSE（假）或 UNKNOWN。

查询条件可以包含下列形式：

```
表达式 <比较运算符> 表达式                                /*比较运算*/
| 匹配列 [NOT] LIKE 表达式 [ESCAPE '转义字符']              /*模式匹配*/
| 匹配列 [NOT] [REGEXP | RLIKE] 正则表达式                  /*模式匹配*/
| 表达式 [NOT] BETWEEN 表达式 AND 表达式                    /*范围限定*/
```

```
| 表达式 [NOT] IN (值, …)                          /*范围限定*/
| 表达式 IS [NOT] NULL                             /*空值判断*/
| 表达式 [NOT] IN (SELECT 语句)                    /*IN 子查询*/
| 表达式 比较运算符 ALL | SOME | ANY (SELECT 语句) /*比较子查询*/
| [NOT] EXISTS (SELECT 语句)                      /*EXISTS 子查询*/
| 逻辑值
```

下面分别说明。

1. 比较运算

用比较运算符将两个或多个表达式连接起来,基本格式如下:

```
表达式 = | < | <= | > | >= | <=> | <> | != 表达式
```

说明:

(1) 表达式是除 TEXT 和 BLOB 类型以外的表达式。

(2) 当两个表达式的值均不为空(NULL)时,除了"<=>"运算符,其他比较运算返回逻辑值 TRUE 或 FALSE;当两个表达式值中有一个为空或都为空时,返回 UNKNOWN。

【例 8.14】 查询 commodity 表中编号大于"'2B1702'"且价格低于 100 元的商品信息。

```
SELECT 商品编号, 商品名称, 价格, 库存量
    FROM commodity
    WHERE 商品编号 > '2B1702' AND 价格 < 100;
```

显示结果如图 8.17 所示。

商品编号	商品名称	价格	库存量
4A1601	农家散养鸡草蛋40枚包邮	33.90	690

图 8.17 显示结果

【例 8.15】 查询 commodity 表中总价值(价格×库存量)大于 100 万元但库存量少于 2000,或者总价值小于 10 万元但库存量大于 500 的商品名称、价格、库存量及总价值信息。

```
SELECT 商品名称, 价格, 库存量, 价格*库存量 AS 总价值
    FROM commodity
    WHERE 价格*库存量 > 1000000 AND 库存量 < 2000 OR 价格*库存量 < 100000 AND 库存量 > 500;
```

显示结果如图 8.18 所示。

商品名称	价格	库存量	总价值
[参王朝]大连6-7年深海野生干海参	1188.00	1203	1429164.00
农家散养鸡草蛋40枚包邮	33.90	690	23391.00

图 8.18 显示结果

说明:

(1) 可以将多个判定条件通过逻辑运算符(如 AND、OR、XOR、NOT 等)组成更为复杂的查询条件。

(2) 本例 WHERE 条件的计算顺序如下:

① 价格*库存量→x1,价格*库存量→x2。

② x1>1000000→x3,库存量<2000→x4,x2<100000→x5,库存量>500→x6。

③ x3 AND x4→x7,x5 AND x6→x8。

④ x7 OR x8→x9。

先进行算术运算,再进行比较运算,最后进行逻辑运算。逻辑运算符 AND 的优先级高于 OR。

(3) 如果需要明确指定计算顺序，可以加上括号，系统会先计算最里层的括号。

例如，本例 WHERE 条件与下列加上括号后的计算顺序相同：

((价格*库存量>1000000) AND (库存量 < 2000)) OR ((价格*库存量 < 100000) AND (库存量 > 500))

也可以通过加括号改变默认的计算顺序。

2. 模式匹配

模式匹配包括以下两种形式。

1) LIKE 简单模式匹配

LIKE 运算符用于指出一个字符串是否与指定的字符串相匹配，其运算对象可以是 char、varchar、text、datetime 等类型的数据，返回逻辑值 TRUE 或 FALSE。

```
匹配列 [NOT] LIKE 表达式 [ESCAPE '转义字符']
```

在使用 LIKE 将匹配列与表达式进行模式匹配时，常使用特殊符号"_"和"%"，它们可用来进行模糊查询。其中，"%"代表 0 个以上字符，"_"则代表单个字符。

【例 8.16】 查询 commodity 表中所有进口商品的信息。

commodity 表中商品编号第 3 位为 A 的商品为进口商品，执行语句：

```
SELECT 商品编号, 商品名称, 价格, 库存量
    FROM commodity
    WHERE 商品编号 LIKE '__A%';           //两个'_'（连字符）
```

显示结果如图 8.19 所示。

商品编号	商品名称	价格	库存量
1GA101	智利车厘子2斤大樱桃整箱顺丰包邮	59.80	5420
3BA301	波士顿龙虾特大鲜活1斤	149.00	2800

图 8.19 显示结果

【例 8.17】 查询 commodity 表中所有 10 斤箱装的水果类商品编号和名称。

因为水果类的商品编号是以 1 打头的，故执行语句：

```
SELECT 商品编号 AS 水果类编号, 商品名称 AS '名    称'
    FROM commodity
    WHERE 商品编号 LIKE '1%' AND 商品名称 LIKE '%10斤%';
```

显示结果如图 8.20 所示。

水果类编号	名 称
1A0101	洛川红富士苹果冰糖心10斤箱装
1A0201	烟台红富士苹果10斤箱装
1B0501	库尔勒香梨10斤箱装
1B0601	砀山梨10斤箱装大果

图 8.20 显示结果

当要匹配的列值本身也含有符号"_"和"%"时，要使用转义字符进行特殊的转义匹配。MySQL 支持用户以 ESCAPE 关键字自定义转义字符，转义字符必须为单个字符。例如，查询 commodity 表中名称包含下画线（_）的商品信息，语句写为：

```
SELECT 商品编号, 商品名称, 价格, 库存量
    FROM commodity
    WHERE 商品名称 LIKE '%#_%' ESCAPE '#';
```

由于没有商品名称包含下画线，所以这里返回结果为空。在定义了"#"为转义字符以后，语句中在"#"后面的"_"就失去了它原来作为匹配符的特殊意义。

2）REGEXP 正则表达式匹配

REGEXP 运算符通过正则表达式来执行更复杂的字符串匹配运算，它是 MySQL 对 SQL 标准的一种扩展，功能极为强大。REGEXP 还有一个同义词是 RLIKE。

匹配列 [NOT] [REGEXP | RLIKE] 正则表达式

不同于 LIKE 运算符仅有"_"和"%"两个匹配符，REGEXP 拥有更多具有特殊含义的符号，如表 8.2 所示。

表 8.2 属于 REGEXP 运算符的特殊字符

特殊字符	含义	特殊字符	含义
^	匹配字符串的开始部分	[abc]	匹配方括号里出现的字符串 abc
$	匹配字符串的结束部分	[a-z]	匹配方括号里出现的 a~z 范围内的 1 个字符
.	匹配任何一个字符（包括回车和新行）	[^a-z]	匹配方括号里出现的不在 a~z 范围内的 1 个字符
*	匹配星号之前的 0 个或多个字符的任何序列	|	匹配符号左边或右边出现的字符串
+	匹配加号之前的 1 个或多个字符的任何序列	[[ ]]	匹配方括号里出现的符号（如空格、换行、括号、句号、冒号、加号、连字符等）
?	匹配问号之前的 0 个或多个字符	[[:<:]]和[[:>:]]	匹配一个字符串的开始和结束部分
{n}	匹配括号前的内容出现 n 次的序列	[[: :]]	匹配方括号里出现的字符中的任意一个字符
()	匹配括号里的内容		

【例 8.18】 查询名称中包含字符"*"的商品名称。

由于"*"本身就是正则表达式的特殊字符，所以需要转义，执行语句：

SELECT 商品名称 FROM commodity WHERE 商品名称 REGEXP '*+';

显示结果如图 8.21 所示。

【例 8.19】 查询编号以 1 开头、01 结尾，且名称中包含"苹果"或"大"字眼的商品。

SELECT 商品编号，商品名称
　　FROM commodity
　　WHERE 商品编号 REGEXP '^1.*01$' AND 商品名称 REGEXP '[苹果, 大]';

显示结果如图 8.22 所示。

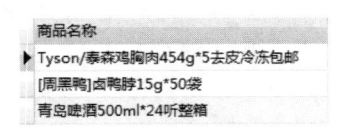

图 8.21 显示结果

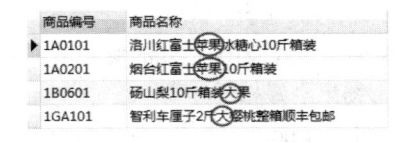

图 8.22 显示结果

说明："*"表示匹配位于其前面的字符，本例中其前面是点，而点表示任意一个字符，所以".*"这个结构就表示一组任意的字符。

3. 范围限定

1）BETWEEN…AND…限定范围

当要查询的条件是某个值的范围时，可以使用 BETWEEN…AND…运算符进行限定。

表达式 [NOT] BETWEEN 表达式 1 AND 表达式 2

当不使用 NOT 时，若表达式的值在表达式 1 的值与表达式 2 的值（表达式 1 的值≤表达式 2 的值）之间，则返回 TRUE，否则返回 FALSE；使用 NOT 时，返回结果相反。

【例 8.20】 查询价格在 100~1000 元或库存量在 10000~20000 件的商品信息。
```
SELECT 商品编号, 商品名称, 价格, 库存量
    FROM commodity
    WHERE 价格 BETWEEN 100 AND 1000 OR 库存量 BETWEEN 10000 AND 20000;
```
显示结果如图 8.23 所示。

商品编号	商品名称	价格	库存量
1A0302	阿克苏苹果冰糖心5斤箱装	29.80	12680
1B0601	砀山梨10斤箱装大果	19.90	14532
2A1602	[王明公]农家散养猪冷冻五花肉3斤装	118.00	375
2B1701	Tyson/泰森鸡胸肉454g*5去皮冷冻包邮	139.00	1682
3BA301	波士顿龙虾特大鲜活1斤	149.00	2800
4C2402	青岛啤酒500ml*24听整箱	112.00	23427

图 8.23 显示结果

说明：比较运算符 BETWEEN…AND…的优先级要高于逻辑运算符 OR，故本例先进行两个范围限定的判断，再将结果合并（OR）起来。这与用括号显式指定 WHERE 条件运算顺序的效果相同。
```
(价格 BETWEEN 100 AND 1000) OR (库存量 BETWEEN 10000 AND 20000)
```
2）IN…限定范围

使用 IN 运算符可以指定一个值表，其中列出所有可能的值。
```
表达式 [NOT] IN (值, …)
```
当不使用 NOT 时，若表达式的值与值表中的任意一个匹配，则返回 TRUE，否则返回 FALSE；使用 NOT 时，结果相反。

【例 8.21】 查询商品分类表（category）中苹果、梨和橙以外的类别编号和类别名称。
```
SELECT 类别编号,类别名称
    FROM category
    WHERE 类别编号 LIKE '1%' AND 类别编号 NOT IN ('1A', '1B', '1C');
```
显示结果如图 8.24 所示。

注意：LIKE 运算符和 NOT IN 运算符的优先级高于逻辑运算符。

这里仅介绍 IN 运算符的概念，它的主要作用是表达子查询，这将在以后介绍。

4. 空值判断

使用 IS NULL 运算符判定一个表达式的值是否为空。
```
表达式 IS [NOT] NULL
```

类别编号	类别名称
1D	柠檬
1E	香蕉
1F	芒果
1G	车厘子
1H	草莓

图 8.24 显示结果

当不使用 NOT 时，若表达式的值为空，则返回 TRUE，否则返回 FALSE；使用 NOT 时，结果刚好相反。

例如，查询 commodity 表中存储了图片的商品记录：
```
SELECT * FROM commodity WHERE 商品图片 IS NOT NULL;
```

8.1.5 查询条件：枚举、集合、JSON 和空间条件

1. 枚举类型列查询条件

1）精确查询

枚举类型列查询条件可以采用成员序号，也可以采用字符串。

【例 8.22】 在 user 表中按性别和职业查询。

user 表性别列和职业列定义如下：
```
性别      enum('男','女')  NOT NULL DEFAULT '男',
职业      enum('学生','职工','教师','医生','军人','公务员','其他')
```

按照性别和职业查询：
```
USE emarket;
SELECT * FROM user WHERE 性别='男' AND 职业='教师';
SELECT * FROM user WHERE 性别=1 AND 职业=3;
```
这两条查询语句的查询结果相同，如图 8.25 所示。

图 8.25　查询结果

2）模糊查询

可以将枚举类型列中存放的内容看成枚举字符串。

【例 8.22 续】　在 user 表中按性别和职业查询。
```
SELECT * FROM user WHERE 职业 LIKE '职%';
```
查询结果如图 8.26 所示。

图 8.26　查询结果

2. 集合类型列查询条件

1）精确查询

集合类型列查询条件可以采用将成员的二进制位序号表示成十进制位序号，也可以采用字符串，多个成员的顺序必须完全相同，相互之间用逗号（,）分隔。

【例 8.23】　在 user 表中按关注内容查询。

user 表关注列定义如下：

| 关注 | set('水果','肉禽','海鲜水产','粮油蛋') |

按照关注内容查询：
```
SELECT 账户名,姓名,关注 FROM user WHERE 关注='水果,海鲜水产';   #（a）
SELECT 账户名,姓名,关注 FROM user WHERE 关注='海鲜水产';        #（b）
SELECT 账户名,姓名,关注 FROM user WHERE 关注=5;                 #（c）
SELECT 账户名,姓名,关注 FROM user WHERE 关注=1;                 #（d）
```
查询结果如图 8.27 所示。

图 8.27　查询结果

2）模糊查询

可以将集合类型列中存放的内容看成集合字符串，相互之间用逗号（,）分隔。

【例 8.23 续】　在 user 表中按关注内容查询。
```
SELECT 账户名,姓名,关注 FROM user WHERE 关注 LIKE '水果%';                #（a）
```

```sql
SELECT 账户名,姓名,关注 FROM user WHERE 关注 LIKE '%海鲜水产%';              #(b)
SELECT 账户名,姓名,关注 FROM user WHERE 关注 LIKE '%海鲜%';                  #(b)
SELECT 账户名,姓名,关注 FROM user WHERE FIND_IN_SET('海鲜水产',关注)>0;
SELECT 账户名,姓名,关注 FROM user WHERE FIND_IN_SET('海鲜水产',关注);
SELECT 账户名,姓名,关注 FROM user WHERE FIND_IN_SET('海鲜',关注)>0;
                                                                          #(c)
```

查询结果如图 8.28 所示。

账户名	姓名	关注
231668-aa.com	周俊邻	水果,海鲜水产
easy-bbb.com	易斯	水果
sunrh-phei.net	孙函锦	水果,肉禽,海鲜水产,粮油蛋

(a)

账户名	姓名	关注
231668-aa.com	周俊邻	水果,海鲜水产
sunrh-phei.net	孙函锦	水果,肉禽,海鲜水产,粮油蛋

(b)

账户名	姓名	关注
(N/A)	(N/A)	(N/A)

(c)

图 8.28　查询结果

说明：

FIND_IN_SET('海鲜水产',关注)函数在集合类型"关注"列中查找'海鲜水产'成员，如果找到，则返回大于 0（成员位置）的值，否则返回 0。效果与 LIKE '%海鲜水产%'相当。但如果查找的内容不是成员，则 FIND_IN_SET('海鲜',关注)函数找不到，如图 8.28（c）所示。

"FIND_IN_SET('海鲜水产',关注)"条件和"FIND_IN_SET('海鲜水产',关注)>0"条件是等同的，因为大于 0 的值被认为是真（TRUE）。

3. JSON 类型列查询条件

JSON 类型列使用"列名->>路径"来指定 JSON 的某一路径"键"。也可以使用 JSON 函数进行查询。JSON 函数很多，可参考本书第 7 章或者查看有关文档。

【例 8.24】 在 user 表中按常用地址查询。

```sql
SELECT 姓名,常用地址 FROM user;                                              #(a)
SELECT 姓名,性别,职业, 常用地址->>'$."地址"."位置"' AS 城市 FROM user
    WHERE 常用地址->>'$."地址"."市"' LIKE '南京%';                            #(b)
SELECT 姓名,性别,职业, 常用地址->>'$."地址"."位置"'  城市 FROM user
    WHERE JSON_CONTAINS(常用地址,'"南京"','$."地址"."市"');                   #(b)
SELECT 姓名,JSON_LENGTH(常用地址) FROM user;                                  #(c)
```

前两个查询结果相同，全部查询结果如图 8.29 所示。

姓名	常用地址
周俊邻	{"地址": {"区": "栖霞", "市": "南京", "省": "江苏", "位置": "尧新大道16号"}, "收件人": "米悦", "收件人电话": "1391386655X"}
易斯	{"地址": {"区": "栖霞", "市": "南京", "省": "江苏", "位置": "仙林大学城文苑路1号"}}
孙函锦	{"地址": {"区": "高新", "市": "大庆", "省": "黑龙江", "位置": "学府街99号"}, "收件人": "欧阳红", "收件人电话": "1538099366X"}

(a)

姓名	性别	职业	城市
周俊邻	男	职工	尧新大道16号
易斯	男	教师	仙林大学城文苑路1号

(b)

姓名	JSON_LENGTH(常用地址)
周俊邻	3
易斯	1
孙函锦	3

(c)

图 8.29　全部查询结果

说明：

（a）显示常用地址列信息。

（b）JSON_CONTAINS(j, j1, 路径)：判断 j1（值或 JSON 对象）是否在 j 指定路径下。两条记录常用地址为南京市。这里 j=常用地址，j1='"南京"'，路径='$."地址"."市"'。注意，'"南京"'外面的单引号表示 JSON 对象，里面的双引号表示字符串常量。

（c）JSON_LENGTH(j)：判断 j（JSON 对象）中的元素个数。第 2 条记录常用地址中只有"地址"，而其他两条记录常用地址中还包含"收件人"和"收件人电话"。

4. 空间类型列查询条件

空间类型列数据一般不能直接使用表达式查询条件，而需要通过空间数据处理函数进行处理。MySQL 空间数据处理函数很多，可参考本书第 7 章或者查看有关文档。

【例8.25】 查询南京仙尧投递站范围内的用户、位置及投递距离。

```
SET @g1 = ST_GeomFromText('POINT(118.88 32.11)');        #南京仙尧投递站位置
SET @s2=
    'Polygon((118 32,
        118 33,
        119 33,
        119 32,
        118 32))';
SET @g2 = ST_GeomFromText(@s2);                          #南京仙尧投递站投递区域
SELECT 姓名,常用地址->>'$."地址"."位置"' AS 投递地点, TRUNCATE(ST_Distance(投递位置,@g1)*111195/1000,2) AS km
    FROM user
    WHERE ST_WithIn(投递位置,@g2);                        # (a)
SELECT 姓名,投递位置
    FROM user
    WHERE 投递位置 = ST_GeomFromText('POINT(118.879096 32.125901)');
                                                         # (b)
```

查询结果如图 8.30 所示。

姓名	投递地点	km
周俊邻	尧新大道16号	1.77
易斯	仙林大学城文苑路1号	3.81

(a)

姓名	投递位置
周俊邻	POINT(118.879096 32.125901)

(b)

图 8.30 查询结果

说明：

（1）MySQL 8 内置的 ST_Distance 函数计算的结果单位是度，需要乘以 111195（地球半径 6371000*PI/180）将单位转化为米，再除以 1000 换算为千米。

（2）ST_WithIn(投递位置,@g2)：投递位置在投递区域（@g2）内，函数返回 1，即条件为真。黑龙江的用户就不在投递区域内，所以没有显示。这里采用 ST_Contains(@g2,投递位置)也可以达到同样的效果。

8.1.6 查询条件：子查询

在 SELECT 查询条件中可以包含子查询，也就是使用另一个查询结果作为判定条件的一部分（例如，判定列值是否与某个查询结果集中的值相等）。子查询除了用在 SELECT 语句中，还可以用在

INSERT、UPDATE 及 DELETE 语句中。

按照使用运算符或谓词的不同，子查询可分为 IN 子查询、比较子查询和 EXISTS 子查询。

1. 子查询类型及其功能

1) IN 子查询

IN 子查询使用 IN 运算符对一个给定值是否在子查询结果表中进行判断：

```
表达式 [NOT] IN (SELECT 语句)
```

当表达式的值与子查询 SELECT 语句结果表中的某个值相等时，返回 TRUE，否则返回 FALSE。若使用 NOT，则返回值刚好相反。

【例 8.26】 查询编号为 7 的订单中的商品名称及编号。

```
SELECT 商品名称, 商品编号                          #（b）
    FROM commodity
    WHERE 商品编号 IN
    (
        SELECT 商品编号                            #（a）
        FROM orderitems
        WHERE 订单编号 = 7
    );
```

查询结果如图 8.31 所示。

说明：

（a）系统先执行对 orderitems 表的子查询，产生一个只含"商品编号"列的结果表。订单编号为 7 的订单项有 3 条记录。

（b）执行外查询，若 commodity 表中某行的"商品编号"列值等于子查询结果表中的任意一个值，则 WHERE 条件成立，该行"商品名称"和"商品编号"列被输出。

单独一个 IN 子查询只能返回一列数据。对于一些需求较为复杂的查询，可使用嵌套的 IN 子查询实现。

【例 8.27】 查询账户名为 easy-bbb.com 的用户所订购商品的名称和编号。

```
SELECT 商品名称, 商品编号                          #（c）
    FROM commodity
    WHERE 商品编号 IN
    (
        SELECT 商品编号                            #（b）
            FROM orderitems
            WHERE 订单编号 IN
            (
                SELECT 订单编号                    #（a）
                    FROM orders
                    WHERE 账户名 = 'easy-bbb.com'
            )
    );
```

查询结果如图 8.32 所示。

商品名称	商品编号
▶ 库尔勒香梨10斤箱装	1B0501
[王明公]衣家散养猪冷冻五花肉3斤装	2A1602
[周黑鸭]卤鸭脖15g*50袋	2B1702

图 8.31 查询结果

商品名称	商品编号
烟台红富士苹果10斤箱装	1A0201
库尔勒香梨10斤箱装	1B0501
智利车厘子2斤大樱桃整箱顺丰包邮	1GA101

图 8.32 查询结果

说明:
(a) 查询 orders 表中账户名='easy-bbb.com'的用户的所有订单编号 (x)。
(b) 查询 orderitems 表中订单编号 IN (x)的记录的商品编号 (y)。
(c) 查询 commodity 表中商品编号 IN (y)的记录的商品名称和商品编号。

2) 比较子查询

可以将比较子查询看成 IN 子查询的扩展:

表达式 比较运算符 ALL | SOME | ANY (SELECT 语句)

它将表达式的值与子查询的结果按照 ALL、SOME 和 ANY 限制进行比较运算。

ALL 指定表达式的值要与子查询结果表中的每个值进行比较,只有表达式的值与每个值都满足比较关系才返回 TRUE,否则返回 FALSE。

SOME 和 ANY 是同义词,表示表达式的值只要与子查询结果表中的某个值满足比较关系就返回 TRUE,否则返回 FALSE。

如果子查询的结果表只返回一行数据,就通过比较运算符直接比较。

【例 8.28】 查询比编号为 7 的订单中的商品价格都高的商品编号、名称和价格。

```
SELECT 商品编号, 商品名称, 价格                      # (c)
    FROM commodity
    WHERE 价格 > ALL
    (
        SELECT 价格                                # (b)
            FROM commodity
            WHERE 商品编号 IN
            (
                SELECT 商品编号                    # (a)
                    FROM orderitems
                    WHERE 订单编号 = 7
            )
    );
```

查询结果如图 8.33 所示。

商品编号	商品名称	价格
2B1701	Tyson/泰森鸡胸肉454g*5去皮冷冻包邮	139.00
3BA301	波士顿龙虾特大鲜活1斤	149.00
3C2205	[参王朝]大连6-7年深海野生干海参	1188.00

图 8.33 查询结果

说明:
(a) 查询得出 orderitems 表中符合"订单编号 =7"条件的记录有 3 条,获得商品编号(x1,x2,x3)。
(b) 在 commodity 表中找出商品编号(x1,x2,x3)对应的价格(y1,y2,y3)=(69.80, 118.00, 99.00),max(y1,y2,y3)=118.00。
(c) 在 commodity 表中找出价格大于 max(y1,y2,y3)的所有商品编号、商品名称和价格。

【例 8.29】 查询编号 3 订单中价格不低于编号 7 订单中最低价商品的商品编号、名称和价格。

```
SELECT 商品编号, 商品名称, 价格
    FROM commodity
    WHERE 价格 > SOME                              # (a)
    (
        SELECT 价格
            FROM commodity
```

```
                    WHERE 商品编号 IN
                    (
                        SELECT 商品编号
                            FROM orderitems
                            WHERE 订单编号 = 7
                    )
                )
                AND 商品编号 IN                                          #（b）
                (
                    SELECT 商品编号
                        FROM orderitems
                        WHERE 订单编号 = 3
                );
```

查询结果如图 8.34 所示。

商品编号	商品名称	价格
4C2402	青岛啤酒500ml*24听整箱	112.00

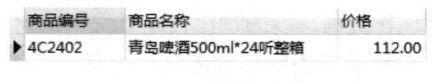

图 8.34　查询结果

说明：

（a）这里将上例中的"价格 > ALL"改成"价格 > SOME"，因为 min(y1,y2,y3)=69.80，所以如果没有（b）条件子查询，就会输出 commodity 表中符合"价格>69.80"条件的 6 条记录（x1,x2,…, x6）的商品编号、商品名称和价格。

（b）AND 商品编号 IN：在 orderitems 表中符合"订单编号 = 3"条件的记录有两条（商品编号为 1GA101 和 4C2402）。在上面的 6 条记录中只有商品编号为 4C2402 的记录出现在其中。

3）EXISTS 子查询

EXISTS 用于判断子查询的结果表是否为空。

```
[NOT] EXISTS (SELECT 语句)
```

若子查询的结果表不为空，则 EXISTS (…)返回 TRUE，否则返回 FALSE。若与 NOT 结合使用，即 NOT EXISTS(…)，则返回值刚好相反。

【例 8.30】　查询订单编号为 7 的订单中的商品名称。

```
SELECT 商品名称
    FROM commodity
    WHERE EXISTS
    (
        SELECT * FROM orderitems
        WHERE 商品编号 = commodity.商品编号 AND 订单编号 = 7
    );
```

查询结果如图 8.35 所示。

说明：

前面的例子中内层查询只处理一次，得到一个结果表，再依次处理外层查询。本例在子查询的条件"commodity.商品编号"中列出子查询外层查询中使用的 commodity 表，这类子查询称为相关子查询，因为子查询的条件依赖于外层查询中的值。

处理过程：首先查找外层查询中 commodity 表的第一行，根据该行的"商品编号"列值处理内层查询，若结果不为空，则 WHERE 条件为真，就把该行的"商品名称"取出作为结果表的一行；然后查找 commodity 表的其他行，重复上述处理过程，直到 commodity 表的所有行都查找完为止。

【例 8.31】 查询订单编号为 1 的订单中包含而订单编号为 7 的订单中没有的商品名称。

```
SELECT 商品名称
    FROM commodity
    WHERE EXISTS
    (
        SELECT * FROM orderitems
            WHERE 商品编号 = commodity.商品编号 AND 订单编号 = 1
            AND NOT EXISTS
            (
                SELECT * FROM orderitems
                    WHERE 商品编号 = commodity.商品编号 AND 订单编号 = 7
            )
    );
```

查询结果如图 8.36 所示。

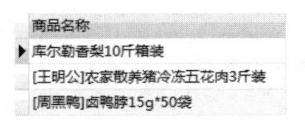

图 8.35　查询结果　　　　　　　　图 8.36　查询结果

2．子查询返回结果

按照返回结果的不同，子查询又可分为列子查询、行子查询、表子查询和标量子查询。上面介绍的子查询都属于列子查询，它的特征是返回一行或多行，但每行只有一个值。接下来举例介绍其他几种返回结果的子查询。

1）行子查询

顾名思义，行子查询就是返回带有多个值的一行或者多行的子查询，在 WHERE 子句中用于将指定的行数据与子查询中的结果行数据通过比较运算符进行比较。

【例 8.32】 查找与指定商品编号（如 1A0201）的商品类别相同，价格也相同的商品编号、名称和价格。

```
SET @s = '1A0201';
SELECT 商品编号，商品名称，价格
    FROM commodity
    WHERE (LEFT(商品编号, 2), 价格) =
    (
        SELECT LEFT(商品编号, 2), 价格
            FROM commodity
            WHERE 商品编号 = @s
    )
    AND 商品编号 != @s;
```

查询结果如图 8.37 所示。

说明：

（1）"WHERE (LEFT(商品编号, 2), 价格) = (SELECT LEFT(商品编号,2), 价格…)"相当于"WHERE (x1,x2) = (y1,y2)"条件，功能等同于"x1=y1 AND x2=y2"条件。

图 8.37　查询结果

（2）在 commodity 表中，与商品编号'1A0201'的前 2 位类别编号'1A'相同，价格也相同的商品记录有两条（包含它自己），而"AND 商品编号 != @s"条件又把它自己排除，所以结果只有一条记录。

(3) 商品编号的前 2 位为类别编号，字符串函数 LEFT 从商品编号中截取类别编号，类别编号=LEFT(商品编号, 2)='1A'。

2) 表子查询

表子查询返回的是一个表，该表可以用在 FROM 子句中，作为产生的中间表时需要定义一个别名。

【例 8.33】 查找商品库存量低于 1000 的肉禽类别的商品名称、编号和库存量。

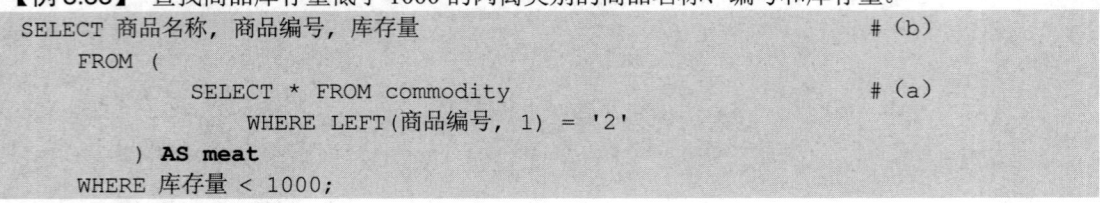

```
SELECT 商品名称, 商品编号, 库存量                          #(b)
    FROM (
            SELECT * FROM commodity                    #（a）
                WHERE LEFT(商品编号, 1) = '2'
         ) AS meat
    WHERE 库存量 < 1000;
```

查询结果如图 8.38 所示。

图 8.38　查询结果

说明：

（a）首先处理 FROM 子句中的子查询，查出所有肉禽类别的商品记录（商品编号第 1 位为'2'表示肉禽类别），将其存放到一个中间表中，并为表定义一个别名 meat，得到的中间表如图 8.39 所示。

图 8.39　中间表

（b）根据查询条件从中间表中找出库存量低于 1000 的记录。

3) 标量子查询

标量子查询是只返回一个值的子查询。它可以直接定义在 SELECT 关键字后面，作为一个值来使用。

【例 8.34】 求每个商品的价格与所有商品均价之间的差价。

```
SELECT 商品编号, 商品名称,                                #（b）
        FORMAT(                                       #（c）
            价格 - (
                SELECT AVG(价格) FROM commodity       #（a）
            ),2)  AS 差价
    FROM commodity;
```

查询结果如图 8.40 所示。

图 8.40　查询结果

说明：

（a）SELECT AVG(价格) FROM commodity：获得所有商品的平均价格（c），该子查询完成后得到的就是一个值。

（b）相当于"SELECT 商品编号，商品名称，价格-c FROM commodity"，就是一个简单查询，其中"价格-c"是算术表达式。

（c）按实际应用意义，格式化取两位小数。

子查询还可以用在 SELECT 语句的其他子句中，后面会举例说明。

8.1.7 分组

GROUP BY 子句主要用于对查询结果按行分组：

GROUP BY 列名 | 表达式，… [WITH ROLLUP]

说明：

（1）列名或表达式就是分组依据，可以有一个或多个，列名或表达式相同的为同一组，作为统计汇总的依据。

（2）WITH ROLLUP 指定在结果集内组后还包含汇总行。

（3）在默认状态下，SQL_MODE 设置中包含 sql_mode = only_full_group_by，包含"GROUP BY x"的 SELECT 输出项，除了 x 项，其他只能是采用聚合函数的项。否则，SQL_MODE 设置中不能包含 sql_mode = only_full_group_by。

1. 基本分组

【例 8.35】 对订单表（orders）中的记录根据账户名进行分组，并统计每个账户的支付金额。

```
SELECT 账户名, SUM(支付金额) FROM orders
    GROUP BY 账户名;                                    # (a)
SELECT 账户名, SUM(支付金额) FROM orders
    GROUP BY 账户名 WITH ROLLUP;                        # (b)
```

查询结果如图 8.41 所示。

账户名	SUM(支付金额)
sunrh-phei.net	2119.20
231668-aa.com	178.80
easy-bbb.com	607.80

（a）

账户名	sum(支付金额)
231668-aa.com	178.80
easy-bbb.com	607.80
sunrh-phei.net	2119.20
(Null)	2905.80

（b）

图 8.41 查询结果

说明：SUM(支付金额)就是将同一组的成员支付金额累加起来，加上 WITH ROLLUP 项后，还会统计所有账户的支付金额。

【例 8.36】 求每个订单中所含订单项数和商品个数。

```
SELECT 订单编号, COUNT(商品编号) AS 订单项数, SUM(订货数量)
AS 商品个数
    FROM orderitems
    GROUP BY 订单编号;
```

查询结果如图 8.42 所示。

说明：订单项数需要统计 COUNT(商品编号)，因为同一个订单中编号不同的订单项，商品编号是不同的。

订单编号	订单项数	商品个数
9	1	5
8	1	6
7	3	13
6	1	2
5	1	2
4	1	1
3	2	2
2	1	5
1	2	3

图 8.42 查询结果

2. 多表连接分组

多表连接与 GROUP BY 分组功能相结合，可实现多表联合分类统计汇总，十分实用。

【例8.37】 列出每个供货商所提供的商品，并统计各供货商提供商品的种数及库存总量。

```
SELECT 供货商编号,供货商名称,
       GROUP_CONCAT(商品编号) AS 商品编号, COUNT(商品编号) AS 种数, SUM(库存量) AS 库存总量
    FROM commodity RIGHT JOIN supplier
        ON SUBSTRING(commodity.商品编号, 3, 2) = supplier.供货商编号
    GROUP BY 供货商编号;
```

查询结果如图8.43所示。

供货商编号	供货商名称	商品编号	种数	库存总量
01	陕西金苹果有限公司	1A0101	1	3601
02	山东烟台香飘苹果公司	1A0201	1	5698
03	新疆阿克苏地区联合体	1A0302	1	12680
05	新疆安利达果品旗舰店	1B0501	1	8902
06	安徽砀山王牌梨供应公司	1B0601,1B0602	2	21366
16	安徽六安果品旗舰店	2A1602,4A1601	2	1065
17	武汉新农合作有限公司	2B1701,2B1702	2	7645
22	大连参一品官方旗舰店	3C2205	1	1203
24	青岛新品牌酒股份有限公司	4C2402	1	23427
A1	万通供应链（上海）有限公司	1GA101	1	5420
A3	大连海洋世界海鲜有限公司	3BA301	1	2800

图8.43 查询结果

说明：

（1）FROM commodity RIGHT JOIN supplier：将商品表（commodity）与供货商表（supplier）进行右连接。连接条件：SUBSTRING(commodity.商品编号, 3, 2) = supplier.供货商编号，因为商品编号中的第3、4位为供货商编号。

（2）GROUP_CONCAT(商品编号)：将属于同一个供货商的商品编号拼接在一起输出显示。

3. 分组汇总

GROUP BY 后的列或者表达式在一个以上，此时的分组就会出现多层次。

【例8.38】 按商品大类号和商品类别计算商品的均价和库存总量。

```
SELECT 大类号,类别名称,FORMAT(AVG(价格), 2) AS 均价,SUM(库存量) AS 总量
    FROM
    (
        SELECT LEFT(类别编号,1) AS 大类号, 类别名称, 价格, 库存量
            FROM category RIGHT JOIN commodity
                ON category.类别编号 = LEFT(commodity.商品编号, 2)
    ) AS category_info
    GROUP BY 大类号, 类别名称 WITH ROLLUP;
```

查询结果如图8.44所示。

大类号	类别名称	均价	总量
1	车厘子	59.80	5420
1	梨	35.53	30268
1	苹果	34.80	21979
1	(Null)	38.69	57667
2	鸡鸭鹅	119.00	7645
2	猪肉	118.00	375
2	(Null)	118.67	8020
3	海参	1,188.00	1203
3	海鲜	149.00	2800
3	(Null)	668.50	4003
4	鸡蛋	33.90	690
4	啤酒	112.00	23427
4	(Null)	72.95	24117
(Null)	(Null)	150.69	93807

图8.44 查询结果

说明：

（1）先将 category 表与 commodity 表进行右连接，连接后的中间表不但包含商品类别，还包含所有商品的价格和库存量信息。

（2）因为要按照商品大类号和商品类别分组，所以需要在 category 表中取 LEFT(类别编号,1)得到商品大类号。如果想将大类号变成大类名称，可以使用 IF 或者 CASE 函数。大类 1 对应水果，2 对应肉禽，3 对应海鲜水产，4 对应粮油蛋。

（3）GROUP BY 大类号, 类别名称 WITH ROLLUP：先按中间表的大类号分组，大类号相同时再按类别名称分组。

8.1.8 分组后筛选

HAVING 子句的作用与 WHERE 子句一样,均为定义筛选条件,不同的是 WHERE 子句用来在 FROM 子句之后选择行,而 HAVING 子句用来在 GROUP BY 子句后选择行。HAVING 子句中的条件可以包含聚合函数,而 WHERE 子句不可以。

```
SELECT
    …
    GROUP BY …
    HAVING 条件
```

【例 8.39】 查找订货总量大于或等于 8 的商品的编号和订货量。

```
SELECT 商品编号, SUM(订货数量) AS '订货总量'
    FROM orderitems
    GROUP BY 商品编号;                                    # (a)
SELECT 商品编号, SUM(订货数量) AS '订货总量'
    FROM orderitems
    GROUP BY 商品编号
    HAVING SUM(订货数量) >= 8;                            # (b)
```

查询结果如图 8.45 所示。

商品编号	订货总量
1A0201	8
1GA101	9
1B0501	3
2A1602	10
2B1702	6
1B0602	2
4C2402	1

(a)

商品编号	订货总量
1A0201	8
1GA101	9
2A1602	10

(b)

图 8.45 查询结果

说明:
(a) 汇总出每种商品的订货量。
(b) 筛选出订货总量在 8 以上的商品订货量。

【例 8.40】 查找仅被订购过 1 次但订购量在 5 以上的商品编号及订货数量。

```
SET @@SQL_MODE = '';
SELECT 商品编号, 订货数量
    FROM orderitems
    GROUP BY 商品编号
    HAVING COUNT(*) = 1 AND 订货数量 > 5;                 # (a)
SELECT 商品编号, 订货数量
    FROM orderitems
    WHERE 订货数量 > 5
    GROUP BY 商品编号
    HAVING COUNT(*) = 1;                                 # (b)
```

查询结果如图 8.46 所示。

商品编号	订货数量
2A1602	10

(a)

商品编号	订货数量
2A1602	10
1GA101	6

(b)

图 8.46 查询结果

说明：

（a）SQL 标准要求 HAVING 必须引用 GROUP BY 子句中的列或聚合函数中的列。不过，MySQL 对其进行了扩展，允许 HAVING 引用 SELECT 清单中的列，本例就引用了 SELECT 清单中的"订货数量"列。

如果不对 SQL_MODE 进行设置，在默认状态下会包含 sql_mode = only_full_group_by 项，要求 GROUP BY 遵循 SQL 标准，所以需要取消其默认值。

（b）要根据查询的具体要求来确定条件是处于 WHERE 子句中还是 HAVING 子句中，或者由它们进行分工配合。

先按照 WHERE 条件将 orderitems 表中订购量大于 5 的记录找出来，然后按商品编号分组，并选出记录数等于 1 的组的商品编号和订货数量，查到的就是至少有 1 次（而非仅被订购过 1 次）订购量在 5 以上的商品，如图 8.46（b）所示。

【例 8.41】 查找订货总量在 5 以上的水果类商品的编号及订货总量。

```
SELECT 商品编号, SUM(订货数量) AS '订货总量'
    FROM orderitems
    WHERE 商品编号 IN                                    # (b)
    (
        SELECT 商品编号                                   # (a)
        FROM commodity
        WHERE LEFT(商品编号, 1) = '1'
    )
    GROUP BY 商品编号                                     # (c)
    HAVING SUM(订货数量) > 5;                             # (d)
```

查询结果如图 8.47 所示。

说明：

（a）执行 WHERE 查询条件中的子查询，得到商品表（commodity）中所有水果类（商品编号以 1 打头的）商品的编号集。

（b）将 orderitems 表中商品编号在水果编号集中的记录筛选出来。

商品编号	订货总量
▶ 1A0201	8
1GA101	9

图 8.47 查询结果

（c）按商品编号进行分组。

（d）在各组记录中选出订货总量大于 5 的记录，形成最后的结果表。

8.1.9 输出行排序

ORDER BY 子句指定查询结果中的记录行按指定内容顺序排列。

```
ORDER BY 列名 | 表达式 | 位置序号 [ASC | DESC], …
```

说明：ORDER BY 子句后可以是一个或者一个以上的列、表达式或位置序号，位置序号为一正整数，表示按结果表中该位置上的列排序。

【例 8.42】 将水果类商品按价格降序排列。

```
SELECT 商品编号, 商品名称, 价格
    FROM commodity
    WHERE LEFT(商品编号, 1) = '1'
    ORDER BY 3 DESC;
```

查询结果如图 8.48 所示。

说明：

（1）ORDER BY 3 表示对 SELECT 清单中的第 3 列（"价格"列）进行排序。

（2）关键字 DESC 表示降序排列，ASC 则表示升序排列，系统默认为 ASC。

ORDER BY 子句可以与 GROUP BY 配合使用，且可用在多个表上，对符合要求的记录先分组再排序。

【例 8.43】 统计每个用户账户的订货总量，按订货总量升序排列输出。

```
SELECT 账户名, SUM(订货数量) AS '订货总量'
    FROM orders, orderitems
    WHERE orders.订单编号 = orderitems.订单编号
    GROUP BY 账户名
    ORDER BY 订货总量 ASC;
```

查询结果如图 8.49 所示。

图 8.48　查询结果

图 8.49　查询结果

此外，ORDER BY 子句中还可以包含子查询。

【例 8.44】 将水果类商品按订货总量升序排列。

为了便于理解，分成两步进行。

（1）在 orderitems 表中按照商品编号对订货数量进行汇总。

```
SELECT orderitems.商品编号, SUM(订货数量)
    FROM orderitems
    GROUP BY orderitems.商品编号;
```

中间表如图 8.50 所示。

（2）在 commodity 表中筛选出水果类（LEFT(商品编号, 1) = '1'）商品，然后通过 "HAVING commodity.商品编号 = orderitems.商品编号" 把它们与中间表关联起来，而将中间表中的非水果类商品排除，最后按照 SUM(订货数量)值降序（DESC）排列。

```
SELECT 商品编号, 商品名称
    FROM commodity
    WHERE LEFT(商品编号, 1) = '1'
    ORDER BY
    (
        SELECT SUM(订货数量)
            FROM orderitems
            GROUP BY orderitems.商品编号
            HAVING commodity.商品编号 = orderitems.商品编号
    ) DESC;
```

查询结果如图 8.51 所示。

图 8.50　中间表

图 8.51　查询结果

（3）由结果可见，尚未被订购的水果（编号'1A0101'、'1A0302'和'1B0601'）也参与了排序，且排在结果的最后面，这是因为未被订购的水果的订货总量为空值，而排序时 ORDER BY 子句将空值作为最小值。

8.1.10 输出行限制

LIMIT 子句主要用于限制 SELECT 语句返回的行数。
```
LIMIT [起始行,] 行数 | 行数 OFFSET 起始行
```
说明："起始行"和"行数"都必须是非负整数，返回从指定"起始行"开始的"行数"条记录。起始行的偏移量为 0，而不是 1。

【例 8.45】 查询按商品库存量由高到低排名第 3 条之后的 5 条商品记录。
```
SELECT 商品编号, 商品名称, 库存量 FROM commodity
    ORDER BY 库存量 DESC LIMIT 3, 5;
```
查询结果如图 8.52 所示。

商品编号	商品名称	库存量
1B0501	库尔勒香梨10斤箱装	8902
1B0602	砀山梨5斤箱装特大果	6834
2B1702	[周黑鸭]卤鸭脖15g*50袋	5963
1A0201	烟台红富士苹果10斤箱装	5698
1GA101	智利车厘子2斤大樱桃整箱顺丰包邮	5420

图 8.52 查询结果

将 LIMIT 3, 5 改成 LIMIT 5 OFFSET 3，查询结果相同。"行数 OFFSET 起始行偏移"的语法是 MySQL 为了与 PostgreSQL 数据库兼容而设定的。

8.1.11 多表记录联合

使用 UNION 语句可以把来自多条 SELECT 语句的结果组合到一个结果表中：
```
SELECT 语句
UNION [ALL | DISTINCT] SELECT 语句
```
其中，SELECT 语句为常规的选择语句，但必须遵守以下规则。

（1）列于每条 SELECT 语句对应位置的被选择的列，应具有相同的数目和类型。例如，被第一条语句选择的第一列，应当和被其他语句选择的第一列具有相同的类型。

（2）只有最后一条 SELECT 语句可以使用 INTO OUTFILE。

（3）HIGH_PRIORITY 不能与作为 UNION 一部分的 SELECT 语句同时使用。

（4）ORDER BY 和 LIMIT 子句只能在整个语句最后指定，同时应对单条 SELECT 语句加圆括号。排序和限制行数对整个语句最终结果起作用。

使用 UNION 的时候，将第一条 SELECT 语句中使用的列名称作为结果的列名称。MySQL 自动从最终结果中去除重复行，所以附加的 DISTINCT 是多余的，但根据 SQL 标准，在语法上允许采用。要得到所有匹配的行，可以指定关键字 ALL。

UNION 语句一般用于对一个数据库中多个结构相同的表的部分或全部记录进行联合查询。例如，在一个数据库中一个部门对应一个表，平常各部门仅关注和维护自己的表的记录，当需要对所有部门进行查询时，就可以用 UNION 语句把它们联合起来。

【例 8.46】 把 commodity 表筛选复制为商品大类子表，然后对子表进行联合查询。

(1）把 commodity 表筛选复制为商品大类子表。
```
USE emarket;
CREATE TABLE 水果
    AS (SELECT * FROM commodity WHERE LEFT(商品编号,1)='1');
CREATE TABLE 肉禽
    AS (SELECT * FROM commodity WHERE LEFT(商品编号,1)='2');
CREATE TABLE 海鲜水产
    AS (SELECT * FROM commodity WHERE LEFT(商品编号,1)='3');
CREATE TABLE 粮油蛋
    AS (SELECT * FROM commodity WHERE LEFT(商品编号,1)='4');
```
（2）查询所有子表中价格大于 100 而库存量最少的前 6 个商品记录。
```
( SELECT 商品编号, 商品名称, 价格, 库存量 FROM 水果 WHERE 价格>100 )
UNION
( SELECT 商品编号, 商品名称, 价格, 库存量 FROM 肉禽 WHERE 价格>100 )
UNION
( SELECT 商品编号, 商品名称, 价格, 库存量 FROM 海鲜水产 WHERE 价格>100 )
UNION
( SELECT 商品编号, 商品名称, 价格, 库存量 FROM 粮油蛋 WHERE 价格>100 )
    ORDER BY 库存量 ASC
    LIMIT 0,6;
```
查询结果如图 8.53 所示。

商品编号	商品名称	价格	库存量
2A1602	[王明公]农家散养猪冷冻五花肉3斤装	118.00	375
3C2205	[参王朝]大连6-7年深海野生干海参	1188.00	1203
2B1701	Tyson/泰森鸡胸肉454g*5去皮冷冻包	139.00	1682
3BA301	波士顿龙虾特大鲜活1斤	149.00	2800
4C2402	青岛啤酒500ml*24听整箱	112.00	23427

图 8.53　查询结果

8.1.12　通用表表达式

通用表表达式（Common Table Expressions，CTE）是 MySQL 8 引入的新特性，它是一种可以在当前语句中反复引用的临时结果表，结构如下：
```
WITH CTE 名1[(列名, …)] AS
(
    SELECT 语句
), CTE 名2[(列名, …)] AS
(
    SELECT 语句
), …
SQL 语句
```
说明：

（1）使用 WITH 关键字声明一个或多个 CTE，CTE 之间以逗号分隔。
（2）在后面的 CTE 的 SELECT 语句中可以引用前面已经定义的 CTE。
（3）最后的 SQL 语句可以引用之前定义的所有 CTE。

CTE 的作用与子查询很相似，但是子查询不能引用其他子查询，而 CTE 可以任意引用其他的 CTE，CTE 的这种灵活性十分有用。使用 CTE 可以将一个极为复杂的查询需求拆分成多个子模块分别实现，然后通过组合的方式实现单条 SELECT 语句或子查询无法完成的功能。

【例8.47】 列出各商品的大类名、类别名称、商品编号、商品名称、订货总量、金额和库存量。

```
WITH cte_category AS                                         # (a)
(
    SELECT
    CASE
        WHEN LEFT(类别编号,1) = '1' THEN '水果'
        WHEN LEFT(类别编号,1) = '2' THEN '肉禽'
        WHEN LEFT(类别编号,1) = '3' THEN '海鲜水产'
        ELSE '粮油蛋'
    END AS 大类名, 类别编号, 类别名称
    FROM category
),
cte_ordercomm(商品编号,订货总量) AS                            # (b)
(
    SELECT 商品编号,SUM(订货数量) AS 订货总量
        FROM orderitems
        GROUP BY 商品编号
)
SELECT 大类名,类别名称,cte_ordercomm.商品编号,商品名称,订货总量,订货总量*价格 AS 金额,
库存量
    FROM cte_ordercomm
    LEFT JOIN cte_category ON LEFT(cte_ordercomm.商品编号,2) = 类别编号
                                                             # (c)
    LEFT JOIN commodity ON cte_ordercomm.商品编号 = commodity.商品编号;
                                                             # (c)
```

查询结果如图 8.54 所示。

大类名	类别名称	商品编号	商品名称	订货总量	金额	库存量
水果	苹果	1A0201	烟台红富士苹果10斤箱装	8	238.40	5698
水果	车厘子	1GA101	智利车厘子2斤大樱桃整箱顺丰包邮	9	538.20	5420
水果	梨	1B0501	库尔勒香梨10斤箱装	3	209.40	8902
肉禽	猪肉	2A1602	[王明公]农家散养猪冷冻五花肉3斤装	10	1180.00	375
肉禽	鸡鸭鹅	2B1702	[周黑鸭]卤鸭脖15g*50袋	6	594.00	5963
水果	梨	1B0602	砀山梨5斤箱装特大果	2	33.80	6834
粮油蛋	啤酒	4C2402	青岛啤酒500ml*24听整箱	1	112.00	23427

图 8.54 查询结果

说明：

（a）根据 category 类别编号的第 1 位得到大类号，利用 CTE 变换为大类名，输出大类名、类别编号和类别名称，定义为 cte_category 供后面查询使用。因为 cte_category 列名与 SELECT 的输出名相同，所以省略列名。

（b）对 orderitems 表按照商品编号汇总订货数量，定义为 cte_ordercomm 供后面查询使用。虽然 cte_ordercomm 列名与 SELECT 的输出名相同，但这里重新列出。

（c）用 cte_ordercomm 通过商品编号前 2 位（类别编号）左连接 cte_category 的类别编号，同时用 cte_ordercomm 通过商品编号连接 commodity 的商品编号。

最后的输出项包含三个表的输出项（部分用于连接的项除外）。

可见，将复杂查询中的独立功能定义为 CTE，可以简化问题。

8.1.13 窗口表达

窗口函数可以对表进行纵向处理，在 SELECT 的输出项中指定包含列的窗口函数，对输出的每条记录在窗口内执行窗口函数。

```
SELECT …，窗口列
    FROM …
    WHERE …
```

窗口列：

函数名（ [exp] ） OVER （ 子句 ） [AS 窗口列标题]

或者

函数名（ [exp] ） OVER 窗口别名 [AS 窗口列标题]
…
WINDOWS 窗口别名 AS （ 子句 ）

子句如下：

（1）PARTITION BY 子句：窗口按照指定列进行分组，窗口函数在不同的组上分别执行。

（2）ORDER BY 子句：按照指定列进行排序，窗口函数按照排序后的记录顺序进行编号。

（3）FRAME 子句：FRAME 是当前分区的一个子集，子句用来定义子集的规则，通常作为滑动窗口使用。

1. 输出项直接包含窗口函数

【例 8.48】输出订单表（orders）按照支付金额从小到大排列的顺序号。

```
USE emarket;
SELECT *, ROW_NUMBER() OVER(ORDER BY 支付金额 ) AS 支付金额排序
    FROM orders;
```

运行结果如图 8.55 所示。

订单编号	账户名	支付金额	下单时间	支付金额排序
4	231668-aa.com	29.80	2020-01-12	1
6	sunrh-phei.net	33.80	2020-03-10	2
5	easy-bbb.com	119.60	2020-01-06	3
1	easy-bbb.com	129.40	2019-10-01	4
9	231668-aa.com	149.00	2020-11-11	5
3	sunrh-phei.net	171.80	2019-12-18	6
8	easy-bbb.com	358.80	2020-05-25	7
2	sunrh-phei.net	495.00	2019-10-03	8
7	sunrh-phei.net	1418.60	2020-06-03	9

图 8.55 运行结果

说明：

（1）ROW_NUMBER() OVER(ORDER BY 支付金额)：表示按照支付金额排序。

（2）也可以写成下列语句，结果相同。

```
SELECT *, ROW_NUMBER() OVER w AS 支付金额排序
    FROM orders
    WINDOW w AS (ORDER BY 支付金额 );
```

【例 8.49】对订单项表（orderitems）按照商品编号分组和订货数量排序。

```
USE emarket;
SELECT 商品编号,row_number() OVER( partition by 商品编号 ORDER BY 订货数量 DESC )
        AS 同订单序号,订货数量,订单编号
    FROM orderitems;
```

运行结果如图 8.56 所示。

商品编号	同订单序号	订货数量	订单编号
1A0201	1	5	9
1A0201	2	1	1
1A0201	3	1	4
1B0501	1	2	7
1B0501	2	1	1
1B0602	1	2	6
1GA101	1	6	8
1GA101	2	2	5
1GA101	3	1	3
2A1602	1	10	7
2B1702	1	5	2
2B1702	2	1	7
4C2402	1	1	3

图 8.56 运行结果

【例 8.50】 对订单表（orders）按照账户名分组和支付金额排序，同时按照下单时间计算排序比例。

```
SELECT *,
    DENSE_RANK()OVER(PARTITION BY 账户名 ORDER BY 支付金额 DESC ) AS 支付排序,
    PERCENT_RANK()OVER(PARTITION BY 账户名 ORDER BY 下单时间 DESC) AS 下单比例
    FROM orders;
```

运行结果如图 8.57 所示。

订单编号	账户名	支付金额	下单时间	支付排序	下单比例
9	231668-aa.com	149.00	2020-11-11	1	0
4	231668-aa.com	29.80	2020-01-12	2	1
8	easy-bbb.com	358.80	2020-05-25	1	0
5	easy-bbb.com	119.60	2020-01-06	3	0.5
1	easy-bbb.com	129.40	2019-10-01	2	1
7	sunrh-phei.net	1418.60	2020-06-03	1	0
6	sunrh-phei.net	33.80	2020-03-10	4	0.3333333333333333
3	sunrh-phei.net	171.80	2019-12-18	3	0.6666666666666666
2	sunrh-phei.net	495.00	2019-10-03	2	1

图 8.57 运行结果

2. 将窗口查询作为子查询

【例 8.51】 查询包含一个以上订单项的订单。

```
USE emarket;
SELECT  订单编号,商品编号,订货数量
    FROM
    (
        SELECT 订单编号,row_number() OVER( partition by 订单编号 )
            AS 同订单序号,订货数量, 商品编号
            FROM orderitems
    ) mytab WHERE 同订单序号=2;
```

运行结果如图 8.58 所示。

订单编号	商品编号	订货数量
1	1B0501	1
3	4C2402	1
7	2A1602	10

图 8.58 运行结果

3. 窗口函数和集合函数联合使用

【例 8.52】 按账户名排序并累计总金额和获取最大金额。

```
USE emarket;
SELECT *, RANK() OVER w AS 支付排序, SUM(支付金额) OVER w AS 总金额, MAX(支付金额) OVER w AS 最大金额
    FROM ORDERS
    WINDOW w AS ( PARTITION BY 账户名 ORDER BY 支付金额 DESC );
```

运行结果如图 8.59 所示。

订单编号	账户名	支付金额	下单时间	支付排序	总金额	最大金额
9	231668-aa.com	149.00	2020-11-11	1	149.00	149.00
4	231668-aa.com	29.80	2020-01-12	2	178.80	149.00
8	easy-bbb.com	358.80	2020-05-25	1	358.80	358.80
1	easy-bbb.com	129.40	2019-10-01	2	488.20	358.80
5	easy-bbb.com	119.60	2020-01-06	3	607.80	358.80
7	sunrh-phei.net	1418.60	2020-06-03	1	1418.60	1418.60
2	sunrh-phei.net	495.00	2019-10-03	2	1913.60	1418.60
3	sunrh-phei.net	171.80	2019-12-18	3	2085.40	1418.60
6	sunrh-phei.net	33.80	2020-03-10	4	2119.20	1418.60

图 8.59 运行结果

8.1.14 查询准备

数据库应用程序通常会处理大量几乎完全相同的语句，而只更改子句中的文字或变量值，如 SELECT 和 DELETE 的 WHERE 条件、UPDATE 的 SET 和插入的值等。

可以定义带参数（参数值可以包含未转义的 SQL 引号和分隔符）的语句，服务器把该语句准备成可执行的代码段，必要时带参数执行该语句，可提高执行效率，还可以防止 SQL 注入攻击。

预处理语句基于以下三条 SQL 语句。

（1）准备语句：

```
PREPARE 语句名 FROM 语句;
```

（2）执行准备语句：

```
EXECUTE 语句名[USING 参数];
```

（3）释放准备语句：

```
DEALLOCATE PREPARE 语句名
```

【例 8.53】 计算三角形斜边长度。

```
PREPARE hypotenuses FROM
    'SELECT @a,@b,SQRT(POW(?,2) + POW(?,2)) AS 三角形斜边';
SET @a = 3;
SET @b = 4;
EXECUTE hypotenuses USING @a, @b;                          #（a）
SET @a = 10;
SET @b = 15;
EXECUTE hypotenuses USING @a, @b;                          #（b）
DEALLOCATE PREPARE hypotenuses;
```

运行结果如图 8.60 所示。

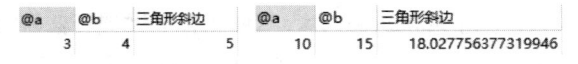

@a	@b	三角形斜边	@a	@b	三角形斜边
3	4	5	10	15	18.027756377319946

图 8.60 运行结果

【例 8.54】 以 t2 列作为查询条件查询 mydb 数据库 mytab 表中符合条件的记录。

```
USE mydb;
SET @s1='SELECT * FROM mytab WHERE t2=?';
PREPARE smytab FROM @s1;
SET @c1="A";
EXECUTE smytab USING @c1;                                          # (a)
SET @c1="b";
EXECUTE smytab USING @c1;                                          # (b)
DEALLOCATE PREPARE smytab;
```

运行结果如图 8.61 所示。

t1	t2	t3
5	A	10.23

(a)

t1	t2	t3
4	b	3.10

(b)

图 8.61　运行结果

8.1.15　单表简单查询

TABLE 语句是 MySQL 8 中引入的 DML 语句。

```
TABLE 表 [ORDER BY 列名] [LIMIT [ OFFSET 起始行]]
```

下面通过例子进一步说明。

```
USE emarket;
TABLE commodity;                                                   # (a.1)
SELECT * FROM commodity;                                           # (a.2)
TABLE commodity ORDER BY 价格 LIMIT 3;                              # (b)
```

说明：

（a）均为查询 commodity 表所有记录。

（b）查询 commodity 表前 3 条记录，按照价格大小排序输出。

```
USE mydb;
TABLE merge1 UNION TABLE merge2;                                   # (a)
SELECT * FROM mergeg WHERE name IN (TABLE merge_name);             # (b)
```

说明：

（a）把 merge1 表和 merge2 表记录联合起来。merge1 表和 merge2 表结构（id、name 和 salary 列）完全相同。

（b）mergeg 表与 merge1 表结构相同，merge_name 表只有一列（name），把 mergeg 表中 name 在 merge_name 表中的记录显示出来。

8.2　视图

SELECT 语句查询就是根据需要从数据库的一个或一个以上的表中获取符合条件的记录，输出用户关注的列（或表达式）表。

如果对某些查询语句的使用非常频繁，而且可能会根据查询结果对分布于不同表中的数据记录进行各种操作，这时就比较麻烦。为了解决这个问题，MySQL 允许把频繁使用的 SELECT 查询语句定义成数据库的一个对象，称为视图，并给其定义一个名称。视图一经定义，此后使用时就可以对其记录进行查询、插入、修改和删除，大大方便了对表的查询和操作，提高了效率。为了区分，有时也将表称为基本表，将视图称为虚拟表。

8.2.1 创建视图

创建视图语句如下：

```
CREATE [OR REPLACE] VIEW 视图名[(列名表)]
    AS
        SELECT 语句
    [WITH CHECK OPTION]
```

说明：

（1）默认情况下，将在当前数据库中创建新视图，否则采用"数据库名.视图名"的形式。视图名必须遵循标识符命名规则，不能与已有的表或视图同名。如果创建视图前不确定是否已有同名视图存在，可加上"OR REPLACE"替换可能存在的同名视图。若视图列名与 SELECT 语句输出项名相同，则可以省略列名表。

（2）SELECT 语句是用来创建视图的查询语句，可在其中查询已经存在的一个或以上的表或视图，但有以下限制。

① SELECT 语句引用的表或视图必须已经存在，若引用非当前数据库中的表或视图，则要在前面加上数据库的名称前缀。

② SELECT 语句的 FROM 子句中不能包含子查询，不能引用系统或用户变量，不能引用预处理语句参数。

③ 如果引用的视图使用了 ORDER BY 语句，则这里视图定义中的 ORDER BY 语句将被忽略。如果引用的视图中包含 LIMIT 子句，则这里视图定义中的 LIMIT 子句到底使用哪一个未做定义。

④ 用户对其涉及的表、列和记录具有执行 SELECT 语句的权限。

只有被数据库所有者授权的用户才能创建视图，并且有权操作视图所涉及的表或其他视图。

（3）WITH CHECK OPTION：指出在可更新视图上所进行的修改必须符合 SELECT 语句所指定的限制条件，这样可以确保数据修改后，仍可通过视图看到修改的数据。

（4）如果与视图相关联的表或视图被删除，则该视图不能再使用。

【例 8.55】 创建水果类商品的订单视图，要求显示每个商品所在的订单编号、价格和订货数量。

```
USE emarket;
CREATE OR REPLACE VIEW fruit_orders                         # (a)
    AS
    SELECT commodity.商品编号, 商品名称, 订单编号, 价格, 订货数量
        FROM commodity, orderitems
        WHERE commodity.商品编号 = orderitems.商品编号 AND LEFT(commodity.商品编号,
1) = '1';
SELECT * FROM fruit_orders;                                 # (b)
```

查询结果如图 8.62 所示。

商品编号	商品名称	订单编号	价格	订货数量
1A0201	烟台红富士苹果10斤箱装	1	29.80	2
1B0501	库尔勒香梨10斤箱装	1	69.80	1
1GA101	智利车厘子2斤大樱桃整箱顺丰包邮	3	59.80	1
1A0201	烟台红富士苹果10斤箱装	4	29.80	1
1GA101	智利车厘子2斤大樱桃整箱顺丰包邮	5	59.80	2
1B0602	砀山梨5斤箱装特大果	6	16.90	2
1B0501	库尔勒香梨10斤箱装	7	69.80	2
1GA101	智利车厘子2斤大樱桃整箱顺丰包邮	8	59.80	6
1A0201	烟台红富士苹果10斤箱装	9	29.80	5

图 8.62 查询结果

说明：
（a）因为视图采用 SELECT 输出项名称作为列名，所以视图名后没有定义列名。
（b）对定义的视图查询所有记录和输出所有项，其效果与执行定义的查询语句相同。输出项名称与定义该视图时的 SELECT 输出项名称相同。

【例 8.56】 创建水果类商品的销售清单视图，要求显示商品编号、商品名称、价格、订购量和销售额。

```
CREATE VIEW fruit_order_sum(商品编号, 商品名称, 价格, 订购量, 销售额)
    AS
    SELECT 商品编号, 商品名称, 价格, SUM(订货数量), 价格*SUM(订货数量)
        FROM fruit_orders
        GROUP BY 商品编号;                                    # (a)
SELECT * FROM fruit_order_sum;                               # (b)
```

查询结果如图 8.63 所示。

商品编号	商品名称	价格	订购量	销售额
1A0201	烟台红富士苹果10斤箱装	29.80	8	238.40
1B0501	库尔勒香梨10斤箱装	69.80	3	209.40
1GA101	智利车厘子2斤大樱桃整箱顺丰包邮	59.80	9	538.20
1B0602	砀山梨5斤箱装特大果	16.90	2	33.80

图 8.63 查询结果

说明：
（a）因为 SELECT 输出项包含列名、聚合函数、表达式等，如果不定义视图列表而采用输出项，在后面对该视图进行操作时将不方便，所以需要定义 SELECT 输出项对应视图中的列名。注意，即使部分列采用 SELECT 输出项，也要一一对应写上。
另外，该视图采用的数据源为已经定义的视图 fruit_orders。
（b）查询效果与执行定义的查询语句相同，但输出项名称为定义该视图时对应的列名。

8.2.2 查询视图

视图创建后，就可以如同查询基本表那样对视图进行查询。
【例 8.57】 查询销售额大于 200 的水果类商品的销售记录。

```
SELECT 商品编号,商品名称,订单编号,订货数量,价格 FROM fruit_orders
    WHERE 商品编号 IN
    (
        SELECT 商品编号
            FROM fruit_order_sum
            WHERE 销售额 > 200
    )
    ORDER BY 商品编号;
```

查询结果如图 8.64 所示。

商品编号	商品名称	订单编号	订货数量	价格
1A0201	烟台红富士苹果10斤箱装	9	5	29.80
1A0201	烟台红富士苹果10斤箱装	4	1	29.80
1A0201	烟台红富士苹果10斤箱装	1	2	29.80
1B0501	库尔勒香梨10斤箱装	7	2	69.80
1B0501	库尔勒香梨10斤箱装	1	1	69.80
1GA101	智利车厘子2斤大樱桃整箱顺丰包邮	8	6	59.80
1GA101	智利车厘子2斤大樱桃整箱顺丰包邮	5	2	59.80
1GA101	智利车厘子2斤大樱桃整箱顺丰包邮	3	1	59.80

图 8.64 查询结果

说明：

（1）由于已有存储水果类商品订单信息的视图 fruit_orders，以及含有销售额信息的视图 fruit_order_sum，故只用一个简单的 IN 子查询就得到了想要的结果。

该查询数据源和子查询数据源均使用了视图。

（2）使用视图可以向最终用户屏蔽掉底层复杂的表连接和条件运算逻辑，极大地简化了用户的 SQL 语句设计。

8.2.3 更新视图

由于视图是一个虚拟表，所以更新视图（包括插入、修改和删除）数据就等同于更新与其关联的基本表中的数据。但并不是所有的视图都可以更新，只有满足可更新条件的视图才能更新。更新视图的时候要特别小心，否则可能导致无法预料的结果。

1. 可更新视图

要通过视图更新基本表数据，必须保证视图是可更新视图，即可以在 INSERT、UPDATE 或 DELETE 等语句中使用它们。可更新视图中的行与基本表中的行之间必须具有一对一的关系。

在下列情况下，视图不可更新。

（1）视图中包含聚合函数、DISTINCT 关键字、GROUP BY 子句、ORDER BY 子句、HAVING 子句和 UNION 语句。

（2）选择列表中包含子查询，WHERE 子句中包含子查询。

（3）引用了 FROM 子句中的表（不是 FROM 子句后的表），FROM 子句中包含多个表（如 fruit_orders 视图包含两个表），引用了不可更新视图（例如，fruit_order_sum 引用了 fruit_orders 视图）。

实际上，FROM 子句中包含多个表时不能插入和删除记录，但一次可以更新一个表中的列。

2. 插入数据

使用 INSERT 语句通过视图向基本表中插入数据。

【例 8.58】 创建水果类商品信息视图 fruit_commodity，并向视图中插入一条水果新品记录。

（1）创建视图。

```
CREATE VIEW fruit_commodity
    AS
    SELECT 商品编号,商品名称,价格,库存量
        FROM commodity WHERE LEFT(商品编号, 1) = '1'
        WITH CHECK OPTION;
```

说明：这里创建 fruit_commodity 视图的列名没有包含 commodity 表中的"商品图片"，因为"商品图片"列没有设置"NOT NULL"属性，所以即使后面向 fruit_commodity 视图中插入记录，也不会影响 commodity 表的完整性。但如果 fruit_commodity 视图的列名没有包含"商品名称"，而该列设置了"NOT NULL"属性，那么后面通过 fruit_commodity 视图插入记录时，因为没有商品名称值，就不可能插入成功。

（2）向视图插入不符合条件的记录。

```
INSERT INTO fruit_commodity VALUES('2HA101','秘鲁蓝莓4斤装', 90.00, 100);
```

在创建视图 fruit_commodity 时加上了 WITH CHECK OPTION 项，在该视图更新数据的时候就会检查新数据是否符合视图定义中的 WHERE 条件：LEFT(商品编号, 1) = '1'，即商品编号首位必须为 1，而这里却插入了以 2 打头的编号'2HA101'，故产生错误，如图 8.65 所示。

```
INSERT INTO fruit_commodity VALUES('2HA101','秘鲁蓝莓4斤装', 89.90, 100)
> 1369 - CHECK OPTION failed 'emarket.fruit_commodity'
> 时间: 0s
```

图 8.65　产生错误

(3) 向视图中插入符合条件的记录。

将商品编号改为以 1 打头的'1HA101':

```
INSERT INTO fruit_commodity VALUES('1HA101', '秘鲁蓝莓4斤装',90.00, 100);
SELECT 商品编号,商品名称,价格,库存量 FROM fruit_commodity;
SELECT 商品编号,商品名称,价格,库存量 FROM commodity
    WHERE LEFT(商品编号, 1) = '1';
```

插入成功，如图 8.66 所示。

商品编号	商品名称	价格	库存量
1A0101	洛川红富士苹果冰糖心10斤精装	44.80	3601
1A0201	烟台红富士苹果10斤精装	29.80	5698
1A0302	阿克苏苹果冰糖心5斤精装	29.80	12680
1B0501	库尔勒香梨10斤精装	69.80	8902
1B0601	砀山梨10斤精装大果	19.90	14532
1B0602	砀山梨5斤精装特大果	16.90	6834
1GA101	智利车厘子2斤大樱桃整箱顺丰包邮	59.80	5420
1HA101	秘鲁蓝莓4斤装	90.00	100

图 8.66　插入成功

3. 修改数据

使用 UPDATE 语句可以通过视图修改基本表中的数据。

【例 8.59】将上例插入的水果新品（商品编号为'1HA101'）记录的价格打 8 折，库存量增加 160。

```
UPDATE fruit_commodity
    SET 价格 = 价格 * 0.8, 库存量 = 库存量+160
    WHERE 商品编号 = '1HA101';
SELECT * FROM commodity WHERE 商品编号 = '1HA101';
```

查询结果如图 8.67 所示。

商品编号	商品名称	价格	库存量	商品图片
1HA101	秘鲁蓝莓4斤装	72.00	260	(Null)

图 8.67　查询结果

若一个视图依赖于多个基本表，则一次修改只能改变一个基本表中的数据。

【例 8.60】修改水果类商品订单视图 fruit_orders 的数据。

(1) 插入订单项基本表（orderitems）中订单编号为 10、商品编号为'1HA101'的水果新品订单项记录。

```
INSERT INTO orderitems(订单编号, 商品编号, 订货数量) VALUES(10, '1HA101', 4);
SELECT * FROM fruit_orders;
```

可以看到视图 fruit_orders 中已有商品编号为'1HA101'的水果新品的订单记录。

(2) 在视图 fruit_orders 中，将商品编号为'1HA101'的水果新品价格提高 20%，订货数量减 2。

```
UPDATE fruit_orders
    SET 价格 = 价格 * 1.2, 订货数量 = 订货数量-2
    WHERE 商品编号 = '1HA101';
```

显示出错信息，如图 8.68 所示。

```
UPDATE fruit_orders
    SET 价格 = 价格 * 1.2, 订货数量 = 订货数量-2
    WHERE 商品编号 = '1HA101'
> 1393 - Can not modify more than one base table through a join view 'emarket.fruit_orders'
> 时间: 0s
```

图 8.68　显示出错信息

这是因为视图 fruit_orders 依赖于两个基本表 commodity 和 orderitems，故对视图的一次修改只能改变一个基本表中的数据，要么改变价格（源于 commodity 表），要么改变订货数量（源于 orderitems 表），如果要同时改变两者，必须依次执行以下语句：

```
UPDATE fruit_orders
    SET 价格 = 价格 * 1.2
    WHERE 商品编号 = '1HA101';
UPDATE fruit_orders
    SET 订货数量 = 订货数量 - 2
    WHERE 商品编号 = '1HA101';
SELECT * FROM fruit_orders WHERE 商品编号 = '1HA101';
```

修改成功，如图 8.69 所示。

商品编号	商品名称	订单编号	价格	订货数量
1HA101	秘鲁蓝莓4斤装	10	86.40	2

图 8.69　修改成功

4. 删除数据

使用 DELETE 语句可以通过视图删除基本表中的数据。

【例 8.61】删除视图 fruit_orders 中商品编号为'1HA201'的水果新品记录。

```
DELETE FROM fruit_orders
    WHERE 商品编号 = '1HA101';
```

显示出错信息，如图 8.70 所示。

```
DELETE FROM fruit_orders
        WHERE 商品编号 = '1HA101'
> 1395 - Can not delete from join view 'emarket.fruit_orders'
> 时间: 0s
```

图 8.70　显示出错信息

说明：对依赖于多个基本表的视图，不能使用 DELETE 语句，即不能通过对 fruit_orders 视图执行 DELETE 语句来删除与之相关的基本表 commodity 及 orderitems 中的数据。

为了删除该记录，可以通过 fruit_commodity 视图进行操作，它只基于一个基本表 commodity，同时在 orderitems 表中删除对应记录。

```
DELETE FROM orderitems WHERE 商品编号 = '1HA101';
DELETE FROM fruit_commodity WHERE 商品编号 = '1HA101';
```

此时的 commodity 及 orderitems 表中已没有商品编号为'1HA101'的水果新品记录。

8.2.4　修改视图

对已有视图可以进行修改：

ALTER VIEW 视图名[(列表)]
　　AS
　　SELECT 语句
　　[WITH CHECK OPTION]

修改视图的语法与创建视图类似，就是将原来定义的视图删除，然后重新定义。

1. 增删基本表列对有关视图的影响

给基本表增加列，对应该表的视图并不会增加列，需要修改视图才能增加列。删除基本表的列，对应该表的视图并不会同步删除列，需要修改视图，否则视图不能使用。

【例 8.62】给基于 commodity 表创建的视图 fruit_commodity 临时增加一个"进价"列，默认值为 20.0。

（1）为 commodity 表增加“进价”列，需要修改视图 fruit_commodity 才能包含增加的列。

```
ALTER TABLE commodity
    ADD 进价 float DEFAULT 20.00 AFTER 价格;
SELECT * FROM commodity LIMIT 2;                                # (a)
SELECT * FROM fruit_commodity LIMIT 2;                          # (b)
```

查询结果如图 8.71 所示。

商品编号	商品名称	价格	进价	库存量	商品图片
1A0101	洛川红富士苹果冰糖心10斤箱装	44.80	20	3601	(Null)
1A0201	烟台红富士苹果10斤箱装	29.80	20	5698	(Null)

（a）

商品编号	商品名称	价格	库存量
1A0101	洛川红富士苹果冰糖心10斤箱装	44.80	3601
1A0201	烟台红富士苹果10斤箱装	29.80	5698

（b）

图 8.71　查询结果

commodity 表虽然增加了新列“进价”，但该表对应的视图中并没有新增的“进价”列。

修改视图：

```
ALTER VIEW fruit_commodity
    AS
    SELECT * FROM commodity WHERE LEFT(商品编号, 1) = '1'
    WITH CHECK OPTION;
SELECT * FROM fruit_commodity;
```

因为视图获取 commodity 表的所有列（*）作为自己的列，所以就包含新增的“进价”列。

（2）在 commodity 表中删除列，包含该列的视图 fruit_commodity 需要修改才能继续使用。

```
ALTER TABLE commodity DROP 进价;                                # (a)
SELECT * FROM fruit_commodity;                                  # (b)
```

说明：

（a）语句执行成功，删除“进价”列。

（b）虽然将“进价”列从基本表中删除了，但视图中还有“进价”列，所以显示引用了不可用的列的错误。

重新修改视图，“进价”列就不见了。

2. 增删视图列对有关基本表的影响

对视图增加列时，该列必须是基本表中所包含的，对视图删除列只是删除视图中的列，所以增加、删除视图列对有关基本表没有影响。

【例 8.63】 将视图 fruit_orders 修改为只包含水果类商品的“商品编号”“商品名称”和“订货数量”列。

```
ALTER VIEW fruit_orders
    AS
    SELECT commodity.商品编号, 商品名称, 订货数量
        FROM commodity, orderitems
        WHERE commodity.商品编号 = orderitems.商品编号 AND LEFT(commodity.商品编号,
1) = '1';
SELECT * FROM fruit_orders;
```

查询结果如图 8.72 所示。

商品编号	商品名称	订货数量
1A0201	烟台红富士苹果10斤箱装	2
1B0501	库尔勒香梨10斤箱装	1
1GA101	智利车厘子2斤大樱桃整箱顺丰包邮	1
1A0201	烟台红富士苹果10斤箱装	1
1GA101	智利车厘子2斤大樱桃整箱顺丰包邮	2
1B0602	砀山梨5斤箱装特大果	2
1B0501	库尔勒香梨10斤箱装	2
1GA101	智利车厘子2斤大樱桃整箱顺丰包邮	6
1A0201	烟台红富士苹果10斤箱装	5

图 8.72　查询结果

虽然视图 fruit_orders 经修改后没有了“订单编号”和“价格”这两列，但对视图的修改并不影响基本表，基本表 commodity 中的“价格”列及 orderitems 中的“订单编号”列依然存在。

可见，对于基本表结构的修改不能在已定义的视图上及时反映出来，对视图结构的修改也不会影响基本表，视图与基本表在结构上是相互独立的，这也提高了数据查询的灵活性与安全性。

8.2.5 删除视图

删除视图很简单，语法格式如下：
DROP VIEW [IF EXISTS] 视图名,…

说明：语句后面可罗列多个视图名，一次删除多个视图。若声明了 IF EXISTS，当视图不存在时就不会出现错误信息。例如，执行语句：
DROP VIEW fruit_orders, fruit_order_sum, fruit_commodity;
将删除前面例子所创建的视图 fruit_orders、fruit_order_sum 和 fruit_commodity。

8.3 索引

8.3.1 索引概述

1. 什么是索引

为了帮助读者理解索引的概念，这里用一本书来类比说明。

如果数据库表没有建立索引，相当于这本书没有目录，那么，查找书中的某个内容需要从头开始找，直至找到为止，如果要找的内容比较靠后，就要花费很长时间。

如果这本书有目录，可以首先在目录中查找内容所在页码，然后根据页码找到内容的详细信息，这样速度就快得多。

为数据库表建立索引，就相当于为书创建目录，即在原来表的详细信息以外，建立一个索引文件（相当于目录），其中按顺序存放了索引项值和指针（相当于页码），指针指向该索引项详细记录行的位置。

如果更新表中的索引项或者向表中添加或删除一行，系统会自动更新索引，就像书的目录会随着内容的增加、删除同步更新，因此索引总是和表的内容保持一致。

但是，索引是以额外的文件形式存储的，也要占用磁盘空间。频繁增加、修改和删除表中索引列上的数据时，系统需要耗费很多时间对索引进行同步。

2. 索引的分类

MySQL 8 支持的索引主要有如下几种。

（1）普通索引（INDEX）。这是最基本的索引类型，索引列不一定唯一和非空，可以在任何数据类型的列上创建。

（2）唯一性索引（UNIQUE）。一个表索引列的所有值不能重复，即必须是唯一的。

（3）主键索引（PRIMARY KEY）。主键索引是一种特殊的唯一性非空索引，一般在创建表时通过"PRIMARY KEY"关键字指定，每个表只能有一个主键索引。

（4）多列索引。多列索引是可在多列上创建的索引，它同时关联表的多个列，但查询时只有在条件中使用多列索引的第一列，多列索引才会真正发挥作用。

（5）全文索引（FULLTEXT）。在定义这种索引的列上支持值的全文检索，允许在这些索引列中插入重复值和空值。全文索引只能在 char、varchar 或 text 类型的列上创建。

（6）空间索引（SPATIAL）。这是 MySQL 支持的专门针对空间数据类型列的索引，空间数据类型列的值不能为空。

3. 索引的使用

索引的使用一般遵循如下原则：

(1) 数据记录量很大的表一定要建立索引，而数据记录量较小的表最好不要使用索引。

(2) 应在查询条件表达式中经常用到的不同值较多的列上建立索引，在不同值较少的列上则不要建立索引。

(3) 当某列数据唯一时，可指定该列为唯一索引。

(4) 应在需要频繁进行排序或分组（ORDER BY 和 GROUP BY）操作的列上建立索引。

(5) 应避免对经常更新的表建立过多的索引，并且索引中的列要尽可能少。

8.3.2 索引操作

1. 创建索引

在 MySQL 中，支持用多种方法创建索引。

1) 创建表时定义索引

在创建表的同时定义索引：

```
CREATE TABLE 表名
(
    列名 数据类型…    [PRIMARY KEY]
    …
    索引类型 INDEX | KEY 索引名(列名[(长度)] [ASC | DESC], …)
        [INVISIBLE | VISIBLE]
)
```

说明：

(1) 索引类型：有 4 个选项，分别是 PRIMARY（主键索引）、UNIQUE（唯一性索引）、FULLTEXT（全文索引）和 SPATIAL（空间索引）。除此之外，普通索引无须声明类型，而多列索引只要在索引名后的括号内列出各个索引列的名称即可。如果单独列作为主键，则在创建表结构时的列属性中直接指定 "PRIMARY" 属性。

(2) 索引名：如果省略，MySQL 会采用默认索引名，主键索引默认名称为 "PRIMARY"，其他索引使用索引的第一个列名作为索引名。如果存在多个索引的名称以某个列的名称开头，就在列名后面放置一个顺序号码。索引名在一个表中必须是唯一的。

(3) (列名[长度], …)：指定索引列，"长度"表示使用列的前面指定长度的字符创建索引，这可使索引文件大大减小，从而节省磁盘空间。

在某些情况下，只能对列的前缀进行索引。例如，索引列的长度有一个上限，如果超过这个上限，就可能需要利用前缀进行索引。blob 或 text 类型列必须指定索引长度。对于 MyISAM 和 InnoDB 引擎的表，最大长度可达 1000 字节，最长前缀为 255 字节。

(4) ASC | DESC：规定索引按升序（ASC）或降序（DESC）排列，默认为 ASC。通常把关注的记录放在前面，这样查询时如果 ORDER BY 子句中的项排序与索引相同，就可以更快地找到它们。

(5) INVISIBLE | VISIBLE：如果包含 INVISIBLE（不可见）项，则系统仅仅保存索引，但实际查询时该索引不会起作用。如果包含 VISIBLE（可见）项，则系统创建的索引会立即起作用，一般用于测试某索引的效果。

在创建索引后，可以控制索引的可见性：

```
ALTER TABLE 表名 ALTER INDEX 索引名 VISIBLE;
ALTER TABLE 表名 ALTER INDEX 索引名 INVISIBLE;
```

2）修改表时添加索引

修改表时向表中添加索引：

```
ALTER TABLE 表名
    ADD 索引类型 INDEX | KEY 索引名(列名[(长度)] [ASC | DESC],…)
        [INVISIBLE | VISIBLE]
```

其中，ADD 表示添加索引，其后的语法元素及含义与创建表时定义索引的完全相同。

3）用 CREATE INDEX 语句创建索引

在一个已有表上独立创建各种类型的索引，且一个表可以创建多个索引：

```
CREATE 索引类型 INDEX 索引名
    ON 表名 (列名[(长度)] [ASC | DESC],…)  [INVISIBLE | VISIBLE]
```

但是，CREATE INDEX 语句并不能创建主键索引。

【例 8.64】 在用户表（user）的副本 user_part 上已经包含账户名的主键索引，并且该主键按 KEY（账户名）分区。对频繁出现的查询列就要对应地建立索引，以加快查询速度。

（1）将分区移除。

因为包含分区，就不能创建唯一性索引和全文索引，所以需要先将分区移除。

```
USE emarket;
ALTER TABLE user_part
    REMOVE PARTITIONING;
```

（2）根据频繁查询要求建立索引。

① 按照姓名查询，创建姓名列普通索引（因为可能存在同名的情况）；按照职业和关注查询后推送广告，创建职业列和关注列普通索引。

```
ALTER TABLE user_part
    ADD INDEX idx_name(姓名);
ALTER TABLE user_part
    ADD INDEX idx_focus(职业,关注);
```

② 如果需要按照出生日期进行查询，还可以建立出生日期普通索引。但出生日期是从身份证号第 7 位开始的 8 个字符，而不是完整内容的列索引，只有字符串类型列 x 的前面部分 n，索引项表达为 x(n)。为了对字符串列中间部分建立索引，可以创建一个（STORED）生成列，该列的内容取自字符串列中间部分。

```
ALTER TABLE user_part
    ADD 出生日期 char(8) AS (SUBSTR(身份证号,7,8)) STORED;
ALTER TABLE user_part
    ADD INDEX idx_date(出生日期);
```

如果写成 idx_date(出生日期(6))，则索引内容为出生年月。

③ 按照身份证号查询，创建身份证号列唯一性索引；按照手机号查询，创建手机号列唯一性索引。

```
CREATE UNIQUE INDEX idx_sfz
    ON user_part (身份证号);
CREATE UNIQUE INDEX idx_phone
    ON user_part (手机号);
```

④ 对不同用户的个性信息需要进行保存和查询，添加"备注"列，对该列全文索引。

```
ALTER TABLE user_part
    ADD 备注 text;
CREATE FULLTEXT INDEX idx_note
    ON user_part(备注);
```

添加全文索引的列，在对其部分内容进行查询时也能使用索引。

（3）查看表索引情况。

在 Navicat 中选择 user_part 表，右击并选择“设计表”命令，在“索引”页中显示 user_part 表索引情况，如图 8.73 所示。

字段 | 索引 | 外键 | 触发器 | 选项 | 注释 | SQL 预览

名	类型	长度	小数点	不是 null	虚拟	键
账户名	varchar	16	0	☑	☐	🔑1
姓名	char	4	0	☑	☐	
性别	enum			☑	☐	
密码	varchar	12	0	☑	☐	
手机号	char	11	0	☑	☐	
身份证号	char	18	0	☑	☐	
有效期	date	0	0	☑	☐	
常用地址	json	0	0	☐	☐	
职业	enum			☐	☐	
关注	set			☐	☐	
备注	text	0	0	☐	☐	
出生日期	char	8	0	☐	☑	

字段 | 索引 | 外键 | 触发器 | 选项 | 注释 | SQL 预览

名	字段	索引类型	索引方法
idx_sfz	`身份证号`	UNIQUE	BTREE
idx_phone	`手机号`	UNIQUE	BTREE
idx_name	`姓名`	NORMAL	BTREE
idx_focus	`职业`, `关注`	NORMAL	BTREE
idx_date	`出生日期`	NORMAL	BTREE
idx_note	`备注`	FULLTEXT	

图 8.73　在 Navicat 中查看 user_part 表索引情况

其中，此前的账户名主键在“字段”页显示，索引在“索引”页显示。

2. 查看索引信息

在索引创建好之后，需要查看索引的各项参数设置是否正确，语句如下：

```
SHOW INDEX FROM 表名 [\G];
```

系统会分组列出表的每个索引的参数，供用户查看以确定是否符合要求。

“\G”选项是为了将索引的各个参数分行列出，使之看起来更清楚。但 Navicat 环境不支持“\G”选项，可以在 MySQL 命令行环境下观察“\G”选项的效果。

【例 8.64 续】 显示 user_part 表的索引信息。

```
SHOW INDEX FROM user_part;
```

显示结果如图 8.74 所示。

Table	Non_unique	Key_name	Seq_in_index	Column_name	Collation	Cardinality	Sub_part	Packed	Null	Index_type	Comment	Index_comment	Visible	Expression
user_part	0	PRIMARY	1	帐户名	A	2	(Null)	(Null)		BTREE			YES	(Null)
user_part	0	idx_sfz	1	身份证号	A	3	(Null)	(Null)		BTREE			YES	(Null)
user_part	0	idx_phone	1	手机号	A	3	(Null)	(Null)		BTREE			YES	(Null)
user_part	1	idx_name	1	姓名	A	3	(Null)	(Null)		BTREE			YES	(Null)
user_part	1	idx_focus	1	职业	A	2	(Null)	(Null)	YES	BTREE			YES	(Null)
user_part	1	idx_focus	2	关注	A	3	(Null)	(Null)	YES	BTREE			YES	(Null)
user_part	1	idx_date	1	出生日期	A	3	(Null)	(Null)	YES	BTREE			YES	(Null)
user_part	1	idx_note	1	备注	(Null)	3	(Null)	(Null)	YES	FULLTEXT			YES	(Null)

图 8.74　显示结果

部分索引显示信息说明如下：

Collation：列值在索引中的字符排序规则。这里取值“A”表示升序。

Cardinality：基数，它是索引中唯一值的数目的估计值。根据被存储为整数的统计数据来计数，基数越大，MySQL 使用该索引的概率就越大。所以一般根据该参数值的大小来判断索引是否具有高选择性。

Sub_part：索引前缀长度，为被编入索引的字符的数目，如果整列被编入索引，则为 NULL；如果将 x 列前 n 个字符作为索引，则为 n。

Packed：索引列是否被压缩。

Null：索引列是否含有空值。

Index_type：索引的存储类型。这里“BTREE”表示 B 树索引。B 树索引是一种组织索引文件的方式。

Comment、Index_comment：索引相关的注释信息。

Visible：索引是否可见。MySQL 8 支持隐藏索引，如果为"NO"，表示该索引被隐藏（不起作用），此功能多用于测试对比多个索引的性能，而正式使用的那个索引必须设为可见（"YES"）。

Expression：索引表达式。

3. 删除索引

当不再需要一个索引时，可以删除它，删除索引有两种方法：通过修改表来删除和直接删除。

（1）通过修改表删除索引。

```
ALTER TABLE 表名
    DROP INDEX | KEY 索引名
```

其中，DROP 子句可以删除各种类型的索引。

（2）直接删除索引。

```
DROP INDEX 索引名 ON 表名
```

注意：如果从表中删除的列为索引的组成部分，则该列也会从索引中删除。如果组成索引的所有列都被删除，则整个索引将被删除。

8.3.3 特殊数据类型索引

1. JSON 数据索引

MySQL 尚不支持对 JSON 数据直接创建索引，但可以在定义表的时候把 JSON 对象中经常要检索的数据项单独提取出来，产生一个常规数据类型的列，然后在该列上创建索引。

【例 8.65】 在 user 表的副本 user_json_spa 表上创建 JSON 数据索引。

（1）创建 user 表的副本 user_json_spa 表，用 JSON 列部分内容生成"位置地址"列，对"位置地址"列创建索引。

```
USE emarket;
CREATE TABLE user_json_spa AS (SELECT * FROM user);
ALTER TABLE user_json_spa
    ADD 位置地址 char(16)
        GENERATED ALWAYS AS (常用地址->>'$."地址"."位置"'),
    ADD INDEX idx_jcol(位置地址);
```

（2）在 user_json_spa 表中按索引列"位置地址"检索包含"仙林"的用户。

```
SELECT 姓名,常用地址->>'$."地址"."位置"' AS 位置地址
    FROM user_json_spa
    WHERE 位置地址 LIKE '仙林%';
```

查询结果如图 8.75 所示。

2. 空间数据索引

创建空间数据类型列的索引与创建常规类型列索引一样，不同的只是须显式声明索引类型为 SPATIAL（空间索引）。

姓名	位置地址
易斯	仙林大学城文苑路1号

图 8.75 查询结果

```
CREATE TABLE 表名 (列名 空间类型 NOT NULL, SPATIAL INDEX 索引名(列名));
ALTER TABLE 表名 ADD SPATIAL INDEX 索引名(列名);
CREATE SPATIAL INDEX 索引名 ON 表名 (列名);
```

说明：要创建空间索引的列必须被声明为非空（NOT NULL），否则无法创建索引。

【例 8.66】 在 user 表的副本 user_json_spa 表中的"投递位置"列上创建索引。

在 user 表的副本 user_json_spa 表中的"投递位置"（空间 point 类型）列上增加 NOT NULL 属性，

然后在该列上创建索引。

```
ALTER TABLE user_json_spa
    MODIFY 投递位置 point NOT NULL;
CREATE SPATIAL INDEX idx_point ON user_json_spa (投递位置);
```

8.3.4　索引与分区查询

前面已经系统介绍过分区，分区的一个重要作用就是将表中的数据按应用需求划分为多个不同的部分存储，这样就可根据条件把查询记录尽可能限定在某个（些）分区内，以提高查询效率。而索引的主要目的也是提高查询效率。如果将索引和分区这两种机制结合起来，就能产生更好的效果。

分区表已经将数据分为多个部分，在分区表上查询可以将范围限制在某个分区内，对于数据量十分庞大的表，这么做可以极大地缩小查询范围，提高效率。如果在分区的基础上进一步建立索引，则可以进一步缩小查找范围，两者配合使用效果极佳。

【例 8.67】 查找 commodity 表的副本 commodity_part 表中的梨类记录。

为了测试效果，先取消 commodity_part 表的"商品编号"列主键：

```
USE emarket;
ALTER TABLE commodity_part DROP PRIMARY KEY;
```

1. 仅使用分区查询

按照商品大类对 commodity_part 表进行粗略的范围分区：

```
ALTER TABLE commodity_part
    PARTITION BY RANGE COLUMNS (商品编号)
    (
        PARTITION 水果 VALUES LESS THAN ('2'),
        PARTITION 肉禽 VALUES LESS THAN ('3'),
        PARTITION 海鲜水产 VALUES LESS THAN ('4'),
        PARTITION 粮油蛋 VALUES LESS THAN MAXVALUE
    );
SELECT * FROM commodity_part PARTITION(水果);
```

检索表中梨类（编号以'1B'打头）商品的记录：

```
SELECT * FROM commodity_part WHERE 商品编号 LIKE '1B%';
```

对"水果"分区的所有记录进行查询，查询结果如图 8.76 所示。

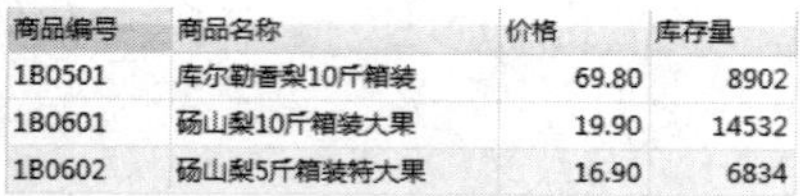

商品编号	商品名称	价格	库存量
1B0501	库尔勒香梨10斤箱装	69.80	8902
1B0601	砀山梨10斤箱装大果	19.90	14532
1B0602	砀山梨5斤箱装特大果	16.90	6834

图 8.76　查询结果

2. 分区加索引查询

虽然分区限定了查找范围，但是对于同一个分区内的记录，MySQL 依然需要逐条扫描，要想进一步提高查询效率，就要加索引进行优化，由于按"商品编号"检索，故在该列上创建一个索引，执行以下语句：

```
CREATE INDEX idx_cid
    ON commodity_part (商品编号);
```

然后执行查询：

```
SELECT * FROM commodity_part WHERE 商品编号 LIKE '1B%';
```

系统不需要对"水果"分区的所有记录进行查询，而是对"水果"分区按照索引查询。

8.3.5 索引建立原则

1. 索引项的选择

对于用户表（user），由于身份证号、手机号不可能重复，因此选择它们作为唯一性索引非常好；而姓名重复度较低，选择它作为普通索引也可以；职业、关注、有效期等重复度非常高，因此不能将它们单独作为索引。

能够作为索引，并不意味着非要建立索引。例如，用手机号查询的机会较少，就不需要用它来建立索引，因为建立索引后，除了需要额外占用存储资源，系统还需要根据表记录内容的变化更新索引文件内容，会降低系统运行效率。

另外，虽然常用地址、投送位置区分度很好，但这些数据类型列不适合或不支持建立索引。如果这些列的数据需要频繁查询，那么可以创建对应的可创建索引的生成列，将它们转换到生成列中，对生成列创建索引，这样就可对生成列进行查询了。

2. 联合索引

如果多列（大多为两列）结合在一起才能保证唯一性，那么就需要创建联合索引。创建联合索引需要注意以下几点。

（1）主要查询的列需要排在前面。以商品订单项表（orderitems）为例，索引关键字为订单编号及商品编号，人们更关注订单编号，因为需要将订单编号与订单表（orders）关联，计算支付金额，根据订单编号确定订单中的商品、退订商品等。而按商品编号查询只在对商品进行查询、统计时才会用到。

（2）选择性好的列应该排在前面。例如，对于用户表（user），需要对姓名、职业、性别创建联合索引，因为不但按照姓名查询比较频繁，而且姓名比其他两列区分度要高，所以姓名应放在第一列，性别虽然比职业查询得更多，但区分度不如职业，所以职业应放在第二列。

（3）联合索引可以为单列、复列查询。例如，如果按姓名、职业、性别创建了索引，那么以下WHERE 查询条件都可使用该索引：

```
WHERE 姓名=?
WHERE 姓名=? AND 职业=?
WHERE 姓名=? AND 性别=?
WHERE 姓名=? AND 职业=? AND 性别=?
```

（4）合理创建联合索引，避免冗余。

对于 a、b、c 列集合(a)、(a, b)、(a, b, c)，只要创建了(a, b, c)索引，按照(a)和(a, b)创建的索引就是冗余的，因为后者已经包含在(a, b, c)索引中。例如，如果按(姓名,职业,性别)创建了索引，就不需要再按(姓名)或者(姓名,职业)创建索引了。

3. 索引失效的情况

下列情况下，MySQL 不会使用已有的索引。

（1）索引列进行数据运算或者函数运算。

例如：

WHERE SUBSTR(身份证号,7,4)> '1980'，即使按"身份证号"创建了索引，对"身份证号"进行函数运算的条件也不能使用该索引。

WHERE YEAR(有效期)<2021，即使"有效期"包含在某索引中，该查询也不能使用该索引。

有时，为了达到同样的目的，可以对查询条件进行变换，这样就可以使用索引查询，提高查询效率。

例如：

将 WHERE id+x=y 变换为 WHERE id=y-x，就可使用 id 列上的索引。

将 WHERE YEAR(date1)<2021 变换为 WHERE date1<'2021-01-01'，就可使用 date1 列上的索引。

（2）LIKE 以%开始时不能使用索引。

例如：

WHERE 商品名称 LIKE '%苹果%'，即使按"商品名称"建立了索引，该查询也不能使用索引，而 WHERE 商品编号 LIKE '1A%'则可以使用包含"商品编号"列的索引。

（3）WHERE 条件使用 NOT、<>、!=、IN 和 NOT IN 运算符时，无法使用索引。

例如：

WHERE 商品编号 <> '1A0101'，无法使用"商品编号"列索引。

（4）使用 OR 分割的条件，如果 OR 前的条件中的列有索引，后面的列没有索引，那么涉及的索引都不能使用。

（5）WHERE 后面条件为字符串的一定要加引号，如果为数字，MySQL 会自动将其转换为字符串，但是不能使用索引。

4. 建立索引的原则

（1）可以快速地通过唯一性索引来确定某条记录。尽量选择区分度高的列作为普通索引。

（2）为经常需要进行排序、分组和联合操作的列建立索引。

（3）为常作为查询条件的列建立索引。

（4）限制索引的数目，索引越多，更新表的效率越低。

（5）如果索引的值很长，那么查询速度会受到影响。如果查询内容为列前部，应尽量使用前缀来建立索引。

（6）没有必要则不建立索引，删除不再使用或很少使用的索引。

（7）若列需要计算或者经函数处理后才能查询，则该列不能加入索引。

（8）尽量扩展已有的索引，非必要时不要新建索引。

第 9 章 过程式对象程序设计

在 MySQL 8 中，有一些过程式对象，包括存储过程、存储函数、触发器和事件，它们都包含过程体代码，作为一个相对独立的单元来执行某个特定的功能。

例如，一个存储过程的代码结构如下：

```
CREATE PROCEDURE 过程名()
BEGIN
    过程体
END ;
```

说明：

（1）过程体：具体内容就是 SQL 语句，可以包含一条或多条普通的 SQL 语句，也可以是复合语句，将一条或多条语句通过流程控制语句组织起来，就构成了 MySQL 程序。

（2）要执行这段 MySQL 程序，必须调用 CALL 语句：

```
CALL 过程名();
```

本章将系统地介绍各种 MySQL 过程式对象的程序设计方法及应用。

9.1 过程体

在 MySQL 8 过程式对象的过程体中可以使用任何 SQL 语句类型，包括所有的 DLL、DCL 和 DML 语句，以及变量的定义和赋值。

9.1.1 局部变量定义

在过程体中可以使用 DECLARE 语句声明局部变量，用来存储临时结果。它仅允许出现在 BEGIN…END 语句内部，且必须在所有其他语句之前。

DECLARE 变量名, … 类型 [DEFAULT 值]

说明：

（1）变量名不区分大小写，允许的字符和引用规则与其他标识符相同。可由 DEFAULT 子句提供变量初始默认值，否则初始值为 NULL。值可以指定为表达式，不一定是常数。

（2）不同类型的局部变量，必须用不同的 DECLARE 语句分别声明。

（3）局部变量的作用范围是其所在的 BEGIN…END 块，也可以在声明块内嵌套的块中引用该变量，但那些声明了同名变量的块除外。

（4）@@打头的是系统变量，其作用范围为服务器的所有会话。用户变量名前需要加@，用户变量作用范围为用户的整个会话，过程体可以使用用户变量。

（5）局部变量可以通过 SET 语句赋值和 SELECT 语句显示。

```
SET 变量名 = 值, …
SELECT 变量名, …
```

【例9.1】 在一个存储过程 proc_circle 中声明局部变量，分别计算并显示圆的周长和面积。
（1）定义存储过程。

```
USE mydb;
DROP PROCEDURE IF EXISTS proc_circle;
CREATE PROCEDURE proc_circle()
BEGIN
    DECLARE len, area float(6.2) DEFAULT 0.00;
    SET len = 2*PI()*@r;                                         #（a）
    SET area = PI()*@r*@r;
    SELECT @r AS '半径', FORMAT(len,2) AS '周长', FORMAT(area,2) AS '面积';
                                                                 #（b）
END ;
```

说明：

（a）@r 是用户定义变量，用于存放圆的半径并代入存储过程中，但在存储过程中定义的局部变量 len 和 area 则不能用于 proc_circle 存储过程之外。

（b）PI()=3.14159…，FORMAT(len,2)和FORMAT(area,2)表示显示两位小数。

存储过程创建完成后，在 Navicat 的树状视图对应数据库的"函数"节点下就出现了"proc_circle"项，如图9.1所示。

（2）执行存储过程，结果如图9.2所示。

```
SET @r = 6;
CALL proc_circle();
```

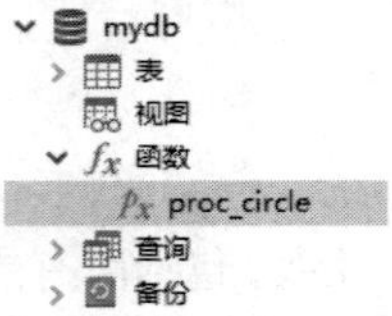

图9.1 创建的存储过程　　　　图9.2 执行存储过程的结果

9.1.2 条件分支

在 MySQL 8 过程式对象的过程体中，通过流程控制语句来控制程序的执行走向，如 IF、CASE、LOOP、WHILE 等。这样通过 MySQL 编程操作数据库就像使用高级语言一样方便。

1. 根据条件控制：IF 语句

根据不同的条件执行不同的操作：

```
IF 条件1 THEN
    语句序列1
[ELSEIF 条件2 THEN
    语句序列2]
…
[ELSE
    语句序列0]
END IF
```

说明：

（1）当某条件成立时，执行对应 THEN 后的语句序列，如果没有匹配的条件，则执行 ELSE 后的语句序列 0。每个语句序列中又可以包含一条或多条 SQL 语句。

（2）IF 语句可以嵌套。

【例 9.2】 根据分数判断对应等级。

```
DROP PROCEDURE IF EXISTS proc_grade;
CREATE PROCEDURE proc_grade ()
BEGIN
    DECLARE cscore varchar(3);
    IF @nscore >= 90 THEN
        SET cscore = '优秀';
    ELSEIF @nscore >= 80 THEN
        SET cscore = '良好';
    ELSEIF @nscore >= 70 THEN
        SET cscore = '中等';
    ELSEIF @nscore >= 60 THEN
        SET cscore = '及格';
    ELSE
        SET cscore = '不及格';
    END IF;
    SELECT @nscore, cscore;
END ;

SET @nscore = 85;
CALL proc_grade();
```

运行结果如图 9.3 所示。

2. 根据表达式值或者条件控制：CASE 语句

SELECT 语句选择输出项用到了 CASE 函数，这里介绍 CASE 语句，前者根据表达式值控制返回不同的表达式进行计算，后者根据表达式值控制执行不同的语句序列。CASE 语句有两种格式。

@nscore	cscore
85	良好

图 9.3 运行结果

格式一：
```
CASE 表达式
    WHEN 值1 THEN 语句序列1
    [WHEN 值2 THEN 语句序列2]
    ...
    [ELSE 语句序列0]
END CASE
```

格式二：
```
CASE
    WHEN 条件1 THEN 语句序列1
    [WHEN 条件2 THEN 语句序列2]
    ...
    [ELSE 语句序列0]
END CASE
```

说明：

（1）一条 CASE 语句等效于一条多分支的 IF 语句，在判断条件很多时前者比后者在结构上更加清晰。

（2）在第一种格式中，根据表达式的值匹配一系列的 WHEN…THEN 块，匹配成功时，就执行对应 THEN 后的语句序列。如果没有匹配的块，则执行 ELSE 块指定的语句序列 0。

（3）在第二种格式中，CASE 关键字后面没有参数，程序流程直接依次进入各个 WHEN…THEN

块，一旦 WHEN 后的条件成立，就执行 THEN 后面的语句序列。与第一种格式相比，这种格式能够实现更为复杂的条件判断，使用起来更为灵活。

（4）CASE 语句之间、CASE 语句和 IF 语句之间可以嵌套。

【例 9.2 续】 采用 CASE 语句根据分数判断对应等级。

```
DROP PROCEDURE IF EXISTS proc_grade;
CREATE PROCEDURE proc_grade ()
BEGIN
    DECLARE cscore varchar(3);
    CASE FLOOR(@nscore/10)
        WHEN 10 THEN
            SET cscore = '优秀';
        WHEN 9 THEN
            SET cscore = '优秀';
        WHEN 8 THEN
            SET cscore = '良好';
        WHEN 7 THEN
            SET cscore = '中等';
        WHEN 6 THEN
            SET cscore = '及格';
        ELSE
            SET cscore = '不及格';
    END CASE;
    SELECT @nscore, cscore;
END ;

SET @nscore = 85;
CALL proc_grade();
```

运行结果如图 9.3 所示。

若采用第二种格式，则将程序修改如下：

```
BEGIN
    DECLARE cscore varchar(3);
    DECLARE n int(2);
    SET n = FLOOR(@nscore/10);
    CASE
        WHEN n = 10 THEN
            SET cscore = '优秀';
        …
    END CASE;
    SELECT @nscore, cscore;
END ;
```

9.1.3　循环执行

1. 先判断条件再执行语句序列：WHILE 语句

```
WHILE 条件 DO
    语句序列
END WHILE
```

说明：只要条件为真，就执行语句序列中的语句，直到条件为假时结束循环。

【例 9.3】 采用 WHILE 语句计算 1+2+3+…+n。

```
DROP PROCEDURE IF EXISTS proc_nsum;
CREATE PROCEDURE proc_nsum()
BEGIN
    DECLARE n, s int DEFAULT 0;
    WHILE n <= @n DO
        SET s = s + n;
        SET n = n + 1;
    END WHILE;
    SELECT '1+2+3+…+',@n,'=',s;
END ;

SET @n = 50;
CALL proc_nsum();
```

其中，n 是局部变量，@n 是用户定义变量。运行结果如图 9.4 所示。

2. 先执行语句序列再判断条件：REPEAT 语句

```
REPEAT
    语句序列
UNTIL 条件 END REPEAT
```

1+2+3+…+	@n	=	s
1+2+3+…+	50	=	1275

图 9.4　运行结果

说明：先执行语句序列中的语句，然后判断条件，如果条件为真则停止循环，为假则继续循环。

【例 9.3 续】 采用 REPEAT 语句计算 1+2+3+…+n。

将本例的 BEGIN…END 替换为：

```
BEGIN
    DECLARE n, s int DEFAULT 0;
    REPEAT
        SET n = n + 1;
        SET s = s + n;
    UNTIL n >= @n END REPEAT;
    SELECT '1+2+3+…+',@n,'=',s;
END ;
```

运行结果如图 9.4 所示。

3. 通过语句体控制循环结束：LOOP 和 LEAVE 语句

```
[标签:] LOOP
    语句序列
    LEAVE 标签
    …
END LOOP [标签]
```

说明：语句序列是需要重复执行的语句。执行到"LEAVE 标签"语句时终止循环，跳转到"END LOOP [标签]"语句的下一条语句。

【例 9.3 续】 采用 LOOP 语句计算 1+2+3+…+n。

将本例的 BEGIN…END 替换为：

```
BEGIN
    DECLARE n,s int DEFAULT 0;
    SET n = 0;
    mylabel: LOOP
        SET s = s + n;
        IF n >= @n THEN
            LEAVE mylabel;
```

```
            END IF;
            SET n = n + 1;
        END LOOP mylabel;
        SELECT '1+2+3+…+',@n,'=',s;
    END ;
```

运行结果如图 9.4 所示。

4. 跳转到循环开始：LOOP 和 ITERATE 语句

在 WHILE、REPEAT 或 LOOP 循环体内执行到 ITERATE 语句时，就跳转到循环开始处继续执行。

ITERATE 标签

说明：ITERATE 语句与 LEAVE 语句的区别在于，LEAVE 语句是离开一个循环，而 ITERATE 语句是重新开始一个循环。

【例9.3续】 采用 ITERATE 语句计算 1+2+3+…+n。

将本例的 BEGIN…END 替换为：

```
BEGIN
    DECLARE n,s int DEFAULT 0;
    SET n = 0;
    mylabel: LOOP
        SET s = s + n;
        SET n = n + 1;
        IF n <= @n THEN
            ITERATE mylabel;
        END IF;
        LEAVE mylabel;
    END LOOP mylabel;
    SELECT '1+2+3+…+',@n,'=',s;
END ;
```

运行结果如图 9.4 所示。

9.2 出错处理及实例

在 MySQL 程序中处理 SQL 语句可能会出错。例如，通过 INSERT 语句向一个表中插入新的行，但主键值已经存在，那么这条 INSERT 语句会导致出错，并且系统会停止对程序的处理。

9.2.1 根据错误自动处理

每个错误信息都有一个唯一的错误代码和一个 SQLSTATE 代码。例如，SQLSTATE 23000 属于如下错误代码：

```
Error 1022, "Can't write; duplicate key in table"
Error 1048, "Column cannot be null"
Error 1052, "Column is ambiguous"
Error 1062, "Duplicate entry for key"
```

MySQL 手册的"错误信息和代码"中列出了所有可能的错误信息及相应的代码。

错误处理定义包含条件名称定义和条件处理定义。

（1）条件名称定义。

```
DECLARE 条件名称 CONDITION FOR 条件值
```

其中：

条件值：ERROR = MySQL 错误代码
　　　　| SQLSTATE [VALUE] sql 状态值

条件名称定义不是必要的。

(2) 条件处理定义。

```
DECLARE 处理动作 HANDLER
    FOR 条件值，…
    处理语句过程体
```

处理动作：

```
CONTINUE | EXIT | UNDO
```

CONTINUE 不中断程序的处理；EXIT 可终止当前 BEGIN…END 语句的执行；UNDO 可以撤销之前的操作，但 MySQL 暂不支持撤销操作。

条件值：

```
错误代码
| SQLSTATE [VALUE] sql 状态值
| 条件名称
| SQLWARNING
| NOT FOUND
| SQLEXCEPTION
```

说明：

(1) 错误代码：MySQL 错误代码，一般为 4 位数字，例如，1146 表示数据库表不存在。

(2) sql 状态值：包含 5 个字符的字符串错误值，例如，'42S02'表示数据库表不存在。

(3) 条件名称：如果此前定义了条件名称，那么这里就可以引用。定义的条件值就是条件名称定义内容。

(4) SQLWARNING：所有以 01 开头的 SQLSTATE 代码值。

(5) NOT FOUND：所有以 02 开头的 SQLSTATE 代码值。

(6) SQLEXCEPTION：所有没有被 SQLWARNING 或 NOT FOUND 捕获的 SQLSTATE 代码值。

如果用户不想为每个可能的错误信息都定义一个处理程序，那么可以使用 SQLWARNING、NOT FOUND 和 SQLEXCEPTION 这三种值。

可以为不同的错误同时定义不同的处理程序。

下面通过实例介绍错误处理应用。

【例 9.4】 数据库中不存在表（这里以 mydb 数据库 mytab2 表为例）的错误处理程序测试。

(1) 在 MySQL 命令行窗口中操作，系统显示错误信息，如图 9.5 所示。

```
mysql> USE mydb;
Database changed
mysql> DESC mytab2;
ERROR 1146 (42S02): Table 'mydb.mytab2' doesn't exist
mysql>
```

图 9.5　系统显示错误信息

(2) 在 Navicat 中创建存储过程执行查询操作，不加控制时显示错误信息，如图 9.6 所示。

```
USE mydb;
DROP PROCEDURE IF EXISTS proc_test;
CREATE PROCEDURE PROC_test()
BEGIN
    DESC mytab2;
END ;
```

```
SET @ERR = 0;
CALL proc_test();
SELECT @ERR AS 'CALL后';
```

（3）在存储过程中控制该错误信息，用一条语句对其进行处理，结果如图9.7所示。

```
USE mydb;
DROP PROCEDURE IF EXISTS proc_test;
CREATE PROCEDURE PROC_test()
BEGIN
    DECLARE CONTINUE HANDLER FOR 1146
        SET @ERR = 1;
    DESC mytab2;
END ;

SET @ERR = 0;
CALL proc_test();
SELECT @ERR AS 'CALL后';
```

```
CALL proc_test()
> 1146 - Table 'mydb.mytab2' doesn't exist
> 时间: 0.001s
```

CALL后
1

图9.6　不加控制时显示错误信息　　　　图9.7　用一条语句对错误进行处理的结果

（4）在存储过程中控制该错误信息，使用多条语句进行处理，结果如图9.8所示。

```
USE mydb;
DROP PROCEDURE IF EXISTS proc_test;
CREATE PROCEDURE PROC_test()
BEGIN
    DECLARE CONTINUE HANDLER FOR SQLSTATE '42S02'
    BEGIN
        SET @ERR = 1;
        SELECT '文件不存在！' AS 出错信息;             #（a）
    END ;
    SET @ERR = 2;
    DESC mytab2;
    SELECT @ERR AS 'DESC后';                        #（b）
    SET @ERR = 3;
END ;

SET @ERR = 0;
CALL proc_test();
SELECT @ERR AS 'CALL后';                            #（c）
```

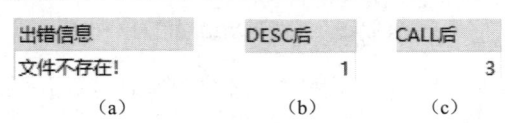

出错信息	DESC后	CALL后
文件不存在！	1	3
(a)	(b)	(c)

图9.8　用多条语句对错误进行处理的结果

（5）修改第4步代码中的语句，将 CONTINUE 改成 EXIT：

```
DECLARE EXIT HANDLER FOR SQLSTATE '42S02'
```

结果如图9.9所示。

出错信息	CALL后
文件不存在!	1
(a)	(c)

图 9.9 将 CONTINUE 改成 EXIT 后的运行结果

可见，其中的（b）语句没有执行。

（6）包含定义条件名称，修改成下列语句，显示结果完全相同。

```
DECLARE not_exist_table CONDITION FOR SQLSTATE '42S02';
DECLARE EXIT HANDLER FOR not_exist_table
```

【例 9.5】 向 commodity 表的副本 commodity_temp 表中插入一行重复记录：
('1A0101', '洛川红富士 5 斤箱装', 22.40, 9000)

已知商品编号'1A0101'在表中已存在。如果出现错误，则进行错误处理后继续执行程序。

```
USE emarket;
DROP TABLE IF EXISTS commodity_temp;
CREATE TABLE commodity_temp AS
    ( SELECT 商品编号,商品名称,价格,库存量 FROM commodity);
DROP PROCEDURE IF EXISTS proc_test;
CREATE PROCEDURE proc_test()
BEGIN
    DECLARE tag int(1);
    DECLARE CONTINUE HANDLER FOR sqlstate '23000'
        SELECT '插入的记录主键项重复' AS 提示信息;
    INSERT INTO commodity_temp
        VALUES('1A0101', '洛川红富士 5 斤箱装', 22.40, 9000);
END ;

CALL proc_test();
```

说明：

（1）因为 commodity_temp 表中没有复制 commodity 表的键（包括主键），所以即使已经存在商品编号为'1A0101'的记录，仍可插入重复记录。

（2）先删除表中重复记录，然后在 CREATE PROCEDURE 语句前添加"商品编号"作为主键的语句：

```
ALTER TABLE commodity_temp
    ADD PRIMARY KEY(商品编号);
```

（3）重新执行：

```
CALL proc_test();
```

显示结果如图 9.10 所示。

提示信息
插入的记录主键项重复

图 9.10 显示结果

9.2.2 根据情况抛出信号

前面错误处理中的 SELECT 语句是在服务器端显示信息，在实际应用中有时需要根据情况主动向 MySQL 系统提供信号，以便服务器向处理程序、客户端提供当前数据库操作情况信息。SIGNAL 语句与 RESIGNAL 语句可以通过自定义伪装系统的错误信息及代码，刷新当前警告缓冲区域。

1．SIGNAL 语句

SIGNAL 语句可以返回错误信息，还可以控制错误的特征（错误代码、SQLSTATE 值、消息）。如果没有 SIGNAL 语句，则必须采用故意引用不存在的表等方法来使例程返回错误信息。

```
SIGNAL 条件值:
    [SET 信息项, …]
```

条件值:
```
    ERROR = MySQL 错误代码
    | SQLSTATE [VALUE]  sql 状态值
```

信息项:
```
信息项名 = 值
```

信息项名:
```
CLASS_ORIGIN | SUBCLASS_ORIGIN | MESSAGE_TEXT | MYSQL_ERRNO
| CONSTRAINT_CATALOG | CONSTRAINT_SCHEMA | CONSTRAINT_NAME
| CATALOG_NAME | SCHEMA_NAME | TABLE_NAME | COLUMN_NAME | CURSOR_NAME
```

各信息项的含义可参考有关文档。

【例 9.6】 当前 mydb 数据库的 mytab 表中有 3 条记录，对其进行抛出信号测试。

```
USE mydb;
DROP PROCEDURE IF EXISTS proc_test;
CREATE PROCEDURE proc_test( )
BEGIN
DECLARE n int;
    DECLARE errmsg varchar(255) ;                            # (a)
    DECLARE mytj CONDITION FOR SQLSTATE 'EX001' ;            # (b)
    DECLARE EXIT HANDLER FOR SQLSTATE 'EX001'                # (c)
        BEGIN
            SIGNAL mytj SET MESSAGE_TEXT = errmsg ;
        END ;
    SELECT COUNT(*) FROM mytab INTO n;
    IF n>0 THEN
        SET errmsg = 'mytab 表不空' ;
        SIGNAL mytj SET MESSAGE_TEXT = errmsg ;              # (d)
    END IF ;
END ;

CALL proc_test();
```

显示结果如图 9.11 所示，SHOW WARNINGS 语句可以显示错误信息，包括 Level、Code 和 Message。

说明:

（a）定义扩展错误存放信息字符串。

（b）定义扩展错误条件名称。

（c）定义扩展错误处理语句。

（d）向客户端发送错误信息字符串信号。

```
CALL proc_test()
> 1644 - mytab表不空
> 时间: 0.005s
```

图 9.11 显示结果

2. RESIGNAL 语句

同样，RESIGNAL 也可以进行异常处理并返回错误信息。

```
RESIGNAL [条件值]
    [SET 信号项, …]
```

在使用 SIGNAL 语句时必须指定条件值，要先定义异常处理，可以在过程体中的任何位置使用 SIGNAL 语句，而 RESIGNAL 语句可以省略所有属性，甚至可以省略 SQLSTATE 值，但必须在错误或警告处理程序中使用 RESIGNAL 语句，否则将收到一条错误消息，指出 "RESIGNAL when handler is not active"。如果单独使用 RESIGNAL 语句，则所有属性与传递给条件处理程序的属性必须相同。

例如，当没有操作表时，向应用程序或者客户端输出提示信息。

```
DECLARE EXIT HANDLER FOR SQLSTATE '42S02'
    RESIGNAL SET MESSAGE_TEXT = '没有操作表！';
```

3. GET DIAGNOSTICS 语句

该语句用于获取错误缓冲区的内容，然后把这些内容输出到不同范围域的变量中，以便后续灵活处理。

```
GET [CURRENT | STACKED] DIAGNOSTICS
{
    语句信息项, …
    | CONDITION condition_number
    条件信息项, …
    [, condition_information_item] …
}
```

语句信息项：

变量 = NUMBER | ROW_COUNT

条件信息项：

变量 = 条件信息项名

条件信息项名用于捕获异常情况信息，当条件满足时，可以通过它接收条件项目信息，但不是对所有的信息项 MySQL 都会进行赋值，也会出现空值。条件信息项名与 SIGNAL 语句信息项名相同。

例如，进行以下 GET DIAGNOSTICS 语句测试。

```
USE mydb;
DELETE FROM mytab;
GET DIAGNOSTICS @m1 = NUMBER, @m2 = ROW_COUNT;
SELECT @m1,@m2;
```

显示结果如图 9.12 所示。

图 9.12　显示结果

9.3　事务管理

在 MySQL 环境中，事务由作为一个独立单元的一条或多条 SQL 语句组成。这个单元中的每条 SQL 语句是互相依赖的，而且单元作为一个整体是不可分割的。如果单元中有一条语句不能执行，整个单元就会回滚（撤销），所有受影响的数据将返回到事务开始以前的状态。只有事务中的所有语句都成功执行，这个事务才能成功执行。

例如，购买商品编号为'1A0101'的商品 6 件，如果商品表（commodity）中库存量满足，那么需要对表进行下列操作：

（1）商品表（commodity）中商品编号为'1A0101'的商品的库存量减 6。

（2）订单表（orders）中包含一个订单，如果不存在，则需要插入订单记录，填入用户账户名、订单号和这 6 件商品的支付金额；如果已经存在，则需要将这 6 件商品的金额累加到支付金额中。

（3）在订单项表（orderitems）中增加一条记录，填入订单编号、商品编号、订货数量等。

这些操作是不可分割的，假如进行第 1 步后系统出现问题，则无法进行第 2 和 3 步，系统中商品编号为'1A0101'的 6 件商品就不知去向了，数据库数据就不一致了。同样，用户退订商品时也需要同时完成多个操作。

类似的问题很多，通过 MySQL 的事务功能就可以解决这些问题。

事务归纳起来有如下 4 个重要特性（这 4 个特性简称 ACID）。

（1）原子性（Atomicity）。

如果一个事务由多条 SQL 语句组成，那么这些 SQL 语句必须同时成功执行才能使整个事务成功执行，否则系统会返回到该事务以前的状态。

例如，没有用户表账户记录、商品记录和订单记录就不可能创建订单项记录。

（2）一致性（Consistency）。

在整个事务的生命周期中，查询到的数据是一致的。MVCC 多版本并发控制利用 UNDO 保存某一时刻的数据快照，通过版本号来减少锁的争用，保证各个事务互不影响。

（3）隔离性（Isolation）。

隔离性是指每个事务处在自己的空间中，和其他事务相互隔离。当系统支持多个同时存在的用户和连接时，这一点尤为重要。

例如，多个用户同时购买相同的商品，需要保证同一时刻不能修改相同商品的记录列值（如库存量）。

（4）持久性（Durability）。

只要事务提交了，这个事务就不会因为系统崩溃而丢失。大多数 RDBMS 产品通过保存所有行为的日志来保证数据的持久性，这些行为是指在数据库中以任何方法更改数据，数据库日志记录了所有表的更新、查询等操作。

MySQL 通过保存记录事务过程中系统变化的二进制事务日志文件来实现持久性。如果系统崩溃，在系统重启时，通过使用最后的备份和日志就可以很容易地恢复丢失的数据。

9.3.1 事务处理

不是所有的 MySQL 存储引擎都支持事务，如 InnoDB 和 BDB 支持，而 MyISAM 和 MEMORY 就不支持，本章假设使用一个支持事务的存储引擎来创建表。

常见事务格式：

```
DECLARE EXIT HANDLER FOR SQLEXCEPTION ROLLBACK;
START TRANSACTION;
DML ( INSERT…; DELETE…; UPDATE …; )
COMMIT;
```

1. 关闭自动提交功能

在 MySQL 中，当一个会话开始时，系统变量 AUTOCOMMIT 值为 1，即自动提交功能是打开的，用户每执行一条 SQL 语句，该语句对数据库的修改就立即被保存到磁盘上。因此，必须关闭自动提交功能，才能由多条 SQL 语句组成事务，可使用如下语句：

```
SET @@AUTOCOMMIT = 0;
```

执行此语句后，必须明确地指示每个事务的终止，事务中的 SQL 语句对数据库所做的修改才能成为持久化修改。

【例 9.7】 使用自动提交功能。

（1）执行下列语句：

```
SET @@AUTOCOMMIT = 1;
INSERT INTO commodity_temp VALUES('3BA302', '澳洲鲍鱼', 248.00, 50);
```

（2）用 Navicat 打开 commodity_temp 表，看到增加了'3BA302'记录。

（3）执行下列语句：

```
DELETE FROM commodity_temp WHERE 商品编号 = '3BA302';
```

再在 Navicat 中查看 commodity_temp 表，看不到'3BA302'记录了。

注意：如果使用已经打开的表观察，需要刷新才能看到最新记录情况。

【例 9.7 续】 不使用自动提交功能。

执行下列语句：
```
SET @@AUTOCOMMIT = 0;
INSERT INTO commodity_temp VALUES('3BA302', '澳洲鲍鱼', 248.00, 50);
```

用 Navicat 打开 commodity_temp 表，依旧看不到'3BA302'记录，这是因为这个修改并没有被持久化，自动提交功能被关闭了。用户可以通过 ROLLBACK 语句撤销这一修改，或者使用 COMMIT 语句持久化这一修改。

注意：不要使用 SELECT 语句查询记录，它不能反映此时表保存记录的情况。

2. 开始事务

当一个应用程序的第一条 SQL 语句或者在 COMMIT 或 ROLLBACK 语句（后面介绍）后的第一条 SQL 语句执行后，一个新的事务就开始了。可以使用 START TRANSACTION 语句来显式地声明一个事务：

```
START TRANSACTION
    SQL 语句
```

也可以用 BEGIN WORK 语句替代 START TRANSACTION 语句，但 START TRANSACTION 语句更常用。

3. 结束事务

可以用 COMMIT 语句结束一个事务，它是提交语句，可以使自事务开始以来所执行的所有数据修改成为数据库的永久部分。

```
COMMIT [WORK] [AND [NO] CHAIN] [[NO] RELEASE]
```

说明：

（1）AND CHAIN 子句会在当前事务结束时立刻启动一个新事务，并且新事务与刚结束的事务有相同的隔离级别。

（2）RELEASE 子句会在终止当前事务后断开服务器与当前客户端的连接。

注意：MySQL 使用的是平面事务模型，因此不允许事务嵌套。在第一个事务中使用 START TRANSACTION 语句后，当第二个事务开始时，会自动提交第一个事务。

下面这些 SQL 语句执行时都会隐式地执行一个 COMMIT 操作：

```
DROP DATABASE / DROP TABLE
CREATE INDEX / DROP INDEX
ALTER TABLE / RENAME TABLE
LOCK TABLES / UNLOCK TABLES
SET AUTOCOMMIT = 1
```

【例 9.7 续】 事务提交演示。

```
SET @@AUTOCOMMIT = 0;
COMMIT;
```

此时，在 Navicat 中查看 commodity_temp 表，可以看到'3BA302'记录。

4. 撤销事务

ROLLBACK 语句是撤销语句，可以撤销事务所做的修改，并结束当前事务。

```
ROLLBACK [WORK] [AND [NO] CHAIN] [[NO] RELEASE]
```

例如，执行下列语句：

```
SET @@AUTOCOMMIT = 0;
DELETE FROM commodity_temp WHERE 商品编号 = '3BA302';
ROLLBACK WORK;
```

执行完 ROLLBACK 语句后，前面的删除动作将被撤销，打开 commodity_temp 表查看，会发现商品编号为'3BA302'的商品记录还在里面。

5. 回滚事务到保存点

除了撤销整个事务，用户还可以使用 ROLLBACK TO 语句使事务回滚到某个保存点。当然，首先需要在事务中使用 SAVEPOINT 语句来设置一个保存点：

```
SAVEPOINT 保存点名
```

ROLLBACK TO SAVEPOINT 语句会向已命名的保存点回滚一个事务。如果设置了保存点，当前事务对数据进行了更改，则这些更改会在回滚时被撤销，语法格式如下：

```
ROLLBACK [WORK] TO SAVEPOINT 保存点名
```

当事务回滚到某个保存点后，在该保存点之后设置的保存点将被删除。

RELEASE SAVEPOINT 语句会从当前事务的一组保存点中删除已命名的保存点而不出现提交或回滚。如果保存点不存在，则会出现错误：

```
RELEASE SAVEPOINT 保存点名
```

【例 9.7 续】 回滚事务到指定的保存点。

```
SET @@AUTOCOMMIT = 0;
START TRANSACTION;
UPDATE commodity_temp SET 库存量=库存量-1 WHERE 商品编号 = '3BA302';
SAVEPOINT p1;
UPDATE commodity_temp SET 库存量=库存量-2 WHERE 商品编号 = '3BA302';
SAVEPOINT p2;
DELETE FROM commodity_temp WHERE 商品编号 = '3BA302';
ROLLBACK TO SAVEPOINT p1;                                    #（a）
UPDATE commodity_temp SET 库存量=库存量-4 WHERE 商品编号 = '3BA302';
COMMIT WORK;                                                 #（b）
```

在 Navicat 中查看 commodity_temp 表，'3BA302'记录如图 9.13 所示。

| 3BA302 | 澳洲鲍鱼 | 248.00 | 45 |

图 9.13 '3BA302'记录

说明：

（a）ROLLBACK TO SAVEPOINT p1：回滚到 p1 点，使 p1 点到此处的语句不执行。

（b）确认回滚以外的所有修改有效。

9.3.2 事务隔离级

事务型 RDBMS 的一个最重要的属性就是它可以"隔离"服务器上正在处理的不同的会话。在单用户环境中，这个属性无关紧要，因为在任意时刻只有一个会话处于活动状态。但是，在多用户环境中，许多会话在同一给定时刻都是活动的，只有隔离事务才能使它们互不影响。否则，在同一个事务中不同查询的相同项可能会检索到不同的结果，因为在这期间，该项数据已经被其他事务修改。

1. 事务隔离级说明

只有支持事务的存储引擎才可以定义事务隔离级。定义事务隔离级可以使用下列语句：

```
SET [GLOBAL | SESSION] TRANSACTION ISOLATION LEVEL
    SERIALIZABLE                              //可序列化
  | REPEATABLE READ                           //可重复读
  | READ COMMITTED                            //提交读
  | READ UNCOMMITTED                          //未提交读
```

说明：如果指定 GLOBAL，那么定义的事务隔离级将适用于所有的 SQL 用户；如果指定 SESSION，则事务隔离级只适用于当前运行的会话和连接。

基于 ANSI/ISO SQL 规范，MySQL 提供了 4 种事务隔离级：可序列化、可重复读、提交读和未提交读。下面简单介绍这 4 种事务隔离级的含义。

1）可序列化（SERIALIZABLE）

对于同一数据来说，在同一时间段内，只有一个会话可以访问它，包括 SELECT 语句和 DML 语句，这样可以避免幻读问题。也就是说，对于同一（行）记录，"写"会加"写锁"，"读"会加"读锁"。当出现读写锁冲突的时候，后访问的事务必须等前一个事务执行完成，才能继续执行。

如果事务隔离级为可序列化，则用户之间顺序执行当前事务，这可以提供事务之间最大限度的隔离。

2）可重复读（REPEATABLE READ）

当前正在执行事务的变化仍然不能看到，也就是说，如果用户在同一个事务中执行同一条 SELECT 语句数次，则结果总是相同的。否则，虽然在事务提交确认前看不到表的修改，但 SELECT 语句仍可以查询到它的变化。

对于 SELECT 语句来说，通过 MVCC 来实现，可解决脏读问题、幻读问题；对于 DML 语句来说，通过范围锁可解决幻读问题。

3）提交读（READ COMMITTED）

不仅处于这一级的事务可以看到其他事务添加的新记录，而且其他事务对现存记录做出的修改一旦被提交，也可以看到。这意味着在事务处理期间，如果其他事务修改了相应的表，那么同一个事务的多条 SELECT 语句可能返回不同的结果（幻读）。

4）未提交读（READ UNCOMMITTED）

它提供了事务之间最小限度的隔离。除了容易产生幻读和不能重复的读操作，处于这个事务隔离级的事务可以读到其他事务还没有提交的数据（脏读），如果这个事务使用其他事务不提交的变化作为计算的基础，那么一旦那些未提交的变化被它们的父事务撤销，就会导致大量的数据变化。

2. 事务隔离级的查询和设置

MySQL 8 默认采用可重复读（REPEATABLE READ），其系统变量 TRANSACTION_ISOLATION 中存储了事务隔离级，可以使用 SELECT 语句获得当前事务隔离级：

```
SELECT @@TRANSACTION_ISOLATION AS 当前事务隔离级;
```

默认情况下，这个系统变量的值是基于每个会话设置的，但是可以通过向 SET 语句添加 GLOBAL 关键字来修改该值。

当用户从无保护的 READ UNCOMMITTED 转移到更安全的 SERIALIZABLE 时，RDBMS 的性能会受到影响。原因很简单：用户要求系统提供更强的数据完整性，它就需要做更多的工作，运行的速度也就更慢。因此，需要协调隔离需求和性能。

MySQL 8 默认的 REPEATABLE READ 适用于大多数应用程序，仅在应用程序有具体的要求时才需要改动。没有一个标准公式可以决定哪个事务隔离级适用于哪个应用程序，大多数情况下，这是个主观的决定，它基于应用程序的容错能力和应用程序开发者对于潜在数据错误的影响的判断。即使在同一个应用程序中，对于不同的事务，事务隔离级的选择也可以不同，例如，同一个程序中的不同事务基于执行的任务需要不同的事务隔离级。图 9.14 给出了事务隔离级和性能之间的关系曲线。

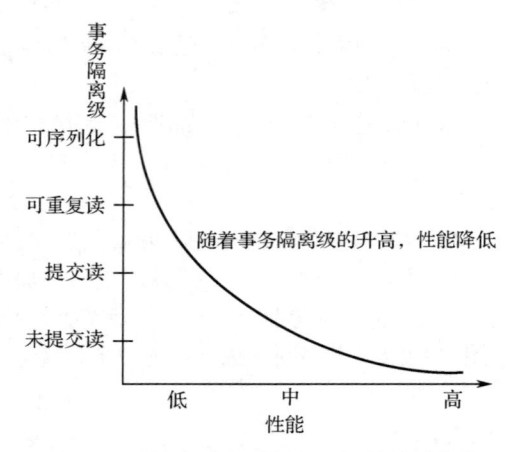

图 9.14 事务隔离级和性能之间的关系曲线

实际应用中，开发者要根据具体情况进行选择和权衡。

9.3.3 事务应用实例

【例 9.8】 购物过程：如果指定商品库存量满足购物数量要求，则从商品表（commodity）库存量中减去购物数量，在订单表（orders）中添加订单编号、账户名和订货数量记录，在订单项表（orderitems）中加入订单编号、订货数量、下单时间记录。

（1）创建一个存储过程 shopping。

```
SET @@sql_mode = '';
USE emarket;
DROP PROCEDURE IF EXISTS shopping;
SET @@AUTOCOMMIT = 0;
CREATE PROCEDURE shopping()
BEGIN
    DECLARE n int(4);                                      # (a.1)
    DECLARE price float(6.2);                              # (a.1)
    DECLARE transErr int DEFAULT 0;                        # (b.1)
    DECLARE CONTINUE HANDLER FOR SQLEXCEPTION SET transErr = 1;
                                                           # (b.2)
    START TRANSACTION;                                     # (b.3)
SELECT COUNT(*) FROM orders WHERE 订单编号 = @oid INTO n;
IF n = 1 THEN
        SELECT @oid,'订单编号已经存在' AS 操作信息;
ELSE
        SELECT COUNT(*),价格 FROM commodity
            WHERE 商品编号 = @cid AND 库存量 >= @num INTO n,price;
                                                           # (a.2)
    IF n = 1 THEN                                          # (a.3)
        UPDATE commodity SET 库存量 = 库存量 - @num         # (c.1)
            WHERE 商品编号 = @cid;# (c.1)
        INSERT INTO orders (订单编号,账户名,支付金额,下单时间)
            VALUES(@oid,@uid,@num*price,NOW());            # (c.2,a.4)
        INSERT INTO orderitems (订单编号,商品编号,订货数量)
            VALUES(@oid,@cid,@num);                        # (c.3)
```

```
            ELSE
                SELECT @cid,'商品编号不存在，或库存量不够！' AS 操作信息;
            END IF;                                                      # (a.3)
            IF transErr = 1 THEN                                         # (b.4)
                ROLLBACK;                                                # (b.4)
                SELECT @cid,'购物不成功！' AS 操作信息;
            ELSE                                                         # (b.5)
                COMMIT;                                                  # (b.5)
                SELECT @cid,'购物完成！' AS 操作信息;
            END IF;
        END IF;
    END ;                                                                # (d)

    SET @uid = 'easy-bbb.com';
    SET @oid = 101;
    SET @cid = '1A0201';
    SET @num = 5;
    CALL shopping();                                                     # (e)
    CALL shopping();                                                     # (f)
```

说明：

（a）局部变量及其应用：定义局部变量存储查询到的指定商品的记录数（n）和价格（price）（a.1）；查询指定商品的记录数和价格，保存到定义的局部变量 n 和 price 中；判断是否找到对应的记录（a.3）；获得的价格与数量相乘得到金额（a.4）。

（b）事务处理：定义 SQL 事务出错局部变量（transErr），初始值为 0（b.1）；定义 SQL 事务出错处理方法（继续运行），并且执行"SET transErr = 1"语句（b.2）；开始事务（b.3）；如果 SQL 事务出错，则回滚到事务前状态（b.4），否则事务提交确认（b.5）。

（c）购买商品：商品表库存量减购买数量（c.1），订单表（orders）增加记录（c.2），订单项表（orderitems）增加记录（c.3）。

（d）事务处理程序（SET @@AUTOCOMMIT = 0）不能包含"DELIMITER $$"，而结束需要采用"END ;"，否则无法运行。

（e）调用存储过程 shopping。操作结果如图 9.15 所示。

图 9.15 操作结果

打开 commodity、orders 和 orderitems 表，查看有关记录，如图 9.16 所示。

图 9.16 查看有关记录

（f）再次调用存储过程 shopping，101 号订单已经存在，操作结果如图 9.17 所示。

（2）上述过程并不完备，实际上一个订单中可能包含若干商品，订单编号（自增属性）可在订单记录生成时自动生成。

另外，需要设置 SET @@sql_mode = ''，否则用户定义变量不能在事务中应用。

图 9.17 操作结果

(3) 事务功能测试。

运行上述程序后,再人为制造事务无法正常完成的环境,例如:

如果 MySQL 不在本地计算机上,可以在上述(c.1)、(c.2)、(c.3)语句之间插入一个调用延时程序,主程序运行时,在延时程序作用时间内临时断开网络。或者重新运行,因为 orders 表中已经有订单编号为 101 的记录,所以在操作此表之前的修改 commodity 表库存量的操作也会恢复。

如果 MySQL 在本地计算机上,可以临时将 orderitems 表改名,SET @oid=102,虽然该订单编号可以操作,但三个表应该是没有变化的。

(4) 修改 SQL 语句,实现同样的功能。

```
DECLARE EXIT HANDLER FOR SQLEXCEPTION ROLLBACK;        # (b.2)
```

同时将(b.4)、(b.5)语句变成:

```
COMMIT;
```

9.4 游标

在实际应用中,很多对数据库表的操作不是通过 SELECT 语句的查询结果就能完成的,而是需要根据 SELECT 语句的查询结果中记录的情况进行不同处理。常规的 SELECT 语句返回的是多行数据,程序中处理它需要使用游标。MySQL 支持简单的游标,但只能在程序过程体(如存储过程、存储函数)中使用,不能单独在查询语句中使用。

1. 游标操作

使用游标须遵循如下 4 个基本步骤。

1)声明游标:DECLARE…CURSOR 语句

要使用游标,首先要声明它:

```
DECLARE 游标名 CURSOR
    FOR
    SELECT 语句
```

说明:

游标名:使用与表名同样的命名规则。一个存储过程可以声明多个游标,但是一个块中的游标必须具有唯一的名字。

SELECT 语句:返回的是一行或多行数据。在声明了游标后,就把它连接到一个由该 SELECT 语句返回的结果集中。注意,这里的 SELECT 语句不能有 INTO 子句。

例如,定义 orderitems 表上的游标 cur_gitem,按商品编号统计订单个数和汇总订货数量。

```
DECLARE cur_gitem CURSOR
    FOR
    SELECT 商品编号,COUNT(*) AS 订单个数,SUM(订货数量) AS 订货总量
        FROM orderitems
        GROUP BY 商品编号;
```

2)打开游标:OPEN 游标名

声明游标后,要使用游标提取数据,就必须打开游标。

在 MySQL 程序中,一个游标可以打开多次,由于其他用户或程序可能已经更新了表,所以每次打开查看的结果可能会不同。

3)读取游标:FETCH…INTO 语句

游标打开后,一次可以读取一行数据。

```
    FETCH 游标名 INTO 变量名，…
```

说明：FETCH…INTO 语句与前面介绍的 SELECT…INTO 语句有相似之处，这里的游标相当于一个指针，FETCH…INTO 语句将游标当前所指向的一行数据依次赋给后面跟的一系列变量，子句中变量的数目必须等于声明游标的 SELECT 语句中列的数目。

4）关闭游标：CLOSE 游标名

游标使用完以后要及时关闭。

2. 游标操作实例

【例 9.9】 根据订单编号查询购买的商品的编号。

```
USE emarket;
DROP PROCEDURE IF EXISTS proc_comm_CONCAT;
CREATE PROCEDURE proc_comm_CONCAT()
BEGIN
    DECLARE num int(3);
    DECLARE cid char(6) ;
    DECLARE myfound boolean DEFAULT true;      # (b.1)
    DECLARE cur_comms CURSOR                    # (a.1)声明游标
        FOR
        SELECT 商品编号,订货数量 FROM orderitems WHERE 订单编号 = @oid;
    DECLARE CONTINUE HANDLER FOR NOT FOUND      # (b.2)
        SET myfound = false;
    SET @cids = '';                             # (d.1)
    SET @js = 0;                                # (d.1)
    SET @snum = 0;                              # (d.1)
    OPEN cur_comms;                             # (a.2)打开游标
    mylabel: LOOP                               # (c.1)
        FETCH cur_comms INTO cid,num;           # (a.3,b.3,d.2)读取游标
        IF NOT myfound THEN                     # (b.4)
            LEAVE mylabel;                      # (c.2)
        ELSE
            SET @cids = CONCAT_WS(',',@cids, cid);
                                                # (d.3)
            SET @js = @js + 1;                  # (d.3)
            SET @snum = @snum + num;            # (d.3)
        END IF;
    END LOOP mylabel;                           # (c.3)
    CLOSE cur_comms;                            # (a.4)关闭游标
END ;

SET @oid = 7;
CALL proc_comm_CONCAT();
SELECT @oid AS 订单编号, @js AS 商品种类数, @snum AS 商品数量, @cids AS 商品编号;
```

运行结果如图 9.18 所示。

订单编号	商品种类数	商品数量	商品编号
7	3	13	,1B0501,2A1602,2B1702

图 9.18 运行结果

说明：

（a）游标操作。

（b）游标读取控制。定义逻辑局部变量 myfound，初值为真（true）（b.1）；定义游标读不到记录（NOT FOUND，FOUND 为系统定义）时，使 myfound = false（b.2）；FETCH 操作游标（b.3）；根据操作情况，如果 myfound 为 false，则退出循环（b.4）。

（c）循环控制。循环开始（c.1），循环结束（c.3），退出循环（c.2）。

（d）用户变量置初值（d.1），读取（d.2），商品编号连接、商品种类计数、商品数量累加（d.3）。

注意：在操作游标的过程中，不能操作定义游标使用的表（如 UPDATE orderitems 等），否则游标将无法继续读取。

9.5 存储过程

存储过程实质上就是存储在数据库中的一段代码，包括 SQL 语句、流程控制语句、游标等，它是数据库的重要对象。前面一直使用存储过程作为介绍过程体程序功能的平台，否则过程体中的代码无法运行和观察效果。

存储过程可以由应用程序、触发器、函数或者另一个存储过程调用，以执行其过程体中的代码段。

使用存储过程有以下优点：

（1）存储过程在服务器端运行，执行速度快。

（2）存储过程执行一次后就驻留在高速缓存中，以后从高速缓存中调用编译好的二进制代码执行即可，提高了系统性能。

（3）确保数据库安全。用户使用存储过程可以完成所有数据库操作，可根据用户情况控制对数据库信息的访问。

9.5.1 存储过程的基本操作

1. 创建存储过程

创建存储过程的语句：

```
CREATE PROCEDURE 存储过程名([ IN | OUT | INOUT 参数名 类型, …])
    [存储过程体]
```

说明：

（1）创建存储过程的用户必须具有 CREATE ROUTINE 权限。

（2）存储过程名：遵循标识符命名规范。系统默认在当前数据库中创建存储过程，如果需要在特定数据库中创建，则写为"数据库名.存储过程名"。

注意：存储过程名应当避免与 MySQL 内置函数名相同，否则会发生错误。

（3）参数名：支持三种类型的参数：输入参数、输出参数和输入/输出参数，对应的关键字分别是 IN、OUT 和 INOUT。输入参数使数据可以传递给存储过程；需要返回结果时，使用输出参数；输入/输出参数既可以充当输入参数，也可以充当输出参数。参数名后跟参数的类型，当有多个参数时中间以逗号隔开。一个存储过程可以有一个或一个以上参数，也可以不带参数，但是存储过程名后面的括号是不可省略的。

前面已经使用的存储过程均为无参数存储过程。

注意：参数名不能与列名相同，否则虽然不会返回出错消息，但是存储过程中的 SQL 语句会将参数名当作列名，从而引发不可预知的后果。

（4）存储过程体：这个部分通常以 BEGIN 开始，以 END 结束。当然，当存储过程体中只有一条 SQL 语句时可以省略 BEGIN…END 语句。

2. 查看存储过程

要想查看数据库中有哪些存储过程，除了可以在 Navicat 中指定的数据库的"函数"树状目录下显示，还可以通过下面的语句显示：

```
SHOW PROCEDURE STATUS;
```

3. 调用存储过程

存储过程创建好后，可以在应用程序、触发器或者其他存储过程中调用，调用语句如下：

```
CALL 存储过程名(参数,…)
```

即使没有参数，也不能去掉括号。

4. 修改存储过程

存储过程创建好后可以进行修改，修改存储过程包括修改其属性和修改其功能。

1）修改存储过程的属性

存储过程的属性在创建时就可以指定（前面省略了），修改存储过程属性的语句如下：

```
ALTER PROCEDURE 存储过程名
[
    COMMENT 'string'
    | LANGUAGE SQL
    | {CONTAINS SQL | NO SQL | READS SQL DATA | MODIFIES SQL DATA }
    | SQL SECURITY { DEFINER | INVOKER }
]
```

说明：

（1）COMMENT 'string'：对存储过程的描述，string 为描述内容。这个信息可以用 SHOW CREATE PROCEDURE 语句来显示。

（2）LANGUAGE SQL：表明编写这个存储过程的语言为 SQL，MySQL 存储过程目前还不能用外部编程语言来编写，将来会对其进行扩展，最有可能被支持的语言是 PHP。

（3）CONTAINS SQL：表示存储过程不包含读或写数据的语句。

（4）NO SQL：表示存储过程不包含 SQL 语句。

（5）READS SQL DATA：表示存储过程包含读数据的语句，但不包含写数据的语句。

（6）MODIFIES SQL DATA：表示存储过程包含写数据的语句。

（7）SQL SECURITY：后面会专门介绍。

实际应用中通常不需要用户刻意去修改存储过程本身的属性，读者只做一般了解即可，这里就不举例了。

2）修改存储过程的功能

目前 MySQL 仅支持先删除再重新定义存储过程的方式来修改其功能。

5. 删除存储过程

```
DROP PROCEDURE [IF EXISTS] 存储过程名
```

说明：

（1）IF EXISTS 子句是 MySQL 的扩展，如果要删除的存储过程不存在，用它可防止发生错误。

（2）在删除之前，必须确认该存储过程没有任何依赖关系，否则会导致其他与之关联的存储过程无法运行。

9.5.2 存储过程的应用

下面结合一些例子来学习存储过程的实际应用。

1. 带参数的存储过程

输入参数可以为常数和表达式，输出参数可以为用户定义变量。

【例 9.10】 使用存储过程计算圆的周长和面积。

```sql
USE mydb;
DROP PROCEDURE IF EXISTS proc_circle;
CREATE PROCEDURE proc_circle(IN r int(1), OUT len float, OUT area float)
BEGIN
    SET len = 2*PI()*r;
    SET area = PI()*r*r;
END ;

SET @r1 = 6;
CALL proc_circle(6, @len1, @area1);
SELECT @r1 AS '半径',FORMAT(@len1,2) AS '周长',FORMAT(@area1,2) AS '面积';
```

运行结果如图 9.19 所示。

半径	周长	面积
6	37.70	113.10

图 9.19 运行结果

2. 存储过程调用存储过程

【例 9.11】 生成符合条件订单的订单编号、商品种类数、商品数量和该订单所有商品编号。

（1）复制订单表（orders）中符合条件的记录，创建"订单商品表"（myorder_comms），在 myorder_comms 表中增加商品种类数、商品数量和订单商品编号列。商品种类数和商品数量由订单项表（orderitems）统计和汇总得到，查询获得的商品编号连在一起存放在订单商品编号列中。

```sql
USE emarket;
DROP PROCEDURE IF EXISTS  proc_myorder_comms;
CREATE  PROCEDURE proc_myorder_comms(IN uid char(16),IN cdate char(10))
BEGIN
    DROP TABLE IF EXISTS myorder_comms;
    CREATE TABLE myorder_comms AS( SELECT * FROM orders
        WHERE 账户名 LIKE uid AND 下单时间>=cdate);
    ALTER TABLE myorder_comms
        ADD 商品种类数 int(2),
        ADD 商品数量 int(3),
        ADD 订单商品编号 varchar(200);
END ;

CALL proc_myorder_comms('easy-bbb.com%','2019.01.01');
# CALL proc_myorder_comms('%','2019.01.01');
```

（2）创建存储过程 proc_orders，调用 proc_myorder_comms 生成 myorder_comms 表。

查询订单表（orders）所有订单编号记录作为游标，遍历游标记录。从游标读取订单编号，调用存储过程 proc_comm_CONCAT（参考前面的游标操作实例），把指定订单编号对应的所有商品编号连接起来，更新 myorder_comms 表订单编号对应"订单商品编号"列的内容。

```sql
USE emarket;
DROP PROCEDURE IF EXISTS proc_orders;
CREATE PROCEDURE proc_orders(IN uid char(16),IN cdate char(10))
```

```
                                                         # (b.1)
BEGIN
    DECLARE oid int;
    DECLARE myfound boolean DEFAULT true;
    DECLARE cur_orders CURSOR                            # (a)
        FOR
        SELECT 订单编号 FROM orders
            WHERE 账户名 LIKE uid AND 下单时间>=cdate;
    DECLARE CONTINUE HANDLER FOR NOT FOUND
        SET myfound = false;
    CALL proc_myorder_comms(uid,cdate);                  # (b.2) 生成 myorder_comms
    OPEN cur_orders;
    mylabel: LOOP
        FETCH cur_orders INTO oid;                       #读取订单编号到 oid
        IF NOT myfound THEN
            LEAVE mylabel;
        ELSE
            SET @oid = oid;
            # (b.3) 根据@oid 获取商品编号@cids、商品种类数@js 和商品数量@snum
            CALL proc_comm_CONCAT();                     # (b.3)
            UPDATE myorder_comms
                SET 订单商品编号 = @cids,商品种类数 = @js,商品数量 = @snum
                WHERE 订单编号 = oid;
                                                         #更新对应订单记录
        END IF;
    END LOOP mylabel;
    CLOSE cur_orders;
END ;

CALL proc_orders('sunrh-phei.net%','2019.01.01');        # (c.1)
SELECT * FROM myorder_comms;                             # (c.2)
CALL proc_orders('%','2019.01.01');                      # (d.1)
SELECT * FROM myorder_comms;                             # (d.2)
```

说明：

（a）为什么已经存在仅含"订单编号"项记录的 myorder_comms 表，而创建游标仍然采用 orders 表？因为在游标操作过程中需要更新 myorder_comms 表的订单商品编号列，会干扰游标，使其不能正常运行。

（b）共有三个存储过程：

（b.1）创建 proc_orders 存储过程。

（b.2）调用 proc_myorder_comms 存储过程，生成 myorder_comms 表；游标开始，顺序读取"订单编号"到 oid。

（b.3）调用 proc_comm_CONCAT 存储过程，根据"订单编号"查询所有商品编号，连接起来赋予@cids；更新 myorder_comms 表，@cids 赋予订单商品编号；游标结束。

（c）生成'sunrh-phei.net'账户在'2019.01.01'及以后下单的商品数据，运行结果如图 9.20 所示。

（d）生成所有账户在'2019.01.01'及以后下单的商品数据。

订单编号	账户名	支付金额	下单时间	商品种类数	商品数量	订单商品编号
2	sunrh-phei.net	495.00	2019-10-03	1	5	,2B1702
3	sunrh-phei.net	171.80	2019-12-18	2	2	,1GA101,4C2402
6	sunrh-phei.net	33.80	2020-03-10	1	2	,1B0602
7	sunrh-phei.net	1418.60	2020-06-03	3	13	,1B0501,2A1602,2B1702

图 9.20 运行结果

（3）在存储过程 proc_myorder_comms 中创建和修改 myorder_comms 表结构，在存储过程 proc_orders 中修改 myorder_comms 表记录，均没有使用事务，一旦出现问题，表记录就不能保持正确和完备。但这些操作并没有修改基本表（commodity、user、supplier、orders、orderitems 和 category），所以即使出现问题也不会太严重，因为用户看到数据不正确时可以重新执行一次。

9.5.3 存储对象访问控制

MySQL 安装后，root 用户就已经存在，并且具有操作 MySQL 数据库的所有权限。在实际应用中，需要由 root 用户创建各种角色和用户，然后分配给角色和用户各种权限，其中就包含操作指定存储过程的权限。这方面的内容后面会专门介绍。

考虑到存储过程权限控制，存储过程中还包含了指定用户对存储对象访问控制的选项。

```
CREATE PROCEDURE 存储过程名
    [DEFINER = 用户名]
    ([ IN | OUT | INOUT 参数名 类型, …])
    [SQL SECURITY { DEFINER | INVOKER }]
    [存储过程体]
```

说明：

（1）DEFINER = 用户名：指定一个 MySQL 账户。如果定义省略了 DEFINER 属性，则默认创建存储过程对象的用户。可以指定账户是已存在的账户，并且具有 SYSTEM_USER 特权，否则就创建存储过程的账户。指定一个不存在的账户，系统会显示错误。

（2）SQL SECURITY：指定该存储过程是使用创建该存储过程（DEFINER=用户名）属性时指定的用户的许可来执行，还是使用调用者（INVOKER）的许可来执行，默认是 DEFINER。

9.6 存储函数

存储函数也是过程式对象之一，与存储过程很相似，但它们也有一些区别：
（1）存储函数不能拥有输出参数，因为它本身就是输出参数。
（2）存储函数必须包含一条 RETURN 语句，且不允许包含于存储过程中。
（3）不能用 CALL 语句来调用存储函数，而应采用调用系统函数的方法调用它。

9.6.1 存储函数的基本操作

1. 创建存储函数

创建存储函数的语句如下：
```
CREATE FUNCTION 存储函数名([参数名 类型, …])
    RETURNS 类型
    [存储函数体]
```

说明：

（1）存储函数名：遵循标识符命名规范，不能与存储过程同名。
（2）参数名：存储函数的参数只有名称和类型，且只能是输入参数。
（3）RETURNS 子句：声明函数返回值的数据类型。
（4）存储函数体：与存储过程一样，包括 SQL 语句、流程控制语句、游标等。但是，存储函数体中必须包含一个 RETURN 子句，给出返回值。存储函数只能返回一个值。
（5）存储函数的用户选项内容与存储过程相同。

注意：只有将下面这个全局变量设为1，才能创建存储函数。

```
SET GLOBAL log_bin_trust_function_creators = 1;
```

2. 调用存储函数

存储函数创建后，就如同系统提供的内置函数一样可供调用，调用语句如下：

```
存储函数名([参数,…])
```

调用存储函数的方式与调用存储过程相比，更加灵活多样。存储过程只能采用 CALL 语句直接调用，而存储函数可以出现在各种语句中。

例如，对于存储函数 fu(x)，调用方式如下：

```
@y = fu(x);
IF fu(x) …;
WHILE fu(x) DO…;
SELECT fu(x),…;
SELECT … WHERE fu(x) …
UPDATE … SET 列名 = fu(x);
```

3. 查看存储函数

查看数据库中的存储函数使用如下语句：

```
SHOW FUNCTION STATUS
```

4. 删除存储函数

删除存储函数的语句如下：

```
DROP FUNCTION [IF EXISTS] 存储函数名
```

5. 修改存储函数

（1）修改存储函数的属性：

```
ALTER FUNCTION 存储函数名
[
    COMMENT 'string'
    | LANGUAGE SQL
    | {CONTAINS SQL | NO SQL | READS SQL DATA | MODIFIES SQL DATA }
    | SQL SECURITY { DEFINER | INVOKER }
]
```

其中，各语法元素的含义和作用与修改存储过程的完全一样，这里不再赘述。

（2）修改存储函数的功能，与修改存储过程的功能一样，只能采取先删除再重新定义的方式实现。

【例9.12】 创建计算阶乘的存储函数 factorial，计算 5！+8！。

```
SET GLOBAL log_bin_trust_function_creators = 1;
USE mydb;
DROP FUNCTION IF EXISTS factorial;
CREATE FUNCTION factorial(n int)
    RETURNS bigint
BEGIN
    DECLARE n1 int DEFAULT 1;
    DECLARE s bigint DEFAULT 1;
```

```
    SET n1 = 1;
    WHILE n1 <=  n DO
        SET s = s * n1;
        SET n1 = n1 + 1;
    END WHILE;
    RETURN s;
END ;

SET @n = 5;
SELECT factorial(@n)+ factorial(@n+3) AS '5!+8!=';
```

运行结果如图 9.21 所示。

5!+8!=
40440

图 9.21　运行结果

9.6.2　存储函数的应用

因为 MySQL 存储函数大多是围绕数据库操作而设计的，所以本节主要从这个方面举例。

1. 利用存储函数辅助数据库操作

在 emarket 数据库中，用户表（user）包含的内容较多，列数据类型丰富，借助存储函数，可以使 user 表操作更方便。

例如，身份证号列包含出生日期，可以通过身份证号查询用户出生日期和计算年龄，如果出生日期查询频繁，可以在 user 表中定义生成（虚拟）列“出生日期”：

```
身份证号      char(18)     NOT NULL,
出生日期      char(8)          AS  (SUBSTR(身份证号,7,8)),
```

注意，这里生成的出生日期列有 8 个字符，不采用日期字符串格式。

但是，生成列会显著降低 user 表的工作效率。另外，不确定的系统函数不能出现在生成列定义的表达式中，如 CURDATE 函数，它获取的是系统当前日期，每一天的值都不同，所以它是不确定的函数，而根据身份证号计算年龄却需要用到这个函数，由此可见，不是所有可以由其他列生成的内容表达式都可用于定义生成列。鉴于生成列应用的上述局限性，可以使用存储函数来达到同样的目的。

【例 9.13】 定义存储函数 sfz_age，从身份证号中得到年龄，需要时调用该函数。

```
USE emarket;
DROP FUNCTION IF EXISTS sfz_age;
CREATE FUNCTION sfz_age(sfz char(18))
    RETURNS int
BEGIN
    DECLARE age int;
    SET age = CAST(SUBSTR(sfz,7,4) AS unsigned);
    SET age = YEAR(CURDATE()) - age + 1;
    RETURN age;
END ;

SELECT 姓名,身份证号, sfz_age(身份证号) AS 年龄
    FROM user
    WHERE sfz_age(身份证号) > 50;
```

运行结果如图 9.22 所示。

姓名	身份证号	年龄
周俊邻	32040419700801062#	52
易斯	32010219601112321#	62

图 9.22　运行结果

2. 利用存储函数查询数据库

【例 9.14】 显示所有指定供货商销售总金额。

分析：orderitems 表为订单项表，商品编号从第 3 位开始的两个字符就是该商品供货商编号，将指定供货商编号的记录筛选出来，通过商品编号与 commodity 表连接，获得 commodity 表中对应的商品价格，将 orderitems 表中的订货数量与商品价格相乘，得到金额，然后将它们累加起来，最后将结果在局部变量中返回。

（1）定义存储函数 fsupplier(suid char(2))，计算指定供货商销售总金额，函数输入参数为供货商编号。

```
SET GLOBAL log_bin_trust_function_creators = 1;
USE emarket;
DROP FUNCTION IF EXISTS fsupplier;
CREATE FUNCTION fsupplier(suid char(2))
    RETURNS float(6,2)
BEGIN
    DECLARE sje float(6,2);
    SELECT SUM(订货数量*价格) AS 金额
        FROM orderitems LEFT JOIN commodity
            ON orderitems.商品编号 = commodity.商品编号
        WHERE SUBSTR(orderitems.商品编号,3,2) = suid
        INTO sje;
    RETURN sje;
END ;
```

说明：RETURNS float(6,2)和 RETURN sje 的数据类型要一致。而且，这里将计算的指定供货商销售总金额作为函数值返回非常合适。函数值为 NULL，表示没有显示金额。

（2）查询供货商表（supplier）所有记录，输出项调用计算指定供货商销售总金额的存储函数 fsupplier(供货商编号)，将供货商编号作为存储函数的输入参数。

```
SELECT 供货商编号, 供货商名称, fsupplier(供货商编号) AS 销售总额
    FROM supplier ;
```

查询结果如图 9.23 所示。

供货商编号	供货商名称	销售总额
01	陕西金苹果有限公司	(Null)
02	山东烟台香飘苹果公司	387.40
03	新疆阿克苏地区联合体	(Null)
05	新疆安利达果品旗舰店	209.40
06	安徽杨山王牌梨供应公司	33.80
16	安徽六安果品旗舰店	1180.00
17	武汉新农合作有限公司	594.00
22	大连参一品官方旗舰店	(Null)
24	青岛新品啤酒股份有限公司	112.00
A1	万通供应链（上海）有限公司	538.20
A3	大连海洋世界海鲜有限公司	(Null)

图 9.23 查询结果

说明：销售总额为空值表示没有商品销售。

3. 利用存储函数更新数据库

【例 9.15】 购物过程：如果指定商品库存量满足购物数量要求，则从商品表（commodity）库存量中减去购物数量，在订单表（orders）中添加订单编号、账户名和订货数量记录，在订单项表（orderitems）中添加订单编号、订货数量、下单时间记录。

前面已经用存储过程（shopping）实现过，这里改用存储函数 fshopping 实现，代码如下：

```
SET GLOBAL log_bin_trust_function_creators = 1;
```

```sql
USE emarket;
DROP FUNCTION IF EXISTS fshopping;
CREATE FUNCTION fshopping
    (uid char(16), oid int(4), cid char(6), num int(2))
    RETURNS int                                                    # (c.1)
BEGIN
    DECLARE n int(4);
    DECLARE price float(6.2);
    SELECT COUNT(*) FROM orders WHERE 订单编号 = oid INTO n;
    IF n = 1 THEN
        RETURN -1;                                                 # (c.2)
    END IF;
    SELECT COUNT(*),价格 FROM commodity
        WHERE 商品编号 = cid AND 库存量 >= num INTO n,price;
    IF n = 1 THEN
        UPDATE commodity SET 库存量 = 库存量 - num                    # (d.1)
            WHERE 商品编号 = cid;
        INSERT INTO orders (订单编号,账户名,支付金额,下单时间)
        VALUES(oid,uid,num*price,NOW());                           # (d.2)
        INSERT INTO orderitems (订单编号,商品编号,订货数量)
            VALUES(oid,cid,num);                                   # (d.3)
        RETURN 1;                                                  # (c.3)
    ELSE
        RETURN -2;                                                 # (c.4)
    END IF;
END ;

SET @oid = 101;
SET @result = fshopping('sunrh-phei.net', @oid+1, '2A1602', 5);
SELECT @oid+1, IF(@result = 1, '购物成功', IF(@result = -1, '订单编号已经存在','商
品库存量不够!')) AS 执行结果;                                          # (a)
SET @result = fshopping('sunrh-phei.net', @oid+1, '2A1602', 5);
SELECT @oid+1, IF(@result = 1, '购物成功', IF(@result = -1, '订单编号已经存在','商
品库存量不够!')) AS 执行结果;                                          # (b)
```

运行结果如图 9.24 所示。

@oid+1	执行结果
102	购物成功

(a)

@oid+1	执行结果
102	订单编号已经存在

(b)

图 9.24 运行结果

说明:

（a）第一次执行存储函数，系统中没有订单编号为 102 的订单，并且商品编号为'2A1602'的商品库存量足够，所以购物成功。打开 commodity、orders 和 orderitems 表，可查看更新的有关记录，如图 9.25 所示。

（b）第二次执行存储函数，由于订单编号为 102 的订单已经存在，所以执行不成功，显示相应的提示信息。

（c）存储函数无法（也没有必要）返回表数据，而且用户对更新操作最关心的是做得怎么样、是否出现问题，所以这里函数返回执行状态信息最合适。可以对不同状态信息事先约定不同的编号，调

用存储函数后，根据函数返回值就可以知道本次操作的执行情况。本例中函数返回不同的整数表示不同的操作结果信息（c.1）：-1 表示订单编号已经存在（c.2），1 表示购物成功（c.3），-2 表示商品库存量不够（c.4）。

商品编号	商品名称	价格	库存量
1A0101	洛川红富士苹果冰糖心10斤箱装	44.80	3601
1A0201	烟台红富士苹果10斤箱装	29.80	5693
1A0302	阿克苏苹果冰糖心5斤箱装	29.80	12680
1B0501	库尔勒香梨10斤箱装	69.80	8902
1B0601	砀山梨10斤箱装大果	19.90	14532
1B0602	砀山梨5斤箱装特大果	16.90	6834
1GA101	智利车厘子2斤大樱桃整箱顺丰包	59.80	5420
2A1602	[王明公]农家散养猪冷冻五花肉3斤	118.00	370

（a）库存量已更新（commodity表）

订单编号	账户名	支付金额	下单时间
102	sunrh-phei.n	590.00	2021-03-05
101	easy-bbb.com	149.00	2021-03-05
9	231668-aa.com	149.00	2020-11-11

（b）新增102号订单（orders表）

订单编号	商品编号	订货数量	发货否
102	2A1602	5	0
101	1A0201	5	0
9	1A0201	5	0

（c）新增102号订单的订单项（orderitems表）

图 9.25　查看更新的有关记录

（d）本存储函数购物操作更新了若干表：更新了商品表（commodity）中的库存量（d.1）；更新了订单表（orders），增加了新订单记录（d.2）；更新了订单项表（orderitems），增加了新的订单项（d.3）。由于均没有使用事务，一旦执行过程中出现问题，表记录将不能保证正确性和完备性。但 MySQL 的存储函数并不支持使用显式或隐式事务，所以涉及基本表的更新操作一般不采用存储函数实现，建议用存储过程结合事务的方法来保证更新数据的一致性和完备性。

9.7　触发器

触发器是被指定关联一个表增加、修改和删除记录的数据对象，其内容是在前面的过程体中编写的代码，当对表执行 INSERT、DELETE 或 UPDATE 操作时，事先定义的对应触发器的代码就会被执行（称为激活）。

9.7.1　触发器的创建和修改

利用触发器可以方便地实现数据库表记录中数据的完整性。例如，当需要撤销已经存在的订单时，需要删除 orders 表中的一个订单记录。同时，该订单对应 orderitems 表中的订单项记录也应该被删除，否则订单项记录就失去了意义。可定义 orders 表上的 DELETE 触发器，实现将当前 orders 表中删除的订单记录所对应的 orderitems 表中相关的所有订单项记录同步删除。

1. 创建触发器

```
CREATE TRIGGER 触发器名 触发时刻 触发事件
    ON 表名 FOR EACH ROW
    触发器动作
```

说明：

（1）触发器名：对于非当前数据库，应该加上“数据库名.”作为前缀。该名称在同一个数据库中必须唯一。

（2）触发时刻：如果要在激活触发器的语句执行之后执行操作，应使用 AFTER 选项；如果要在激活触发器的语句执行之前执行操作，应使用 BEFORE 选项。

（3）触发事件：
● INSERT：向表中插入一条记录时激活触发器。例如，通过 INSERT、LOAD DATA 和 REPLACE 语句插入一条记录。
● UPDATE：更改表中一条记录时激活触发器。例如，通过 UPDATE 语句更改一条记录。
● DELETE：从表中删除一条记录时激活触发器。例如，通过 DELETE 或 REPLACE 语句删除一条记录。

（4）表名：在该表上发生触发事件才会激活触发器。

同一个表不能拥有两个具有相同触发时刻和触发事件的触发器。例如，对于某个表，不能有两个 BEFORE UPDATE 触发器。

（5）FOR EACH ROW：指定对于受触发事件影响的每条记录，都要激活触发器的动作。例如，使用"INSERT…VALUES(…), (…), (…);"语句向一个表中添加多条记录，触发器会对每条记录执行相应动作。

（6）触发器动作：包含触发器激活时将要执行的语句。可以使用 BEGIN…END 复合语句结构过程体。过程体中不能对本表进行 INSERT、UPDATE、DELETE 操作，以免触发递归循环。

注意：触发器不能返回任何结果集，因此不能在触发器定义中包含 SELECT 语句，也不能调用将数据返回客户端的存储过程。

（7）使用 SHOW TRIGGERS 命令查看数据库中有哪些触发器。

2. 触发动作前后列名描述

MySQL 触发器中的 SQL 语句可以关联表中的任意列，但不能直接使用列名去标识，那会使系统混淆，因为激活触发器的语句可能添加了新的列名，而旧的列名同时存在，应采用"NEW.列名"或者"OLD.列名"区分触发动作前后的列名。对于 INSERT 语句，只有"NEW.列名"是合法的；对于 DELETE 语句，只有"OLD.列名"是合法的；而 UPDATE 语句可以同时使用"NEW.列名"和"OLD.列名"。

另外，"OLD.列名"是只读的，而"NEW.列名"则可以在触发器中使用 SET 赋值，这样不会再次激活触发器，造成循环调用。

3. 修改触发器过程体

在 orders 表上创建了两个触发器后，在 Navicat 中将 orders 表设计页切换到"触发器"选项页，单击触发器名，在下面的"定义"框中就可以看到定义触发器的过程体代码，如图 9.26 所示。

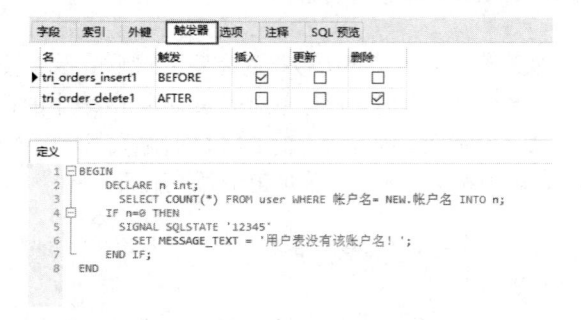

图 9.26　查看定义触发器的过程体代码

用户可以在"定义"框中修改触发器过程体语句。

4. 删除触发器

可以在 Navicat 中直接选择触发器名，右击并选择"删除"命令。也可以采用下列语句删除：
```
DROP TRIGGER [数据库名.]触发器名
```

9.7.2　触发器应用举例

为了避免触发器测试破坏 orders、orderitems 和 commodity 表中的数据记录，可以在测试前用 Navicat 对这三个表进行复制。

1．插入触发器：不符合条件则取消插入操作

插入触发器可以保证表记录的完整性。例如，插入的记录是否满足条件，是否需要同时对其他表记录进行相应的操作。

【例 9.16】 创建订单表（orders）插入触发器，实现向 orders 表插入一条新订单记录时，触发器查询用户表（user）中对应的账户名记录，如果不存在，则不插入记录。

（1）创建 tri_orders_insert1 插入触发器。

```
USE emarket;
DROP TRIGGER IF EXISTS tri_orders_insert1;
CREATE TRIGGER tri_orders_insert1
    BEFORE INSERT ON orders
    FOR EACH ROW
BEGIN
    DECLARE n int;
    SELECT COUNT(*) FROM user WHERE 账户名 = NEW.账户名 INTO n;
    IF n = 0 THEN
        SIGNAL SQLSTATE '12345'
        SET MESSAGE_TEXT = '用户表没有该账户名！';
    END IF;
END ;
```

触发器创建好后，可通过 Navicat 在 orders 表设计模式对应的“触发器”选项页中查看，如图 9.27 所示。

字段　索引　外键　触发器　选项　注释　SQL 预览

名	触发	插入	更新	删除
tri_orders_insert1	BEFORE	☑	☐	☐

图 9.27　查看创建的触发器

（2）插入符合条件的记录，订单编号采用自增值。

```
INSERT into orders(账户名,支付金额,下单时间) values('easy-bbb.com',90,curdate());
SELECT * FROM orders WHERE 账户名='easy-bbb.com' AND 下单时间=curdate();
```

查询结果如图 9.28 所示。

订单编号	账户名	支付金额	下单时间
103	easy-bbb.com	90.00	2021-03-17

图 9.28　查询结果

（3）插入不符合条件的记录。

```
INSERT into orders(账户名,支付金额,下单时间) values('aaa',90,now());
```

系统显示出错信息，如图 9.29 所示。

```
INSERT into orders(账户名,支付金额,下单时间) values('aaa',90,now())
> 1644 - 用户表没有该帐户名!
> 时间: 0.001s
```

图 9.29　系统显示出错信息

2. 插入触发器：与插入操作同步更新数据

【例 9.17】 创建触发器，实现向订单项表（orderitems）插入一条新订单项记录时，根据订货数量对商品表（commodity）的库存量进行修改，同时累计订单表（order）的支付金额。

（1）创建插入触发器。

```
USE emarket;
DROP TRIGGER IF EXISTS tri_orderitems_insert1;
CREATE TRIGGER tri_orderitems_insert1
    AFTER INSERT ON orderitems
    FOR EACH ROW
BEGIN
    DECLARE price decimal(6.2);
    SELECT 价格 FROM commodity WHERE 商品编号 = NEW.商品编号 INTO price;
    UPDATE commodity SET 库存量 = 库存量 - NEW.订货数量
        WHERE 商品编号 = NEW.商品编号;
    UPDATE orders SET 支付金额 = 支付金额 + NEW.订货数量 * price
        WHERE 订单编号 = NEW.订单编号;
END ;
```

（2）插入记录，验证触发器功能。

```
INSERT into orderitems(订单编号,商品编号,订货数量) values(103, '1A0201',3);
```

观察 orderitems、orders 和 commodity 表的记录更新，如图 9.30 所示。

订单编号	商品编号	订货数量	发货否
1	1A0201	2	1
1	1B0501	1	1
2	2B1702	5	1
3	1GA101	1	1
3	4C2402	1	1
4	1A0201	1	1
5	1GA101	2	1
6	1B0602	2	1
7	1B0501	2	0
7	2A1602	10	1
7	2B1702	1	1
8	1GA101	6	1
9	1A0201	5	0
101	1A0201	5	0
102	2A1602	5	0
103	1A0201	3	0

（a）orderitems 表记录

订单编号	账户名	支付金额	下单时间
1	easy-bbb.com	129.40	2019-10-01
2	sunrh-phei.net	495.00	2019-10-03
3	sunrh-phei.net	171.80	2019-12-18
4	231668-aa.com	29.80	2020-01-12
5	easy-bbb.com	119.60	2020-01-06
6	sunrh-phei.net	33.80	2020-03-10
7	sunrh-phei.net	1418.60	2020-06-03
8	easy-bbb.com	358.80	2020-05-25
9	231668-aa.com	149.00	2020-11-11
101	easy-bbb.com	149.00	2021-03-16
102	sunrh-phei.net	590.00	2021-03-17
103	easy-bbb.com	180.00	2021-03-17

（b）orders 表记录

商品编号	商品名称	价格	库存量
1A0101	洛川红富士苹果冰糖心10斤箱装	44.80	3601
1A0201	烟台红富士苹果10斤箱装	29.80	5690
1A0302	阿克苏苹果冰糖心5斤箱装	29.80	12680

（c）commodity 表记录

图 9.30　观察 3 个表的记录更新

（3）这里假设 orderitems 表符合插入记录条件，否则要先进行各种条件判断，然后才能修改有关数据。实际应用中像这类涉及多表数据记录的更新操作，应尽量采用存储过程结合事务实现。

例如：
```
USE emarket;
DROP PROCEDURE IF EXISTS proc_test;
CREATE PROCEDURE proc_test(IN oid int(6),IN cid char(6),IN num int(2))
BEGIN
```

```
        DECLARE price decimal(6.2);
        DECLARE EXIT HANDLER FOR SQLEXCEPTION ROLLBACK;
    START TRANSACTION;
        INSERT into orderitems(订单编号,商品编号,订货数量) values(oid,cid,num);
        SELECT 价格 FROM commodity WHERE 商品编号 = cid INTO price;
        UPDATE commodity SET 库存量 = 库存量 - num
            WHERE 商品编号 = cid;
        UPDATE orders SET 支付金额 = 支付金额 + num * price
            WHERE 订单编号 = oid;
    COMMIT;
END ;

CALL proc_test(103, '1A0201',3);
```

3. 修改触发器：与修改操作同步修改数据

【例 9.18】 创建触发器，实现修改订单项表（orderitems）中一条订单项记录的订货数量，同时对商品表（commodity）的库存量进行修改，并更新订单表（order）的支付金额。

（1）创建修改触发器。

```
USE emarket;
DROP TRIGGER IF EXISTS tri_orderitems_update1;
CREATE TRIGGER tri_orderitems_update1 AFTER UPDATE
    ON orderitems FOR EACH ROW
BEGIN
    DECLARE price decimal(6.2);
    UPDATE commodity SET 库存量 = 库存量 - (NEW.订货数量 - OLD.订货数量)
        WHERE 商品编号 = NEW.商品编号;
    SELECT 价格 FROM commodity WHERE 商品编号 = NEW.商品编号 INTO price;
    UPDATE orders SET 支付金额 = 支付金额 + (NEW.订货数量 - OLD.订货数量)*price WHERE
订单编号 = NEW.订单编号;
END ;
```

（2）测试修改触发器。

```
UPDATE orderitems SET 订货数量 = 5 WHERE 订单编号 = 103 AND 商品编号='1A0201';
```

orderitems、orders 和 commodity 表有关记录均符合要求。

（3）继续测试修改触发器。

```
UPDATE orderitems SET 订货数量 = 4 WHERE 订单编号 = 103 AND 商品编号 = '1A0201';
```

运行时出现错误，如图 9.31 所示。

```
UPDATE orderitems SET 订货数量 = 4 WHERE 订单编号 = 103 AND 商品编号 = '1A0201'
> 1690 - BIGINT UNSIGNED value is out of range in '(NEW.订货数量 - OLD.订货数量)'
> 时间: 0.1s
```

图 9.31 运行时出现错误

将订货数量由 3 增加到 5 时，(NEW.订货数量-OLD.订货数量)*price>0，没有问题。但将订货数量由 5 减到 4 时，(NEW.订货数量-OLD.订货数量)*price<0，系统误认为是 BIGINT 无符号数，所以产生错误。为了规避这个问题，可以在触发器中根据(NEW.订货数量-OLD.订货数量)的正负情况执行不同的 UPDATE 语句。

（4）就网上商城数据库而言，修改商品订单项订货数量是用户经常进行的操作。某些修改操作对于 SQL 语句测试是可行的，但在实际情况下不具备可操作性，如修改订单编号、账户名等。

4. 删除触发器：与删除操作同步删除记录

前面介绍了 orderitems 表的插入触发器，它实际上对应用户购买商品的操作。而当用户取消购买该商品时，就要从 orderitems 表中删除对应的记录，为此可创建删除触发器，同时在 commodity 表中增加库存量，在 orders 表中减少相应的支付金额。

此外，在触发器中也可调用存储过程，下面举例说明如何在删除触发器中调用存储过程并同步删除记录。

【例 9.19】 创建用户取消订单操作触发器，在 orders 表中删除指定订单编号的记录，同时进行商品库存量调整，并删除该订单的所有订单项记录。

（1）创建存储过程，实现将指定订单编号的订单中的商品订货数量退回对应商品的库存量。

```
USE emarket;
DROP PROCEDURE IF EXISTS proc_order_delete;
CREATE PROCEDURE proc_order_delete()
BEGIN
    DECLARE num int(3);
    DECLARE cid char(6) ;
    DECLARE myfound boolean DEFAULT true;
    DECLARE cur_comms CURSOR
        FOR
        SELECT 商品编号,订货数量 FROM orderitems WHERE 订单编号 = @oid;
    DECLARE CONTINUE HANDLER FOR NOT FOUND
        SET myfound = false;
    OPEN cur_comms;
    mylabel: LOOP
        FETCH cur_comms INTO cid,num;
        IF NOT myfound THEN
            LEAVE mylabel;
        ELSE
            UPDATE commodity SET 库存量 = 库存量 + num WHERE 商品编号 = cid;
        END IF;
    END LOOP mylabel;
    CLOSE cur_comms;
END ;
```

（2）创建 orders 表的删除触发器，将当前删除的订单编号通过 @oid 传递给存储过程 proc_order_delete，存储过程将该订单对应的商品订货数量退回商品表库存量。

```
USE emarket;
DROP TRIGGER IF EXISTS tri_order_delete1;
CREATE TRIGGER tri_order_delete1 AFTER DELETE
    ON orders FOR EACH ROW
BEGIN
    SET @oid = OLD.订单编号;
    CALL proc_order_delete();
    DELETE FROM orderitems WHERE 订单编号 = @oid;
END ;
```

（3）测试删除触发器。

```
USE emarket;
DELETE FROM orders WHERE 订单编号 = 103;
DELETE FROM orders WHERE 订单编号 = 7;
```

观察 orderitems 和 orders 表可见订单编号为 103 和 7 的记录均被删除了，且 commodity 表对应商品库存量均退回。

9.7.3 触发器和存储过程的比较

使用存储过程和触发器可以减少开发成本，很多时候会把一些业务逻辑编写成存储过程或写在触发器中，这样修改、维护方便，而且可以降低服务器的负载。但如此一来，数据库的压力就大了，又会成为新的瓶颈，一般用 PC 服务器支撑。

一般情况下，Web 应用的瓶颈常出现在数据库上，所以要尽可能减少数据库做的事情，把耗时的服务做成 Scale Out（横向扩展），而不使用存储过程；但如果只是一般的应用，对数据库没有性能上的要求，则多使用存储过程。

触发器其实就是一个隐藏的存储过程，因为它不需要参数，不需要显式调用，往往在用户不知情的情况下已经做了很多事情。从这个角度来说，它作为一种隐藏的对象，无形中增加了系统的复杂性。其实，触发器并没有提升多少性能，只是比较容易实现业务，但由于其运行的非序列化导致功能调试比较困难，故触发器的功能应尽可能地用存储过程代替。

在编程中存储过程的显式调用可增加代码的易读性，而触发器的隐式调用容易被忽略。存储过程的缺点在于它不能跨库移植，例如，MySQL 数据库中的存储过程移植到 Oracle 数据库中需要重写一遍。

9.8　事件

前面介绍的存储过程、存储函数和触发器都是在应用程序执行时被调用的，而事件则是 MySQL 在特定的时刻调用的过程式数据库对象。一个事件可以只调用一次，例如，在 2021 年 10 月 1 日下午 2 点；也可以周期性启动，例如，在每周日晚上 8 点。

在机制上事件和触发器相似，所以事件也称临时性触发器。

9.8.1　创建事件

创建事件的语句：
```
CREATE EVENT [IF NOT EXISTS] 事件名
    ON SCHEDULE 事件描述
        DO SQL 语句；
```

说明：

（1）事件名：必须符合 MySQL 标识符命名规则，包含 IF NOT EXISTS 表示事件名对应的事件不存在才能创建。

（2）事件描述：表示事件何时发生，以及每隔多久发生一次。
```
AT 时间点 [+ INTERVAL 时间间隔]
| EVERY 时间间隔
[ STARTS 时间点 [+ INTERVAL 时间间隔]]
[ ENDS 时间点 [+ INTERVAL 时间间隔]]
```
其中：

● AT 子句：表示在"时间点"上（某个时刻）事件发生。后面可以加上"时间间隔"，表示在这个时间间隔后事件发生，由一个数值和单位构成。

● EVERY 子句：表示在指定时间范围内每隔多长时间事件发生一次。

● STARTS 子句：指定事件开始的时刻。

- ENDS 子句：指定事件结束的时刻。

以上时间间隔可以使用的时间类型如下：

```
YEAR | QUARTER | MONTH | DAY | HOUR | MINUTE |
WEEK | SECOND | YEAR_MONTH | DAY_HOUR | DAY_MINUTE |
DAY_SECOND | HOUR_MINUTE | HOUR_SECOND | MINUTE_SECOND}
```

（3）SQL 语句：包含事件启动时所要执行的代码。如果包含多条语句，可以使用 BEGIN…END 复合语句结构过程体。

（4）一个事件的执行称作调用事件，MySQL 事件调度器负责调用事件。这个模块是 MySQL 数据库服务器的一部分，它持续监视每个事件是否需要调用。

要创建事件，可以使用系统变量 EVENT_SCHEDULER 来打开事件调度器，TRUE 表示打开，FALSE 表示关闭。

```
SET GLOBAL EVENT_SCHEDULER = TRUE;
```

（5）事件可用于维护系统，如备份某些数据。也可以由基本数据记录生成分析数据，一般不向事件传递参数，可以将自动检测到的变化作为控制参数。例如，利用 NOW、CURDATE 函数获得当前时间和当前日期。

1. 创建立即启动的事件

【例 9.20】 创建一个立即启动的事件，测试运行。

功能：根据 orders 表的下单时间，对当前时间前一年的订单项表（orderitems）统计商品的订单个数和汇总订货数量，形成临时表。

（1）创建存储过程，实现要求的功能。

```
USE emarket;
DROP PROCEDURE IF EXISTS citem_comm;
CREATE PROCEDURE citem_comm()
BEGIN
    DECLARE num int ;
    SELECT 订单编号 FROM orders
        WHERE YEAR(下单时间)>=YEAR(CURDATE())-1
        LIMIT 1,1
        INTO num;
    DROP TABLE IF EXISTS citem_comm;
    CREATE TABLE citem_comm AS
    (
        SELECT 商品编号,COUNT(*)AS 订单个数,SUM(订货数量) AS 订货总量
            FROM orderitems
            WHERE 订单编号>=num
            GROUP BY 商品编号
    );
END ;
CALL citem_comm();
SELECT * FROM citem_comm;
```

（2）创建立即启动的事件，调用存储过程，生成统计数据到 citem_comm 表中。

```
DROP TABLE IF EXISTS citem_comm;
CREATE EVENT direct
    ON SCHEDULE AT NOW()
    DO
BEGIN
    CALL citem_comm();
```

```
END ;
```

说明：这个事件只调用一次，在事件创建之后立即启动。

（3）测试立即启动的事件。

```
SELECT * FROM citem_comm;
```

查询结果如图 9.32 所示。

商品编号	订单个数	订货总量
2A1602	1	5
1A0201	2	10
1GA101	2	8
1B0602	1	2

图 9.32　查询结果

2. 创建定时启动一次的事件

【例 9.21】 创建一个 10 秒后启动的事件，调用存储过程，生成统计数据到 citem_comm 表中。

```
DROP TABLE IF EXISTS citem_comm;
CREATE EVENT tenseconds
    ON SCHEDULE AT NOW() + INTERVAL 10 SECOND
    DO
    CALL citem_comm();
```

等待 10 秒后再执行：

```
SELECT * FROM citem_comm;
```

查询结果同上。

3. 创建在指定时间范围内周期启动的事件

【例 9.22】 创建一个事件，它每个月启动一次，调用存储过程，生成统计数据到 citem_comm 表中。事件于 1 分钟后开始，于 2025 年 12 月 31 日失效。

```
DROP TABLE IF EXISTS citem_comm;
DROP EVENT IF EXISTS startmonth;
CREATE EVENT startmonth
    ON SCHEDULE EVERY 1 MONTH
    STARTS NOW() + INTERVAL 1 MINUTE
    ENDS '2025-12-31'
    DO
    CALL citem_comm();
```

执行完等待 1 分钟，查询结果同上。

在 Navicat Premium 中 emarket 数据库树状视图的“事件”项下可看到刚刚创建的事件 startmonth，可以编辑事件 SQL 语句过程体。注意，Navicat 版本不同，查看“事件”的位置可能不同。

如果执行下列语句，可以查看当前用户创建的非一次性事件：

```
SHOW EVENTS;
```

通过它，可进一步查看该事件的详细属性。

9.8.2　修改和删除事件

1. 修改事件

```
ALTER EVENT 事件名
    [ON SCHEDULE 事件新描述]
    [RENAME TO 新事件名]
    [DO SQL 语句];
```

说明：

除了对仍然存在的事件实现 CREATE EVENT 语句功能，还可以关闭一个事件或再次启动一个事件。可以使用 RENAME TO 子句修改事件的名称。

【例 9.23】 将事件 startmonth 更名为 startday，每天启动一次，开始于 1 小时后，并且将失效日期推迟至 2035 年 12 月 31 日。

```
ALTER EVENT startmonth
    ON SCHEDULE EVERY 1 DAY
    STARTS NOW() + INTERVAL 1 HOUR
    ENDS '2035-12-31'
    RENAME TO startday;
SHOW EVENTS;
```

用 SHOW EVENTS 语句查看结果，如图 9.33 所示。

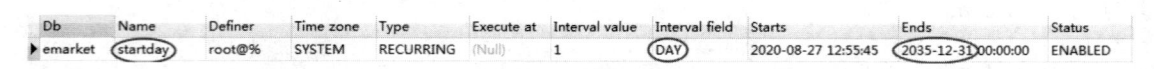

Db	Name	Definer	Time zone	Type	Execute at	Interval value	Interval field	Starts	Ends	Status
emarket	startday	root@%	SYSTEM	RECURRING	(Null)	1	DAY	2020-08-27 12:55:45	2035-12-31 00:00:00	ENABLED

图 9.33　用 SHOW EVENTS 语句查看结果

在 Navicat 环境下，选择数据库，在事件下可以看到当前仍然存在的事件名。单击事件名，在"定义"框下方显示 SQL 过程体，在"计划"框下方显示事件属性，如图 9.34 所示。

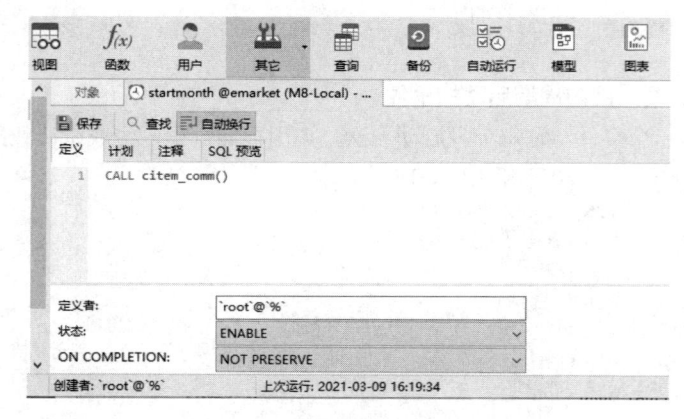

图 9.34　查看事件过程体和属性

2. 删除事件

```
DROP EVENT [IF EXISTS] [数据库名.]事件名
```

例如，删除上面创建的事件 startday：

```
DROP EVENT startday;
```

同样，可使用 SHOW EVENTS 语句查看操作结果。

9.9　全局锁、表锁和行锁

MySQL 8 包含各种锁，系统自动使用的是隐式锁，用户应该了解它的功能及应用场景，但普通用户更关注的是显式锁，它由用户操控。

MySQL 8 显式锁包括全局锁、表锁和行锁。

9.9.1　全局锁

全局锁就是对整个数据库实例加锁，一般用于全库逻辑备份。全局锁可以使整个数据库（所有表）处于只读状态，使用之后，数据库表的增删改（DML）、表结构的更改（DDL）、更新信息的提交都会被阻塞，但查询是允许的。

对数据库加全局锁后，如果在主库上备份，那么在备份期间不能执行更新，业务基本上就得停摆；如果在从库上备份，那么备份期间从库不能执行主库同步过来的 binlog，会导致主从延迟。

MySQL 采用下列语句加全局锁。

```
FLUSH TABLE WITH READ LOCK;
```

如果要让整个库处于只读状态，可以使用上述语句，之后所有线程的更新操作都会被阻塞。

对于全库只读，还有一种方式可以实现：

```
SET GLOBAL READONLY = TRUE;
```

执行 FLUSH TABLE WITH READ LOCK 语句之后，如果客户端发生异常断开，那么 MySQL 会自动释放这个全局锁，整个库可以回到正常更新的状态。如果执行 SET GLOBAL 语句，数据库会一直保持只读状态，导致整个库长时间处于不可写状态，风险较高。

【例 9.24】 在 Navicat 环境下测试全局锁。

（1）打开以 root 用户创建的连接（如 M8-Local），在"新建查询"窗口中执行下列语句：

```
FLUSH TABLE WITH READ LOCK;
```

（2）打开 mydb 数据库中的 mytab 表，在浏览时修改表中记录，保存时系统一直处于完成 0%的状态（好像死机了一样），如图 9.35 所示。

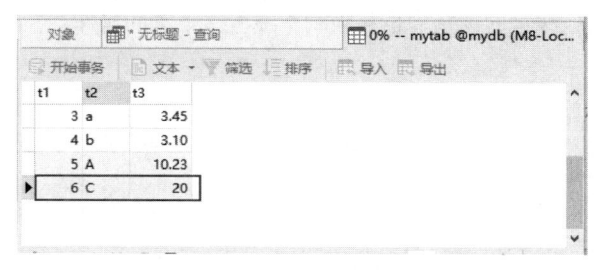

图 9.35　会话等待

此时，也可关闭该查询窗口来取消本次修改。

（3）打开 emarket 数据库中的表，修改表中数据记录，保存时效果同上。

（4）打开其他本地用户创建的连接（如 myken），具有操作权限的数据库对象（如表）均无法修改。

（5）打开针对 OPPO 主机用户创建的连接，如 M8-OPPo，数据库下的表均能够进行修改。也就是说，全局锁仅影响当前 MySQL 实例。

（6）关闭打开全局锁的查询窗口，等待修改、保存的任务迅速完成，对表的修改又可进行了。

操作系统命令行备份工具是 mysqldump，当使用参数–single-transaction 时，备份数据之前就会启动一个事务，以确保得到一致性快照视图。而由于对 MVCC 的支持，在这个过程中数据是可以正常更新的。也就是说，对于 InnoDB 存储引擎，采用 mysqldump 数据库时不需要加全局锁；对于 MyISAM 存储引擎，由于它不支持事务，对数据备份前需要加全局锁。

另外，MySQL 8 还有下列对当前 MySQL 实例加锁和释放的语句，但必须有相应的权限。

```
LOCK INSTANCE FOR BACKUP
UNLOCK INSTANCE
```

9.9.2　表锁

在修改表的时候，一般会给表加上表锁，这样可以避免不同步的情况出现。表锁分为两种，一种是读锁，另一种是写锁。

1. 加读锁、写锁的效果

加读锁（共享锁）的效果：
（1）加读锁的这个进程可以读加读锁的表，但是不能读其他表。
（2）加读锁的这个进程不能更新加读锁的表。
（3）其他进程可以读加读锁的表（因为是共享锁），也可以读其他表。
（4）其他进程更新加读锁的表会一直处于等待的状态，直到锁被释放后才会更新成功。

加写锁（独占锁）的效果：
（1）加写锁的进程可以对加写锁的表做任何操作（CURD）。
（2）其他进程不能查询加写锁的表，须等待锁被释放。

2. 表锁语句

对表做结构变更的操作时，会自动加写锁。

（1）表加锁

```
LOCK TABLES 表名 READ/WRITE
```

（2）释放所有表的锁

```
UNLOCK TABLES
```

表加锁不仅会限制其他线程的读写，也会限制本线程接下来的操作。在客户端断开的时候会自动释放表锁。

（3）查看加锁的表

```
SHOW OPEN TABLES
```

（4）分析加锁的表信息

```
SHOW STATUS LIKE 'TABLE%';
```

其中：

Table_locks_immediate：产生表级锁定的次数。

Table_locks_waited：出现表级锁定争用而发生等待的次数（不能立即获取加锁的次数，每等待一次锁值加1），此值大则说明存在较严重的表级锁定争用情况。

【例 9.25】 在 Navicat 环境下测试表锁。

（1）在当前会话查询窗口中执行下列语句。

```
USE mydb;
LOCK TABLES mytab READ;
SELECT * FROM mytab;
UPDATE mytab SET t3=t3+10 WHERE t1=6;
```

运行时可以执行 SELECT 语句，但不能执行 UPDATE 语句。

此时打开另一个会话查询窗口，执行下列语句查询 mydb 表中的记录。

```
USE mydb;
SELECT * FROM mydb;
```

（2）在当前会话查询窗口中执行下列语句。

```
USE mydb;
LOCK TABLES mytab WRITE;
SELECT * FROM mytab;
UPDATE mytab SET t3=t3+10 WHERE t1=6;
```

运行时可以执行 SELECT 语句和 UPDATE 语句。

此时打开另一个会话查询窗口，执行下列语句查询 mydb 表中的记录将处于等待状态。

```
SELECT * FROM mydb;
```

（3）在当前会话查询窗口中执行下列语句。
```
USE mydb;
UNLOCK TABLES;
```
此后，在当前会话窗口和其他会话窗口中均可查询和修改 mytab 表。

9.9.3 行锁

对表中的一行记录进行更新但不提交，其他进程对该行进行更新时需要等待，其他进程更新其他行则不会受影响，这就是行锁的作用。

行锁偏向 InnoDB 存储引擎，开销大，加锁慢，会出现死锁，锁定粒度最小，发生锁冲突的概率最低，并发度最高。不支持行锁的存储引擎意味着并发控制只能使用表锁，同一个表在任何时刻只能有一个更新在执行，这就会影响业务并发度。

一个事务不管有几个行锁，在执行 COMMIT 时都会全部释放。

在 InnoDB 事务中，行锁在需要的时候才加上，如一个事务有 n1 行和 n2 行两条 UPDATE 语句，行锁是在执行到 n1 行和 n2 行 UPDATE 语句时分别加上的，行锁不是语句执行后就立刻释放，而是等到事务结束时一起释放，这就是两阶段锁协议。所以当事务中需要锁多行时，要把最可能造成锁冲突、最可能影响并发度的锁尽量往后放，这样容易造成锁冲突的行在一个事务中停留的时间就会短一点。

1. 行锁应用场景

InnoDB 的行锁是针对索引加的锁，只要更新条件与索引项一致，记录加行锁就会自动进行。

例如，当前有两个会话对数据库 test 表中相同的记录（id）进行修改，但修改的 myc2 值是不同会话输入的，如表 9.1 所示。

表 9.1 行锁应用场景

会话 1 事务	会话 2 事务
START TRANSACTION; … UPDATE test SET c2=myc2 　　WHERE id=1; … COMMIT;	START TRANSACTION; … UPDATE test SET c2=myc2 　　WHERE id=1; … COMMIT;

由于会话 1 首先进入事务修改 test 表，id=1 记录自动加行锁，会话 2 只能等待会话 1 事务完成，id=1 记录释放行锁后才能继续执行。

2. 行锁变表锁

InnoDB 的行锁是针对索引加的锁，而不是针对记录加的锁。并且该索引不能失效，否则会从行锁升级为表锁。

例如，假设当前数据库 test 表在 c1 列（字符型）创建了唯一性索引，现有两个会话对 test 表进行更新，如表 9.2 所示。

表 9.2 行锁变表锁

会话 1	会话 2
UPDATE test SET c1='1100' 　　WHERE c1='100';　　# (a.1)	UPDATE test SET c1='1200' 　　WHERE c1='200';　　# (a.2)
UPDATEtest SET c1='1300' 　　WHERE c1=300;　　# (b.1)	UPDATE test SET c1='1400' 　　WHERE c1='400';　　# (b.2)

说明：

（a）两个会话分别加不同的行锁，互不影响，同时更新。

（b）会话 1 查询条件是 "c1=300"，虽然 300 没有加引号，但查询语句是可以执行的，只是不能用索引查询，这时行锁变成了表锁，会话 2 需要等待会话 1 完成更新，释放表锁后才能执行。

3. 锁定读取并发

如果查询数据后在同一事务中插入或更新相关数据，此时常规 SELECT 语句无法提供足够的保护，因为其他事务可以更新或删除刚刚查询的数据。InnoDB 支持两种类型的锁定读取，以提供额外的安全性。

1）SELECT … FOR SHARE：读取并发共享锁

当前事务共享锁在读取的任何行上锁定，其他会话可以读取行，但在事务提交之前无法修改它们。如果这些行中的任何一行已被另一个尚未提交的事务更改，则查询将等待该事务结束，然后使用最新值。

注意：SELECT … FOR SHARE 语句是替代 SELECT … LOCK IN SHARE MODE 语句的，但 LOCK IN SHARE MODE 仍可用于向后兼容。

2）SELECT … FOR UPDATE：读取并发独占锁

对于查询遇到的索引记录，它锁定这些行和任何关联的索引条目，就像 UPDATE 语句一样。执行 SELECT … FOR SHARE 语句或从某些事务隔离级别读取数据将阻止其他事务更新这些行。一致性读取将忽略在读取视图中存在的记录上设置的任何锁定。

例如：

```
SET @c='aa';
SELECT * FROM t1 WHERE c1 =@c  FOR UPDATE;
```

注意：

（1）提交或回滚事务时，将释放由 FOR SHARE 和 FOR UPDATE 查询设置的所有锁。

（2）只有在禁用自动提交时（START TRANSACTION 或设置 AUTOCOMMIT=0），事务处理才能锁定读取。

（3）除非在子查询中指定了锁定读取子句，否则外部语句中的锁定读取子句不会锁定嵌套子查询的表中的行。

例如，下列语句仅锁定 t1 表中的行：

```
SELECT * FROM t1 WHERE c1 = (SELECT c1 FROM t2) FOR UPDATE;
```

要锁定 t2 表中的行，还需要在子查询中添加一个锁定读取子句：

```
SELECT * FROM t1 WHERE c1 = (SELECT c1 FROM t2 FOR UPDATE) FOR UPDATE;
```

3）使用 NOWAIT 和 SKIP LOCKED 锁定读取并发

如果行被事务锁定，则请求相同锁定行的事务必须等待阻塞事务释放行锁。采用 NOWAIT 和 SKIP LOCKED 选项，可以在请求的行被锁定时立即返回查询，或者从结果集中排除锁定的行，无须等待行锁释放。

（1）NOWAIT：永不等待获取行锁的锁定读取。查询立即执行，如果请求的行被锁定，则操作失败并显示错误。

（2）SKIP LOCKED：永不等待获取行锁的锁定读取。查询立即执行，从结果集中删除锁定的行。

例如，表 9.3 中有两个会话事务，一个锁定读取并发，另一个立即返回查询。

表 9.3　两个会话事务

会话 1 事务	会话 2 事务

`START TRANSACTION;`
`...`
`SELECT c2 FROM test`
`    WHERE id = 2 INTO v1`
`    FOR UPDATE;`
`UPDATE test SET c2=v1-1`
`    WHERE id=1;`
`...`
`COMMIT;`
	`START TRANSACTION;`
	`...`
	`SELECT c2 FROM test`
	`    WHERE id = 2 INTO v1`
	`    FOR UPDATE NOWAIT;`
	`UPDATE test SET c2=v1-1`
	`    WHERE id=1;`
	`...`
	`COMMIT;`

4. 间隙锁

如果查询包含范围条件，就会锁定该范围内所有的索引键值。这就是间隙锁。当锁定一个范围之后，某些不存在的键值也会被"无辜"地锁定，从而造成无法插入锁定键值范围内的任何数据。在某些场景下，这可能会对性能造成很大的危害。

间隙锁基于非唯一索引，它锁定一个范围内的索引记录。

（1）读取锁定范围内的记录，不管记录是否存在均被锁。

例如，test 表当前语句操作 id=1,2,10,20,25,30,42,60 共 8 条记录，会话 1 事务中执行了下列语句：

`SELECT * FROM test WHERE id BETWEN 20 AND 30 FOR UPDATE;`

这样，id=[20-30]的记录均被锁，会话 2 中 INSERT 或者 DELETE 语句的条件为 id=n，只要 n=[20-30]，不管原来是否存在该记录，均会被阻塞，直到会话 1 事务完成。

（2）锁点扩展至范围。

会话 1 事务中执行了下列语句：

`DELETE FROMTEST WHERE id = 32;`

由于 id = 32 的记录不存在，所以会锁定[30,42]范围内的记录，会话 1 事务完成前不能操作此范围内的记录。

（3）控制其他会话等待锁时间。

用户可使用系统提供的会话锁等待超时时间来控制等待时间。

`SET INNODB_LOCK_WAIT_TIMEOUT = n;`

系统默认值为 50 秒，这里设置当前会话锁等待超时时间为 n 秒。

当前会话锁等待超时时间可以用下列语句查询：

`show variables like "Innodb_lock_wait_timeout";`

下列语句用于查看当前会话是否自动提交事务：

`show variables like "autocommit";`

5. 建议

为了提高查询效率，需要注意以下几点：

（1）合理设计索引，尽可能通过索引来完成查询，尽量避免无索引使行锁升级为表锁。

（2）尽可能缩小查询条件范围，避免间隙锁范围太大。

（3）尽量控制事务大小，减少锁定资源量和时间。

（4）尽可能采用低级别事务隔离。

9.9.4 死锁

事务 A 和事务 B 操作同一个数据库中的同一个表，事务 A 在等待事务 B 释放 id=2 的行锁，而事务 B 在等待事务 A 释放 id=1 的行锁。事务 A 和事务 B 在互相等待对方释放资源，于是进入了死锁状态，如表 9.4 所示。

表 9.4 死锁状态

事务 A	事务 B
START TRANSACTION; ... UPDATE test SET ... WHERE id=1; ... UPDATE test SET ... WHERE id=2; ... COMMIT;	START TRANSACTION; ... UPDATE test SET ... WHERE id=2; ... UPDATE test SET ... WHERE id=1; ... COMMIT;

出现死锁以后，有两种解决方法。

（1）直接进入等待，直到超时。可以通过参数来设置超时时间：

```
innodb_lock_wait_timeout=n;
```

n 设置太大会导致事务时延太大，设置太小则容易误杀事务。

（2）发现死锁后，主动回滚死锁链条中的某个事务，让其他事务得以继续执行，但必须用下列语句开启这个逻辑。

```
innodb_deadlock_detect=on;
```

主动死锁检测能够快速发现并处理死锁，但它会产生额外的消耗。

第 10 章 用户与权限

前面各章都是以 root 用户身份登录 MySQL 服务器的，有两种操作方式。
（1）在操作系统的命令行窗口中登录 MySQL：
```
E:\MySQL8\mysql-8.0.21-winx64\bin>mysql -u root -p
Enter password: 123456
…
mysql>
```
其中，-u 后面跟用户名，这里是 root 用户。MySQL 系统安装后，root 用户就存在了，其初始密码在安装过程的"Accounts and Roles"页由用户进行设置。
（2）在 Navicat 中使用 root 用户建立连接。

前面之所以采用 root 用户身份登录，是因为 root 用户为超级用户，具有最大权限，做各种操作均不会由于权限问题而受到限制，这样读者就可以把精力集中于 SQL 命令上。而在实际应用中会创建多个具有不同权限的用户来进行访问控制和管理，以提高数据库系统的安全性。例如，只有系统管理员才能创建用户；用户只能修改自己的密码；有的用户只能查询数据，而有的用户可以修改和删除数据；不同用户允许操作的表不一样，等等。对于一个大的数据库系统，其权限管理内容是很丰富的，而且是系统的。

10.1 用户管理及实例

用户管理包括创建、删除用户，修改用户名和密码等。

10.1.1 创建、删除用户

1. 创建用户

```
CREATE USER 用户名@主机名 [IDENTIFIED BY [PASSWORD] 密码], …
```
说明：
（1）主机名是安装 MySQL 服务器的主机名或者 IP 地址。用户名和密码只能由字母和数字组成。如果用户名和主机名中包含特殊符号（如"_"）或通配符（如"%"），则需要用单引号将其括起来。"%"表示一组主机。将本地主机作为 MySQL 服务器时，主机名为"localhost"。用户名@主机名为账户，为了简单，称其为用户。
（2）如果两个用户具有相同的用户名，但主机名不同，MySQL 会将它们视为不同的用户，允许为这两个用户分配不同的权限集合。
（3）IDENTIFIED BY 子句可以为用户设定一个密码。如果不想以明文发送密码且知道 PASSWORD 函数返回的密码混编值，则可以指定该混编值，但要加关键字 PASSWORD。

如果没有设定密码，那么 MySQL 允许该用户不使用密码登录。但是，从安全的角度并不推荐这种做法。

（4）由于新添加的用户记录需要写入系统数据库 mysql 中，因此创建用户必须拥有 mysql 数据库的全局 CREATE USER 权限或 INSERT 权限。如果用户已存在，则会出现错误。

（5）对于每个账户，CREATE USER 在 mysql.user 系统表中创建一个新行。账户行反映了语句中指定的属性。未指定的属性被设置为默认值。

（6）每个账户可以指定的属性很多，如角色、SSL/TLS、资源限制、密码管理、账户锁定、二进制日志等。

【例 10.1】 创建新用户，测试初始权限。

（1）创建新用户。

以 root 用户登录命令行，执行下列语句：

```
CREATE USER
    king@'localhost' IDENTIFIED BY 'queen',
    palo@'localhost' IDENTIFIED BY '530415',
    liu@'localhost' IDENTIFIED BY 'lpwd',
    'zhang'@'localhost' IDENTIFIED BY 'zpwd';
CREATE USER
    king@'OPPO' IDENTIFIED BY 'queen';
CREATE USER
    king@'192.168.1.20' IDENTIFIED BY 'queen';
```

说明：

① 用户名（'zhang'）的引号不是必需的。king 包含本地、OPPO 主机和 IP 地址为 192.168.1.20 的主机 3 个用户。

除了使用命令行，也可以在 Navicat 中 root 用户创建的本地连接（M8-Local）的查询窗口中执行上述语句，如图 10.1 所示。

② 'localhost'指本地主机，编者的当前本地主机名为"huawei"，故可以用"huawei"代替'localhost'，但引用用户时需要与定义的一致。

（2）查看创建的用户。

创建用户后，设置 mysql 数据库为当前数据库，从 user 表中可查到刚刚添加的用户记录：

```
USE mysql;
SELECT * FROM user;
```

其中显示当前连接 MySQL 服务器的系统默认用户、已经创建的用户及其权限。从中可以看到 root 用户具有所有权限。

也可以通过 Navicat 查看，在对应的连接下，单击"用户"，在用户对应"对象"页显示当前连接（编者的为 M8-Local，对应本机）下 MySQL 服务器包含的所有用户，如图 10.2 所示，其中 4 个是 MySQL 安装后就存在的，其余就是当前连接下创建的用户。

2. 删除用户

```
DROP USER 用户名@主机名, …
```

说明：

（1）该语句可用于删除一个或多个用户，并取消其权限。要使用 DROP USER 语句，必须拥有 mysql 数据库的全局 CREATE USER 或 DELETE 权限。

（2）如果被删的用户之前创建了表、索引或其他数据库对象，则这些对象将继续保留，因为 MySQL 并没有记录谁创建了这些对象。

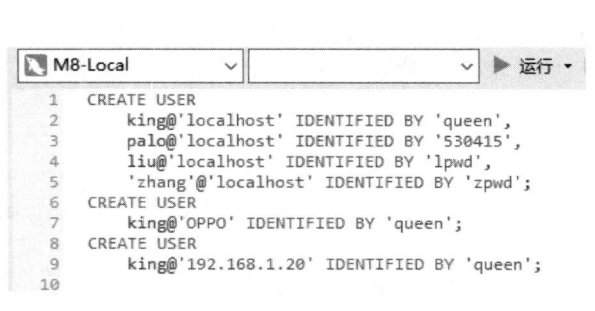

图 10.1　在 Navicat 中执行语句　　　　图 10.2　当前连接下包含的用户

10.1.2　修改用户名和密码

1．修改用户名

`RENAME USER 用户名@主机名 TO 新用户名@主机名，…`

说明：要使用该语句，必须拥有全局 CREATE USER 或 MySQL 系统数据库的 UPDATE 权限。如果语句中指定的用户名不存在或新用户名已经存在，则会出现错误。

2．修改密码

`ALTER USER 用户名@主机名 IDENTIFIED BY 新密码；`

【例 10.2】　将用户 king 的名字修改为 ken，密码改为 qen。

```
RENAME USER king@'localhost' TO ken@'localhost';              # (a)
ALTER USER ken@'localhost' IDENTIFIED BY 'qen';               # (b)
```

说明：

（a）将用户 king 的名字修改为 ken。

（b）将用户 ken 的密码改为 qen。

完成后可用前面介绍的方法查看一下是否修改成功。

10.2　权限控制及实例

10.2.1　授予权限

新用户不允许访问其他用户的表，也不能立即创建自己的表，必须先获得授权。在 MySQL 中可以被授予的权限分为以下几组。

（1）列权限：与表中一个具体的列相关。例如，使用 UPDATE 语句更新 commodity 表中"商品编号"列的值的权限。

（2）表权限：与一个表中的所有数据相关。例如，使用 SELECT 语句查询 commodity 表中所有数据的权限。

（3）数据库权限：与一个数据库中的所有表相关。例如，在已有的 emarket 数据库中创建新表的权限。

（4）用户权限：与 MySQL 所有的数据库相关。例如，删除已有的数据库或者创建一个新数据库的权限。

给用户授予权限的语句如下：
```
GRANT 权限类型[(列,…)],…
    ON [对象类型] 表名 | * | *.* | 数据库名.*
    TO 用户名@主机名 [IDENTIFIED BY [PASSWORD] 密码],…
    [WITH 选项]
```
说明：

（1）ON 给出的是要授予权限的对象类型、对象名称，授予表权限时，后跟表名或视图名。

（2）对象类型包括以下几种：TABLE、FUNCTION 和 PROCEDURE。不同的对象授予的权限不相同。

（3）若在 TO 子句中给已存在的用户指定密码，则新密码将覆盖原密码。MySQL 8 不允许将权限授予一个不存在的用户，只有先创建用户，才能为其授予权限。

（4）WITH 子句用于权限的转移和限制，稍后会专门介绍。

（5）以 root 用户身份登录后执行该语句。在创建新用户，并赋予用户权限后，就可以用具有权限的用户身份登录，再授予其他用户权限。

1. 授予表权限

授予表权限时，授权语句如下：
```
GRANT 表权限,…
    ON 数据库名.表名
    TO …
```
其中，表名为"*"表示所有表。

常用表权限如下。

● SELECT：使用 SELECT 语句访问特定表的权限。用户只有对视图公式中指定的每个表（或视图）都有 SELECT 权限，才能访问该视图。

● INSERT：使用 INSERT 语句向一个特定表中添加行的权限。

● DELETE：使用 DELETE 语句在一个特定表中删除行的权限。

● UPDATE：使用 UPDATE 语句修改特定表中数据的权限。UPDATE(列,…)表示对指定的列进行修改的权限。

● REFERENCES：给予用户创建一个参照特定表的外键的权限。

● CREATE：使用特定的名字创建一个表结构的权限。

● ALTER：使用 ALTER TABLE 语句修改表结构的权限。

● INDEX：在表上定义索引的权限。

● DROP：删除表的权限。

● ALL 或 ALL PRIVILEGES：给予用户所有的权限。

【例 10.3】 授予 OPPO 主机用户 king 查询 commodity 表的权限，授予用户 liu 和 zhang 查询和修改 commodity 表的权限，然后测试权限。

（1）授予权限。
```
GRANT SELECT
    ON emarket.commodity
    TO king@'OPPO';                                           #（a）
GRANT SELECT, UPDATE
    ON emarket.commodity
```

```
        TO liu@'localhost', zhang@'localhost';                      # (b)
```
说明：
（a）授予用户 king@'OPPO'在 commodity 表上的 SELECT 权限。
（b）授予用户 liu 和 zhang 在 commodity 表上的 SELECT 和 UPDATE 权限。
（2）测试本地主机用户 liu 查询和修改 commodity 表的权限。
① 在 Windows 命令行窗口中以用户 liu 身份登录 MySQL，输入登录密码：lpwd。
打开 mydb 数据库：
```
    USE mydb;
```
系统显示出错信息，如图 10.3 所示。

```
mysql> USE mydb;
ERROR 1044 (42000): Access denied for user 'liu'@'localhost' to database 'mydb'
mysql>
```

图 10.3　系统显示出错信息

因为没有授予用户 liu 对 mydb 数据库的任何权限，所以打不开该数据库。
② 操作 emarket 数据库。
打开 emarket 数据库，查询 commodity 表的前两条记录，将商品编号为'1A0201'的商品库存量-1，操作成功，如图 10.4 所示，这是因为用户 liu 具有对 commodity 表的查询和修改权限。

```
mysql> USE emarket;
Database changed
mysql> SELECT 商品编号,商品名称 FROM commodity LIMIT 1,2;
+-----------+--------------------------+
| 商品编号  | 商品名称                 |
+-----------+--------------------------+
| 1A0201    | 烟台红富士苹果10斤箱装   |
| 1A0302    | 阿克苏苹果冰糖心5斤箱装  |
+-----------+--------------------------+
2 rows in set (0.00 sec)

mysql> UPDATE commodity SET 库存量=库存量-1 WHERE 商品编号='1A0201';
Query OK, 1 row affected (0.08 sec)
Rows matched: 1  Changed: 1  Warnings: 0
```

图 10.4　操作成功

（3）测试 OPPO 主机用户 king 查询 commodity 表的权限。
本测试需要两台计算机，除了本地主机（huawei），还要准备一台名为 OPPO 的计算机，并安装好 Navicat，它与本地主机处于同一局域网内。
① 之前已经在本地主机上以 root 用户身份创建了 OPPO 主机用户 king 并授予了查询 commodity 表的权限。
② 在 OPPO 主机上用 Navicat 创建用户 king 的连接。注意，主机名需要填写本地主机名"huawei"。
③ 在 OPPO 主机上打开 myking 连接，可以看到，除了显示一个系统数据库（information_schema），还有一个 emarket 数据库。这是因为当前还没有给 OPPO 主机上的用户 king 分配任何权限，而在本地"huawei"主机上只给 OPPO 主机上的用户 king 分配了对 emarket 数据库中的 commodity 表的查询权限。
继续在 OPPO 主机 myking 连接下单击 emarket 数据库，系统仅显示 commodity 表，打开 commodity 表，显示该表的所有记录，说明 OPPO 主机上的用户 king 确实具有查询 commodity 表的权限。
在 commodity 表中增加一条记录：
```
1A0102, 水果名称, 5, 100
```
然后保存记录，系统显示出错信息。可见，该用户也不能对任何记录进行修改和删除操作。

2. 授予列权限

授予列权限时，授权语句如下：
```
GRANT 权限类型(列名, …), …
    ON 数据库名.表名
    TO …
```
对于列权限，"权限类型"只能取 SELECT、INSERT 和 UPDATE。

【例 10.4】 授予 ken 在 commodity 表的"商品编号"和"商品名称"列上的 UPDATE 权限。
```
GRANT UPDATE(商品编号, 商品名称)
    ON emarket.commodity
    TO ken@'localhost';
```

3. 授予数据库权限

授予数据库权限时，授权语句如下：
```
GRANT 数据库权限, …
    ON [数据库名.]*
    TO …
```
其中，"数据库名.*"对应数据库中的所有表，"*"表示当前数据库中的所有表。这个权限不仅适用于数据库中当前所有表，而且适用于以后添加到数据库中的表。

常用数据库权限如下。

- SELECT：使用 SELECT 语句访问特定数据库中所有表和视图的权限。
- INSERT：使用 INSERT 语句向特定数据库中所有表添加行的权限。
- DELETE：使用 DELETE 语句删除特定数据库中所有表的行的权限。
- UPDATE：使用 UPDATE 语句更新特定数据库中所有表的数据的权限。
- REFERENCES：创建指向特定数据库中的表的外键的权限。
- CREATE：使用 CREATE TABLE 语句在特定数据库中创建新表的权限。
- ALTER：使用 ALTER TABLE 语句修改特定数据库中所有表的权限。
- INDEX：在特定数据库中的所有表上定义和删除索引的权限。
- DROP：删除特定数据库中所有表和视图的权限。
- CREATE TEMPORARY TABLES：在特定数据库中创建临时表的权限。
- CREATE VIEW：在特定数据库中创建新的视图的权限。
- SHOW VIEW：查看特定数据库中已有视图的定义的权限。

【例 10.5】 授予 ken 对 emarket 数据库中所有表的 SELECT 权限，授予 ken 对 mydb 数据库的所有数据库权限。
```
GRANT SELECT
    ON emarket.*
    TO ken@'localhost';
USE mydb;
GRANT ALL
    ON *
    TO ken@'localhost';
```
说明：如果用户仅被授予创建新表和视图的权限，则不能访问它们。要访问它们，还需要被授予 SELECT 权限或其他权限。

4. 授予用户权限

在 MySQL 所有的权限中，最有效率的权限就是用户权限。

授予用户权限时，授权语句如下：
```
GRANT 用户权限, …
    ON *.*
    TO …
```
授予用户权限时，指定"CREATE USER"权限可给予用户创建和删除新用户的权限。指定"SHOW DATABASES"权限可给予用户使用 SHOW DATABASES 语句查看所有已有的数据库定义的权限。

【例 10.6】 创建新用户 caddy，授予其对所有数据库中所有表的 CREATE、ALTER 和 DROP 及创建新用户的权限，同时授予其对 commodity 表的 SELECT 权限。

```
CREATE USER
    caddy@'localhost' IDENTIFIED BY 'cpwd';
GRANT CREATE, ALTER, DROP, CREATE USER
    ON *.*
    TO caddy@'localhost';
GRANT SELECT
    ON emarket.commodity
    TO caddy@'localhost';
```

表 10.1 列出了 MySQL 系统权限。

表 10.1 MySQL 系统权限

语句	用户权限	数据库权限	表权限	列权限
SELECT	Yes	Yes	Yes	No
INSERT	Yes	Yes	Yes	No
DELETE	Yes	Yes	Yes	Yes
UPDATE	Yes	Yes	Yes	Yes
REFERENCES	Yes	Yes	Yes	Yes
CREATE	Yes	Yes	Yes	No
ALTER	Yes	Yes	Yes	No
DROP	Yes	Yes	Yes	No
INDEX	Yes	Yes	Yes	Yes
CREATE TEMPORARY TABLES	Yes	Yes	No	No
CREATE VIEW	Yes	Yes	No	No
SHOW VIEW	Yes	Yes	No	No
CREATE ROUTINE	Yes	Yes	No	No
ALTER ROUTINE	Yes	Yes	No	No
EXECUTE ROUTINE	Yes	Yes	No	No
LOCK TABLES	Yes	Yes	No	No
CREATE USER	Yes	No	No	No
SHOW DATABASES	Yes	No	No	No
FILE	Yes	No	No	No
PROCESS	Yes	No	No	No
RELOAD	Yes	No	No	No
REPLICATION CLIENT	Yes	No	No	No

续表

语 句	用户权限	数据库权限	表权限	列权限
REPLICATION SLAVE	Yes	No	No	No
SHUTDOWN	Yes	No	No	No
SUPER	Yes	No	No	No
USAGE	Yes	No	No	No

5. 显示用户权限

显示用户权限的语句如下：
```
SHOW GRANTS FOR 用户;
```
例如：
```
SHOW GRANTS FOR liu@'localhost';
```
显示结果如图 10.5 所示。

```
Grants for liu@localhost
GRANT USAGE ON *.* TO `liu`@`localhost`
GRANT SELECT, UPDATE ON `emarket`.`commodity` TO `liu`@`localhost`
```

图 10.5　显示结果

10.2.2　权限转移和限制

GRANT 语句使用 WITH 子句实现权限转移和限制：
```
GRANT 权限类型[(列表)], …
    ON …
    TO …
    WITH GRANT OPTION | WITH 使用限制
```
说明：

（1）WITH GRANT OPTION。

如果指定 WITH GRANT OPTION，则表示 TO 子句中指定的所有用户都能把自己所拥有的权限授予其他用户，而不管其他用户是否拥有该权限。

（2）WITH 使用限制。

利用 WITH 子句可以对一个用户进行使用限制，有如下选项。

- MAX_QUERIES_PER_HOUR 次数：每小时可以查询数据库的次数。
- MAX_UPDATES_PER_HOUR 次数：每小时可以修改数据库的次数。
- MAX_CONNECTIONS_PER_HOUR 次数：每小时可以连接数据库的次数。
- MAX_USER_CONNECTIONS 次数：同时连接 MySQL 的最大用户数。

对于前三个选项，次数为 0 表示没有限制作用。

【例 10.7】 授予用户 ken 对 orders 和 orderitems 表的 SELECT 权限，并允许其将 orderitems 表上的权限授予用户 Jim。

（1）以 root 用户身份授予用户 ken 对 orders 和 orderitems 表的 SELECT 权限，同时创建用户 Jim。
```
GRANT SELECT
    ON emarket.orders
    TO ken@'localhost'
```

```
        WITH GRANT OPTION;
GRANT SELECT
    ON emarket.orderitems
    TO ken@'localhost'
    WITH GRANT OPTION;
CREATE USER
    Jim@'localhost' IDENTIFIED BY 'jpwd';
```

（2）在 Navicat 中使用用户 ken 身份连接 myken。

（3）在 Navicat 中单击 myken 连接，在查询分析器中执行下列语句，将 orderitems 表的查询权限转移给用户 Jim。

```
GRANT SELECT
    ON emarket.orderitems
    TO Jim@'localhost';
```

运行结果如图 10.6 所示。

图 10.6 运行结果

（4）在 Navicat 中以 root 用户身份连接 MySQL，双击"用户"中的 Jim，切换至"权限"页，显示其拥有的权限，如图 10.7 所示。

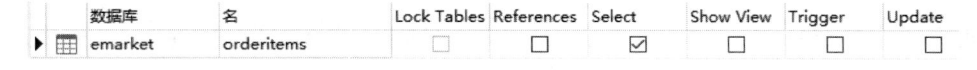

图 10.7 用户 Jim 拥有的权限

10.2.3 权限撤销

要撤销一个用户的权限，但不从 user 表中删除该用户，可以使用 REVOKE 语句，这条语句和 GRANT 语句格式类似，但具有相反的效果。要使用 REVOKE 语句，用户必须拥有 mysql 数据库的全局 CREATE USER 权限或 UPDATE 权限。

```
REVOKE 权限类型[(列表)], …
    ON 表名 | * | *.* | 数据库名.*
    FROM 用户名@主机名, …
```

或者

```
REVOKE ALL PRIVILEGES, GRANT OPTION FROM 用户名@主机名, …
```

说明：第一种格式用于撤销某些特定的权限，而第二种格式用于撤销该用户的所有权限。

【例 10.8】 撤销用户 ken 对 orderitems 表的 SELECT 权限。

以 root 用户身份登录，执行下列语句：

```
REVOKE SELECT
    ON emarket.orderitems
    FROM ken@'localhost';
```

由于用户 ken 对 orderitems 表的 SELECT 权限被撤销了，所以直接或间接依赖于它的其他权限也被撤销了。但以上语句执行之后 WITH GRANT OPTION 还保留，当再次授予 ken 对同一个表的权限时，它会立刻把这个权限传递给 Jim。

10.2.4 Navicat 可视化权限操作

实际上，通过 Navicat 可以以可视化的方式很方便地授予、查看、修改和撤销用户权限。

1. 显示用户和权限

在 root 用户连接下，单击"用户"图标，显示所有用户，如图 10.8 所示。

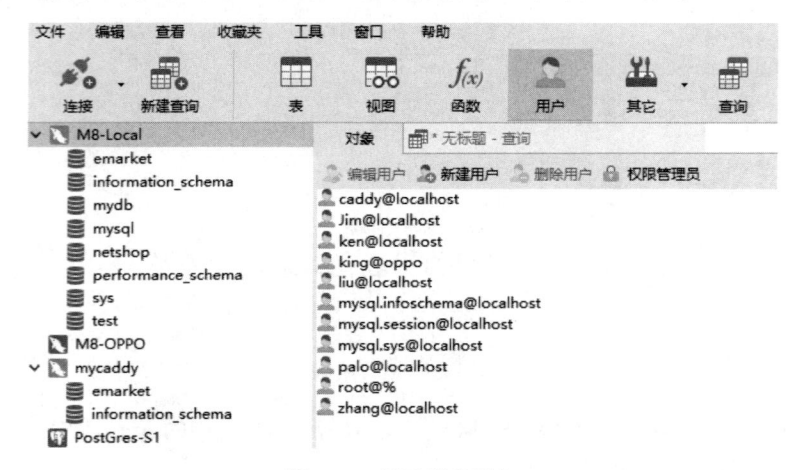

图 10.8 显示所有用户

双击用户名（如 ken@localhost），显示该用户的所有属性，初始页为"常规"页，如图 10.9（a）所示。切换到"权限"页，显示该用户的所有权限，如图 10.9（b）所示。

（a）　　　　　　　　　　　　　　　　　（b）

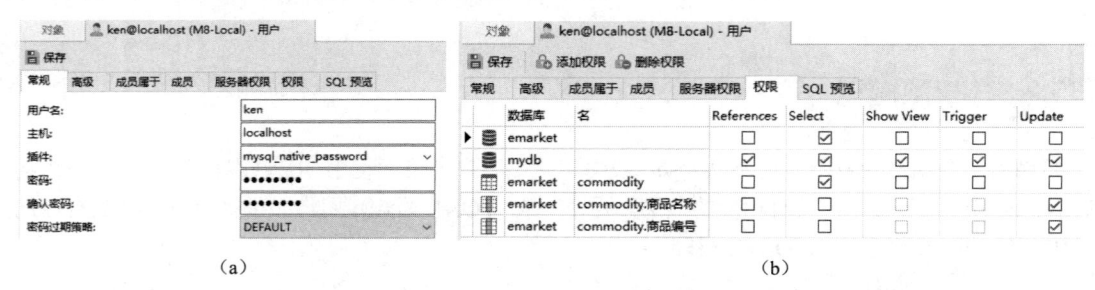

图 10.9 查看用户属性

2. 增加和撤销权限

勾选或取消勾选相应的权限，就能够增加和撤销用户的权限。

单击"添加权限"按钮，系统列出当前连接下所有数据库及其对象，包含表、列等，右边为对应的权限，如图10.10（a）所示。如果要撤销用户对某项（如mydb数据库）的权限，就选择对应的项，右击并选择"撤销"命令，然后单击"保存"按钮即可，如图10.10（b）所示。

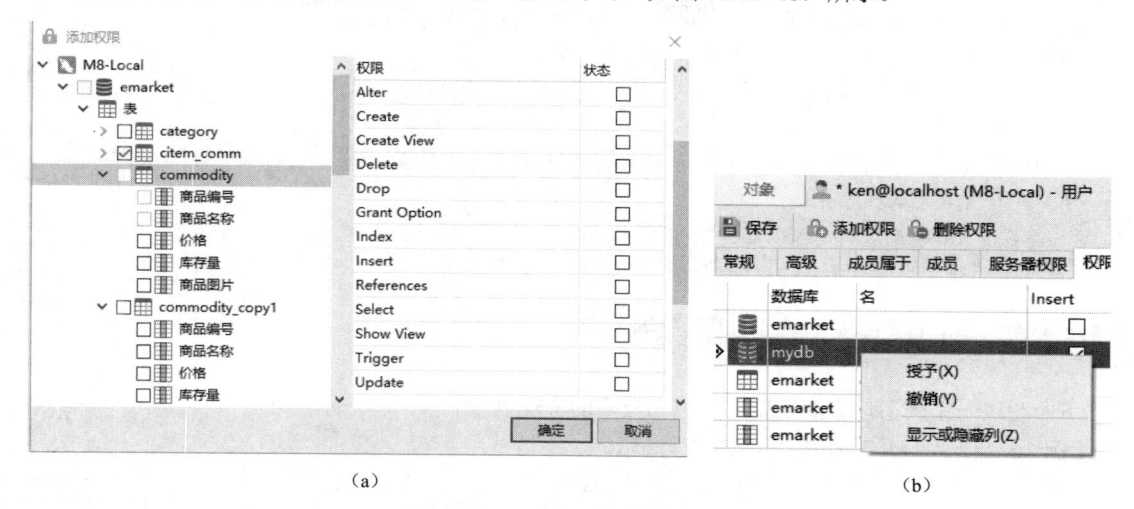

图10.10　权限的增加和撤销操作

10.3　角色和权限管理及实例

角色是一组权限的集合。将一组权限赋予某个角色，再把这个角色赋予某个用户，那么该用户就拥有该角色对应的权限，三者的关系如图10.11所示。

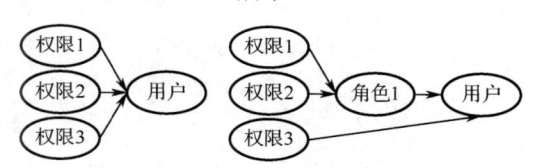

图10.11　权限、角色与用户的关系

可见，通过角色可以更加有效地分配和管理用户的权限。

10.3.1　创建角色和分配权限

MySQL中常用的创建角色和分配权限的语句如下。

（1）创建角色、删除角色：
```
CREATE ROLE 角色名,…
DROP ROLE IF EXISTS 角色名,…
```
（2）为角色分配相应权限：
```
GRANT 权限名 ON *.* TO 角色名
```
（3）为某个用户赋予角色的权限：
```
GRANT 角色名 ON *.* TO 用户
```
查看用户权限：
```
SHOW GRANTS FOR 用户
```

(4) 启用角色:
```
SET DEFAULT ROLE 角色名 TO 用户
```
注意: 设置角色后如果不启用, 则用户登录时依旧没有该角色的权限。

如果一个用户有多个角色, 则需要进行以下设置:
```
SET DEFAULT ROLE ALL TO 用户
```
(5) 撤销角色权限:
```
REVOKE INSERT,UPDATE ON *.* | 数据库.* FROM 角色名
```
(6) 用户角色权限查询:
```
SELECT * FROM MYSQL.DEFAULT_ROLES;
SELECT * FROM MYSQL.ROLE_EDGES;
```

10.3.2 用户角色和权限分配实例

下面通过一系列语句来演示用户角色和权限的分配过程。

【例 10.9】 用户角色和权限分配过程演示。

```
DROP USER IF EXISTS user1@'localhost',user2@'localhost';     # (a.1)
CREATE USER user1@'localhost',user2@'localhost';             # (a.2)
DROP ROLE IF EXISTS rmydb_write,rmydb_read;                  # (b.1)
CREATE ROLE rmydb_write,rmydb_read;                          # (b.2)
GRANT INSERT,UPDATE,DELETE,SELECT ON mydb.* TO rmydb_write;  # (c)
GRANT SELECT ON mydb.* TO rmydb_read;                        # (c)
GRANT SELECT ON emarket.commodity TO user1@'localhost';      # (d)
GRANT rmydb_write TO user1@'localhost';                      # (d)
GRANT rmydb_read TO user2@'localhost';                       # (d)
SHOW GRANTS FOR user1@'localhost';                           # (e.1)
SHOW GRANTS FOR user1@'localhost' USING rmydb_write;         # (e.2)
SHOW GRANTS FOR user2@'localhost';                           # (e.3)
REVOKE DELETE ON mydb.* FROM rmydb_write;                    # (f)
SET DEFAULT ROLE rmydb_read TO user2@'localhost';            # (g)
SELECT * FROM MYSQL.DEFAULT_ROLES;                           # (h.1)
SELECT * FROM MYSQL.ROLE_EDGES;                              # (h.2)
```

说明:

(a) 如果存在 user1 和 user2 用户, 则先删除 (a.1), 再创建这两个用户 (a.2)。

(b) 如果存在 rmydb_write 和 rmydb_read 角色, 则先删除 (b.1), 再创建这两个角色 (b.2)。

(c) 给这两个角色授予权限。

(d) 授予 user1 用户对 emarket.commodity 表的 SELECT 权限, 同时将 rmydb_write 角色权限赋予用户 user1, 将 rmydb_read 角色权限赋予用户 user2。

(e) 显示 user1 用户权限, 包括其自己的权限和被赋予的角色, 角色内部的具体权限看不到 (e.1); 显示 user1 用户权限和角色, 同时包含 rmydb_write 角色内部的权限 (e.2); 显示 user2 用户权限, 仅显示角色, 看不到内部权限 (e.3)。这三条语句的显示结果如图 10.12 所示。

Grants for user1@localhost
GRANT USAGE ON *.* TO `user1`@`localhost`
GRANT SELECT ON `emarket`.`commodity` TO `user1`@`localhost`
GRANT `rmydb_write`@`%` TO `user1`@`localhost`

(e.1)

Grants for user1@localhost
GRANT USAGE ON *.* TO `user1`@`localhost`
GRANT SELECT, INSERT, UPDATE, DELETE ON `mydb`.* TO `user1`@`localhost`
GRANT SELECT ON `emarket`.`commodity` TO `user1`@`localhost`
GRANT `rmydb_write`@`%` TO `user1`@`localhost`

(e.2)

图 10.12 显示结果

```
Grants for user2@localhost
GRANT USAGE ON *.* TO `user2`@`localhost`
GRANT `rmydb_read`@`%` TO `user2`@`localhost`
```

(e.3)

图 10.12　显示结果（续）

（f）撤销 rmydb_write 角色的删除记录权限。
（g）为 user2 用户启用角色。
（h）显示默认角色用户（h.1），显示所有角色（h.2）。这两条语句的显示结果如图 10.13 所示。

HOST	USER	DEFAULT_ROLE_HOST	DEFAULT_ROLE_USER
localhost	user2	%	rmydb_read

(h.1)

FROM_HOST	FROM_USER	TO_HOST	TO_USER	WITH_ADMIN_OPTION
%	rmydb_read	localhost	user2	N
%	rmydb_write	localhost	user1	N

(h.2)

图 10.13　显示结果

实习 0 数据库综合应用及实例
——网上商城数据库设计

到本章为止，我们已经系统介绍了 MySQL 数据库及其各种对象的主要功能，但每一章介绍的只是一个方面的功能，当需要解决一个实际问题时，必须综合应用 MySQL 数据库及其对象，才能设计出一个完善的数据库系统。为了方便读者综合应用 MySQL 解决问题，本书以网上商城数据库系统的设计为例，结合编者多年数据库应用开发经验，设计 MySQL 数据库及其各种对象，并在创建后利用数据测试它们功能的正确性。

P0.1 MySQL 8 服务器和网上商城数据库

1. MySQL 8 服务器

本章介绍的网上商城系统在实际应用时需要配置服务器档次的计算机作为 MySQL 8 服务器，在该计算机上安装服务器操作系统（如 Windows Server 2003/2008/2012/2018 等），在该计算机上安装和配置一个 MySQL 8 服务器软件。

但读者学习时 MySQL 8 可能安装在学校机房的计算机或者自己的笔记本电脑上。这里，为方便读者模仿，我们将 MySQL 8 安装在普通主机上，操作系统为 Windows 10，主机名为"DBHost"，安装时 root 用户的密码为"123456"。

2. 创建 MySQL 8 数据库

在查询窗口中输入下列语句，创建网上商城数据库（netshop）。

```
CREATE DATABASE IF NOT EXISTS netshop
    DEFAULT CHARACTER SET = gbk
    DEFAULT COLLATE = gbk_chinese_ci
    ENCRYPTION = 'N';
```

P0.2 表结构设计及其分析

网上商城数据库（netshop）包含商品分类表、商家表、商品表、商品图片表、用户表、购物车表、订单表、销售表、销售详情表、购物确认表和销售情况分析表。其表结构主要依据图 P0.1 的 E-R 图基础结合应用开发经验得到。

这里的网上商城数据库与前面使用的数据库名称不同，为了方便与前面的内容对应，该数据库中的表名仍与前面基本相同，但表中字段名改用英文，这是因为在实际应用中用英文字符编写命令比较简单。表结构和数据库的其他对象尽可能接近实际应用，同时考虑了数据库对象的多样性，以方便读者理解数据库对象的相互配合关系。

1. 商品分类表：category

创建商品分类表，用于存放商品分类信息。

```
USE netshop;
CREATE TABLE category
(
    TCode       char(3)     NOT NULL PRIMARY KEY,    /*商品分类编码*/
    TName       varchar(8)  NOT NULL                 /*商品分类名称*/
);
```

说明：

（1）USE netshop：在创建表前，需要指定 netshop 为当前数据库，下同。

（2）商品分类编码固定为 3 位，其中：第 1 位表示大类，第 2、3 位表示大类下的小类。

（3）商品分类名称实际内容长度为 2～8 个字符，所以取 varchar(8)。

（4）该表采用 MySQL 8 默认的行格式（Dynamic），不需要特别指定。

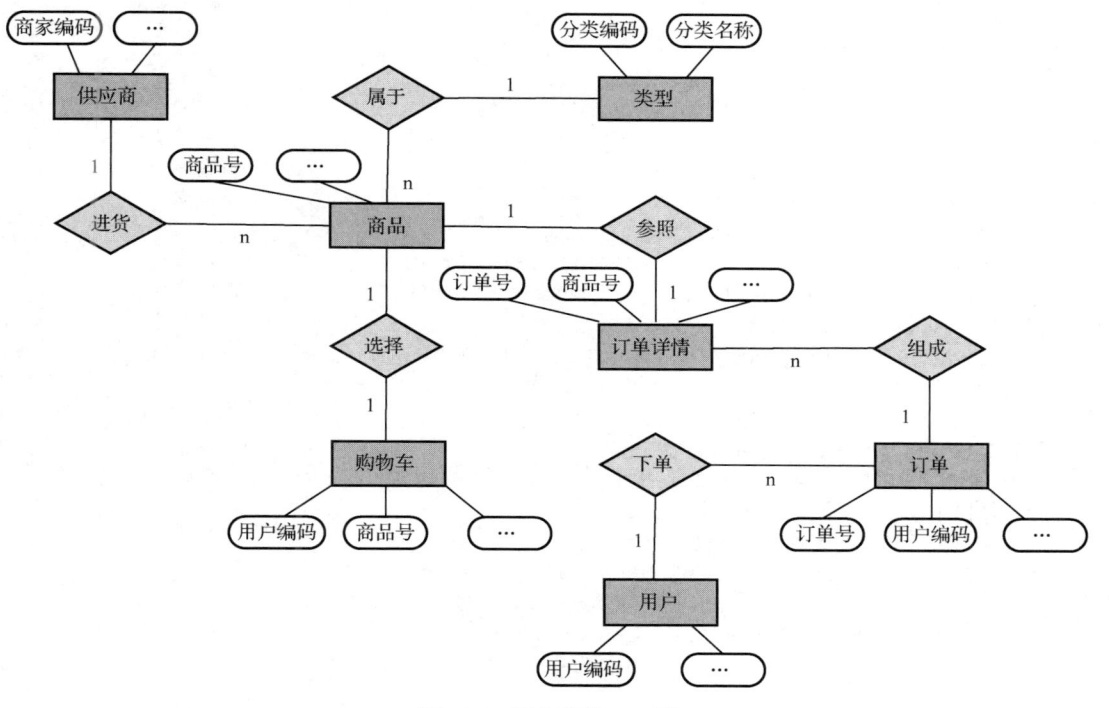

图 P0.1 网上商城 E-R 图

2. 商家表：supplier

商家表记录在平台上销售商品的商家信息。例如：当前包含 1 万个商家。

```
USE netshop;
SET GLOBAL innodb_file_per_table = ON;
CREATE TABLE supplier
(
    SCode       char(8)       NOT NULL PRIMARY KEY,                    /*商家编码*/
    SPassWord   varchar(12)   NOT NULL DEFAULT '888',                  /*商家密码*/
    SName       varchar(16)   NOT NULL,                                /*商家名称*/
    SWeiXin     varchar(16)   CHARACTER SET utf8mb4 NOT NULL,          /*微信*/
    Tel         char(13) NULL,                                         /*电话（手机）*/
    Evaluate    float(4, 2)   DEFAULT 0.00,                            /*商家综合评价*/
    SLicence    mediumblob    NULL                                     /*营业执照图片*/
);
```

说明:

(1) 通过 SET GLOBAL innodb_file_per_table = ON, 将表创建在单表表空间中。实际上, 不标注表空间方式, 默认也是单表表空间, 下同。

在单表表空间中创建表后, MySQL 8 安装目录的 data\netshop 子目录下会有 supplier.ibd 文件。

(2) 商家编码: 以平台管理方便为主, 保证唯一性。这里设置第 1、2 位为省编号, 第 3、4 位为城市编号, 第 5~7 位为顺序号, 第 8 位为等级 (A-优先, B-普通, C-较低)。

(3) 微信: 考虑到微信的一些个性名称中包含非中文字符, 将微信对应的列设置为 utf8mb4 字符集。

(4) 商家综合评价 (Evaluate) 列: 根据用户反馈的商品评价按照一定算法计算得到。

3. 商品表: commodity

商品表记录所有商家销售的所有商品信息。例如: 当前共有 100 万个商品。

```
USE netshop;
CREATE TABLE commodity
(
    Pid           int(8)        NOT NULL PRIMARY KEY,      /*商品号*/
    TCode         char(3)       NOT NULL,                  /*商品分类编码*/
    SCode         char(8)       NOT NULL,                  /*商家编码*/
    PName         varchar(32)   NOT NULL,                  /*商品名称*/
    PPrice        decimal(7,2)  NOT NULL,                  /*商品价格*/
    Stocks        int           UNSIGNED DEFAULT 0,        /*商品库存量*/
    Total         decimal(10,2) AS(Stocks * PPrice),       /*商品金额*/
    TextAdv       varchar(32)   NULL,                      /*推广文字*/
    LivePriority  tinyint       NOT NULL DEFAULT 1,        /*活化情况*/
             /* 下架 = 0, 在售 = 1, 优先 > 1 */
    Evaluate      float(4, 2)   DEFAULT 0.00,              /*商品综合评价*/
    UpdateTime    timestamp,                               /*商品记录最新修改时间*/
        CHECK(Stocks > 0 AND PPrice > 0.00 AND PPrice < 10000.00),
    INDEX         myInxSCode(SCode),
    INDEX         myInxName(PName),
    FOREIGN KEY(TCode) REFERENCES category(TCode)
        ON DELETE RESTRICT ON UPDATE RESTRICT,
    FOREIGN KEY(SCode) REFERENCES supplier(SCode)
        ON DELETE RESTRICT ON UPDATE RESTRICT
);
```

说明:

(1) 由于商家会不断推出不同商品, 即使商品类型相同, 种类也不同, 需要用不同的商品号区分。为了保证不重复, 商品号 (Pid) 由 MySQL 系统本身维护, 采用 int 类型, 添加 AUTO_INCREMENT 属性。将该列作为主键。

(2) 商品价格 (PPrice) 列: 通过 CHECK 属性控制商品价格 (PPrice) 不能小于或等于 0.00, 同时不能超过 10000.00。

(3) 无符号和默认值: 商品库存量 (Stocks) 列不可能为负, 也不能为空, 通过 UNSIGNED 和 DEFAULT 属性控制。

(4) 商品金额 (Total) 列为计算列, 商品金额=库存量 (Stocks)×价格 (PPrice), 这样便于统计现有商品总值。

(5) 活化情况 (LivePriority) 列: 商品在售为 1, 下架为 0; 平台可通过控制该值 (大于 1) 大小使商品在用户搜索时排列在前面。

（6）商品综合评价（Evaluate）列：根据用户反馈的商品评价按照一定算法计算得到。

（7）商品记录最新修改时间（UpdateTime）列为时间戳（timestamp）类型，只要有用户选购商品，其库存量就会变化，系统就会自动更新，这样可以方便平台了解当前销售的热点商品。

（8）表约束（CHECK）：控制商品价格（PPrice）和库存量（Stocks）数据范围，防止输入错误数据。

（9）索引：除 Pid 为主键索引外，实际应用中还会经常按商家编码（SCode）和商品名称（PName）进行查询，但它们在表中不是唯一的，所以为了方便，可建立普通索引（Index）。

（10）外键：实现本表的商品分类编码（TCode）列与商品分类表（category）的商品分类编码（TCode）列建立拒绝 DELETE 和 UPDATE 操作参照完整性关联。

实现本表的商家编码（SCode）列与商家表（supplier）的商家编码（SCode）列建立拒绝 DELETE 和 UPDATE 操作参照完整性关联。

实际应用时，系统初始化后，一般要保证商品分类表和商家表的记录只能增加，而不能删除和修改对应列的内容。

4. 商品图片表：commodityimage

因为商品图片仅在客户端选择显示某个具体商品的详细信息时使用，其他情况（如修改商品库存量、结算等）下不用，为节省商品表记录的存储空间，最好另外创建表专门存放图片，所以这里创建商品图片表，与商品表之间通过商品号（Pid）关联，这样商品表本身较小，一个页面可以容纳更多记录，提高了性能。

```
USE netshop;
CREATE TABLE commodityimage
(
    Pid         int(8)       NOT NULL PRIMARY KEY,     /*商品号*/
    Image       blob         NOT NULL,                 /*商品图片（最大 64KB）*/
    FOREIGN KEY(Pid) REFERENCES commodity(Pid)
        ON DELETE CASCADE ON UPDATE CASCADE
);
```

说明：

（1）因为每个商品必须有图片，所以添加属性 NOT NULL。

（2）商品图片数据差别较大，而图片不能太大，所以选择 blob。在输入时需要判断图片大小是否超过 64KB。

（3）外键：本表与商品表（commodity）中的商品号（Pid）列建立 CASCADE 参照完整性关联。商品表中没有的商品号记录不能插入本表；商品表删除和更新记录时，本表同步调整。

（4）行格式：商品图片保存的内容为 JPG 图片，本身就是压缩的，而 MySQL 8 默认采用 Dynamic 行格式，这里不选择 Compressed 行格式。

5. 用户表：user

用户表记录在该平台注册的用户信息。例如：累计用户数为 200 万。

```
USE netshop;
CREATE TABLE user
(
    UCode       char(16)     NOT NULL PRIMARY KEY,             /*用户编码（账号）*/
    UPassWord   varchar(12)  NOT NULL DEFAULT 'abc123',        /*登录密码*/
    UName       varchar(4)   NOT NULL,                         /*用户名*/
    Sex         enum('男','女',' ') NOT NULL DEFAULT '男',      /*性别*/
    SfzNum      char(18)     NOT NULL,                         /*身份证号*/
```

```
        Phone         char(11)      NOT NULL,                          /*电话（手机）*/
        UWeiXin varchar(16) CHARACTER SET utf8mb4 NULL,                /*微信*/
        Focus         set('食品','服装','手机电脑','家用电器','汽车','化妆品','保健品','
运动健身','文化用品'),                                                   /*关注*/
        GeoPosition   point         NULL,                              /*地理位置*/
        USendAddr     json          NULL,                              /*送货地址*/
        LoginTime     datetime NOT NULL,                               /*最近登录时间*/
        OnLineYes     bit           NOT NULL DEFAULT 0,                /*当前登录 = 1*/
        Evaluate      float(4,2)    DEFAULT 0.00                       /*用户综合评价*/
);
```

说明：

（1）用户编码（UCode）列：由用户自己编码，保证在系统中唯一。

（2）登录密码（UPassWord）列：实际应用时可以加密保存。

（3）性别（Sex）列采用枚举（enum）类型，实现单选信息规范。

（4）关注（Focus）列采用集合（set）类型，实现多选信息规范。平台通过该信息向用户推送其感兴趣的产品广告。

（5）地理位置（GeoPosition）列采用空间（point）类型，地理位置信息在用户登录时由手机定位系统确认。平台根据此信息解析出用户所属区域，分析用户购物特点。

（6）送货地址（USendAddr）列采用 JSON 类型，可以较方便地在一列中表达省、市、区、位置、联系电话、联系人等信息。

（7）最近登录时间（LoginTime）列：在很多情况下，根据这个信息可把某段时间内没有登录的用户转入备用用户表，以提高系统处理常用用户登录的效率。

（8）当前登录（OnLineYes）列：在处理类似"购物提交"功能时，只需要关联当前登录用户。

（9）用户综合评价（Evaluate）列：根据用户反馈的商品评价按照一定算法计算得到。

6. 购物车表：preshop

购物车表记录用户当前准备购买的商品信息。例如：平均 1% 的用户放入 2 件商品，共为 200 万×1%×2 = 4 万条记录。

```
USE netshop;
CREATE TABLE preshop
(
    UCode         char(16) NOT NULL,                                   /*用户编码*/
    TCode         char(3)       NOT NULL,                              /*商品分类编码*/
    Pid           int(8)        NOT NULL,                              /*商品号*/
    PName         varchar(32)   NOT NULL,                              /*商品名称*/
    PPrice        decimal(7, 2) NOT NULL,                              /*商品价格*/
    CNum          tinyint       UNSIGNED NOT NULL DEFAULT 1,           /*购买数量*/
    SCode         char(8)       NOT NULL,                              /*商家编码*/
    Confirm       bit           NOT NULL DEFAULT 0,                    /*确认购物*/
    Oid           int(8)        NULL,                                  /*订单号*/
    EStatus       enum('未发货','已发货','已收货','已拒收') DEFAULT '未发货',
                                                                       /*物流状态*/
    USendAddr     json          NULL,                                  /*送货地址*/
    EGetTime      datetime      NULL,                                  /*收货时间*/
    HEvaluate     tinyint       UNSIGNED DEFAULT 0 CHECK(HEvaluate <= 5),
                                                        /*评价：0-未评价，1~5 为星的个数*/
    PRIMARY KEY(UCode, Pid),
    INDEX   myInxPid(Pid),
```

```
    INDEX      myInxOPid(Oid, Pid)
);
```

说明：

（1）主键（PRIMARY KEY）：由用户编码（UCode）和商品号（Pid）两列构成。由于在购物车界面需要将某个用户选择的商品一起显示，所以主键要将用户编码排在前面。

（2）除了商品号（Pid）列，还保存了商品价格（PPrice）和商家编码（SCode）两列，虽然信息产生冗余，但这些信息不再需要与商品表（commodity）和商家表（supplier）关联，提高了运行效率。当用户完成订单时，可以将本表中的有关记录直接移入销售详情表（saledetail）中。

（3）确认购物（Confirm）列：标记已结算的商品。

（4）物流状态（EStatus）列是规范信息，采用枚举（enum）类型比较方便。

（5）评价（HEvaluate）列：用户收到商品后，对商品和商家进行评价，默认值为0（未评价）。该数据为整个系统评价（商品、商家、用户）的基础，在购物过程完成后的空闲时间，根据该数据分别对商品、商家、用户按照特定算法进行评价。

（6）普通索引（INDEX）：为了方便单独按照商品号查询统计，创建一个按商品号排列的普通索引；同时，为了方便按照订单进行检索，创建一个按订单号和商品号联合排列的普通索引。

（7）外键：仅从内容来看，商品号（Pid）、商家编码（SCode）、订单号（Oid）这三列与商品表（commodity）、商家表（supplier）、订单表（orders）中的相应列应建立外键关联，应在本表这三列与这三个表间建立拒绝 DELETE 和 UPDATE 操作参照完整性。但考虑到本表记录较多，建立外键后会降低工作效率，在设计购物 APP 时，通过程序执行存储过程向本表插入或修改记录，完全可以确保这些列的内容在父表中均已存在。

7. 订单表：orders

订单表记录用户每次购买的商品价值和支付情况，用户在购物车界面中单击"结算"按钮时产生订单。例如：每天平均有 100 万个用户购买商品，一年有 100 万×360=3.6 亿条记录。

```
USE netshop;
CREATE TABLE orders
(
    Oid         int(8)              NOT NULL AUTO_INCREMENT,  /*订单号*/
    UCode       char(16)            NOT NULL,                 /*用户编码*/
    PayMoney    decimal(8,2)        NULL,                     /*支付金额*/
    PayTime     datetime            NULL,                     /*下单时间*/
    PRIMARY KEY(Oid DESC),
    FOREIGN KEY(UCode) REFERENCES user(UCode)
        ON DELETE RESTRICT ON UPDATE RESTRICT
);
```

说明：

（1）主键：订单号（Oid）列采用自增属性，以保证它的顺序性和唯一性。

由于订单号（Oid）列采用自增属性，所以按照正常排序，新订单的订单号大，排列在最后，但从购物过程看，人们更关注当前订单，所以主键采用降序（DESC）排列。

（2）外键：在本表中的用户编码（UCode）列与用户表（user）中的用户编码（UCode）列间建立拒绝 DELETE 和 UPDATE 操作参照完整性。

8. 销售详情表：saledetail

销售详情表记录用户累计购买的商品信息。例如：每天有 200 万种商品，一年有 200 万×360=7.2 亿条记录。

```
USE netshop;
CREATE TABLE saledetail
(
    Oid         int(8)       NOT NULL,                           /*订单号*/
    UCode       char(16)     NOT NULL,                           /*用户编码*/
    TCode       char(3)      NOT NULL,                           /*商品分类编码*/
    Pid         int(8)       NOT NULL,                           /*商品号*/
    PPrice      decimal(7,2) NOT NULL,                           /*商品价格*/
    CNum        int          UNSIGNED DEFAULT 0,                 /*购买数量*/
    SCode       char(8)      NOT NULL,                           /*商家编码*/
    Total       float(7,2)   AS(CNum * PPrice),                  /*商品总价*/
    USendAddr   json         NULL,                               /*送货地址*/
    EGetTime    datetime     NULL,                               /*收货时间*/
    HEvaluate   tinyint      UNSIGNED DEFAULT 0 CHECK(HEvaluate <= 5),
                                                                 /*评价：0-未评价，1～5 为星的个数*/
    PRIMARY KEY(Oid DESC, Pid),
    INDEX    myInxPid(Pid)
) PARTITION BY KEY() PARTITIONS 10;
```

说明：

（1）主键（PRIMARY KEY）：由订单号（Oid）和商品号（Pid）两列构成。与订单表（orders）一样，按订单号降序排列。

（2）普通索引（INDEX）：主键虽然包含订单号（Oid）和商品号（Pid）两列，但因为订单号排列在前面，所以主键索引顺序为订单号顺序。但为了方便按照商品号查询统计，再创建一个按商品号排列的普通索引。

（3）外键：本表记录是在购物完成后由购物车表（preshop）移入的，所以由购物车表（preshop）提供完整性保证，本表不再需要通过外键关联保证。

（4）分区：因为销售详情表记录较多，并且需要频繁查询销售详情信息，为了提高查询速度，按"BY KEY()"进行分区，分区数为 10。

9. 购物确认表：shop

该表用于暂存当前用户确认购买的商品号（Pid）和购买数量（PNum）。因为不需要长期保存，所以采用 MEMORY 存储引擎。

```
USE netshop;
CREATE TABLE shop
(
    UCode     char(16)    NOT NULL,                    /*用户编码*/
    Pid       int(8)      NOT NULL,                    /*商品号*/
    PNum      int         UNSIGNED NOT NULL,           /*购买数量*/
    INDEX     myInxUCode(UCode)
) ENGINE = MEMORY;
```

10. 销售情况分析表：saleanalyze

该表用于存放对商品销售数据进行分析统计的数据记录。

```
USE netshop;
CREATE TABLE saleanalyze
(
    TCode       char(3)     NOT NULL,                  /*商品分类编码*/
    TName       varchar(8)  NOT NULL,                  /*商品分类名称*/
    SYearMonth  char(4),                               /*商品销售年月*/
```

```
    SNum         int,                            /*商品销售数量*/
    SPrice       decimal(10,2) NOT NULL,         /*商品总价*/
    PRIMARY      KEY(TCode, SYearMonth)
);
```

创建完成后，在 Navicat 中 netshop 数据库下的"表"项中显示以上创建的所有表。右击某表，打开快捷菜单，选择菜单命令即可进行操作。

P0.3 视图设计

视图设计就是根据前面创建的基本表创建购物车视图、物流状态视图和商品表用户呈现视图。

1. 购物车视图：myPreshop_NoConfirm

购物车视图包含未确认购买的商品信息，它们分布在 preshop 和 commodityimage 表中。

```
USE netshop;
CREATE VIEW myPreshop_NoConfirm
    AS
    SELECT Image, UCode, preshop.Pid, PName, PPrice, CNum
        FROM preshop, commodityimage
        WHERE Confirm = 0 AND preshop.Pid = commodityimage.Pid;
```

2. 物流状态视图：myPreshop_Confirm

物流状态视图包含确认购买的商品信息，它们分布在 preshop 和 commodityimage 表中。

```
CREATE VIEW myPreshop_Confirm
    AS
    SELECT Image,UCode,preshop.Pid,PName,CNum,EStatus,EGetTime,HEvaluate
        FROM preshop, commodityimage
        WHERE Confirm = 1 AND preshop.Pid = commodityimage.Pid;
```

3. 商品表用户呈现视图：myCommodity_User

商品上下架、改变优先级时，通过此视图可看到商品条目变化。将商品表（commodity）和商品图片表（commodityimage）关联起来，过滤非活化商品，将优先级高的排列在前面，输出关注项。

```
CREATE VIEW myCommodity_User
    AS
    SELECT commodity.Pid, TCode, SCode, PName, PPrice, Stocks, Total, TextAdv, Image
        FROM commodity JOIN commodityimage
            ON commodity.Pid = commodityimage.Pid
        WHERE LivePriority >= 1
        ORDER BY LivePriority DESC;
```

创建完成后，在 Navicat 中 netshop 数据库下的"视图"项中显示以上创建的所有视图。右击某视图，打开快捷菜单，选择菜单命令即可进行操作。

P0.4 触发器设计

触发器设计就是根据前面创建的基本表，通过触发器实现购物车表（preshop）商品退货、移入销售详情表和商品表（commodity）调整商品价格的功能。

1. 购物车表（preshop）记录删除触发器：商品退货、移入销售详情表

在用户对订单商品退货，或者每天的定时事件将购物车中确认符合条件的商品移入销售详情表的情况下，会删除 preshop 表记录。与删除 preshop 表记录同步实现的功能通过触发器完成。

创建 preshop 表记录删除触发器，实现删除记录时，如果 orders 表中对应订单在 preshop 表中没有

记录，则将 orders 表中该订单记录删除，否则调整 orders 表中该订单的支付金额。

```
USE netshop;
CREATE TRIGGER myPreshop_Delete AFTER DELETE
    ON preshop FOR EACH ROW
BEGIN
    DECLARE vc char(16) DEFAULT NULL;
    SELECT UCode INTO vc FROM preshop
        WHERE Oid = OLD.Oid;
    IF vc IS NULL THEN
        DELETE FROM orders WHERE Oid = OLD.Oid;
    ELSE
        UPDATE orders SET PayMoney = PayMoney - OLD.PPrice * OLD.CNum
            WHERE Oid = OLD.Oid;
    END IF;
END ;
```

创建后，在 Navicat 中选中 netshop 数据库→表→preshop，右击，选择"设计表"命令，在"触发器"选项页中可看到创建的触发器及其过程体代码。

可以在"定义"框中修改触发器过程体代码。

2. 商品表（commodity）记录修改触发器：调整商品价格

当商家更改 commodity 表中的商品价格时，preshop 表中用户尚未确认购买的商品价格随之变动。触发时要先比较商品记录修改前后的价格，价格有变化才执行触发动作，若变动的不是价格（如库存量等），则不动作。

```
CREATE TRIGGER myCommodity_Update AFTER UPDATE
    ON commodity FOR EACH ROW
BEGIN
    IF NEW.PPrice <> OLD.PPrice THEN
        UPDATE preshop SET PPrice = NEW.PPrice
            WHERE Pid = NEW.Pid AND Confirm = 0;
    END IF;
END ;
```

创建后，在 commodity 表设计模式的"触发器"选项页中可看到 myCommodity_Update 触发器及其过程体代码。

P0.5 存储过程和自定义函数

设计存储过程（含事务），实现商品表（commodity）插入记录、用户表（user）插入记录、购物车表（preshop）插入记录，通过单表事务操作完成，一次购物确认通过多表事务操作完成。

P0.5.1 创建存储过程和自定义函数

1. 商品表（commodity）增加商品存储过程：Commodity_Insert

该存储过程由商品管理程序在增加商品时调用。

功能：先判断需要插入商品表（commodity）的商品分类编码和商家编码在对应的表中是否存在，只有两者均存在，才能插入商品记录。

```
USE netshop;
CREATE PROCEDURE Commodity_Insert(IN myPid int(8),IN myTCode char(3), IN mySCode char(8),
```

```
        IN myPName char(32), IN myPPrice float(7, 2), IN myStocks int,
        IN myTextAdv char(32), OUT ErrCode int )
label:BEGIN
    DECLARE vc char(8) DEFAULT NULL;
    SET ErrCode = 0;
    SELECT TCode INTO vc FROM commodity                    # (a.1)
        WHERE Pid = myPid;
    IF vc IS NOT NULL THEN                                 # (a.2)
        SET ErrCode = 3;                                   # (a.3)
        LEAVE label;                                       # (a.4)
    END IF;
    SELECT TCode INTO vc FROM category                     # (b)
        WHERE TCode = myTCode;
    IF vc IS NULL THEN                                     # (b)
        SET ErrCode = 1;                                   # (b)
        LEAVE label;                                       # (b)
    END IF;
    SET vc = NULL;
    SELECT SCode INTO vc FROM supplier                     # (c)
        WHERE SCode = mySCode;
    IF vc IS NULL THEN                                     # (c)
        SET ErrCode = 2;                                   # (c)
        LEAVE label;
    END IF;
    INSERT INTO commodity(Pid, TCode, SCode, PName, PPrice, Stocks, TextAdv)
VALUES(myPid, myTCode, mySCode, myPName, myPPrice, myStocks, myTextAdv);
                                                           # (d)
    END ;
```

说明：

（a）检查商品号（myPid）在商品表（commodity）中是否存在。查询商品表中是否包含商品号为 myPid 的记录，将查询结果的分类编码（TCode）存入变量 vc（a.1）；如果 vc 值为 NULL（a.2），则表明存在该分类编码，返回错误代码 3（a.3）；终止程序流程，跳出该存储过程（a.4）。如果 vc 值不为 NULL，则继续执行下面的语句。

（b）检查商品分类编码（myTCode）在商品分类表（category）中是否存在。如果不存在该分类编码，则返回错误代码 1，终止程序流程，跳出该存储过程，否则继续执行下面的语句。

注意：在实际应用中，该存储过程是由商品管理的应用程序调用的，分类编码通过应用程序界面选择，因此不需要判断分类编码是否存在。同理，也不需要判断商家编码是否存在。这里主要展示这类程序的编写方法。

（c）检查商家编码（mySCode）在商家表（supplier）中是否存在，如果不存在，则返回错误代码 2，否则继续执行下面的语句。

（d）执行 SQL 操作，向商品表（commodity）中插入记录。

另外，这个存储过程中只有一条 INSERT 语句，所以没有加入事务。如果 INSERT 语句不能成功运行，就会显示系统出错信息。如果加入事务，就可在程序控制下返回自己定义的出错信息，调用该存储过程的程序可以根据出错信息进行处理（例如，向用户显示一条提示信息）。

2. 用户表（user）增加用户存储过程：User_Insert 和自定义函数

该存储过程由用户管理程序在增加注册用户时调用。

功能：判断用户记录中各列（这里仅检查身份证号和手机号两列）内容的合法性，只有均符合要求，才能执行插入操作。

```
CREATE PROCEDURE User_Insert(IN myUCode char(16), IN myUName char(4),
    IN mySex char(1), IN mySfzNum char(18), IN myPhone char(11),
    IN myUWeiXin char(16), IN myFocus char(32), IN myUSendAddr json,
    OUT ErrCode int)
label:BEGIN
    DECLARE vc char(18) DEFAULT NULL;
    DECLARE vErrCode int;
    SET ErrCode = 0;
    SET vc = mySfzNum;                                  # (a)
    SET vErrCode = UDF_SfzNum_Check(vc);                # (a)
    IF vErrCode != 0 THEN                               # (a)
        SET ErrCode = vErrCode;                         # (a)  vErrCode = 11-19
        LEAVE label;
    END IF;
    SET vc = myPhone;                                   # (b)
    SET vErrCode = UDF_Phone_Check(vc);                 # (b)
    IF vErrCode != 0 THEN                               # (b)
        SET ErrCode = vErrCode;                         # (b) vErrCode = 21-29
        LEAVE label;
    END IF;
    INSERT INTO user(UCode, UName, Sex, SfzNum, Phone, UWeiXin, Focus, USendAddr,
LoginTime) VALUES(myUCode, myUName, mySex, mySfzNum, myPhone, myUWeiXin, myFocus,
myUSendAddr, NOW());
    END ;
```

说明：

（a）通过自定义函数 UDF_SfzNum_Check 检查用户输入的身份证号是否正确。例如：位数够不够（不符合则返回错误代码 11）、出生日期是否正确（不符合则返回错误代码 12）等。如果条件允许，可以进行身份证号验证。

身份证号验证函数（UDF_SfzNum_Check）如下：

```
SET GLOBAL log_bin_trust_function_creators = 1;    #初次执行需要打开信任权限
CREATE FUNCTION UDF_SfzNum_Check(mySN char(18))
    RETURNS int
BEGIN
    DECLARE sqlErr int DEFAULT 0;
    DECLARE CONTINUE HANDLER FOR SQLEXCEPTION SET sqlErr = 1;
    IF CHAR_LENGTH(mySN) != 18 THEN
        RETURN 11;
    END IF;
    IF (SELECT DATE_FORMAT(SUBSTRING(mySN,7,8), '%Y%m%d')) IS NULL THEN
        RETURN 12;
    END IF;
    IF sqlErr = 1 THEN
        RETURN 12;
    END IF;
    RETURN 0;
END ;
```

（b）通过自定义函数 UDF_Phone_Check 检查用户输入的手机号是否合法。例如：是否全由数字构成（不符合则返回错误代码 21）、位数是否符合要求（不符合则返回错误代码 22）等。如果条件允许，可以进行手机号验证。

手机号验证函数（UDF_Phone_Check）如下：

```
CREATE FUNCTION UDF_Phone_Check(myPH char(11))
    RETURNS int
BEGIN
    DECLARE rs int DEFAULT 0;
    IF CHAR_LENGTH(myPH) != 11 THEN
        RETURN 22;
    END IF;
    SELECT SUBSTRING(myPH, 1, 10) REGEXP '^[0-9]*$' INTO rs;
    IF rs != 1 THEN
        RETURN 21;
    END IF;
    RETURN 0;
END ;
```

3. 购物车表（preshop）加入商品存储过程：Preshop_Insert

该存储过程由购物 APP 在选择商品时调用。

功能：将用户选择的商品保存到数据库表中。

```
CREATE PROCEDURE Preshop_Insert(IN myUCode char(16), IN myPid int, OUT Yes bit)
BEGIN
    DECLARE transErr int DEFAULT 0;
    DECLARE CONTINUE HANDLER FOR SQLEXCEPTION SET transErr = 1;
    START TRANSACTION;
    SELECT TCode, PName, PPrice, SCode INTO @tcode, @pname, @pprice, @scode
        FROM commodity WHERE Pid = myPid;
    INSERT INTO preshop(UCode, TCode, Pid, PName, PPrice, SCode)
        VALUES(myUCode, @tcode, myPid, @pname, @pprice, @scode);
    IF transErr = 1 THEN
        ROLLBACK;
        SET Yes = 0;
    ELSE
        COMMIT WORK;
        SET Yes = 1;
    END IF;
END ;
```

说明：

（1）这里虽然只有一条 INSERT 语句，但为了演示如何用程序控制错误，加入了事务功能。

（2）该存储过程是由购物 APP 调用的，因为购买的商品均通过购物 APP 界面选择，所以，在该存储过程中无须重复检查输入参数中的用户账户和商品号是否存在。

4. 一次购物确认存储过程：Orders_Insert

在用户对购物车中的商品进行确认时执行该存储过程。

说明：用户将商品加入购物车，在购物车中调整购买数量时，并没有调整商品表中的库存量，而在同一网上商城购买商品的用户很多，并且从用户将商品加入购物车到确认购买经过的时间不确定，实际下单购买时，被选商品的状态和库存量等也不确定。通过该存储过程，把各种情况通过代号进行反馈，购物 APP 将代号通过人性化信息表达给当前商品的下单用户，以便用户根据情况进行选择。

功能：如果不成功，则通过输出参数携带原因信息：如果返回参数值大于 0，则该值所对应商品号（Pid）的商品库存量不够；如果返回参数值为-1，则表示 SQL 语句执行出错，导致事务不成功。如果成功，则返回 0。

```
CREATE PROCEDURE Orders_Insert(IN myUCode char(16), OUT ErrCode int)
label:BEGIN
    DECLARE transErr int DEFAULT 0;
    DECLARE found boolean DEFAULT true;
    DECLARE vOid int;
    DECLARE vPid int;
    DECLARE vPNum int;
    DECLARE vPPrice float;
    DECLARE vStocks int;
    DECLARE vSum float;
    DECLARE mycur CURSOR                                     # (a)
        FOR
        SELECT Pid, PNum FROM shop
            WHERE UCode = myUCode;
    DECLARE CONTINUE HANDLER FOR SQLEXCEPTION SET transErr = 1;
    DECLARE CONTINUE HANDLER FOR NOT FOUND SET found = false;

    START TRANSACTION;                                       # (b.1) 开始事务
    SELECT MAX(Oid)+1 INTO vOid FROM orders;                 # (c.1)
    IF vOid IS NULL THEN                                     # (c.2)
        SET vOid = 1;
    END IF;
    SET vSum = 0;                                            #累计支付金额变量初值
    OPEN mycur;
    FETCH mycur INTO vPid, vPNum;
    WHILE found DO                                           # (d.1)
        SET vPPrice = 0;
        SET vStocks = -1;
        SELECT PPrice, Stocks INTO vPPrice, vStocks FROM commodity
            WHERE Pid = vPid;
        IF vStocks < vPNum THEN                              # (d.2)
            ROLLBACK;                                        # (b.2) 回滚原因一
            CLOSE mycur;
            SET ErrCode = vPid;                              # (b.2)
            LEAVE label;
        ELSE
            UPDATE commodity SET Stocks = Stocks - vPNum # (d.2)
                WHERE Pid = vPid;
            UPDATE preshop SET CNum = vPNum, Confirm = 1, Oid = vOid
                WHERE UCode = myUCode AND Pid = vPid;        # (d.3)
            SET vSum = vSum + vPPrice * vPNum;               # (d.4)
        END IF;
        FETCH mycur INTO vPid, vPNum;
    END WHILE;
    CLOSE mycur;
    INSERT INTO orders(Oid, UCode, PayMoney, PayTime) VALUES(vOid, myUCode, vSum, NOW());
                                                             # (e)
```

```
        IF transErr = 1 THEN
            ROLLBACK;                                          # (b.3)回滚原因二
            SET ErrCode = -1;                                  # (b.3)
            LEAVE label;
        ELSE
            COMMIT WORK;                                       # (b.4)事务提交
        END IF;
        SET ErrCode = 0;
    END ;
```

说明：

(a) 游标读取购物确认表（shop）中待确认的商品号及每个商品的购买数量，为接下来的更新库存量和计算商品总价做准备。

(b) 该存储过程事务实现功能：检查、更新库存量，确认购买，计算总价和生成订单，这是不可分割的原子操作，要么都执行，要么都不执行并回滚到最初状态，以保证数据库中数据的一致性和完整性。START TRANSACTION 开始一个事务（b.1）。导致事务回滚的原因分为两类：一类是某商品库存量不够，回滚后返回库存量不足的那个商品号（b.2）；另一类是某条 SQL 语句执行出错，返回错误码-1（b.3）。事务完全成功才提交，将修改持久化到数据库（b.4）。

(c) 由于订单号（Oid）是自增的，所以用 SELECT MAX(Oid)+1 就可以得到即将生成的新订单的订单号（c.1）。但这里有一种特殊情况，即订单表为空时，MAX(Oid)+1 值为 NULL，人为设定初始订单号为 1（c.2）。

(d) 遍历购物确认表（shop）中每个被选商品（d.1），检查和更新库存量（d.2），在购物车表中填写确认购买记录（d.3），累计总金额（d.4）。

(e) 最后生成订单记录插入订单表（orders）。

在实际应用的多用户系统中，可能在事务执行过程中又有其他用户下单，导致订单号冲突，但由于使用了事务，即使发生冲突，事务也会回滚而不会造成数据库中的数据不一致，但会返回错误信息；如果要避免这种错误且充分发挥订单号列的自增作用，可以在插入订单时不指定订单号，但这有可能导致订单表中的订单号与购物车表（preshop）中的订单号不一致，可以借助 MySQL 的表锁功能解决这个问题，即在一个用户执行操作时对订单表（orders）加锁，以免当前最大订单号由于其他用户操作自增导致订单号不一致的情形发生。

例如：
```
SELECT MAX(Oid)+1 INTO vOid FROM orders;
SELECT * FROM orders WHERE Oid=vOid FOR SHARE;
```
在实际系统中，如果需要，可在返回成功（0）后进一步启动用户支付功能。

5. 订单商品退货存储过程：Preshop_Delete

在订单商品退货时调用该存储过程。

功能：根据用户账户（UCode）和商品号（Pid）在购物车（preshop）表中查询该商品的购买数量，在删除购物车商品订单记录的同时在商品表记录对应商品库存量上加上该订单商品的购买数量。

```
CREATE PROCEDURE Preshop_Delete(IN myUCode char(16), IN myPid int, OUT Yes bit)
BEGIN
    DECLARE num int DEFAULT 0;
    DECLARE transErr int DEFAULT 0;
    DECLARE CONTINUE HANDLER FOR SQLEXCEPTION SET transErr = 1;
    START TRANSACTION;
    SELECT CNum INTO num FROM preshop
```

```
            WHERE UCode = myUCode AND Pid = myPid;
        IF num IS NOT NULL THEN
            DELETE FROM preshop WHERE UCode = myUCode AND Pid = myPid;
            UPDATE commodity SET Stocks = Stocks + num WHERE Pid = myPid;
            IF transErr = 1 THEN
                ROLLBACK;
                SET Yes = 0;
            ELSE
                COMMIT WORK;
                SET Yes = 1;
            END IF;
        END IF;
    END ;
```

P0.5.2 查看和修改存储过程和自定义函数

创建存储过程后,在 Navicat 中 netshop 数据库下的"函数"项中显示以上创建的所有存储过程。双击某存储过程或者函数名,就会显示过程体代码。可以直接修改过程体代码。

右击存储过程或者函数名,打开快捷菜单,选择菜单命令即可进行操作。

注意:删除存储过程后,原来操作该存储过程的权限同步撤销。重新创建存储过程,即使名称完全相同,也需要重新给调用该存储过程的角色或者用户授权。

P0.6 事件设计

通过事件设计,可定时自动对确认购买的商品一一进行评估并一起移入商品销售表,也可进行商家和用户评估。

1. 对确认购买的商品一一进行评估并一起移入商品销售表

(1) 用户确认收到所购的商品,快递通过 WebService 给对应商品设置收货时间。定时事件在收货时间后的投诉期(如 10 天)满后将购物完成商品从购物车表(preshop)移入销售详情表(saledetail)。

(2) 对将要从购物车表(preshop)移入销售详情表(saledetail)的商品进行评估。

```
USE netshop;
CREATE EVENT StartDay
    ON SCHEDULE EVERY 1 DAY
        STARTS '2020-10-8 00:00:00' + INTERVAL 10 DAY
        ENDS '2030-12-31'
    DO
BEGIN
    DECLARE transErr int DEFAULT 0;
    DECLARE found boolean DEFAULT true;
    DECLARE vPid int;
    DECLARE vHEvalSum int;
    DECLARE vCount int;
    DECLARE vOid int;
    DECLARE mycur CURSOR                                          # (a)
        FOR
        SELECT Pid, SUM(HEvaluate), COUNT(*)
```

```
                FROM preshop
                WHERE Confirm = 1 AND HEvaluate > 0
                    AND ADDDATE(EGetTime, INTERVAL 10 DAY) < NOW()
                GROUP BY Pid;
    DECLARE CONTINUE HANDLER FOR SQLEXCEPTION SET transErr = 1;   # (b)
    DECLARE CONTINUE HANDLER FOR NOT FOUND SET found = false;     # (a)
    START TRANSACTION;                                            # (b)
    #---对将要从购物车表移入销售详情表（saledetail）的商品进行评估---
    OPEN mycur;                                                   # (a)
    FETCH mycur INTO vPid, vHEvalSum, vCount;                     # (a)
    WHILE found DO                                                # (a)
        UPDATE commodity SET Evaluate = vHEvalSum/vCount          # (c)
            WHERE Pid = vPid;                                     #更新商品的评估分
        FETCH mycur INTO vPid, vHEvalSum, vCount;                 # (a)
    END WHILE;
    CLOSE mycur;                                                  # (a)
    #---将购物车表中到期（收货后10天）的商品移入销售详情表（saledetail）---
    INSERT INTO saledetail(Oid, UCode, TCode, Pid, PPrice, CNum, SCode, USendAddr,
EGetTime, HEvaluate)
        SELECT Oid, UCode, TCode, Pid, PPrice, CNum, SCode, USendAddr, EGetTime,
HEvaluate
            FROM preshop
            WHERE Confirm = 1
                AND ADDDATE(EGetTime, INTERVAL 10 DAY) < NOW();
    DELETE FROM preshop                                           # (d)
        WHERE Confirm = 1
            AND ADDDATE(EGetTime, INTERVAL 10 DAY) < NOW();
    IF transErr = 1 THEN                                          # (b)
        ROLLBACK;                                                 # (b)
    ELSE
        COMMIT WORK;                                              # (b)
    END IF;
END ;
```

说明：

（a）在转移之前要先进行评估，采用游标获取和遍历购物车表（preshop）中所有符合要求的商品。

（b）由于涉及多表间数据的转移操作，为保证数据完整性和一致性，必须用事务处理。

（c）将计算的评估分保存到商品表（commodity）对应的商品记录中。

（d）把购物车表中到期的商品移入销售详情表（saledetail），然后把购物车表中的这些记录删除。由于触发器的作用，会自动删除 orders 表中对应的订单记录。

2. 对商家、用户进行评估

采用类似的机制，可对商家和用户进行评估，事件实现代码可参考上面的商品评估，留给读者自己完成。

3. 查看和修改事件

在事件设计完成后，在 Navicat 中选择 netshop 数据库，单击工具栏中的"其他"→"其他"，系统显示当前包含的事件名，如图 P0.2（a）所示。

单击事件名（startDay），会显示 4 页，其中"定义"页包含该事件的过程体，可以直接在其中进行修改；"计划"页显示事件的时间信息，可以直接调整，如图 P0.2（b）所示。

(a)　　　　　　　　　　　　　　　　(b)

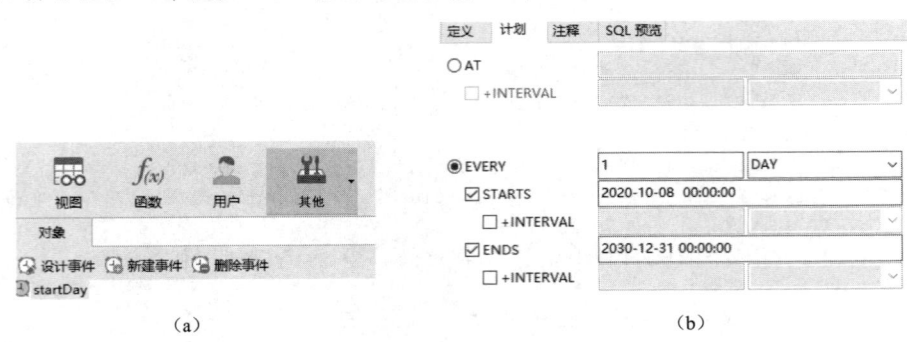

图 P0.2　查看和修改事件

P0.7　角色和用户权限设计

本系统的使用者包括平台、商家、注册用户等，需要定义不同的角色，并授予相应的权限。
以 root 用户登录 MySQL 服务器，创建角色和用户，并分配相应的权限。

1. 平台角色与用户权限（PlatRole）

平台的职能是对商家进行管理，同时对商品进行归类，因此拥有对商家表（supplier）和商品分类表（category）进行操作的权限。

创建角色 PlatRole，使其在商家表（supplier）和商品分类表（category）上具有增加、删除、修改和查询的权限，同时创建其所属的用户 platuser，使其拥有上述权限。

```
USE netshop;
CREATE ROLE PlatRole;
GRANT INSERT,UPDATE,DELETE,SELECT ON netshop.supplier TO PlatRole;
GRANT INSERT,UPDATE,DELETE,SELECT ON netshop.category TO PlatRole;
CREATE USER platuser@'localhost';
GRANT PlatRole TO platuser@'localhost';
```

2. 商家角色与用户权限（SupplierRole）

商家只能管理自己的商品，故拥有对商品表（commodity）和商品图片表（commodityimage）的操作权限，同时可以操作商品表呈现视图（myCommodity_User）。另外，商家通过快递向用户发货后，需要知道物流进程，故要有查看物流状态视图（myPreshop_Confirm）的权限。

创建角色 SupplierRole，赋予权限，并创建其所属的用户 supplieruser。

```
USE netshop;
CREATE ROLE SupplierRole;
GRANT INSERT,UPDATE,DELETE,SELECT ON commodity TO SupplierRole;
GRANT INSERT,UPDATE,DELETE,SELECT ON commodityimage TO SupplierRole;
GRANT INSERT,UPDATE,DELETE,SELECT ON myCommodity_User TO SupplierRole;
GRANT SELECT ON myPreshop_Confirm TO SupplierRole;
CREATE USER supplieruser@'localhost';
GRANT SupplierRole TO supplieruser@'localhost';
```

3. 注册用户角色与用户权限（UserRole）

注册用户角色名为 UserRole，创建其所属用户 shopuser。

```
CREATE ROLE UserRole;
GRANT EXECUTE ON PROCEDURE Preshop_Insert TO UserRole;
GRANT EXECUTE ON PROCEDURE Preshop_Delete TO UserRole;
GRANT EXECUTE ON PROCEDURE Orders_Insert TO UserRole;
```

实习 0　数据库综合应用及实例——网上商城数据库设计

```
GRANT EXECUTE ON PROCEDURE user_Insert TO UserRole;
GRANT INSERT,UPDATE,DELETE,SELECT ON myPreshop_NoConfirm TO UserRole;
GRANT SELECT ON myPreshop_Confirm TO UserRole;
GRANT INSERT,UPDATE,DELETE,SELECT ON shop TO UserRole;
GRANT INSERT,UPDATE,DELETE,SELECT ON preshop TO UserRole;
GRANT INSERT,UPDATE,DELETE,SELECT ON orders TO UserRole;
GRANT INSERT,UPDATE,SELECT ON user TO UserRole;
GRANT SELECT ON commodity TO UserRole;
CREATE USER shopuser@'localhost';
GRANT UserRole TO shopuser@'localhost';
```

4. 已经创建的角色、用户及其权限的显示和修改

执行上面的语句后，单击"用户"，显示当前角色和用户，如图 P0.3 所示。

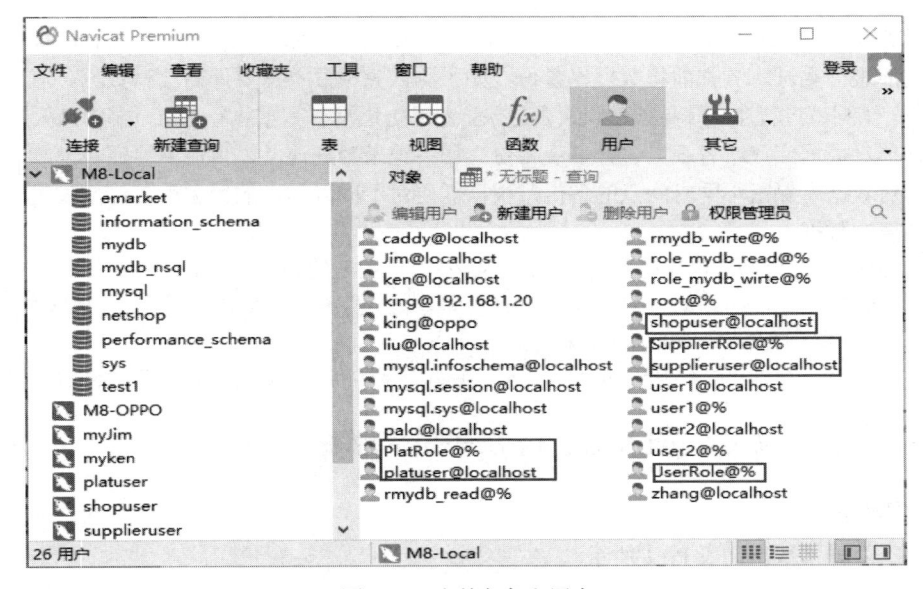

图 P0.3　当前角色和用户

其中有一部分是前面的章节创建的。双击一个角色或者用户，系统分页显示该角色或者用户的所有属性，"权限"页中以表格形式列出已经包含的数据库各对象的权限。当前操作的用户如果有权限，还可以增加或者撤销权限。例如，UserRole 角色权限如图 P0.4 所示。

图 P0.4　UserRole 角色权限

其中，上面为分配表及其权限，下面为存储过程名称及其权限。

P0.8 测试数据库各对象及其关联配合

接下来以上面创建的角色为基础，分别以不同角色的用户登录 MySQL 服务器执行操作，测试各数据库对象的功能，并验证各类角色用户的权限。

如果读者在实践时出现权限问题影响功能测试，可以 root 用户登录运行，或者使用 root 用户赋予某用户足够的权限。

P0.8.1 网上商城数据库备份

到目前为止，网上商城数据库（netshop）和运行需要的数据库对象已设计完成，后面将采用样本数据对其功能进行测试。测试前将数据库备份，如果测试完成后不需要保留测试数据，就可以用此备份进行恢复。在测试过程中，需要频繁修改表记录，为了防止没有完整执行 SQL 语句使记录数据混乱，可以在操作前对数据库（或者表）进行多次备份，如果记录数据混乱，可以恢复后再继续进行操作。也就是说，对数据库保留不同时间点的备份，根据需要对不同时间点的数据库备份文件进行恢复即可得到自己需要的数据。

（1）在 Windows 命令行窗口中，进入 MySQL 安装目录下的 bin 子目录：
```
E:\>cd E:\MySQL8\mysql-8.0.21-winx64\bin
```
（2）备份 netshop 数据库（包括所有对象和数据）：
```
mysqldump -uroot -p --databases netshop > E:\MySQL8\DATABAK\netshop.sql
```

P0.8.2 商品分类表：插入记录和用户权限测试

1. 数据准备

商品分类表样本数据如表 P0.1 所示。

表 P0.1 商品分类表样本数据

商品分类编码：TCode	商品分类名称：TName	商品分类编码：TCode	商品分类名称：TName	商品分类编码：TCode	商品分类名称：TName	商品分类编码：TCode	商品分类名称：TName
1	食品	11H	草莓	14A	鸡蛋	3	数码
11A	苹果	12A	猪肉	14B	调味料	31A	手机
11B	梨	12B	鸡鸭鹅	14C	啤酒	31B	笔记本电脑
11C	橙	12C	牛肉	14D	滋补保健	31C	台式电脑
11D	柠檬	12D	羊肉	2	服装	31D	交换机
11E	香蕉	13A	鱼	21A	女装	4	家用电器
11F	芒果	13B	海鲜	21B	男装	41A	空调
11G	车厘子	13C	海参	21C	童装	41B	电视机

2. 权限和操作（插入）记录测试

（1）在 Navicat 中的 root 用户连接（M8-Local）下创建平台用户连接，连接名为 platuser，用户名为 platuser，密码为空（创建该用户时未指定密码），连接成功后，单击"确定"按钮。

双击 platuser 打开连接（相当于 platuser 用户登录 MySQL），只能看到 MySQL 系统信息库，无法看到网上商城数据库，如图 P0.5（a）所示。这是因为尚未启用平台角色，故平台用户登录的时候没有该角色的权限。

在 root 用户连接（M8-Local）下，在"新建查询"窗口中执行下列语句：
```
SET DEFAULT ROLE PlatRole TO platuser@'localhost';
```
在 platuser 连接下，显示结果如图 P0.5（b）所示。

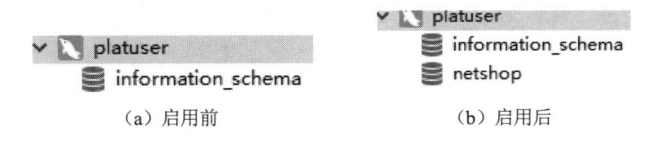

　　　　　（a）启用前　　　　　　　　　（b）启用后

图 P0.5　启用角色

注意，当前打开的连接图标为绿色，可以同时打开多个连接。

（2）双击打开网上商城数据库 netshop，可看到其中所有的表，双击打开各表，发现除了商家表（supplier）和商品分类表（category），其他表都无法打开，且弹出错误信息对话框。这是因为平台角色只有对商家表（supplier）和商品分类表（category）的访问权限，对其他表无权访问。

（3）在 platuser 连接下，在"新建查询"窗口中用 INSERT 命令向商品分类表（category）插入部分样本数据。显示结果如图 P0.6 所示。

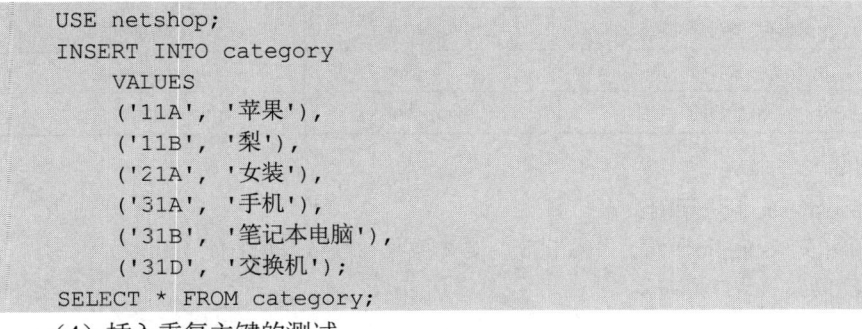

```
USE netshop;
INSERT INTO category
    VALUES
    ('11A', '苹果'),
    ('11B', '梨'),
    ('21A', '女装'),
    ('31A', '手机'),
    ('31B', '笔记本电脑'),
    ('31D', '交换机');
SELECT * FROM category;
```

TCode	TName
11A	苹果
11B	梨
21A	女装
31A	手机
31B	笔记本电脑
31D	交换机

图 P0.6　显示结果

（4）插入重复主键的测试。
```
INSERT INTO category VALUES ('11A', '苹果');
```
出错信息如图 P0.7 所示。

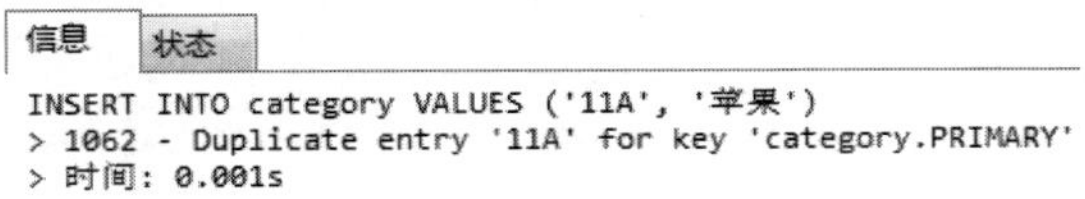

```
信息  状态
INSERT INTO category VALUES ('11A', '苹果')
> 1062 - Duplicate entry '11A' for key 'category.PRIMARY'
> 时间: 0.001s
```

图 P0.7　出错信息

P0.8.3　商家表：插入记录与默认值测试

1. 数据准备

按照下列编码方法进行编码。

第 1、2 位表示省、自治区或直辖市：JS-江苏、SH-上海、AH-安徽、SD-山东、LN-辽宁、XJ-新疆、HB-湖北、SX-陕西等。

第 3、4 位表示城市或区：NJ-南京、WH-武汉、PD-浦东、LC-洛川、AK-阿克苏、YT-烟台、

SZ-宿州、LA-六安等。根据商家地址来对应城市或区。

第 5~7 位为序号。把原来的供应商编号作为后两位。

第 8 位表示等级（A-优先，B-普通，C-较低）。

商家表（supplier）样本数据如表 P0.2 所示。

表 P0.2 商家表（supplier）样本数据

商家编号：SCode	商家名称：SName	电话：Tel	微信：SWeiXin
SXLC001A	陕西洛川苹果有限公司	0911-812345X	8123456-aa.com
SDYT002A	山东烟台栖霞苹果批发市场	0535-823456X	8234561-aa.com
XJAK003A	新疆阿克苏地区红旗坡农场	0997-834561X	8345612-aa.com
XJAK005B	新疆安利达果业有限公司	0996-845612X	8456123-aa.com
AHSZ006B	安徽砀山皇冠梨供应公司	0557-856123X	8561234-aa.com
AHLA016B	安徽六安[王明公]旗舰店	1396298501X	1396298501X
HBWH017B	武汉农家养合作有限公司	027-8868234X	88682341-aa.com
LNDL022B	大连参王朝官方旗舰店	0411-861234X	8612345-aa.com
SDQD024B	青岛啤酒股份有限公司	0311-8699553X	86995532-aa.com
SHPD0A2B	万享进货通供应链（上海）有限公司	1889629850X	1889629850X
LNDL0A3A	大连凯洋世界海鲜有限公司	1865810061X	1865810061X
GDSZ016A	华为技术有限公司	95080X	950800-aa.com
BJZY017B	联想集团	400-990-888X	990888-aa.com

2. 商家记录操作测试

依旧在平台用户连接 platuser 下进行测试。

用 INSERT 命令向商家表（supplier）插入上面的部分样本数据，默认值可省略不写。

```
USE netshop;
INSERT INTO supplier(SCode, SPassWord, SName, SWeiXin, Tel) VALUES('SXLC001A',
'888', '陕西洛川苹果有限公司', '8123456-aa.com', '0911-812345X');
    INSERT INTO supplier(SCode, SName, SWeiXin, Tel) VALUES('SDYT002A', '山东烟台栖
霞苹果批发市场', '8234561-aa.com', '0535-823456X');
    INSERT INTO supplier(SCode, SName, SWeiXin, Tel) VALUES('XJAK003A', '新疆阿克苏
地区红旗坡农场', '8345612-aa.com', '0997-834561X');
    INSERT INTO supplier(SCode, SName, SWeiXin, Tel) VALUES('XJAK005B', '新疆安利达
果业有限公司', '8456123-aa.com', '0996-845612X');
    INSERT INTO supplier(SCode, SName, SWeiXin, Tel) VALUES('AHSZ006B', '安徽砀山皇
冠梨供应公司', '8561234-aa.com', '0557-856123X');
    INSERT INTO supplier(SCode, SName, SWeiXin, Tel) VALUES('GDSZ016A', '华为技术有
限公司', '950800-aa.com', '950800');
    INSERT INTO supplier(SCode, SName, SWeiXin, Tel) VALUES('BJZY017B', '联想集团',
'990888-aa.com', '400-990-8888');
SELECT * FROM supplier;
```

显示结果如图 P0.8 所示。

SCode	SPassWord	SName	SweiXin	Tel	Evaluate	SLicence
AHSZ006B	888	安徽砀山皇冠梨供应公司	8561234-aa.com	0557-856123X	0.00	(Null)
GDSZ016A	888	华为技术有限公司	950800-aa.com	950800	0.00	(Null)
SDYT002A	888	山东烟台栖霞苹果批发市场	8234561-aa.com	0535-823456X	0.00	(Null)
SXLC001A	888	陕西洛川苹果有限公司	8123456-aa.com	0911-812345X	0.00	(Null)
XJAK003A	888	新疆阿克苏地区红旗坡农场	8345612-aa.com	0997-834561X	0.00	(Null)
XJAK005B	888	新疆安利达果业有限公司	8456123-aa.com	0996-845612X	0.00	(Null)

图 P0.8　显示结果

P0.8.4　商品表：增改删记录、外键完整性和存储过程测试

1. 准备

1）数据准备

商品表样本数据如表 P0.3 所示。

表 P0.3　商品表样本数据

商品号	商品名称：PName	商家编码：SCode	商品分类编码：TCode	价格：PPrice	库存量：Stocks
1	洛川红富士苹果冰糖心 10 斤箱装	SXLC001A	11A	44.80	3601
2	烟台红富士苹果 10 斤箱装	SDYT002A	11A	29.80	5698
4	阿克苏苹果冰糖心 5 斤箱装	XJAK003A	11A	29.80	12680
6	库尔勒香梨 10 斤箱装	XJAK005B	11B	69.80	8902
1001	砀山梨 10 斤箱装大果	AHSZ006B	11B	19.90	14532
1002	砀山梨 5 斤箱装特大果	AHSZ006B	11B	17.90	6834
1901	智利车厘子 2 斤大樱桃整箱顺丰包邮	SHPD0A2B	11G	59.80	5420
2001	[王明公]农家散养猪冷冻五花肉 3 斤装	AHLA016B	12A	118.00	375
2002	Tyson/泰森鸡胸肉 454g*5 去皮冷冻包邮	HBWH017B	12B	139.00	1682
2003	[周黑鸭]卤鸭脖 15g*50 袋	HBWH017B	12B	99.00	5963
3001	波士顿龙虾特大鲜活 1 斤	LNDL0A3A	13B	149.00	2800
3101	[参王朝]大连 6-7 年深海野生干海参	LNDL022B	13C	1188.00	1203
4001	农家散养草鸡蛋 40 枚包邮	AHLA016B	14A	33.90	690
4101	青岛啤酒 500ml*24 听整箱	SDQD024B	14C	112.00	23427
5001	HUAWEI/华为 mate 30 手机	GDSZ016A	31A	4799.00	5000
5101	联想/ThinkPad E490 笔记本电脑	BJZY017B	31B	5099.00	800
5201	HUAWEI/华为 H3CS1850-52P 交换机	GDSZ016A	31D	2199.00	1000

2）创建商家用户连接 supplieruser

在 root 用户连接下启用商家角色。

```
SET DEFAULT ROLE SupplierRole TO supplieruser@'localhost';
```

创建商家用户连接 supplieruser。

2. 表记录插入外键完整性控制测试

在商家用户连接 supplieruser 下进行下列操作。

(1) 插入商品号为 1、2 的记录。

```
USE netshop;
INSERT INTO commodity(Pid,TCode, SCode, Pname, PPrice, Stocks) VALUES(1,'11A',
'SXLC001A', '洛川红富士苹果冰糖心10斤箱装', 44.80, 3601);
INSERT INTO commodity(Pid,TCode, SCode, Pname, PPrice, Stocks) VALUES(2,'11A',
'SDYT002A', '烟台红富士苹果10斤箱装', 29.80, 5698);
SELECT * FROM commodity;
```

显示结果如图 P0.9 所示。

Pid	TCode	SCode	PName	PPrice	Stocks	Total	TextAdv	LivePriority	Evaluate	UpdateTime
1	11A	SXLC001A	洛川红富士苹果冰糖心10斤箱装	44.80	3601	161324.80	(Null)	1	0.00	(Null)
2	11A	SDYT002A	烟台红富士苹果10斤箱装	29.80	5698	169800.40	(Null)	1	0.00	(Null)

图 P0.9　显示结果

(2) 插入商品号为 4 的记录。

```
INSERT INTO commodity(Pid, TCode, SCode, Pname, PPrice, Stocks) VALUES(4, '10A',
'XJAK003A', '阿克苏苹果冰糖心5斤箱装', 29.80, 12680);
```

显示出错信息，如图 P0.10 所示

```
INSERT INTO commodity(Pid, TCode, SCode, Pname, PPrice, Stocks) VALUES(4, '10A', 'XJAK003A',
'阿克苏苹果冰糖心5斤箱装', 29.80, 12680)
> 1452 - Cannot add or update a child row: a foreign key constraint fails
(`netshop`.`commodity`, CONSTRAINT `commodity_ibfk_1` FOREIGN KEY (`TCode`) REFERENCES
`category` (`TCode`) ON DELETE RESTRICT ON UPDATE RESTRICT)
> 时间: 0.036s
```

图 P0.10　显示出错信息

原因：商品分类编码输错（"11A"误输为"10A"），因为商品表中的商品分类编码受到外键完整性控制，不在商品分类表（category）中的商品分类编码不能插入商品表，所以不能插入记录。

更正商品分类编码为"11A"，重新执行下列语句：

```
INSERT INTO commodity(Pid, TCode, SCode, Pname, PPrice, Stocks) VALUES(4, '11A',
'XJAK003A', '阿克苏苹果冰糖心5斤箱装', 29.80, 12680);
SELECT Pid, TCode, SCode, Pname, PPrice, Stocks FROM commodity;
```

成功插入记录。

(3) 插入商品号为 6 的记录。

```
INSERT INTO commodity(Pid, TCode, SCode, PName, PPrice, Stocks) VALUES(6, '11B',
'XJAK003B', '库尔勒香梨10斤箱装', 69.80, 8902);
```

发现不能插入记录，显示出错信息。

原因：商家编码输错，商品表中的商家编码受到外键完整性控制，不在商家表（supplier）中的商家编码不能插入商品表。

更正商家编码为"XJAK005B"，重新执行下列语句：

```
INSERT INTO commodity(Pid, TCode, SCode, PName, PPrice, Stocks) VALUES(6, '11B',
'XJAK005B', '库尔勒香梨10斤箱装', 69.80, 8902);
SELECT Pid,TCode,SCode,Pname,PPrice,Stocks FROM commodity;
```

成功插入记录，显示结果如图 P0.11 所示。

Pid	TCode	SCode	Pname	PPrice	Stocks
1	11A	SXLC001A	洛川红富士苹果冰糖心10斤箱装	44.80	3601
2	11A	SDYT002A	烟台红富士苹果10斤箱装	29.80	5698
4	11A	XJAK003A	阿克苏苹果冰糖心5斤箱装	29.80	12680
6	11B	XJAK005B	库尔勒香梨10斤箱装	69.80	8902

图 P0.11　显示结果

（4）继续插入下列记录。
```
INSERT INTO commodity(Pid, TCode, SCode, PName, PPrice, Stocks) VALUES(1001, '11B',
'AHSZ006B', '砀山梨10斤箱装大果', 19.90, 14532);
SELECT Pid,TCode,SCode,Pname,PPrice,Stocks FROM commodity;
```
显示结果如图 P0.12 所示。

Pid	TCode	SCode	Pname	PPrice	Stocks
1	11A	SXLC001A	洛川红富士苹果冰糖心10斤箱装	44.80	3601
2	11A	SDYT002A	烟台红富士苹果10斤箱装	29.80	5698
4	11A	XJAK003A	阿克苏苹果冰糖心5斤箱装	29.80	12680
6	11B	XJAK005B	库尔勒香梨10斤箱装	69.80	8902
1001	11B	AHSZ006B	砀山梨10斤箱装大果	19.90	14532

图 P0.12　显示结果

3. 存储过程插入记录功能测试

在商家用户连接（supplieruser）下测试利用存储过程 Commodity_Insert 在商品表（commodity）中插入记录。

（1）插入商品号为 1001 的记录。
```
USE netshop;
CALL Commodity_Insert(1001,'11B', 'AHSZ006B', '砀山梨10斤箱装大果', 19.90, 14532,
' ', @err1);
```
显示出错信息，如图 P0.13 所示。

```
CALL Commodity_Insert(1001,'11B', 'AHSZ006B', '砀山梨10斤箱装大果', 19.90, 14532, ' ', @err1)
> 1370 - execute command denied to user 'supplieruser'@'localhost' for routine 'netshop.Commodity_Insert'
> 时间: 0s
```

图 P0.13　显示出错信息

原因：SupplierRole 角色没有被分配执行 Commodity_Insert 存储过程的权限，在作为 SupplierRole 角色的用户 supplieruser 创建的连接下当然不能执行该存储过程。

在 root 用户连接（M8-Local）下，执行下列语句，为 SupplierRole 分配执行 Commodity_Insert 存储过程的权限。
```
GRANT EXECUTE ON PROCEDURE Commodity_Insert TO SupplierRole;
```
再在 supplieruser 连接下执行 CALL 语句：
```
CALL Commodity_Insert(1001,'11B', 'AHSZ006B', '砀山梨10斤箱装大果', 19.90, 14532,
' ', @err1);
SELECT @err1;
```
成功执行，显示@err1 的值为 0。

注意：即使给 supplieruser 用户授予 Commodity_Insert 存储过程中操作所有表需要的所有权限，仍然不能执行该存储过程。

（2）插入商品号为 1002 的记录。
```
USE netshop;
CALL Commodity_Insert(1002,'11G', 'AHSZ006B', '砀山梨5斤箱装特大果', 17.90, 6834,
'中国传统三大名梨之首，以其汁多味甜且具有润肺止咳作用而驰名中外。', @err1);# (a)
CALL Commodity_Insert(1002, '11B', 'SHPD0A2B', '砀山梨5斤箱装特大果', 17.90, 6834,
'中国传统三大名梨之首，以其汁多味甜且具有润肺止咳作用而驰名中外。', @err2);# (b)
SELECT @err1, @err2;
```
显示结果如图 P0.14 所示。

@err1	@err2
1	2

图 P0.14　显示结果

说明：

（a）返回错误代码 1 表示商品分类编码（11G）不存在，不能向 commodity 表插入记录。

（b）返回错误代码 2 表示商家编码（SHPD0A2B）不存在，不能向 commodity 表插入记录。

更正商品分类编码和商家编码，进行测试。

```
CALL Commodity_Insert(1002, '11B', 'AHSZ006B', '砀山梨5斤箱装特大果', 17.90, 6834,
'中国传统三大名梨之首，以其汁多味甜且具有润肺止咳作用而驰名中外。', @err);
SELECT @err;
```

@err 返回 0 表示执行成功。

查询商品表（commodity）：

```
SELECT * FROM commodity;
```

显示结果如图 P0.15 所示。

Pid	TCode	SCode	PName	PPrice	Stocks	Total	TextAdv	LivePriority
1	11A	SXLC001A	洛川红富士苹果冰糖心10斤	44.80	3601	161324.80	(Null)	1
2	11A	SDYT002A	烟台红富士苹果10斤箱装	29.80	5698	169800.40	(Null)	1
4	11A	XJAK003A	阿克苏苹果冰糖心5斤箱装	29.80	12680	377864.00	(Null)	1
6	11B	XJAK005B	库尔勒香梨10斤箱装	69.80	8902	621359.60	(Null)	1
1001	11B	AHSZ006B	砀山梨10斤箱装大果	19.90	14532	289186.80		1
1002	11B	AHSZ006B	砀山梨5斤箱装特大果	17.90	6834	122328.60	中国传统三大名	1

图 P0.15　显示结果

4．在关联父表中删除记录

以平台用户 platuser 连接并进行下列操作。

（1）在商品分类表（category）中删除商品分类编码为 11A 的记录：

```
USE netshop;
DELETE FROM category WHERE TCode = '11A';
```

该记录不能删除，如图 P0.16 所示。

```
DELETE FROM category WHERE TCode = '11A'
> 1451 - Cannot delete or update a parent row: a foreign key constraint fails (`netshop`.`commodity`, CONSTRAINT
`commodity_ibfk_1` FOREIGN KEY (`TCode`) REFERENCES `category` (`TCode`) ON DELETE RESTRICT ON UPDATE RESTRICT)
> 时间: 0.033s
```

图 P0.16　该记录不能删除

原因：本表中的商品分类编码受到商品表外键完整性控制，在商品表中存在的商品分类编码与本表关联的记录不能删除，显示出错信息。

（2）在商品分类表（category）中删除商品分类编码为 21A 的记录：

```
DELETE FROM category WHERE TCode = '21A';
```

发现可以删除记录，因为在外键表中不存在的关联记录可以删除。

（3）在商家表（supplier）中删除商品表中已经存在的商家记录：

```
DELETE FROM supplier WHERE SCode = 'SXLC001A';
```

发现不可以删除记录，显示出错信息。

删除商品表中不存在的记录：

```
DELETE FROM supplier WHERE SCode = 'BJZY017B';
```

5. 修改列内容，进行同步测试

以商家用户 supplieruser 连接并进行下列操作。

（1）修改商品表（commodity）中 1 号商品的库存量（Stocks），商品金额列会同步变化，因为它是根据库存量和商品价格计算得到的。

```
USE netshop;
UPDATE commodity SET Stocks = 3500 WHERE Pid = 1;
SELECT Pid AS 商品编号,Pname AS 商品名称,Stocks AS 库存量, PPrice AS 单价, Total AS 商品金额 FROM commodity;
```

将 Stocks 修改为 3500，Total 列同步计算，运行结果如图 P0.17 所示。

商品编号	商品名称	库存量	单价	商品金额
1	洛川红富士苹果冰糖心10斤箱装	3500	44.80	156800.00
2	烟台红富士苹果10斤箱装	5698	29.80	169800.40
4	阿克苏苹果冰糖心5斤箱装	12680	29.80	377864.00
6	库尔勒香梨10斤箱装	8902	69.80	621359.60
1001	砀山梨10斤箱装大果	14532	19.90	289186.80
1002	砀山梨5斤箱装特大果	6834	17.90	122328.60

图 P0.17　运行结果

（2）商品表（commodity）记录完整性（CHECK 约束）测试。

将 1 号商品的价格改为-44.80：

```
UPDATE commodity SET PPrice = -44.80 WHERE Pid = 1;
```

出错信息如图 P0.18 所示。

将 1 号商品的库存量改为小于 0，显示同样的出错信息。

因为商品表（commodity）CHECK 约束如下：

```
CHECK(Stocks > 0 AND PPrice > 0.00 AND PPrice < 10000.00)
```

P0.8.5　商品图片表：图片列记录导入、导出测试

1. 准备

（1）在 MySQL 配置文件 my.ini 中添加"图片存放路径"配置项：

```
[mysqld]
...
# 图片存放路径
secure_file_priv=E:\MySQL8\DATAFILE
```

重启 MySQL 服务后，在 root 用户连接下执行命令：

```
SHOW GLOBAL VARIABLES LIKE '%secure%';
```

显示图片存放路径，如图 P0.19 所示。

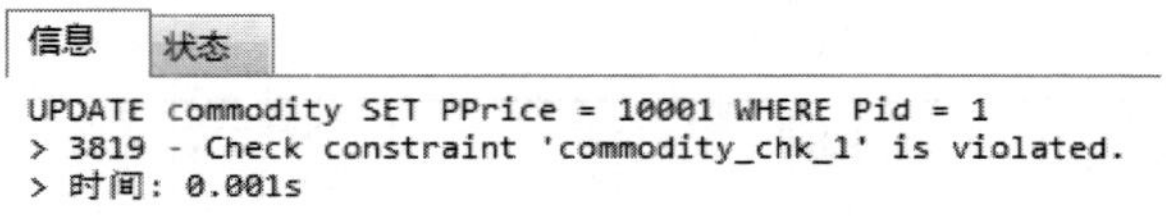

```
UPDATE commodity SET PPrice = 10001 WHERE Pid = 1
> 3819 - Check constraint 'commodity_chk_1' is violated.
> 时间: 0.001s
```

Variable_name	Value
require_secure_transport	OFF
secure_file_priv	E:\MySQL8\DATAFILE\

图 P0.18　出错信息　　　　　图 P0.19　显示图片存放路径

读者也可以指定其他目录，在设定的图片存放目录下预先放置要用的商品图片。

（2）以 root 用户连接并执行操作。

2. 向图片列中插入商品图片

（1）插入图片文件（1_1.jpg），文件大于 64KB。

```
USE netshop;
INSERT INTO commodityimage(Pid, Image)
    VALUES(1, LOAD_FILE('E:/MySQL8/DATAFILE/1_1.jpg'));
```

不能成功插入，出错信息如图 P0.20 所示。

原因：存放图片的列（Image）的数据类型（blob）限制存储容量不能超过 64KB。

（2）插入图片文件（1.jpg），文件小于 64KB。

```
INSERT INTO commodityimage(Pid, Image)
    VALUES(1, LOAD_FILE('E:/MySQL8/DATAFILE/1.jpg'));
```

成功插入。

用同样的方法插入其他几个商品的图片（建议图片文件名与对应商品 Pid 一致），完成后 commodityimage 表中的内容采用下列查询语句结果如图 P0.21 所示（读者自己插入的图片文件大小会不一样）。

```
SELECT * FROM commodityimage;
```

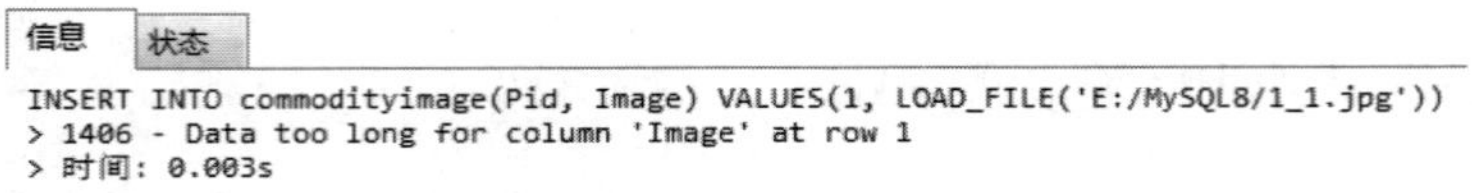

图P0.20　出错信息

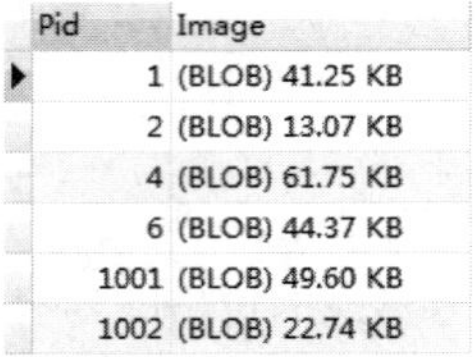

Pid	Image
1	(BLOB) 41.25 KB
2	(BLOB) 13.07 KB
4	(BLOB) 61.75 KB
6	(BLOB) 44.37 KB
1001	(BLOB) 49.60 KB
1002	(BLOB) 22.74 KB

图P0.21　完成后commodityimage表中的内容

3. 从当前图片列导出图片

在 Navicat Premium 中操作，在 commodityimage 表对应记录上右击图片列（Image），选择“保存数据为…”菜单，在弹出的“另存为”对话框中选择保存路径、指定文件名，后缀写“.jpg”，单击“保存”按钮即可将图片导出至特定路径下。

P0.8.6　用户表：各种数据类型和函数合法性记录操作测试

1. 准备

在 Navicat 中以 root 用户连接并进行下列操作。

（1）创建用户连接 shopuser。

（2）启用用户角色。

```
SET DEFAULT ROLE UserRole TO shopuser@'localhost';
```

（3）准备数据。

用户表（user）样本数据如表 P0.4 所示。

表 P0.4　用户表（user）样本数据

用户编码 UCode	姓名 UName	性别 Sex	手机号 Phone	身份证号 SFZNum	关注
easy-bbb.com	易斯	男	1355181376X	32010219601112321#	食品、手机电脑、文化用品
231668-aa.com	周俊邻	男	1391385645X	32040419700801062#	手机电脑、运动健身
sunrh-phei.net	孙函锦	女	1890156273X	50023119891203203#	食品、服装、化妆品、保健品

2. 基本数据记录的插入和查询

在用户连接 shopuser 下进行下列操作。

（1）向用户表（user）插入前两条样本数据，然后查询。

```
USE netshop;
INSERT INTO user(UCode, UName, Phone, SfzNum, Focus, LoginTime)
VALUES('easy-bbb.com', '易斯', '1355181376X', '32010219601112321#',
    '食品,手机电脑,文化用品', NOW());
INSERT INTO user(UCode, UPassWord, UName, Sex, Phone, SfzNum, Focus, GeoPosition,
LoginTime) VALUES('231668-aa.com', 'abc123', '周俊邻', '男', '1391385645X',
'32040419700801062#',
    '手机电脑,运动健身', ST_GeomFromText('POINT(118.88 32.11)'), NOW());
SELECT UCode, UPassWord, UName, Sex, SfzNum, Phone, Focus, GeoPosition, LoginTime
FROM user;
```

显示结果如图 P0.22 所示。

UCode	UPassWord	UName	Sex	SfzNum	Phone	Focus	GeoPosition	LoginTime
231668-aa.com	abc123	周俊邻	男	32040419700801062#	1391385645X	手机电脑,运动健身	POINT(118.88 32.11)	2021-03-22 10:01:17
easy-bbb.com	abc123	易斯	男	32010219601112321#	1355181376X	食品,手机电脑,文化用品	(Null)	2021-03-22 10:01:17

图 P0.22 显示结果

（2）查询关注运动健身的用户。

```
SELECT UCode AS 用户账号, UName AS 姓名, Focus AS 关注 FROM user
    WHERE FIND_IN_SET('运动健身', Focus);
```

显示结果如图 P0.23 所示。

用户账号	姓名	关注
231668-aa.com	周俊邻	手机电脑,运动健身

图 P0.23 显示结果

3. 在原来的记录中加入送货地址（USendAddr）列数据

修改 "easy-bbb.com" 记录中的送货地址（USendAddr）列。

该列为 JSON 类型，需要按照 JSON 格式要求组织数据，内容如下：

```
{
    "地址": {
        "省": "江苏",
        "市": "南京",
        "区": "栖霞",
        "位置": "仙林大学城文苑路1号"
    }
}
UPDATE user SET USendAddr = JSON_OBJECT("地址", JSON_OBJECT("省","江苏","市","南京","区","栖霞","位置","仙林大学城文苑路1号"))
    WHERE UCode = 'easy-bbb.com';
```

按照上述格式修改 "231668-aa.com" 记录。

```
UPDATE user SET USendAddr = JSON_OBJECT("地址", JSON_OBJECT("省","江苏","市","南京","区","栖霞","位置","尧新大道16号"))
    WHERE UCode = '231668-aa.com';
SELECT UName AS 姓名, USendAddr AS 送货地址 FROM user;
```

显示结果如图 P0.24 所示。

姓名	送货地址
周俊邻	{"地址": {"区": "栖霞", "市": "南京", "省": "江苏", "位置": "尧新大道16号"}}
易斯	{"地址": {"区": "栖霞", "市": "南京", "省": "江苏", "位置": "仙林大学城文苑路1号"}}

图 P0.24　显示结果

4. 测试普通用户表调用插入记录存储过程：User_Insert

1）测试身份证号验证函数：UDF_SfzNum_Check

（1）故意输入较短的身份证号"50023119891203#"，执行语句：

```
CALL User_Insert('sunrh-phei.net', '孙函锦', '女', '50023119891203#',
'1890156273X', 'sun@&$.net', '食品,服装,化妆品,保健品', JSON_OBJECT("地址",
JSON_OBJECT("省","黑龙江","市","大庆","区","高新","位置","学府街99号")), @err);
SELECT @err;
```

显示结果如图 P0.25 所示。

返回错误代码 11 表示身份证号位数不够，没有插入 user 表。

（2）故意输入包含错误出生日期的身份证号"500231198913203#"，执行语句：

```
CALL User_Insert('sunrh-phei.net', '孙函锦', '女', '500231198913203#',
'1890156273X', 'sun@&$.net', '食品,服装,化妆品,保健品', JSON_OBJECT("地址",
JSON_OBJECT("省","黑龙江","市","大庆","区","高新","位置","学府街99号")), @err);
SELECT @err;
```

显示结果如图 P0.26 所示。返回错误代码 12 表示身份证号中的出生日期不正确，没有插入 user 表。

@err
11

@err
12

图 P0.25　显示结果　　　图 P0.26　显示结果

2）测试手机号验证函数：UDF_Phone_Check

（1）故意输入混入字母的手机号"L890156273X"，执行语句：

```
CALL User_Insert('sunrh-phei.net', '孙函锦', '女', '50023119891203203#',
'L890156273X', 'sun@&$.net', '食品,服装,化妆品,保健品', JSON_OBJECT("地址",
JSON_OBJECT("省","黑龙江","市","大庆","区","高新","位置","学府街99号")), @err);
SELECT @err;
```

结果返回错误代码 21，表示手机号不全由数字构成，没有插入 user 表。

（2）故意输入较短的手机号"1890156X"，执行语句：

```
CALL User_Insert('sunrh-phei.net', '孙函锦', '女', '50023119891203203#',
'1890156X', 'sun@&$.net', '食品,服装,化妆品,保健品', JSON_OBJECT("地址", JSON_OBJECT("
省","黑龙江","市","大庆","区","高新","位置","学府街99号")), @err);
SELECT @err;
```

结果返回错误代码 22，表示手机号位数不符合要求，user 表记录无变化。

（3）输入正确、合法的数据测试存储过程的插入功能。

所有字段数据按正确格式和要求组织，执行语句：

```
CALL User_Insert('sunrh-phei.net', '孙函锦', '女', '50023119891203203#',
'1890156273X', 'sun@&$.net', '食品,服装,化妆品,保健品', JSON_OBJECT("地址",
JSON_OBJECT("省","黑龙江","市","大庆","区","高新","位置","学府街99号")), @err);
SELECT @err;
```

结果返回 0，表示执行成功。

```
SELECT UCode, UPassWord, UName, Sex, SfzNum, Phone, Focus, LoginTime FROM user;
```

新插入的记录如图 P0.27 所示。

UCode	UPassWord	UName	Sex	SfzNum	Phone	Focus	LoginTime
231668-aa.com	abc123	周俊邻	男	32040419700801062#	1391385645X	手机电脑,运动健身	2021-03-22 10:01:17
easy-bbb.com	abc123	易斯	男	32010219601112321#	1355181376X	食品,手机电脑,文化用品	2021-03-22 10:01:17
sunrh-phei.net	abc123	孙函锦	女	50023119891203203#	1890156273X	食品,服装,化妆品,保健品	2021-03-22 11:16:20

图 P0.27　新插入的记录

5. JSON 类型列和空间类型列数据查询

查询 user 表当前所有记录：

```
SELECT UName AS 姓名, Geoposition AS 投递位置,USendAddr AS 送货地址 FROM user;
```

可看到 3 个用户的送货地址，如图 P0.28 所示。

姓名	投递位置	送货地址
周俊邻	POINT(118.88 32.11)	{"地址": {"区": "栖霞", "市": "南京", "省": "江苏", "位置": "尧新大道16号"}}
易斯	(Null)	{"地址": {"区": "栖霞", "市": "南京", "省": "江苏", "位置": "仙林大学城文苑路1号"}}
孙函锦	(Null)	{"地址": {"区": "高新", "市": "大庆", "省": "黑龙江", "位置": "学府街99号"}}

图 P0.28　3 个用户的送货地址

1）JSON 类型列数据查询

查询送货地址中包含"仙林大学城"的用户，执行语句：

```
SELECT UName AS 姓名, USendAddr AS 送货地址 FROM user WHERE
JSON_EXTRACT(JSON_EXTRACT(USendAddr,'$."地址"'),'$."位置"') LIKE CONCAT('%','仙林大学城','%');
```

查询结果如图 P0.29 所示。

姓名	送货地址
易斯	{"地址": {"区": "栖霞", "市": "南京", "省": "江苏", "位置": "仙林大学城文苑路1号"}}

图 P0.29　查询结果

2）空间类型列数据查询

查询 118.88 32.11 位置的用户名和送货地址，执行语句：

```
SET @g1= ST_GeomFromText('POINT(118.88 32.11)');
SELECT UName AS 姓名, Geoposition AS 投递位置, USendAddr AS 送货地址
    FROM user
    WHERE Geoposition = @g1;
```

查询结果如图 P0.30 所示。

姓名	投递位置	送货地址
周俊邻	POINT(118.88 32.11)	{"地址": {"区": "栖霞", "市": "南京", "省": "江苏", "位置": "尧新大道16号"}}

图 P0.30　查询结果

P0.8.7　购物车表：存储过程记录操作和视图查询测试

以普通用户连接（shopuser）进行测试。

1. 将商品加入购物车

通过插入记录存储过程 Preshop_Insert 将用户选择的商品加入购物车表（preshop）。

（1）用户 easy-bbb.com 选择 1、4、6、1001 号商品：

```
USE netshop;
CALL Preshop_Insert('easy-bbb.com', 1, @yes1);
```

```sql
CALL Preshop_Insert('easy-bbb.com', 4, @yes2);
CALL Preshop_Insert('easy-bbb.com', 6, @yes3);
CALL Preshop_Insert('easy-bbb.com', 1001, @yes4);
SELECT @yes1, @yes2, @yes3, @yes4;
```

显示结果如图 P0.31 所示。

@yes1	@yes2	@yes3	@yes4
1	1	1	1

图 P0.31 显示结果

返回全部为 1，表示加入成功。

（2）用户 sunrh-phei.net 选择 2、6、1001 号商品：

```sql
CALL Preshop_Insert('sunrh-phei.net', 2, @yes5);
CALL Preshop_Insert('sunrh-phei.net', 6, @yes6);
CALL Preshop_Insert('sunrh-phei.net', 1001, @yes7);
SELECT @yes5, @yes6, @yes7;
```

加入成功，结果同样返回 1。

（3）用户 231668-aa.com 选中 1、1002 号商品加入购物车：

```sql
CALL Preshop_Insert('231668-aa.com', 1, @yes1);
CALL Preshop_Insert('231668-aa.com', 1002, @yes2);
SELECT @yes1, @yes2;
```

两条 CALL 语句操作成功。

注意： CALL Preshop_Insert 中的输入参数（用户账户和商品号）必须是用户表（user）和商品表（commodity）中存在的。

2. 购物车视图显示

存储过程执行成功后，可直接打开购物车表（preshop）查看记录，通过购物车视图既可看到购物车中商品的基本信息，还能关联显示图片。

```sql
SELECT * FROM myPreshop_NoConfirm;
```

显示内容如图 P0.32 所示。

Image	UCode	Pid	PName	PPrice	CNum
(BLOB) 41.25 KB	231668-aa.com	1	洛川红富士苹果冰糖心10斤箱装	44.80	1
(BLOB) 22.74 KB	231668-aa.com	1002	砀山梨5斤箱装特大果	17.90	1
(BLOB) 41.25 KB	easy-bbb.com	1	洛川红富士苹果冰糖心10斤箱装	44.80	1
(BLOB) 61.75 KB	easy-bbb.com	4	阿克苏苹果冰糖心5斤箱装	29.80	1
(BLOB) 44.37 KB	easy-bbb.com	6	库尔勒香梨10斤箱装	69.80	1
(BLOB) 49.60 KB	easy-bbb.com	1001	砀山梨10斤箱装大果	19.90	1
(BLOB) 13.07 KB	sunrh-phei.net	2	烟台红富士苹果10斤箱装	29.80	1
(BLOB) 44.37 KB	sunrh-phei.net	6	库尔勒香梨10斤箱装	69.80	1
(BLOB) 49.60 KB	sunrh-phei.net	1001	砀山梨10斤箱装大果	19.90	1

图 P0.32 显示内容

P0.8.8 订单表：记录操作、存储过程和触发器联动处理测试

1. 订单确认结算

以普通用户连接（shopuser）进行测试。

实习 0　数据库综合应用及实例——网上商城数据库设计

下单前，普通用户可能在购买商品操作界面调整了部分商品的订货数量，下单操作通过一次购物确认存储过程 Orders_Insert 实现，它在订单表（orders）中生成订单，并在购物车表（preshop）中置购物确认标志（Confirm 列）及填写订单号。

（1）用户 easy-bbb.com 下单。

● 第 1 单：确认 1、4 号商品。

```
USE netshop;
DELETE FROM shop;
INSERT INTO shop(UCode, Pid, PNum) VALUES('easy-bbb.com', 1, 2);
INSERT INTO shop(UCode, Pid, PNum) VALUES('easy-bbb.com', 4, 1);
CALL Orders_Insert('easy-bbb.com', @err);
SELECT @err;                                                    # （a）
SELECT Pid, Stocks FROM commodity;                              # （b）
```

显示结果如图 P0.33 所示。

@err
0

(a)

Pid	Stocks
1	3498
2	5698
4	12679
6	8902
1001	14532
1002	6834

(b)

图 P0.33　显示结果

返回 0，表示成功，同时 1 号商品库存量减 2，4 号商品库存量减 1。

● 第 2 单：确认 6 号商品。

```
DELETE FROM shop;
INSERT INTO shop(UCode, Pid, PNum) VALUES('easy-bbb.com', 6, 1);
CALL Orders_Insert('easy-bbb.com', @err2);
SELECT @err;
```

返回 0，表示成功，同时 6 号商品库存量减 1。

（2）用户 sunrh-phei.net 下单：确认 2 号商品。

向 shop 表中写入下单临时数据（包括用户编码、商品号及购买数量），每执行一单后要先清除 shop 表数据，再执行下一单：

```
DELETE FROM shop;
INSERT INTO shop(UCode, Pid, PNum) VALUES('sunrh-phei.net', 2, 10);
CALL Orders_Insert('sunrh-phei.net', @err3);
SELECT @err;
```

返回 0，表示成功，同时 2 号商品库存量减 10。

（3）用户 231668-aa.com 下单购买两种商品。

```
DELETE FROM shop;
INSERT INTO shop(UCode, Pid, PNum) VALUES('231668-aa.com', 1, 100);
INSERT INTO shop(UCode, Pid, PNum) VALUES('231668-aa.com', 1002, 7000);
CALL Orders_Insert('231668-aa.com', @err);
SELECT @err;
```

显示结果如图 P0.34 所示。

```
                    @err
                    1002
```

图 P0.34　显示结果

原因：@err 为 1002 表示 1002 号商品购买数量超过商品库存量。虽然 1 号商品符合要求，但 CALL Orders_Insert 存储过程将 shop 表中 231668-aa.com 用户记录（这里购买两种商品）作为一个订单，因为 1002 号商品不能购买，所以本次操作无法完成，商品表、订单表、购物车表中的内容皆不变。

（4）用户 231668-aa.com 下单购买两种商品，不超过库存量。

```
DELETE FROM shop;
INSERT INTO shop(UCode, Pid, PNum) VALUES('231668-aa.com', 1, 100);
INSERT INTO shop(UCode, Pid, PNum) VALUES('231668-aa.com', 1002, 700);
CALL Orders_Insert('231668-aa.com', @err);
SELECT @err;
```

显示结果如图 P0.35 所示。@err 为-1 表示数据库事务错误。

原因：这一单购买商品的数量太大，超出了 Orders 表支付金额上限，无法保存。

（5）用户 231668-aa.com 下单购买两种商品，不超过支付金额上限。

```
DELETE FROM shop;
INSERT INTO shop(UCode, Pid, PNum) VALUES('231668-aa.com', 1, 100);
INSERT INTO shop(UCode, Pid, PNum) VALUES('231668-aa.com', 1002, 70);
CALL Orders_Insert('231668-aa.com', @err);
SELECT @err;
```

显示结果如图 P0.36 所示。

```
      @err                    @err
       -1                       0
```

图 P0.35　显示结果　　图 P0.36　显示结果

2. 下单操作验证

（1）查看订单表（orders）。

```
SELECT * FROM orders;
```

显示订单记录，如图 P0.37 所示。

Oid	UCode	PayMoney	PayTime
4	231668-aa.com	5733.00	2021-04-02 09:04:15
3	sunrh-phei.net	298.00	2021-04-02 09:02:33
2	easy-bbb.com	69.80	2021-04-02 08:59:59
1	easy-bbb.com	119.40	2021-04-02 08:58:23

图 P0.37　显示订单记录

可验证支付金额（PayMoney）也是正确的。

（2）查看购物车表（preshop）。

```
SELECT UCode, Pid, Pname, PPrice, CNum, Confirm, Oid FROM preshop;
```

显示结果如图 P0.38 所示。

可见，CNum 列就是购买数量，已下单的记录 Confirm 均已置 1，加入购物车但没有下单的记录 Confirm 为 0，并且没有分配订单号。

图 P0.38 显示结果

UCode	Pid	Pname	PPrice	CNum	Confirm	Oid
231668-aa.com	1	洛川红富士苹果冰糖心10斤箱装	44.80	100	1	4
231668-aa.com	1002	砀山梨5斤箱装特大果	17.90	70	1	4
easy-bbb.com	1	洛川红富士苹果冰糖心10斤箱装	44.80	2	1	1
easy-bbb.com	4	阿克苏苹果冰糖心5斤箱装	29.80	1	1	1
easy-bbb.com	6	库尔勒香梨10斤箱装	69.80	1	1	2
easy-bbb.com	1001	砀山梨10斤箱装大果	19.90	1	0	(Null)
sunrh-phei.net	2	烟台红富士苹果10斤箱装	29.80	10	1	3
sunrh-phei.net	6	库尔勒香梨10斤箱装	69.80	1	0	(Null)
sunrh-phei.net	1001	砀山梨10斤箱装大果	19.90	1	0	(Null)

（3）查看商品表（commodity）。

```
SELECT Pid, PName, PPrice,Stocks FROM commodity;
```

对比执行前后，可见商品库存量各减了 preshop 表 CNum 列对应的数量，如图 P0.39 所示。

Pid	PName	PPrice	Stocks
1	洛川红富士苹果冰糖心10斤箱装	44.80	3398
2	烟台红富士苹果10斤箱装	29.80	5688
4	阿克苏苹果冰糖心5斤箱装	29.80	12679
6	库尔勒香梨10斤箱装	69.80	8901
1001	砀山梨10斤箱装大果	19.90	14532
1002	砀山梨5斤箱装特大果	17.90	6764

图 P0.39 商品库存量同步调整

3. 确认订单退货

以普通用户连接（shopuser）进行测试。

退货功能实际就是删除购物车表（preshop）中的记录，用触发器 myPreshop_Delete 实现。删除 preshop 表记录时，如果 orders 表中对应订单在 preshop 表中已没有记录，则要将该订单删除，否则调整支付金额。

（1）sunrh-phei.net 退订单（Oid=3，Pid=2）：

```
USE netshop;
CALL preshop_Delete('sunrh-phei.net', 2, @err);
SELECT UCode, Pid, CNum, Confirm, Oid FROM preshop;      # (a)
SELECT Oid, Ucode,PayMoney FROM orders;                   # (b)
SELECT Pid, PName, PPrice,Stocks FROM commodity;          # (c)
```

显示结果如图 P0.40 所示。

(a)

UCode	Pid	CNum	Confirm	Oid
231668-aa.com	1	100	1	4
231668-aa.com	1002	70	1	4
easy-bbb.com	1	2	1	1
easy-bbb.com	4	1	1	1
easy-bbb.com	6	1	1	2
easy-bbb.com	1001	1	0	(Null)
sunrh-phei.net	6	1	0	(Null)
sunrh-phei.net	1001	1	0	(Null)

(b)

Oid	Ucode	PayMoney
4	231668-aa.com	5733.00
2	easy-bbb.com	69.80
1	easy-bbb.com	119.40

图 P0.40 显示结果

Pid	PName	PPrice	Stocks
1	洛川红富士苹果冰糖心10斤	44.80	3398
2	烟台红富士苹果10斤箱装	29.80	5698
4	阿克苏苹果冰糖心5斤箱装	29.80	12679
6	库尔勒香梨10斤箱装	69.80	8901
1001	砀山梨10斤箱装大果	19.90	14532
1002	砀山梨5斤箱装特大果	17.90	6764

(c)

图 P0.40 显示结果（续）

可见，preshop 表中删除了 Oid 为 3 的订单，orders 表中 Oid 为 3 的订单已经没有了，商品表中 Pid 为 2 的商品库存量复原了。

（2）easy-bbb.com 退订单（Oid=1，Pid=4）：

```
CALL preshop_Delete('easy-bbb.com', 4, @err);
SELECT UCode, Pid, CNum, Confirm, Oid FROM preshop;    # (a)
SELECT Oid, UCode, PayMoney FROM orders;               # (b)
SELECT Pid, Stocks FROM commodity;                     # (c)
```

显示结果如图 P0.41 所示。

UCode	Pid	CNum	Confirm	Oid
231668-aa.com	1	100	1	4
231668-aa.com	1002	70	1	4
easy-bbb.com	1	2	1	1
easy-bbb.com	6	1	1	2
easy-bbb.com	1001	1	0	(Null)
sunrh-phei.net	6	1	0	(Null)
sunrh-phei.net	1001	1	0	(Null)

(a)

Oid	UCode	PayMoney
4	231668-aa.com	5733.00
2	easy-bbb.com	69.80
1	easy-bbb.com	89.60

(b)

Pid	Stocks
1	3398
2	5698
4	12680
6	8901
1001	14532
1002	6764

(c)

图 P0.41 显示结果

由于 Oid 为 1 的订单对应两件商品，删除一件，尚有一件商品（1 号商品）未退货，故该订单的记录依然存在，但是其支付金额变更为仅剩的那件商品的价格。同时，商品表中 Pid 为 4 的商品库存量复原了。

当然，@err 返回的值为 1。

4. 调整商品价格

（1）以普通用户 shopuser 连接进行测试。

```
USE netshop;
UPDATE commodity SET PPrice = 60.00 WHERE Pid = 6;
```

错误信息如图 P0.42 所示。

```
UPDATE commodity SET PPrice = 60.00 WHERE Pid = 6
> 1142 - UPDATE command denied to user 'shopuser'@'localhost' for table 'commodity'
> 时间: 0s
```

图 P0.42 错误信息

原因：普通用户 shopuser 没有修改 commodity 表价格列的权限。

（2）以商家用户 supplieruser 连接进行测试。

更改 commodity 表中 6 号商品的价格，借助触发器 myCommodity_Update 变更 preshop 表中用户尚未结算的商品价格：

```
USE netshop;
UPDATE commodity SET PPrice = 60.00 WHERE Pid = 6;
```

（3）回到商城用户连接，查看 preshop 表。

```
USE netshop;
SELECT Pid,PPrice FROM commodity;                                    #（a）
SELECT UCode, Pid, PName, PPrice, Confirm, Oid FROM preshop;         #（b）
```

显示结果如图 P0.43 所示。

Pid	PPrice
1	44.80
2	29.80
4	29.80
6	60.00
1001	19.90
1002	17.90

（a）

UCode	Pid	PName	PPrice	Confirm	Oid
231668-aa.com	1	洛川红富士苹果冰糖心10斤箱装	44.80	1	4
231668-aa.com	1002	砀山梨5斤箱装特大果	17.90	1	4
easy-bbb.com	1	洛川红富士苹果冰糖心10斤箱装	44.80	1	1
easy-bbb.com	6	库尔勒香梨10斤箱装	69.80	1	2
easy-bbb.com	1001	砀山梨10斤箱装大果	19.90	0	(Null)
sunrh-phei.net	6	库尔勒香梨10斤箱装	60.00	0	(Null)
sunrh-phei.net	1001	砀山梨10斤箱装大果	19.90	0	(Null)

（b）

图 P0.43　显示结果

可见，此时由 easy-bbb.com 下单已确认购买的 6 号商品仍维持原价 69.80 不变，而由 sunrh-phei.net 下单尚未确认的 6 号商品价格变更为调整后的 60.00。

P0.8.9　商品表：商品状态修改和视图查询测试

以商家用户 supplieruser 连接并执行下列操作。

将 1 号和 4 号商品下架（置 LivePriority 为 0），将 6 号商品优先级置为最高，其次是 1001 号商品，其余商品保持默认优先级。

```
USE netshop;
UPDATE commodity SET LivePriority = 0 WHERE Pid = 1 OR Pid = 4;
UPDATE commodity SET LivePriority = 3 WHERE Pid = 6;
UPDATE commodity SET LivePriority = 2 WHERE Pid = 1001;
SELECT Pid, TCode, PName, LivePriority FROM commodity;               #（a）
SELECT * FROM myCommodity_User;                                      #（b）
```

显示结果如图 P0.44 所示。

Pid	TCode	PName	LivePriority
1	11A	洛川红富士苹果冰糖心10斤箱装	0
2	11A	烟台红富士苹果10斤箱装	1
4	11A	阿克苏苹果冰糖心5斤箱装	0
6	11B	库尔勒香梨10斤箱装	3
1001	11B	砀山梨10斤箱装大果	2
1002	11B	砀山梨5斤箱装特大果	1

（a）

Pid	TCode	SCode	PName	PPrice	Stocks	Total	TextAdv	Image
6	11B	XJAK005B	库尔勒香梨10斤箱装	60.00	8901	534060.00	(Null)	(BLOB) 44.37 KB
1001	11B	AHSZ006B	砀山梨10斤箱装大果	19.90	14532	289186.80		(BLOB) 49.60 KB
2	11A	SDYT002A	烟台红富士苹果10斤箱装	29.80	5698	169800.40	(Null)	(BLOB) 13.07 KB
1002	11B	AHSZ006B	砀山梨5斤箱装特大果	17.90	6764	121075.60	中国传统三大名梨之首	(BLOB) 22.74 KB

（b）

图 P0.44　显示结果

在 myCommodity_User 视图中已经没有下架商品，同时按照商品评估分从高到低排序。

P0.8.10　销售表和销售详情表：事件操作测试

销售表（sale）和销售详情表（saledetail）用于转存已经完成（收货且满 10 天投诉期）的订单及商品销售记录，用事件 StartDay 实现定时操作，SartDay 事件定义如下：

```
CREATE EVENT StartDay
    ON SCHEDULE EVERY 1 DAY
        STARTS '2020-10-8 00:00:00' + INTERVAL 10 DAY
        ENDS '2030-12-31'
    DO
BEGIN
    ...            #过程体
END;
```

过程体实现销售历史记录的转存。

1. 查看和模拟修改购买商品状态

以 root 用户连接并执行下列操作。

（1）显示当前已经下单结算的商品。

```
USE netshop;
SELECT * FROM preshop WHERE Confirm=1;
```

查询结果如图 P0.45 所示。

UCode	TCode	Pid	PName	PPrice	CNum	SCode	Confirm	Oid	EStatus	USendAddr	EGetTime	HEvaluate
231668-aa.com	11A	1	洛川红富士苹果冰糖心10斤箱装	44.80	100	SXLC001A	1	4	未发货	(Null)	(Null)	0
231668-aa.com	11B	1002	砀山梨5斤箱装特大果	17.90	70	AHSZ006B	1	4	未发货	(Null)	(Null)	0
easy-bbb.com	11A	1	洛川红富士苹果冰糖心10斤箱装	44.80	2	SXLC001A	1	1	未发货	(Null)	(Null)	0
easy-bbb.com	11B	6	库尔勒香梨10斤箱装	69.80	1	XJAK005B	1	2	未发货	(Null)	(Null)	0

图 P0.45　查询结果

（2）修改购买商品表（preshop）中已经下单结算的商品的收货状态、收货时间及购买商品评价分。在实际应用中，该功能在购物 APP 中完成。

注意：虽然当前时间是 2021-04-02 10:35，但为了马上看到事件测试效果，将 MySQL 8 服务器当前时间修改为 10 天后，这样收货时间可以设置为当前时间。但 Windows 10 操作系统在联网的情况下会自动校对计算机的时间，无法修改（Windows 7 在进行同步操作后才校对计算机的时间），所以将部分商品状态修改为"已收货"，用户收货时间提前 10 天。

```
USE netshop;
UPDATE preshop SET Estatus='已收货', EgetTime='2021-03-20 09:21:01',Hevaluate=4
    WHERE Oid=1 AND Pid=1;
UPDATE preshop SET Estatus='已收货', EgetTime='2021-03-20 10:35:31',Hevaluate=5
    WHERE Oid=4 AND Pid=1;
UPDATE preshop SET Estatus='已收货', EgetTime='2021-03-22 15:28:06',Hevaluate=3
    WHERE Oid=2 AND Pid=6;
SELECT * FROM myPreshop_Confirm;
```

此时，购买商品表视图如图 P0.46 所示。

Image	UCode	Pid	PName	CNum	EStatus	EGetTime	HEvaluate
(BLOB) 41.25 KB	231668-aa.com	1	洛川红富士苹果冰糖心10斤箱装	100	已收货	2021-03-20 10:35:31	5
(BLOB) 22.74 KB	231668-aa.com	1002	砀山梨5斤箱装特大果	70	未发货	(Null)	0
(BLOB) 41.25 KB	easy-bbb.com	1	洛川红富士苹果冰糖心10斤箱装	2	已收货	2021-03-20 09:21:01	4
(BLOB) 44.37 KB	easy-bbb.com	6	库尔勒香梨10斤箱装	1	已收货	2021-03-22 15:28:06	3

图 P0.46　购买商品表视图

2. 事件功能测试

1）启动事件

为了马上观察事件效果，在 StartDay 事件"计划"页中修改起始时间为 10:36:00，如图 P0.47 所示。

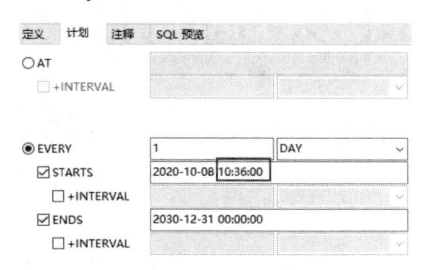

图 P0.47　修改起始时间

等待 1 分钟，定时时间到，事件启动。

2）查看事件效果

● 查看购买商品表，（Oid=1，Pid=1）记录和（Oid=4，Pid=1）记录被移除，如图 P0.48 所示。

UCode	TCode	Pid	PName	PPrice	CNum	SCode	Confirm	Oid	EStatus	EGetTime	HEvaluate
231668-aa.com	11B	1002	砀山梨5斤箱装特大果	17.90	70	AHSZ006B	1	4	未发货	(Null)	0
easy-bbb.com	11B	6	库尔勒香梨10斤箱装	69.80	1	XJAK005B	1	2	已收货	2021-03-22 15:28:06	3
easy-bbb.com	11B	1001	砀山梨10斤箱装大果	19.90	1	AHSZ006B	0	(Null)	未发货	(Null)	0
sunrh-phei.net	11B	6	库尔勒香梨10斤箱装	60.00	1	XJAK005B	0	(Null)	未发货	(Null)	0
sunrh-phei.net	11B	1001	砀山梨10斤箱装大果	19.90	1	AHSZ006B	0	(Null)	未发货	(Null)	0

图 P0.48　查看购买商品表

● 查看销售详情表，包含（Oid=1，Pid=1）记录和（Oid=4，Pid=1）记录，如图 P0.49 所示。

Oid	UCode	TCode	Pid	PPrice	CNum	SCode	Total	EGetTime	HEvaluate
4	231668-aa.com	11A	1	44.80	100	SXLC001A	4480.00	2021-03-20 10:35:31	5
1	easy-bbb.com	11A	1	44.80	2	SXLC001A	89.60	2021-03-20 09:21:01	4

图 P0.49　查看销售详情表

● 查看订单表，包含两个订单记录，如图 P0.50 所示。因为 4 号订单（Oid=4）购买两件商品（Pid=1 和 Pid=1002），而只有 1 号商品达到时间，所以 orders 表中该记录仍然保留，而 1 号订单只有一件商品，所以（Oid=1，Pid=1）记录被删除。

Oid	UCode	PayMoney	PayTime
4	231668-aa.com	1253.00	2021-04-02 09:04:15
2	easy-bbb.com	69.80	2021-04-02 08:59:59

图 P0.50　查看订单表

● 在商品表（commodity）中查看评估分：

```
SELECT Pid, PName, Evaluate FROM commodity;
```

显示结果如图 P0.51 所示，计算正确。

Pid	PName	Evaluate
1	洛川红富士苹果冰糖心10斤箱装	4.50
2	烟台红富士苹果10斤箱装	0.00
4	阿克苏苹果冰糖心5斤箱装	0.00
6	库尔勒香梨10斤箱装	0.00
1001	砀山梨10斤箱装大果	0.00
1002	砀山梨5斤箱装特大果	0.00

图 P0.51　显示结果

实习 1 PHP/MySQL 开发及实例
——网上商城商家管理

本系统是在 Windows 环境下，基于 PHP 脚本语言实现的网上商城数据库商家管理系统，Web 服务器使用 Apache，后台数据库使用 MySQL 8。

P1.1 PHP 开发环境搭建

在主机 Zhou 上安装 PHP 相关软件（包括 Apache、PHP、Eclipse）作为开发主机，在主机 DBHost 上安装 MySQL 8 作为数据库服务器。

P1.1.1 安装 Apache 服务器

（1）准备操作系统。
（2）获取 Apache 软件包。
（3）配置、安装 Apache，包括配置服务器根目录、安装 Apache 服务和解决可能的端口冲突。
（4）启动 Apache。

P1.1.2 安装 PHP 8

（1）获取 PHP 软件包。
（2）配置扩展库，包括指定扩展库目录和开放扩展库。
（3）设定默认字符集。
（4）Apache 整合 PHP。进入 C:\Program Files\Php\Apache24\conf 目录，打开 Apache 配置文件 httpd.conf，在其中添加配置信息，将 PHP 解压文件中的 libssh2.dll 放入 Apache 解压目录下的 bin 文件夹，配置完后重启 Apache 服务监视器。

P1.1.3 安装 Eclipse

选择著名的开源 IDE 工具 Eclipse 作为 PHP 的集成开发环境。

1. 安装 JDK

Eclipse 需要 JRE 的支持，而 JRE 包含在 JDK 中，故要先安装 JDK，包括下载 JDK、安装 JDK 和配置环境变量。

2. 下载和安装 Eclipse

目前 Eclipse 官方只提供安装器的下载，地址为 https://www.eclipse.org/downloads/，获取文件名为

eclipse-inst-jre-win64.exe。

3. 设定工作区

Eclipse 将用户开发的程序以项目（Project）的形式置于工作区目录中统一管理。Apache 服务器默认的网页路径为 C:\Program Files\Php\Apache24\htdocs，为确保开发过程中运行程序方便，将 Eclipse 的工作区也设定为此路径。

P1.1.4 数据准备

在数据库服务器 DBHost 上通过 Windows 命令行窗口进入 MySQL 8。

采用 SQL 语句或在 Navicat 中操作，在网上商城数据库（netshop）中准备（或者核对）商家表（supplier）数据，如图 P1.1 所示。

SCode	SPassWord	SName	SWeiXin	Tel	Evaluate	SLicence
AHSZ006B	888	安徽砀山皇冠梨供应公司	8561234-aa.com	0557-856123X	0.00	(Null)
GDSZ016A	888	华为技术有限公司	950800-aa.com	95080X	0.00	(Null)
SDYT002A	888	山东烟台栖霞苹果批发市场	8234561-aa.com	0535-823456X	0.00	(Null)
SXLC001A	888	陕西洛川苹果有限公司	8123456-aa.com	0911-812345X	0.00	(Null)
XJAK003A	888	新疆阿克苏地区红旗坡农场	8345612-aa.com	0997-834561X	0.00	(Null)
XJAK005B	888	新疆安利达果业有限公司	8456123-aa.com	0996-845612X	0.00	(Null)

图 P1.1　准备商家表（supplier）数据

表结构参考实习 0 中的数据库综合应用实例。

P1.2　PHP 开发入门

P1.2.1 项目的创建和运行

1. 创建 PHP 项目

创建一个 PHP 项目的操作步骤如下。

（1）在 Eclipse 开发环境下，选择主菜单"File"→"New"→"PHP Project"命令，弹出项目信息对话框。

（2）在"Project name"栏输入项目名"SuppliersMgr"，其他保持默认设置。

（3）单击"Finish"按钮，Eclipse 就会在 Apache 安装目录的 htdocs 文件夹下自动创建一个名为"SuppliersMgr"的文件夹，并创建项目设置和缓存文件。

（4）项目创建完成后，工作界面的"Project Explorer"区域会出现一个"SuppliersMgr"项目树，右击并选择"New"→"PHP File"命令，如图 P1.2 所示，在弹出的对话框中输入文件名就可以创建 PHP 源文件。

2. 运行 PHP 项目

（1）Eclipse 默认创建的 PHP 文件名为 newfile.php，在其中输入代码：

```
<?php
    phpinfo();
?>
```

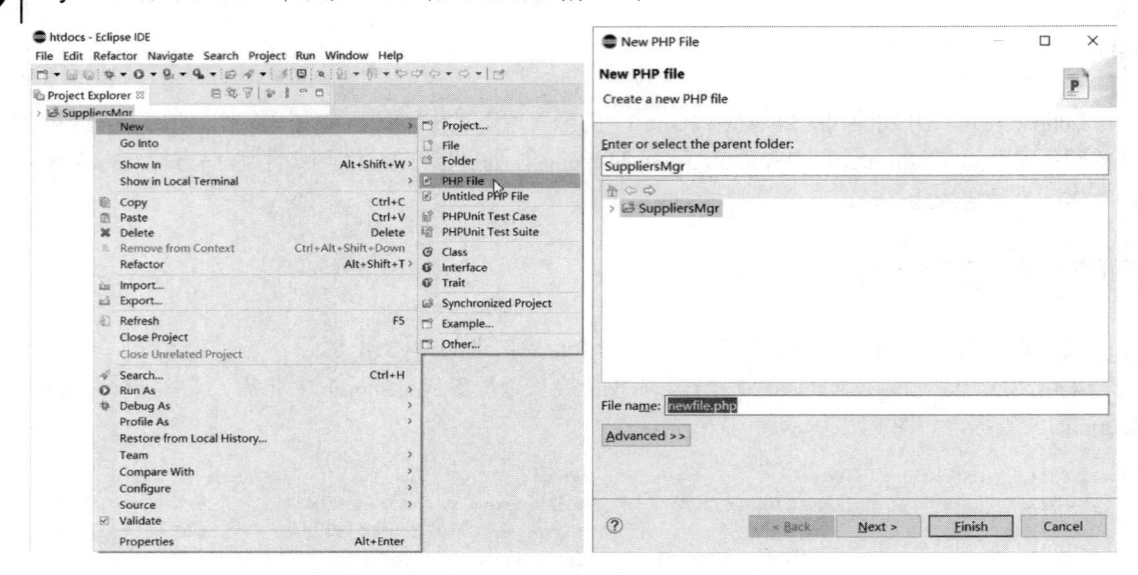

图 P1.2 创建 PHP 源文件

（2）修改 PHP 的配置文件 php.ini，在其中找到如下一句：
```
short_open_tag = Off
```
将这里的 Off 改为 On，以使 PHP 能支持<??>和<%%>标记方式。确认修改后，保存配置文件，重启 Apache 服务器。

（3）单击工具栏 按钮右边的下拉箭头，从菜单中选择 "Run As" → "PHP Web Application" 命令，弹出对话框，显示程序即将启动的 URL 地址：http://localhost/SuppliersMgr/newfile.php。

（4）单击 "OK" 按钮后，在开发环境界面中央显示 "PHP Version 8.0.0" 的版本信息页。

除了使用 Eclipse 在 IDE 中运行 PHP 程序，还可以直接从浏览器运行。打开浏览器，输入 http://localhost/SuppliersMgr/newfile.php 后回车，浏览器中也会显示一模一样的版本信息页。

P1.2.2 PHP 连接 MySQL

PHP 可采用两种方式连接 MySQL 数据库。

1. 原生 mysqli 接口

前面在安装 PHP 配置扩展库时用 "extension=mysqli" 语句打开的就是 PHP 的原生 MySQL 数据库接口，它提供了一整套增强版的扩展函数库，使得操作 MySQL 数据库的速度极大地提高，在 PHP 脚本中调用扩展库公开的函数就可以实现对 MySQL 数据库的各种操作。

在 PHP 程序中用 mysqli 接口建立数据库连接的语句格式如下：
```
连接名 = mysqli_connect(主机名,用户名,密码) or die('数据库连接失败：'.mysqli_error(连接名));
mysqli_select_db(连接名, 数据库名) or die('数据库选择失败'.mysqli_error(连接名));
```

其中，"连接名" 是标识数据库连接的 PHP 变量（"$" 打头，变量名可任取，但在整个项目程序中要保持一致；mysqli_connect 函数用于创建基于 mysqli 接口的 MySQL 连接，它有 3 个参数，"主机名" 是安装 MySQL 的计算机全名，"用户名" 和 "密码" 是在安装 MySQL 时设置的；mysqli_select_db 函数用于进一步选择用户所要操作的数据库。

2. 通用 PDO 接口

这种方式是 PHP 为解决程序在不同类型 DBMS 之间的移植而推出的，通过在各种异构的数据库之上增加一个"数据库抽象层"（PDO），向下传递所有与数据库相关的 SQL 命令，这样底层的数据库不管是 MySQL，还是 Oracle、SQL Server 等，都可以用一致的接口函数访问，PHP 程序完全不用修改，如图 P1.3 所示。

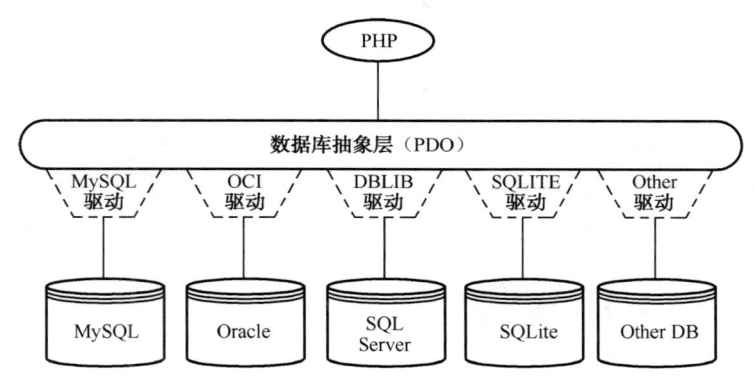

图 P1.3　数据库抽象层的应用体系结构

由图 P1.3 可见，对任何数据库的操作并不是使用 PDO 本身执行的，必须针对不同的数据库使用特定的驱动程序访问。PDO 在运行时才加载对应的数据库驱动，大大提高了灵活性。PHP 本身已经内置了 MySQL 的 PDO 驱动，只要在配置扩展库时用"extension=pdo_mysql"语句打开即可使用，而其他类型的 DBMS 必须额外安装 PDO 驱动。

同样，可在 PHP 版本信息页中查看特定数据库的 PDO 驱动是否已经安装，如图 P1.4 所示。

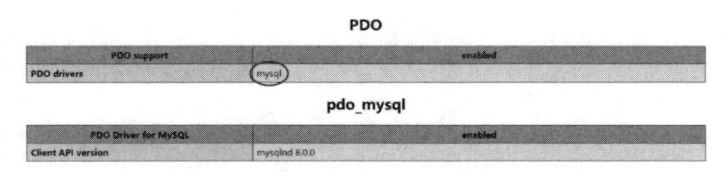

图 P1.4　查看 PDO 驱动是否已经安装

在 PHP 程序中需要创建 PDO 对象的引用，这样才能使用 PDO 接口操作数据库，语句格式如下：

```
try {
    引用名 = new PDO("mysql:host=主机名;dbname=数据库名",用户名,密码);
} catch (PDOException $e) {
    echo "PDO 连接失败："  .$e->getMessage();
}
```

其中，"引用名"是 PDO 接口对象的名称（为 PHP 变量），可任取，在程序中要保持一致；以 new 语句创建 PDO 对象，在其构造参数中指定数据库连接字符串、用户名和密码，连接字符串中包含主机名（安装 MySQL 的计算机全名）和要操作的 MySQL 数据库名；PDO 连接可能产生的异常信息则通过 PDOException 类获取。

本章将在程序中同时演示以上两种访问 MySQL 数据库的方式。

P1.2.3　一个简单的 PHP 查询程序

PHP 是一种功能强大的 Web 网站开发脚本语言，既可用来开发前端页面，也可用来实现后端功能。开发前端页面时，将 PHP 作为脚本嵌入 HTML5 页面代码中，前后端之间通过会话（SESSION）传递变量和进行交互。在程序中任何需要的地方，都可以连接和操作 MySQL 数据库。

为使读者对 PHP 程序的运行机制有基本了解，下面开发一个简单的查询程序，根据用户页面输入的关键词查询商家信息，如图 P1.5 所示。

(a) 初始显示　　　　　　　　　　　　　　(b) 查询结果

图 P1.5　查询商家信息

1. 定义数据库连接

通常，在 PHP 项目中独立创建一个源文件，在其中定义数据库连接，这样在其他 PHP 源文件程序中就可以按需随时引用。

新建 fun.php 源文件，根据"PHP 连接 MySQL"格式编写定义数据库连接的代码：

```php
<?php
    //方式一：原生 mysqli 接口
    $link = mysqli_connect('DBHost','root','123456') or die('数据库连接失败：'.mysqli_error($link));
    mysqli_select_db($link, "netshop") or die('数据库选择失败'.mysqli_error($link));
    //方式二：通用 PDO 接口
    try {
        $link_pdo = new PDO("mysql:host=DBHost;dbname=netshop","root","123456");
    } catch (PDOException $e) {
        echo "PDO 连接失败：".$e->getMessage();
    }
?>
```

为了在 PHP 程序中同时实现前面介绍的两种操作 MySQL 数据库的方式，这里分别定义了两种方式的连接，mysqli 接口连接对应变量$link，PDO 接口连接则对应变量$link_pdo，以示区别。

2. 前端页面设计

创建源文件 mySuppliers.php，编写代码如下：

```php
<?php
    session_start();                                        //（a）
?>
<html>
<head>
    <style>
        .mytbl {                                            /*商家信息表格的样式*/
```

```
                margin: auto;                              /*表格在页面上居中*/
                text-align: center;                        /*单元格内容居中*/
                width: 400px;
            }
        </style>
        <title>商家信息查询系统</title>
    </head>
    <body>
    <?php
        //接收会话传回的变量值                                // (b)
        $SNAME = $_SESSION['SNAME'];                        //商家名称关键词
        $QUERY = $_SESSION['QUERY'];                        //查询 SQL 语句
    ?>
    <br>
    <div style="text-align: center">
        <form action="searchAction.php" method="post" enctype="multipart/form-data">
                                                            <!-- (c) -->
            请输入商家名称: <input type="text" name="sname" value="<?php echo @$SNAME;?>"/>
                                                            <!-- (b) -->
            <input name="btn" type="submit" style="width: 100px;margin-left: 5px" value="查 询"/>
        </form>
        <br>
        <h4>查询结果如下</h4>
    </div>
    <table border="1" cellspacing="0" class="mytbl">
        <tr style="background-color: lightblue">
            <th>商家编码</th>
            <th>商家名称</th>
        </tr>
        <?php
            include 'fun.php';                              // (d)
            if ($QUERY == null)                             // (b)
                $query = "SELECT SCode, SName FROM supplier";
            else
                $query = $QUERY;
            //mysqli 接口查询                                 // (e)

            mysqli_query($link, "SET NAMES gb2312");
            $result = mysqli_query($link, $query);          //执行查询
            while($row = mysqli_fetch_row($result)) {       //解析生成表格数据
                list($CODE, $NAME) = $row;
                echo "<tr><td>$CODE</td><td>$NAME</td></tr>";
            }

            //PDO 接口查询                                    // (e)
    /*
            $result = $link_pdo->query(iconv('GB2312','UTF-8',$query));
                                                            //执行查询 (f)
            while($row = $result->fetch(PDO::FETCH_NUM)) {  //解析生成表格数据
                list($CODE, $NAME) = $row;
```

```
                $NAME = iconv('UTF-8','GB2312',$NAME);          //（f）
                echo "<tr><td>$CODE</td><td>$NAME</td></tr>";
            }
    */
        ?>
    </table>
  </body>
</html>
```

说明：

（a）session_start();：由于本程序要通过会话在前后端之间传递数据，故开头要先启动会话。

（b）$SNAME = $_SESSION['SNAME'];、$QUERY = $_SESSION['QUERY'];、请输入商家名称：<input type="text" name="sname" value="<?php echo @$SNAME;?>"/>、if ($QUERY == null)…：本程序在前后端之间通过会话传递两个数据变量，变量$SNAME 是页面上由用户输入的待查询的商家名称关键词，程序表单将这个变量值提交给后端，后端根据它拼接出完整的查询 SQL 语句，SQL 语句通过会话返回给前端，存储在变量$QUERY 中。当$QUERY 为空（初始）时，系统默认执行查询全部商家的语句，否则执行后端返回的 SQL 语句。之所以要从会话中得到$SNAME 值，是为了在刷新页面时回显查询关键词，因此，输入框 value 属性中引用的 PHP 脚本输出变量（@$SNAME）名称一定要与会话中被赋值的变量（$SNAME）名称完全一致。

（c）<form action="searchAction.php" method="post" enctype="multipart/form-data">：action 属性指明表单提交后执行处理的后端 PHP 页，这里是 searchAction.php，下面会给出代码。

（d）include 'fun.php';：由于这段 PHP 脚本代码要连接数据库，故要包含前面编写的定义数据库连接的 fun.php 源文件，也可以使用"require 'fun.php';"语句包含源文件，效果是一样的。

（e）在程序中同时给出了用 mysqli 及 PDO 两种接口操作 MySQL 数据库的代码，这两段代码所实现的功能是相同的，实际运行程序时只执行其中一段（注释掉另一段），它们的运行结果完全一样。

（f）$result = $link_pdo->query(iconv('GB2312','UTF-8',$query));、$NAME = iconv('UTF-8','GB2312',$NAME);：在通过 PDO 接口操作数据库时，若 SQL 语句的字符串中包含中文，需要使用 iconv 将 GB2312 编码转换为 UTF-8 编码；反之，若从数据库查询得到的数据字段中包含中文，则要进行相反的转换才能在页面上正常显示。

3. 后端代码编写

创建后端源文件 searchAction.php，编写代码如下：

```
<?php
    include 'mySuppliers.php';                          //包含前端界面的 PHP 页文件
    $SName = @$_POST['sname'];                          //前端用户输入提交的关键词
    if(@$_POST["btn"] == '查询') {
        $query = "SELECT SCode, SName FROM supplier WHERE SName LIKE '%".$SName."%' LIMIT 0,5";
                                                        //拼接出查询 SQL 语句
        $_SESSION['SNAME'] = $SName;                    //查询关键词在前端回显
        $_SESSION['QUERY'] = $query;                    //拼接生成的 SQL 语句，返回前端
        echo "<script>location.href='mySuppliers.php';</script>";
    }
?>
```

可见，后端程序完全由 PHP 脚本代码构成，全部置于<?php?>标号内。这里后端代码仅执行字符串拼接，并未操作数据库，这是因为前端生成页面的时候本身就会执行查询数据库和解析数据的操作。

PHP 程序的设计比较灵活，程序员可根据实际情况灵活分配前端和后端程序所要完成的任务，并没有固定的模式。一般来说，若要查询和显示比较多的数据信息，那么直接在页面上用脚本访问数据

库，要比先由后端查询出数据再通过会话返回给前端简单得多，且能大大减少会话传输的数据量；但如果是完成一些事务性操作，如增加记录、修改记录等，则建议放在后端做，因为这类操作前端只需要知道执行结果而无须显示很多数据。

P1.3 商家管理系统开发

接下来综合运用 HTML5、PHP 脚本、MySQL 操作、PHP 前后端交互等知识，开发"为华电子商务平台管理系统"。

P1.3.1 功能需求

本系统实现对"为华直购"网上商城平台上商家的管理，包括增加新商家、修改商家信息、商家撤柜、查询商家信息等功能，其主界面设计布局如图 P1.6 所示。

为方便稍后结合程序代码进行描述，对界面上的各部分区域分别进行了分隔和标注，与后面程序代码中的注释标注一一对应，读者可对照着理解。

P1.3.2 前端程序设计

本系统前端界面主要基于 HTML5 设计，配合少量 PHP 脚本语言和 JS 方法。其中，HTML5 用于编写页面的整体框架；PHP 脚本主要实现查询和显示界面上的"商家列表"表格，以及前后端之间的会话；JS 方法实现商家营业执照图片的选择和切换、"商家列表"表格的打印预览功能。

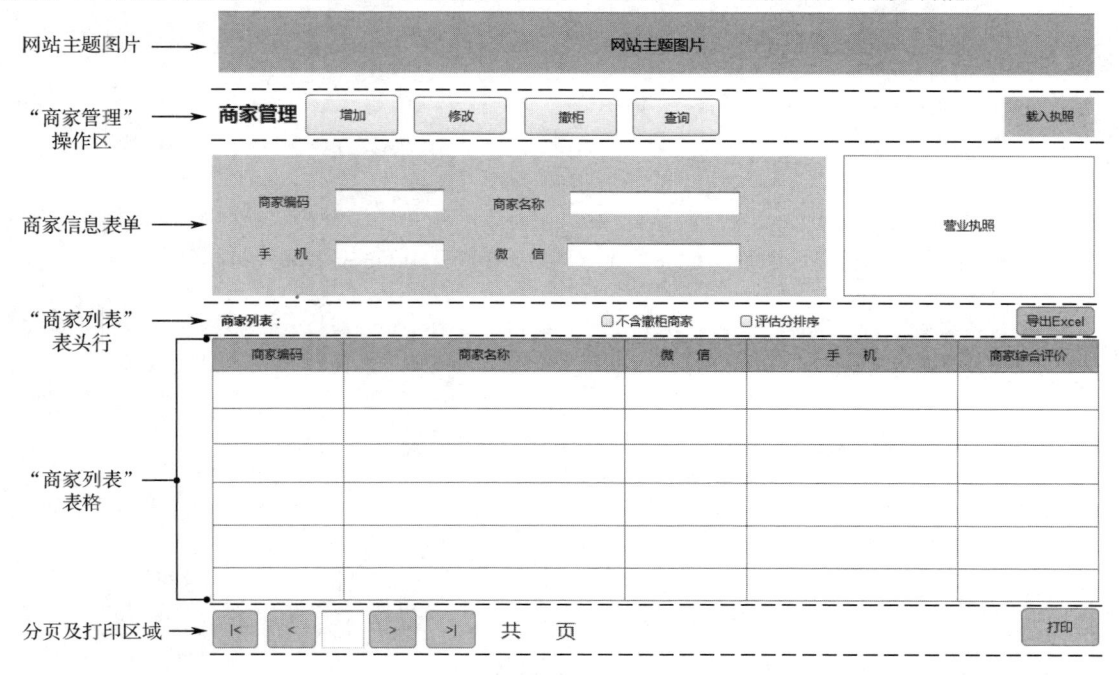

图 P1.6 商家管理系统主界面设计布局

1. 页面整体框架

为了让读者对本系统程序结构有个整体的了解，下面先给出主页面代码框架，稍后再分别介绍各

部分具体的实现。主页面源文件为 main.php,代码框架如下:

```php
<?php
    session_start();                                        //启动会话
?>
<html>
<head>
    <style>                                                 /*"商家列表"表格的样式*/
        .mytbl {
            margin: auto;
            text-align: center;
            width: 800px;
        }
    </style>
<title>商家管理</title>
<script>
    function change(pic) {
        //选择和切换商家营业执照图片
        ...
    }
</script>
</head>
<body bgcolor="D9DFAA">
<?php
    //会话传值
    ...
?>
<form method="post" action="action.php" enctype="multipart/form-data">
                                                            <!-- (a) -->
<table align="center" width="800">
    <br>
    <tr>
        <td align="center">
            <div>
                <img src='image\主题.jpg' width=800 height=80/>
            </div>                                          <!-- (b) -->
        </td>
    </tr>
    <tr>
        <td>
            <span>
                <!-- "商家管理"操作区-->
                ...
            </span>
        </td>
    </tr>
    <tr>
        <td>
            <table>
                <tr>
                    <td>
                        <!-- 商家信息表单-->
```

```
                                ...
                            </td>
                            <td valign="top"><!--与表单顶部对齐-->
                                <?php
                                echo     "<img    src='showpicture.php?scode=$SCODE'
width=190 height=120 id='img'/>";        <!--(c)-->
                                ?>
                            </td>
                        </tr>
                    </table>
                </td>
            </tr>
            <tr>
                <td>
                    <!--"商家列表"表头行-->
                    ...
                </td>
            </tr>
            <tr>
                <td align="center">
                    <!--"商家列表"表格-->
                    ...
                </td>
            </tr>
            <tr>
                <td>
                    <!-- 分页及打印-->
                    ...
                </td>
            </tr>
        </table>
    </form>                              <!--(a)-->
</body>
</html>
<style>
/**"载入执照"按钮的样式*/
...
</style>
```

说明：

（a）<form method="post" action="action.php" enctype="multipart/form-data">…</form>：用户在页面上填写的商家信息通过表单 POST 方式提交，处理表单的源文件为 action.php，由于提交内容中可能包含营业执照图片，故要用 enctype 属性指定表单上传数据的 MIME 类型，multipart/form-data 表示传输数据采用特殊类型，通常用于非文本内容（如图片、视频、M19 等）。HTML5 的表单提交按钮必须置于<form></form>标签内才能起作用，但出于布局需要，本系统界面上的操作按钮并不在"商品信息表单"（灰色背景）区域内，所以只能在源代码中通过改变<form></form>标签的位置扩大其作用范围，使其囊括整个页面 body 中的内容，这样页面上的所有按钮就都可以用于提交表单，改变<form></form>标签的位置并不会影响页面布局的外观效果。

（b）<div><img src='image\主题.jpg' width=800 height=80/></div>：这是页面顶部的网站主题图片，

这里，编者使用自己制作的带"为华电子商务平台管理系统"logo 的图片（文件名：主题.jpg），右击"SuppliersMgr"项目树，选择"New"→"Folder"命令，在项目中创建文件夹 image，将图片预先存放于其中，运行时即可显示。读者试做时可直接使用源代码资源项目中的图片，也可以自己另外制作或下载图片。

（c）echo "<img src='showpicture.php?scode=$SCODE' width=190 height=120 id='img'/>";：用 PHP 脚本 echo 输出图片元素<img>，运行时通过执行源文件 showpicture.php 的程序来显示营业执照图片。为了在 JS 方法中引用图片框选择和切换商家营业执照图片，这里还要为图片框设置 id（即 img）。

2. "商家管理"操作区

网站主题图片下方是"商家管理"操作区，它由"商家管理"文字、4 个操作按钮及靠右端的"载入执照"按钮组成，运行效果如图 P1.7 所示。

图 P1.7 "商家管理"操作区运行效果

实现代码如下：

```
<font style="font-family:微软雅黑;font-weight:bold;font-size:18px">商家管理</font>
   
<input name="btn" type="submit" value="增 加" style="width:75px;height:30px;margin-top: 10px">                            <!-- (a) -->
<input name="btn" type="submit" value="修 改" style="width:75px;height:30px">
<input name="btn" type="submit" value="撤 柜" style="width:75px;height:30px">
<input name="btn" type="submit" value="查 询" style="width:75px;height:30px">
          
……                                                  <!-- (b) -->
   
<a href="javascript:;" class="test">载入执照...
    <input name="photo" type="file" onchange="change(this)">
</a>
```

说明：

（a）<input name="btn" type="submit" value="增 加" style="width:75px;height:30px;margin-top: 10px">：通过内联 CSS（style=…）分别定义行内各个按钮的样式，便于灵活控制，这里指定"margin-top"属性使按钮与页面顶部主题图片之间保持一定距离，效果更好看。

（b） …：在 HTML5 代码中，转义字符 表示 1 个空格，这里用数行 来调整"载入执照"按钮与前 4 个按钮之间的距离，这种方法易于微调界面元素。在本系统的程序中普遍采用此方法来调整界面上各控件间的相对位置。

3. 商家信息表单

"商家管理"操作区的下面是一个表格（<table>），该表格仅一行，但分为了两列，左边列中又嵌入一个表格作为"商家信息表单"，其运行效果如图 P1.8 所示。

图 P1.8 "商家信息表单"运行效果

实现代码如下：

```html
<table bgcolor="#CCCCC0" width=600 height=120 cellpadding="15">
<tr>
    <td>
    <span>商 家 编 码</span> 
    <input name="scode" type="text" size="10" value="<?php echo @$SCODE;?>">
    </td>
    <td>
    <span>商 家 名 称</span> 
    <input name="sname" type="text" size="30" value="<?php echo @$SNAME;?>">
    </td>
</tr>
<tr>
    <td>
    <span>手 ...机</span> 
    <input name="tel" type="text" size="10" value="<?php echo @$TEL;?>">
    </td>
    <td>
    <span>微 ...信</span> 
    <input name="sweixin" type="text" size="30" value="<?php echo @$SWEIXIN;?>">
    </td>
</tr>
</table>
```

说明：

（1）表格 bgcolor 属性设置其背景为灰色，显示为醒目的表单样式；cellpadding 设置表格内容与其边沿之间保持一定的距离，效果更美观。由于之前已经在 HTML 页的 body 体最外层定义了<form>标签，这个表格自然就属于表单的一部分，表现出表单的特性和行为，其中每个<input>元素的值都可以通过表单提交给后端处理。

（2）每个<input>元素的值都通过"<?php echo…?>"脚本关联一个变量，提交表单时，后台程序通过<input>元素的 name 值获取这个变量的内容，处理后再通过会话返回给前端，这样就实现了前后端之间的交互。为此，还要在前端的 PHP 脚本中为这里的每个变量编写会话传值的语句：

```php
...
<body bgcolor="D9DFAA">
<?php
    $SCODE = $_SESSION['SCODE'];            //商家编码
    $SNAME = $_SESSION['SNAME'];            //商家名称
    $TEL = $_SESSION['TEL'];                //手机
    $SWEIXIN = $_SESSION['SWEIXIN'];        //微信
?>
<form method="post" action="action.php" enctype="multipart/form-data">
...
```

这个会话传值的 PHP 代码块通常写在 HTML 页 body 体的开头部分，不仅是这几个变量，后面凡是程序中要通过会话取值的变量都在这里赋值，这样集中在一起，便于统一管理和调试程序。

4. 选择营业执照图片

商家除了填写表单中必要的信息栏目，还要上传其营业执照图片，单击"商家管理"操作区最右端的"载入执照"按钮，弹出对话框供用户选择要上传的营业执照图片文件。

这一功能是用 HTML5 中类型（type）为 file 的<input>元素结合 JS 脚本实现的，file 类型的<input>

元素不同于一般的按钮，它是 HTML5 原生的文件上传控件，功能十分强大，但其外观并不好看，这里用页级 CSS 样式对它进行了一定程度的改造，放在一个链接标签（<a href></a>）中，并定义样式类 test，代码如下：

```html
<a href="javascript:;" class="test">载入执照...
    <input name="photo" type="file" onchange="change(this)">
</a>
```

说明：

（1）这里，onchange 属性用于设置当用户选择的图片文件变更时所要执行的 JS 脚本，我们在脚本中定义了一个 change(this) 方法，将当前用户选中的文件设为 <img> 元素（"营业执照"图片框，通过其 id 引用）的数据源，代码如下：

```html
<script>
    function change(pic) {
        var reader = new FileReader();
        var file = pic.files[0];
        reader.readAsDataURL(file);
        reader.onloadend = function(e) {
            document.getElementById("img").src = this.result;
        }
    }
</script>
```

（2）将 file 元素（即"载入执照"按钮）的外观定义为稍带圆角的淡蓝色按钮，且鼠标指针滑过其上时会变色，样式代码写在整个 HTML 页源码末尾的 <style></style> 标签中，具体如下：

```css
<style>
.test {
    position: relative;
    display: inline-block;
    background: #D0EEFF;
    border: 1px solid #99D3F5;
    border-radius: 4px;
    padding: 4px 12px;
    overflow: hidden;
    color: #1E88C7;
    text-decoration: none;
    text-indent: 0;
    line-height: 20px;
}
.test input {
    position: absolute;
    font-size: 80px;
    right: 0;
    top: 0;
    opacity: 0;
}
.test:hover {
    background: #AADFFD;
    border-color: #78C3F3;
    color: #004974;
    text-decoration: none;
}
</style>
```

5. "商家列表"表头行

"商家列表"表头行位于商家信息表格的上方,含"商家列表"文字、两个复选框和一个按钮,运行效果如图 P1.9 所示。

图 P1.9 "商家列表"表头行运行效果

实现代码如下:

```
<span><font style="font-weight:bold">商家列表:</font></span>
         
…
 
<input type="checkbox" name="" value=""><font style="font-size:14px">不含撤柜商家</font>
<input type="checkbox" name="" value=""/><font style="font-size:14px">评估分排序</font>
…
<input name="btn" type="submit" style="width:80px;height:25px" value="导出Excel">
```

其设计方式与"商家管理"操作区类似,这里不再说明。

6. "商家列表"表格

页面上以表格显示查询到的商家信息,"商家列表"表格运行效果如图 P1.10 所示。

商家编码	商家名称	微信	手机	商家综合评价
AHSZ006B	安徽砀山皇冠梨供应公司	8561234-aa.com	0557-856123X	0.00
GDSZ016A	华为技术有限公司	950800-aa.com	95080X	0.00
SDYT002A	山东烟台栖霞苹果批发市场	8234561-aa.com	0535-823456X	0.00
SXLC001A	陕西洛川苹果有限公司	8123456-aa.com	0911-812345X	0.00
XJAK003A	新疆阿克苏地区红旗坡农场	8345612-aa.com	0997-834561X	0.00
XJAK005B	新疆安利达果业有限公司	8456123-aa.com	0996-845612X	0.00

图 P1.10 "商家列表"表格运行效果

表格内容直接使用内嵌的 PHP 脚本输出,代码如下:

```
<table border="1" cellspacing="0" class="mytbl">
    <tr bgcolor=#CCCCC0>
        <th>商家编码</th><th>商家名称</th><th>微信</th><th>手机</th><th>商家综合评价</th>                        <!--标题行-->
    </tr>
    <?php
        include 'fun.php';
        mysqli_query($link, "SET NAMES gb2312");
        if($PAGE == null)
            $PAGE = 1;                                              //(a)
        if($QUERY == null)
            $query = "SELECT SCode, SName, SWeiXin, Tel, Evaluate FROM supplier";
        else
            $query = $QUERY;                                        //(a)
        $result = mysqli_query($link, $query);                      //原生接口查询
        $TOTAL = ceil(mysqli_num_rows($result)/7);                  //(b)
        $m = ($PAGE - 1) * 7;                                       //计算偏移量
```

```
            $query = $query." LIMIT ".$m.",7";                    //分页条件
            $result = mysqli_query($link, $query);
            while($row = mysqli_fetch_row($result)) {
                list($SCode, $SName, $SWeiXin, $Tel, $Evaluate) = $row;
                echo "<tr><td>$SCode</td><td>$SName</td><td>$SWeiXin</td><td>$Tel
</td><td>$Evaluate</td></tr>";                                    //输出表格数据
            }
        ?>
</table>
```

说明：

（a）if($PAGE == null) $PAGE = 1;、$query = $QUERY;：这里又用到了两个变量：$PAGE 和 $QUERY。其中，$PAGE 用于分页时指示当前的页码，初始为空，默认显示第 1 页；$QUERY 用于获取当前要执行的查询语句，默认查询商家表（supplier）中的所有记录。这两个变量也通过会话传值，在页面 body 开头的 PHP 传值代码区添加如下两条语句：

```
<?php
    $QUERY = $_SESSION['QUERY'];
        ...
    $PAGE = $_SESSION['PAGE'];
?>
```

（b）$TOTAL = ceil(mysqli_num_rows($result)/7);：$TOTAL 变量用于存储总页数，通过原生接口的 mysqli_num_rows 函数从结果集得到总的记录数，除以每页要显示的记录数，再用 ceil 函数进位取整，得到总页数。

7. 分页及打印区域

页面底部一行是分页及打印区域。其中，分页区有 4 个按钮，支持前、后及首尾翻页，两个文本框分别显示当前页码和总页数，"打印" 按钮位于最右端，运行效果如图 P1.11 所示。

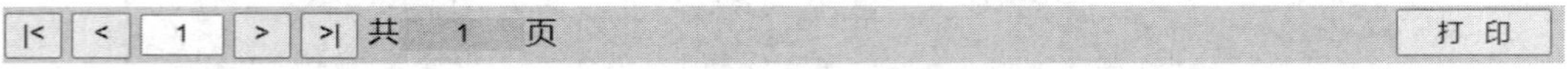

|< < 1 > >| 共 1 页   打 印

图 P1.11 分页及打印区域运行效果

实现代码如下：
```
<input name="btn" type="submit" style="width:30px;height:25px" value="|<">
                                                       <!--首页-->
<input name="btn" type="submit" style="width:30px;height:25px" value="<">
                                                       <!--上一页-->
<input name="page" type="text" size="1" style="text-align:center" value="<?php echo @$PAGE;?>">                                  <!--当前页码-->
<input name="btn" type="submit" style="width:30px;height:25px" value=">">
                                                       <!--下一页-->
<input name="btn" type="submit" style="width:30px;height:25px" value=">|">
                                                       <!--尾页-->
共 <input name="total" type="text" size="5" value="<?php echo @$TOTAL;?>" style="border:0px;background-color:#CCCCC0;text-align:center"           readonly="readonly"/>页                                     <!--总页数-->
        
    ...
 
<input type="button" style="width:80px;height:25px" value=" 打印">
```

说明：

由于表单囊括了整个前端页面的 body，故用户单击分页区的 4 个按钮时，实际是将当前页码（即 $PAGE 变量值）提交给了后端程序，后端程序据此判断接下来需要前端显示的页的页码，再通过会话"告知"前端。而总页数（即$TOTAL 变量值）则是直接从前端的 PHP 脚本中得到的。

运行程序，打开浏览器并输入 http://localhost/SuppliersMgr/main.php，前端页面的完整效果如图 P1.12 所示。

图 P1.12　前端页面的完整效果

P1.3.3　后端业务功能开发

后端业务功能主要在 action.php 中实现，前端用户提交表单时就交给这个 PHP 文件进行处理，它以 "if(@$_POST["btn"] == 值)" 来引用页面上的按钮控件，这里的"值"就是用户所单击的按钮的 value 属性。

1. 增加商家

用户在页面表单中输入新加入的商家信息，并选择营业执照图片后，单击"增加"按钮，将商家的信息记录录入数据库，增加的两个商家如表 P1.1 所示。

表 P1.1　增加的两个商家

商家编号：SCode	商家名称：SName	手机：Tel	微信：SWeiXin
LNDL0A3A	大连凯洋世界海鲜有限公司	1865810061X	1865810061X
BJZY017B	联想集团	400-990-888X	990888-aa.com

完成后提示"录入成功！"，并在表单中回显商家的各项信息，在"商家列表"表格中也可以看到新加入的商家信息。

"增加商家"功能在后端 action.php 中对应的代码如下：

```php
<?php
    include 'fun.php';
    include 'main.php';
```

```php
        $SCode = @$_POST['scode'];                          //商家编码
        $SName = @$_POST['sname'];                          //商家名称
        $SWeiXin = @$_POST['sweixin'];                      //微信
        $Tel = @$_POST['tel'];                              //手机
        $tmp_file = @$_FILES["photo"]["tmp_name"];          //上传后在服务器端存储的临时文件
            ...
        if(@$_POST["btn"] == '增 加') {
            if($tmp_file) {
                $handle = @fopen($tmp_file,'rb');           //打开文件
                $SLicence = @base64_encode(fread($handle, filesize($tmp_file)));
                                                            //对上传的营业执照图片数据编码
                $query = "INSERT INTO supplier(SCode, SName, SWeiXin, Tel, SLicence)
VALUES('$SCode', '$SName', '$SWeiXin', '$Tel', '$SLicence')";
            }else {
                $query = "INSERT INTO supplier(SCode, SName, SWeiXin, Tel)
VALUES('$SCode', '$SName', '$SWeiXin', '$Tel')";            //用户未上传营业执照图片的情况
            }
            //$result = $link_pdo->query(iconv('GB2312','UTF-8',$query));
                                                            //PDO 方式使用的语句
            $result = mysqli_query($link, $query);
            //通过会话将商家信息返回给前端
            $_SESSION['SCODE'] = $SCode;                    //商家编码
            $_SESSION['SNAME'] = $SName;                    //商家名称
            $_SESSION['SWEIXIN'] = $SWeiXin;                //微信
            $_SESSION['TEL'] = $Tel;                        //手机
            $_SESSION['PAGE'] = $Page;
            echo "<script>alert('录入成功！');location.href='main.php';</script>";
        }
        ...
?>
```

2. 显示营业执照图片

在增加成功，回显商家信息时，程序会将用户上传的营业执照图片一并回显在页面上，这个功能在前端是用嵌入 PHP 脚本输出<img>元素实现的，对应代码（main.php 中）如下：

```php
<td valign="top">
    <?php
    echo "<img src='showpicture.php?scode=$SCODE' width=190 height=120 id='img'/>";
    ?>
</td>
```

可以看到，图片的 src 属性是执行一个 PHP 脚本文件 showpicture.php，并且传入一个参数变量 scode，即商家编码。在 showpicture.php 中再根据这个编码到数据库中读出该商家的营业执照图片数据。

showpicture.php 的代码如下：

```php
<?php
    header('Content-type: image/jpg');
    require "fun.php";
    $SCode = $_GET['scode'];                                //传入的商家编码
    $query = "SELECT SLicence FROM supplier WHERE SCode = '$SCode'";
    $result = mysqli_query($link, $query);
    $image = mysqli_fetch_array($result);
    echo base64_decode($image['SLicence']);                 //返回图片数据
?>
```

由于 PHP 图片在上传的时候要用 base64 编码，所以这里同样要用 base64 解码后才能正确回显。

3. 查询商家

本系统支持对商家名称关键词的模糊查询功能，如输入"新疆"，单击"查询"按钮，就会搜索出数据库中名称带"新疆"的商家信息。

"查询商家"功能在后端 action.php 中对应的代码如下：

```php
<?php
    include 'fun.php';
    include 'main.php';
    $SCode = @$_POST['scode'];              //商家编码
    $SName = @$_POST['sname'];              //商家名称
    $SWeiXin = @$_POST['sweixin'];          //微信
    $Tel = @$_POST['tel'];                  //手机
    $Page = @$_POST['page'];
    ...
    if(@$_POST["btn"] == '查 询') {
        $query = "SELECT SCode, SName, SWeiXin, Tel, Evaluate FROM supplier WHERE SName LIKE '%".$SName."%'";        //拼接出查询 SQL 语句
        $_SESSION['QUERY'] = $query;        //将拼接生成的 SQL 语句返回给前端
        $_SESSION['SCODE'] = $SCode;
        $_SESSION['SNAME'] = $SName;
        $_SESSION['SWEIXIN'] = $SWeiXin;
        $_SESSION['TEL'] = $Tel;
        $_SESSION['PAGE'] = $Page;
        echo "<script>location.href='main.php';</script>";
    }
    ...
?>
```

这里所用的方式与前面"一个简单的 PHP 查询程序"是完全一样的。

4. 分页

分页功能在后端主要依赖于两个变量：$Page 和$Total，程序根据它们来判断当前页及接下来要显示的页，并将新赋值的页码传回前端，程序代码如下：

```php
<?php
    include 'fun.php';
    include 'main.php';
    ...
    $Page = @$_POST['page'];
    $Total = @$_POST['total'];
    ...
    if(@$_POST["btn"] == '|<') {                              //回首页
        $Page = 1;
        $_SESSION['PAGE'] = $Page;
        echo "<script>location.href='main.php';</script>";
    }

    if(@$_POST["btn"] == '<') {                               //返回上一页
        if($Page > 1)
            $Page--;
        $_SESSION['PAGE'] = $Page;
        echo "<script>location.href='main.php';</script>";
```

```php
    }
    if(@$_POST["btn"] == '>') {                          //显示下一页
        if($Page < $Total)
            $Page++;
        $_SESSION['PAGE'] = $Page;
        echo "<script>location.href='main.php';</script>";
    }
    if(@$_POST["btn"] == '>|') {                         //至尾页
        $Page = $Total;
        $_SESSION['PAGE'] = $Page;
        echo "<script>location.href='main.php';</script>";
    }
?>
```

除了以上功能，本系统还有商家信息修改、商家撤柜，以及显示商家信息时不含撤柜商家和对商家按评估分排序等功能，这些功能的基本实现原理和机制与上面完全一样，只是所要执行的数据库操作 SQL 语句不一样，留给读者自己做练习，本书不再展开。

P1.3.4 其他功能开发

下面再介绍两个比较实用的功能：导出 Excel 和打印。

1. 导出 Excel

PHP 可以将页面上的内容导出另存为 Excel 文件，这个功能是通过第三方组件库 PhpOffice 实现的，要安装第三方组件，还必须借助 Composer。下面介绍 PHP 安装组件及导出 Excel 的操作过程。

（1）安装 Composer。

访问 Composer 的官网 https://getcomposer.org/download/，下载得到文件 Composer-Setup.exe。

双击该文件启动安装向导，取消勾选"Developer mode"复选框，单击"Next"按钮；选择 PHP 安装路径中的可执行文件（C:\Program Files\php\php8\php.exe），单击"Next"按钮；取消勾选"Use a proxy server to connect to internet"复选框，不要使用代理，直接单击"Next"按钮，然后按照向导的提示执行安装。

（2）在 PHP 配置文件 php.ini 中打开 openssl，如图 P1.13（a）所示；并开启 fileinfo 扩展，如图 P1.13（b）所示。重启 Apache 服务器。

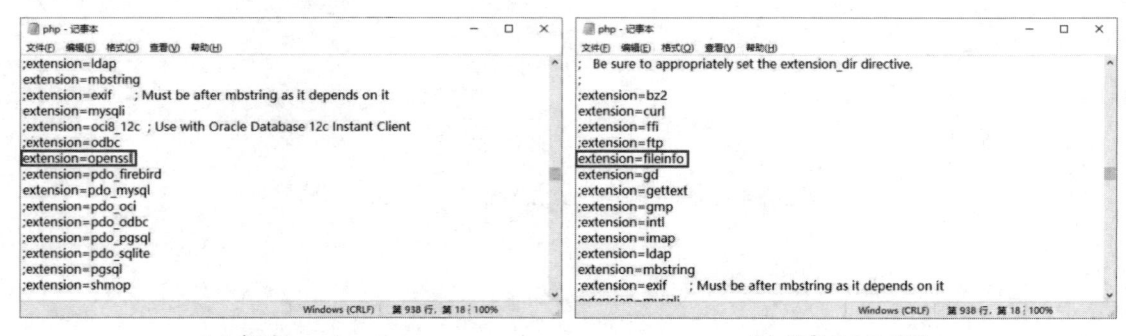

(a) 打开 openssl　　　　　　　　　　　(b) 开启 fileinfo 扩展

图 P1.13　配置 PHP

实习1　PHP/MySQL 开发及实例——网上商城商家管理

（3）在工程打开的情况下，通过 Windows 命令行进入项目所在目录，执行命令安装 Excel 操作组件：

```
cd C:\Program Files\Php\Apache24\htdocs\SuppliersMgr
composer require phpoffice/phpspreadsheet
```

命令行操作输出信息如图 P1.14 所示。

完成后，在 Eclipse 中可看到项目中生成了一个 vendor 目录，它就是 Excel 操作组件库的目录；还有两个文件 composer.json 和 composer.lock，如图 P1.15 所示，这说明 Excel 操作组件安装成功了。

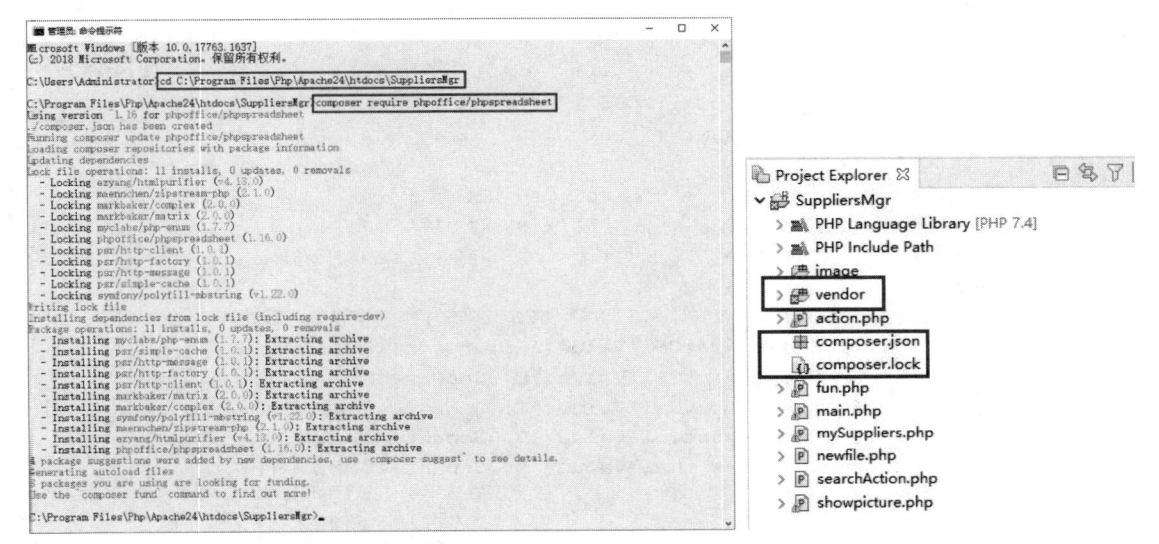

图 P1.14　命令行操作输出信息　　　　图 P1.15　Excel 操作组件安装成功

注意：由于 Excel 操作组件是借助 Composer 联网安装的，组件版本更新或者官网服务器忙都可能造成下载失败或安装不成功，遇此情况只能换个时间段重新安装，或者直接使用本书源码中提供的已安装好组件的 PHP 项目。

（4）前端修改。

在 main.php 中 body 开头的 PHP 传值代码区添加一个 $EXPORT 变量，该变量用于指示当前是否执行导出 Excel 操作，如下：

```
<?php
    ...
    $EXPORT = $_SESSION['EXPORT'];
?>
```

然后，修改"商家列表"表格显示的 PHP 脚本代码（加粗处为添加的内容），如下：

```
<table border="1" cellspacing="0" class="mytbl">
    <tr bgcolor=#CCCCC0>
            <th>商家编码</th><th>商家名称</th><th>微信</th><th>手机</th><th>商家综合评价</th>
    </tr>
    <?php
        include 'fun.php';
        require 'vendor/autoload.php';                          //导入 Excel 操作库
        use PhpOffice\PhpSpreadsheet\Spreadsheet;               //加载写 Excel 的类
        use PhpOffice\PhpSpreadsheet\Writer\Xlsx;               //加载保存 Excel 的类
        $spreadsheet = new Spreadsheet();
        $mySheet = $spreadsheet->getActiveSheet();              //打开 Excel 表格句柄
```

```php
            mysqli_query($link, "SET NAMES gb2312");
            if($PAGE == null)
                $PAGE = 1;
            if($QUERY == null)
                $query = "SELECT SCode, SName, SWeiXin, Tel, Evaluate FROM supplier";
            else
                $query = $QUERY;
            $result = mysqli_query($link, $query);
            $TOTAL = ceil(mysqli_num_rows($result)/7);
            $m = ($PAGE - 1) * 7;
            $query = $query." LIMIT ".$m.",7";
            $result = mysqli_query($link, $query);
            $count = 1;                                       //写入 Excel 的行号
            while($row = mysqli_fetch_row($result)) {
                list($SCode, $SName, $SWeiXin, $Tel, $Evaluate) = $row;
                echo "<tr><td>$SCode</td><td>$SName</td><td>$SWeiXin</td><td>$Tel</td><td>$Evaluate</td></tr>";
                if($EXPORT == 1) {           //$EXPORT 为 1 执行导出，开始写 Excel
                    $mySheet->setCellValue('A'.$count, $SCode);
                    $mySheet->setCellValue('B'.$count, $SName);
                    $mySheet->setCellValue('C'.$count, $SWeiXin);
                    $mySheet->setCellValue('D'.$count, $Tel);
                    $mySheet->setCellValue('E'.$count, $Evaluate);
                    $count++;                                 //进入下一行
                }
            }
            if($EXPORT == 1) {                                //写完 Excel 需要保存
                $myWriter = new Xlsx($spreadsheet);
                $myWriter->save('商家信息表.xlsx');
                echo "<script>alert('导出成功！');</script>";
                $EXPORT = 0;                                  //重置标识变量
            }
        ?>
    </table>
```

（5）后端修改。

在后端代码 action.php 中添加"导出 Excel"按钮的单击处理方法，代码如下：

```php
<?php
    include 'fun.php';
    include 'main.php';
    $SCode = @$_POST['scode'];                    //商家编码
    $SName = @$_POST['sname'];                    //商家名称
    $SWeiXin = @$_POST['sweixin'];                //微信
    $Tel = @$_POST['tel'];                        //手机
    $tmp_file = @$_FILES["photo"]["tmp_name"];    //营业执照临时文件
    $Page = @$_POST['page'];
        ...
    if(@$_POST["btn"] == '导出 Excel') {
        $_SESSION['SCODE'] = $SCode;
        $_SESSION['SNAME'] = $SName;
        $_SESSION['SWEIXIN'] = $SWeiXin;
        $_SESSION['TEL'] = $Tel;
```

```
        $_SESSION['PAGE'] = $Page;
        $_SESSION['EXPORT'] = 1;                        //置位标识变量
        echo "<script>location.href='main.php';</script>";
    }
?>
```

可以看到，后端要做的事其实很简单，只要对变量$EXPORT 置位，放在会话中传给前端，前端在加载页面表格时就会根据该变量值自动执行导出 Excel 和保存的操作。

2. 打印

使用 HTML5 的功能，将页面上的"商家列表"表格打印输出，单击表格右下角的"打印"按钮，打印预览如图 P1.16 所示。

图 P1.16 打印预览

（1）在前端代码 main.php 中标注出要打印内容的范围：

```
<td align="center">
<!--printstart-->                                       <!--打印起始处-->
<div style="page-break-after:always">
    <table border="1" cellspacing="0" class="mytbl">
        <tr bgcolor=#CCCCC0>
            <th>商家编码</th><th>商家名称</th><th>微信</th><th>手机</th><th>商家综合评价</th>
        </tr>
        <?php
        ...
        ?>
    </table>
</div>
<!--printend-->                                         <!--打印结束处-->
</td>
```

（2）为"打印"按钮添加脚本方法 printbl()：

```
<input type="button" style="width:80px;height:25px" value="打    印" onclick="printbl()">
```

在页面 JS 脚本区编写该方法的代码，如下：

```
<script>
    ...
    function printbl() {
        bdhtml = window.document.body.innerHTML;
        //打印起始处
        startstr = "<!--printstart-->";
        //打印结束处
        endstr = "<!--printend-->";
```

```
                //从打印起始处截取至打印结束的位置
                pthtml = bdhtml.substr(bdhtml.indexOf(startstr) + 17);
                pthtml = pthtml.substring(0, pthtml.indexOf(endstr));
                //打印主题文字
                titlestr = "<h2 style='text-align: center;'>商家信息表</h2>";
                //替换原 HTML 内容
                window.document.body.innerHTML = titlestr + pthtml;
                //输出预览
                window.print();
                window.document.body.innerHTML = bdhtml;
            }
        </script>
```

这样，就完成了打印功能。

P1.4 商家管理系统部署运行

开发完成后，实际使用系统一般都要部署在 Web 服务器上，在主机 WebHost 上部署商家管理系统，步骤如下：

（1）安装 Apache 服务器，过程同前。

（2）安装 PHP，过程同前。

（3）在开发主机上，用 Eclipse 打开商家管理系统项目"SuppliersMgr"，右击项目，选择"Export"命令，弹出对话框如图 P1.17（a）所示，选择"File System"（即导出到本地磁盘的文件系统），单击"Next"按钮。在接下来的界面中勾选所有项目，并指定本地导出目录，如图 P1.17（b）所示，单击"Finish"按钮，将项目导出并保存在本地某个文件夹下。

(a)   (b)

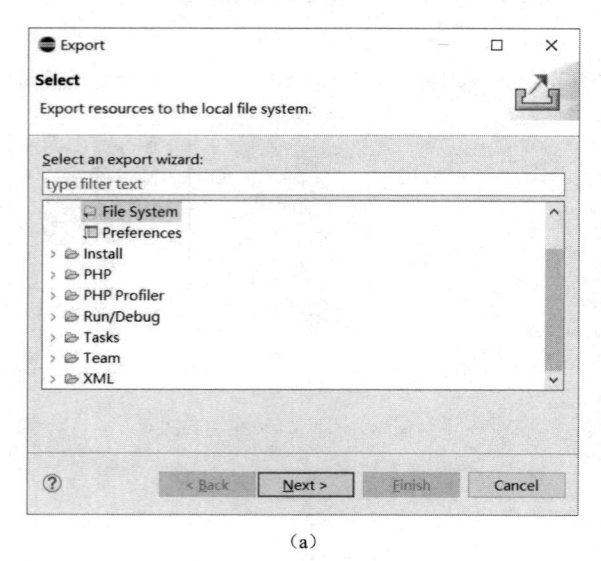

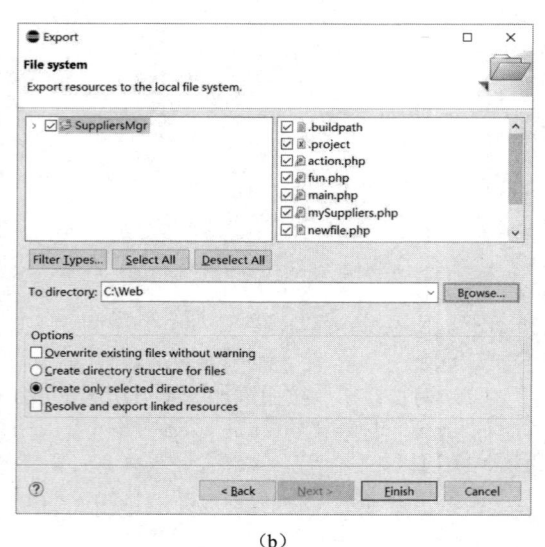

图 P1.17 导出 PHP 项目

（4）将开发主机上导出的项目复制到 Web 服务器 Apache 的 htdocs 目录中，启动 Apache 服务器。

（5）在同一个局域网内任意一台计算机上打开浏览器，访问 http://webhost/SuppliersMgr/main.php，显示"为华电子商务平台管理系统"主页面，系统部署运行成功。

实习 2　SpringBoot+MyBatis/MySQL 开发及实例——网上商城商品管理

网上商城商品管理系统的开发使用 JavaEE，采用目前主流的 SpringBoot+MyBatis 整合框架，以 IDEA 作为开发环境。基于 SpringBoot 的 JavaEE 有两种开发方式。

（1）使用 Thymeleaf 模板引擎的简易方式。

由模板引擎在服务器端直接生成动态页面，系统架构较为简单，通常由一个或几个程序员就能够快速实现网站功能，适用于中小型项目的开发，尤其是初创公司用于快速迭代新产品。

（2）基于 Vue 框架的前后端分离的开发方式。

这种方式将系统严格分为前端和后端，由不同的专业工程师团队分别开发，然后进行集成、联调和部署，开发环境配置的技术难度较高，适用于成熟项目的业务扩展和维护，以及大公司团队协作开发较大规模的互联网应用。

为方便初学者入门，将本章内容分为两部分：第 1 部分采用简单方式开发一个查询数据库商品信息的程序，让读者对 SpringBoot+MyBatis 的 JavaEE 开发有初步了解；在此基础上，第 2 部分进一步介绍系统架构较为复杂的前后端分离的开发方式。

第 1 部分　Thymeleaf/SpringBoot 简易开发

P2.1　系统架构及开发环境

P2.1.1　系统架构

整个系统运行在单一的 Web 服务器上，由 SpringBoot 集成的 Thymeleaf 引擎实现页面；后台 JavaEE 程序分为控制器、业务层和持久层；底层通过整合的 MyBatis 操作 MySQL 数据库；客户端用浏览器直接访问 Web 服务器上的网页，如图 P2.1 所示。

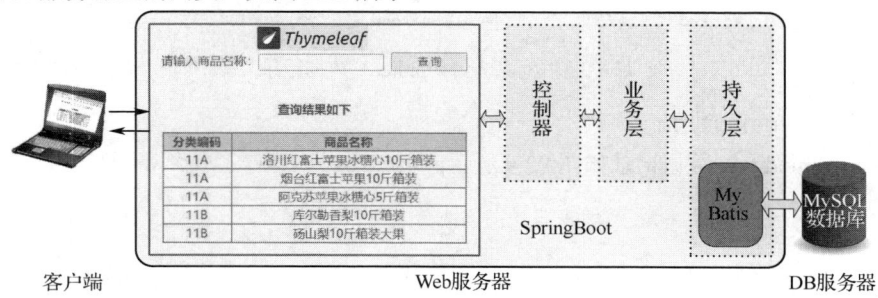

图 P2.1　SpringBoot 集成 Thymeleaf 的 JavaEE 系统架构

P2.1.2 开发环境安装及配置

在主机 Zhou 上安装 JavaEE（SpringBoot）开发环境，请读者按照下面介绍的步骤进行操作。

1. 安装 JDK

下载 JDK，安装 JDK，配置环境变量。

2. 安装 Maven

安装 Maven 包管理工具，将其解压到一个路径下，如 C:\mvn\apache-maven-3.6.3，配置环境变量，配置 Maven 仓库。

3. 安装 IDEA

下载 IDEA，安装 IDEA，初次启动，整合 Maven。

P2.1.3 数据准备

为了在系统开发过程中及时测试功能并看到效果，需要在网上商城数据库（netshop 数据库）中依次准备（或者核对）商品分类表（category）、商家表（supplier）、商品表（commodity）、商品图片表（commodityimage）的数据记录。

按照下列顺序准备表记录，各表结构及其依赖关系可参考实习 0。

1. 商品分类表（category）

准备好的商品分类表（category）数据记录如图 P2.2 所示。

注意：商品大类记录中类别编号仅包含一个字符，类别编号第 1 个字符与大类相同的是它的小类。增加大类是为了能在界面上应用"级联选择框"关联该表进行大小类菜单分级。用户首先选择大类，再选择小类。

TCode	TName
1	食品
11A	苹果
11B	梨
13B	海鲜
2	服装
3	数码
31A	手机
31B	笔记本电脑
31D	交换机

图 P2.2 商品分类表（category）数据记录

2. 商家表（supplier）

商家表（supplier）数据记录如图 P2.3 所示。

SCode	SPassWord	SName	SWeiXin	Tel	Evaluate	SLicence
AHSZ006B	888	安徽砀山皇冠梨供应商	8561234-aa.com	0557-856123X	0.00	(Null)
BJZY017B	888	联想集团	990888-aa.com	400-990-888X	0.00	(BLOB) 46.12 KB
GDSZ016A	888	华为技术有限公司	950800-aa.com	95080X	0.00	(Null)
LNDL0A3A	888	大连凯洋世界海鲜有限公司	1865810061X	1865810061X	0.00	(BLOB) 103.19 KB
SDYT002A	888	山东烟台栖霞苹果批发市场	8234561-aa.com	0535-823456X	0.00	(Null)
SXLC001A	888	陕西洛川苹果有限公司	8123456-aa.com	0911-812345X	0.00	(Null)
XJAK003A	888	新疆阿克苏地区红旗坡农场	8345612-aa.com	0997-834561X	0.00	(Null)
XJAK005B	888	新疆安利达果业有限公司	8456123-aa.com	0996-845612X	0.00	(Null)

图 P2.3 商家表（supplier）数据记录

3. 商品表（commodity）

商品表（commodity）数据记录如图 P2.4 所示。

实习 2　SpringBoot+MyBatis/MySQL 开发及实例——网上商城商品管理

Pid	TCode	SCode	PName	PPrice	Stocks	Total	TextAdv	LivePriority	Evaluate	UpdateTime
1	11A	SXLC001A	洛川红富士苹果冰糖心10斤箱装	44.80	3398	152230.40	(Null)	0	4.50	(Null)
2	11A	SDYT002A	烟台红富士苹果10斤箱装	29.80	5698	169800.40	(Null)	1	0.00	(Null)
4	11A	XJAK003A	阿克苏苹果冰糖心5斤箱装	29.80	12680	377864.00	(Null)	0	0.00	(Null)
6	11B	XJAK005B	库尔勒香梨10斤箱装	60.00	8901	534060.00	(Null)	3	0.00	(Null)
1001	11B	AHSZ006B	砀山梨10斤箱装大果	19.90	14532	289186.80	(Null)	2	0.00	(Null)
1002	11B	AHSZ006B	砀山梨5斤箱装特大果	17.90	6764	121075.60	中国传统三大	1	0.00	(Null)

图 P2.4　商品表（commodity）数据记录

4. 商品图片表（commodityimage）

为商品图片表添加图片，本表 Pid 关联对应的商品表记录，本书网络资源中对应本开发实例的目录包含商品图片，商品图片表（commodityimage）数据记录如图 P2.5 所示。

读者可自己准备商品图片，选择的图片不一样，Image 列的数值也会有差别。

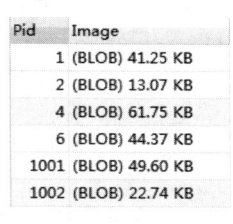

Pid	Image
1	(BLOB) 41.25 KB
2	(BLOB) 13.07 KB
4	(BLOB) 61.75 KB
6	(BLOB) 44.37 KB
1001	(BLOB) 49.60 KB
1002	(BLOB) 22.74 KB

图 P2.5　商品图片表（commodityimage）数据记录

P2.2　开发过程

1. 创建项目

本程序是基于 SpringBoot 整合 MyBatis 框架的 JavaEE 项目，在 IDEA 中创建项目，步骤如下。

（1）启动 IDEA，在初始窗口中单击 "New Project" 按钮，在弹出的 "New Project" 窗口的左侧选择项目类型为 "Spring Initializr"，其他保留默认，单击 "Next" 按钮。

（2）在接下来的界面中进行项目设置，在 "Artifact" 栏中输入项目名（取名为 mystore-thymeleaf）；在 "Java Version" 列表框中选择使用的 JDK 版本，注意，一定要与开发主机上安装的 JDK 版本一致（这里是 15）；在 "Package" 栏中输入项目 Java 源文件所在的包（取名 com.example.mystore）；其他设置保持默认，单击 "Next" 按钮，如图 P2.6 所示。

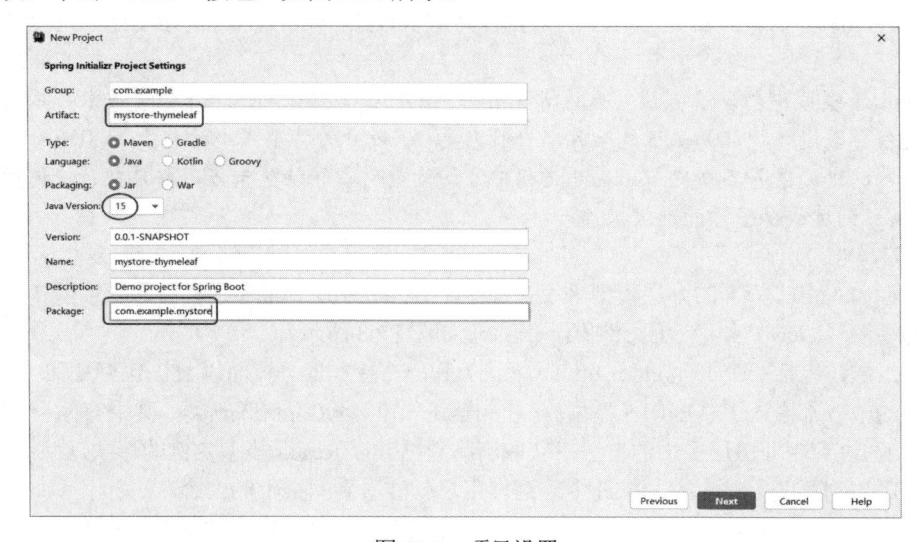

图 P2.6　项目设置

注意：Oracle 经常会发布 JDK 的更新，而 IDEA 也会同步追踪新版 JDK 而放弃对旧版本的支持

(在"Java Version"列表框中找不到旧版本的选项)。编者编写此书时使用的是 JDK 15,到本书出版的时候,JDK 应该已经有了新的版本,IDEA 对 JDK 15 也许不再支持,因此建议读者根据实际情况安装与 IDEA 匹配的 JDK。

(3)选择项目所要集成的框架或依赖库。在"Template Engines"页勾选所要使用的模板引擎"Thymeleaf";由于开发的项目属于 Web 应用的一种,故要勾选"Web"页的"Spring Web";因为需要整合 MyBatis 和访问 MySQL 数据库,故在"SQL"页勾选"JDBC API""MyBatis Framework"(MyBatis 框架)和"MySQL Driver"(MySQL 的驱动);此外还要勾选"Developer Tools"页的"Spring Boot DevTools"。完成后,在右侧"Selected Dependencies"栏可以看见已选中的全部组件名称,如图 P2.7 所示,单击"Next"按钮。

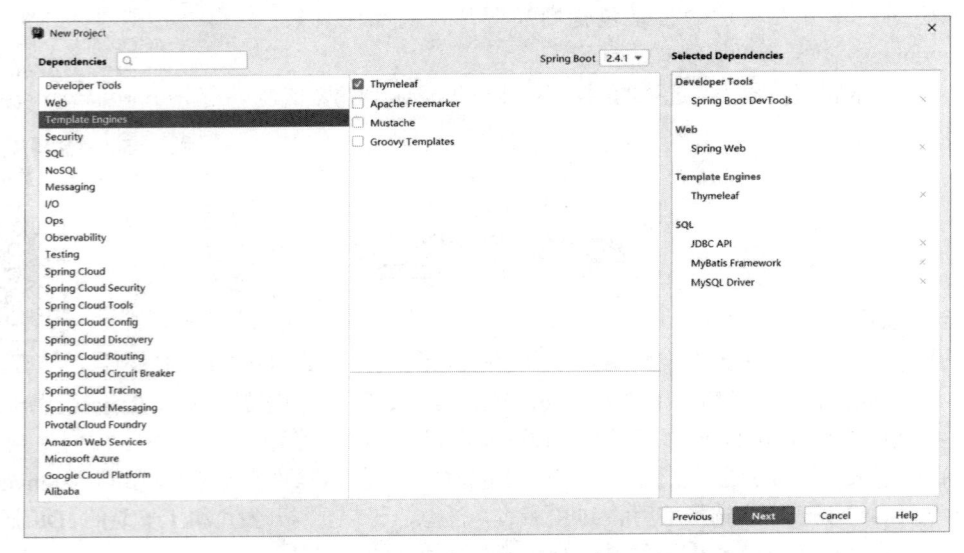

图 P2.7 选择项目所要集成的框架或依赖库

(4)最后,确认项目名及存放路径,一般都保持默认设置,单击"Finish"按钮开始创建 SpringBoot 项目。

注意:由于项目中整合了前面勾选的诸多组件,IDEA 需要联网逐一下载并安装,因此创建第一个项目的过程会很慢(视计算机性能而异,一般需要 20 多分钟甚至半小时以上),IDEA 界面底部会出现下载组件的进度条并不断更新。在此过程中,请读者耐心等待,千万不要再执行任何操作(否则会死机),项目创建成功了才能继续操作。

2. 分层设计

严格按照 JavaEE 标准的分层模型来设计程序,分为表示层、业务层、持久层。其中,表示层又包含前台的视图(View)和后台的控制器,其原理如图 P2.8 所示。

(1)表示层:包括一个页面 index.html(视图)和一个控制器。页面以 HTML5 编写,其上需要显示动态数据的地方都嵌入了 Model(模型);控制器是一个 MyController 类,其中有两个方法 init 和 search,它们通过调用业务层类中的方法,获取商品数据(以 Result 模型实例的形式返回),提取出来后作为属性添加到页面上对应的 Model 中,这样用户就能看到网页上的内容。

(2)业务层:有一个 ComService 类,它专门负责实现与商品操作相关的业务功能。控制器调用其中的 searchCommodity 方法搜索商品信息。

实习 2　SpringBoot+MyBatis/MySQL 开发及实例——网上商城商品管理

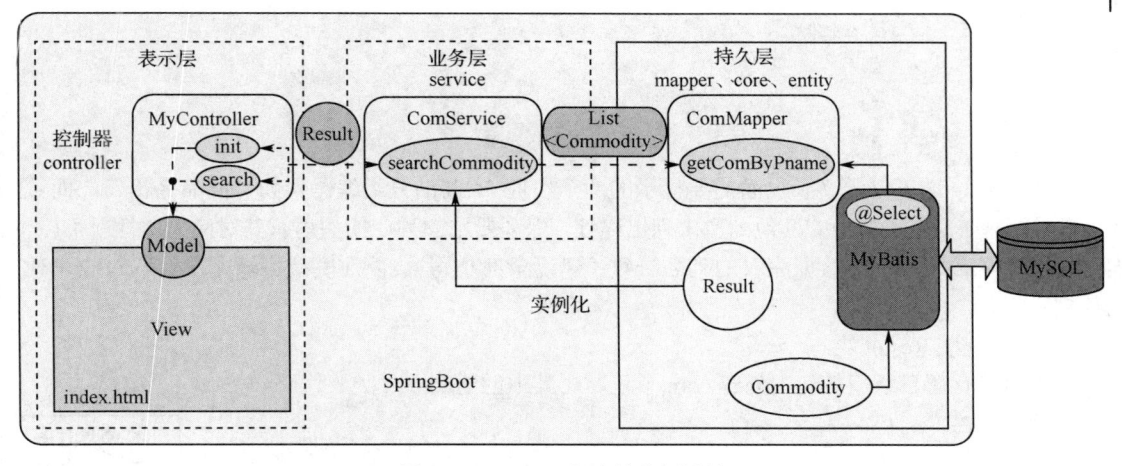

图 P2.8　JavaEE 程序的分层设计

（3）持久层：该层包括以下 3 部分。

① ComMapper 接口：它是持久层对业务层暴露的操作界面，业务层类调用其中的 getComByPname 方法查询商品数据。

② MyBatis 框架：这是目前最流行的通用 JavaEE 持久层框架，在创建项目时就与 SpringBoot 整合在一起，整个系统底层都由它直接与 MySQL 数据库打交道，MyBatis 以注解形式提供 @Select 接口，编程时必须将要执行的查询 SQL 语句按规范的格式写在接口注解中，而操作数据库的具体细节对开发人员是透明的。

③ 模型类：本程序设计了两个模型类 Commodity 和 Result。Commodity 类是商品数据模型，其中的属性字段对应数据库 commodity（商品表），MyBatis 通过它来持久化查询到的商品记录，并以泛型列表 List<Commodity> 的形式从接口返回；Result 类是响应前台的结果模型，后台程序将 List<Commodity> 的数据包装在 Result 模型实例中交给控制器，再由控制器提取出来后添加到页面的 Model 中。

（4）SpringBoot：以上控制器、业务层和持久层中所有的类、接口、模型对象、框架等组件全都置于 SpringBoot 这个大容器中统一管理。SpringBoot 管理组件的具体细节对开发人员也是透明的，开发者根本"感觉不到"SpringBoot 的存在，只要按标准的分层结构开发各层的类、接口、模型即可。

3. 持久层开发

1）商品数据模型

JavaEE 数据模型类的设计代码遵循严格的规范，类的各个属性就是要显示的数据记录的各个字段（数据库表的列名），每个属性都对应一对 get/set 方法。实际开发时可根据应用需求灵活调整模型属性的数目，并非数据库表的所有列都要有属性。

在项目源代码目录（src→main→java）下的包中创建 entity 子包，在其中创建 Commodity 类，代码如下：

```java
public class Commodity {
    private String tcode;               //商品分类编码
    private String pname;               //商品名称
    /**各属性的 get/set 方法*/
    public String getTcode() {
        return this.tcode;
    }
```

简易-模型 Commodity

```
    public void setTcode(String tcode) {
        this.tcode = tcode;
    }
    ...
}
```

可以看到，这里仅定义了页面需要显示的两个属性（"商品分类编码"和"商品名称"），而数据库 commodity（商品表）中的其他列暂未列出属性，保证要用的列在模型里有其对应的属性就可以了。但是，属性名必须严格与数据库表的列名一致（建议全部小写），否则模型可能无法获取对应表列中的数据。

2）结果包装 Result 类

在项目源代码目录下的包中创建 core 子包，在其中创建 Result 类，代码如下：

```
public class Result {
    private int code;           //（a）返回码
    private String msg;         //（b）返回消息
    private Object data;        //（c）数据内容
        /**各属性的 get/set 方法*/
    ...
}
```

简易-模型 Result

说明：

（a）private int code;：code 是返回码，用于标识操作执行成功与否，若成功，则返回 200；失败则返回 400。

（b）private String msg;：msg 是字符串形式的消息，用于描述请求的执行情况，若成功，则填写成功信息；若失败，则简单说明失败原因，这样客户端就可以根据返回的消息内容估计可能的出错原因，便于排查错误。

（c）private Object data;：这里存储的是查询得到的结果集数据内容，以数据模型泛型列表的形式存储，供前台 Model 使用。

Result 类是自定义的，实际开发中，还可以根据应用需求增加新的属性，为前台提供更多有价值的信息。

3）持久层接口

该接口由开发人员设计，其中的方法前要以@注解的形式传入特定格式的 SQL 语句，对应一个数据库基本操作。

在项目源代码目录下的包中创建 mapper 子包，在其中创建 ComMapper 接口，代码如下：

```
import org.apache.ibatis.annotations.Mapper;
import org.apache.ibatis.annotations.Select;
...
@Mapper
public interface ComMapper {
    @Select("SELECT * FROM commodity WHERE PName LIKE CONCAT('%',#{pname},'%') LIMIT #{m},5")
    List<Commodity> getComByPname(String pname, Integer m);
}
```

简易-接口 ComMapper

说明：这里使用 LIKE 子句根据商品名称 pname 参数从数据库中模糊查询符合条件的商品记录，这样即使用户未明确指定商品名称，该语句也会默认查询并返回商品表中所有记录，适应性更佳。查询的记录集由 LIMIT 限制，最多取 5 条，参数 m 是起始记录的偏移量。需要注意的是，写在 MyBatis 注解接口中的 SQL 语句，其参数要以"#{}"符号括起，若查询条件由多段字符组成，则一定要使用

CONCAT 函数进行拼接。

在设计持久层接口时，应尽量在接口中放置对数据库的基本操作方法，这些方法应当是系统底层频繁执行的元操作，不涉及业务逻辑，因为业务逻辑的设计是业务层的工作。

4）配置连接

在后端项目 src→main→resources 下有一个 application.properties 文件，专用来对 SpringBoot 框架进行各种配置。在其中配置对 MySQL 数据库的连接，内容如下：

```
spring.datasource.url=jdbc:mysql://DBHost:3306/netshop?useUnicode=true&characterEnco
ding=UTF-8&serverTimezone=Asia/Shanghai
spring.datasource.username=root
spring.datasource.password=123456
spring.datasource.driver-class-name=com.mysql.jdbc.Driver
```

4. 业务层开发

将对持久层接口的操作按照某项应用功能的逻辑组织起来，这是业务层的编程任务。这里为简单起见，只调用了持久层接口中的唯一一个 getComByPname 方法获取商品数据，将其打包封装进一个实例化的 Result 对象中。

在项目源代码目录下的包中创建 service 子包，在其中创建 ComService 类，代码如下：

```
import org.springframework.beans.factory.annotation.Autowired;
import org.springframework.stereotype.Service;
…
@Service
public class ComService {
    @Autowired
    public ComMapper comMapper;

    public Result searchCommodity(String pname, Integer m) {
        List<Commodity> cList = comMapper.getComByPname(pname, m);  //获取商品数据
        Result result = new Result();
        if (cList == null) {
            result.setCode(400);
            result.setMsg("该商品不存在！");
        } else {
            result.setCode(200);
            result.setMsg("查找成功！");
            result.setData(cList);                                    //打包封装数据
        }
        return result;
    }
}
```

可见，因为有了下面的持久层，业务层不需要编写 SQL 语句，完全不管对数据库的具体操作，直接从接口得到想要的数据内容。

5. 表示层开发

1）页面设计

在项目模板页目录（src→main→resources→templates）下创建页面文件 index.html（图 P2.9），编写代码如下：

```
<!DOCTYPE html>
<html lang="en" xmlns:th="http://www.thymeleaf.org/">
```

```html
                                            <!--引入Thymeleaf-->
<head>
    <meta charset="UTF-8">
    <style>                                               /* (a) */
        .mytbl{
            margin: auto;
            text-align: center;
            width: 400px;
        }
    </style>
    <title>商品信息查询系统</title>
</head>
<body>
<br>
<div style="text-align: center">
    <form action="/search" method="post">             <!-- (b) -->
        请输入商品名称：<input th:type="text" name="pname" th:value="${pname}"/>
                                                      <!-- (c) -->
        <input th:type="submit" style="width: 100px;margin-left: 5px" value="查 询"/>
    </form>
    <br>
    <h4>查询结果如下</h4>
</div>
<table border="1" cellspacing="0" class="mytbl">
    <tr style="background-color: lightblue">
        <th>分类编码</th>
        <th>商品名称</th>
    </tr>
    <tr th:each="commodity, iterStat:${commoditys}">  <!-- (d) -->
        <td th:text="${commodity.tcode}"></td>
        <td th:text="${commodity.pname}"></td>
    </tr>
</table>
</body>
</html>
```

其中：

（a）<style>.mytbl{…}</style>：定义商品信息表格的样式。其中，"margin: auto;"设置表格在页面上居中，"text-align: center;"设置单元格内容居中。

（b）<form action="/search" method="post">：/search 是页面表单请求的提交路径，必须与后台控制器@RequestMapping 注解中指定的路径一致才能调用控制器的方法。

（c）请输入商品名称：<input th:type="text" name="pname" th:value="${pname}"/>：每个 HTML5 标签的属性都有一个对应的 Thymeleaf 属性，以"th:"标注，如 input 标签的 type、value 属性对应的 Thymeleaf 属性分别是 th:type、th:value。Thymeleaf 属性在 Thymeleaf 引擎启动的情况下才生效，取代对应的原 HTML5 标签属性，否则 Thymeleaf 属性只是无用的自定义属性，浏览器内核并不认识，这样即使后台返回数据有错也不会影响前台基本页面的呈现（对应数据位置处无内容而已），这是 Thymeleaf 相较于传统 JSP 的优势，因此它被普遍认为是取代 JSP 的 Web 页面开发利器。

（d）<tr th:each="commodity, iterStat:${commoditys}">：页面上的数据内容从用户定义的模型中

获得，这里的 commodity、commoditys 都是模型，分别对应单个商品记录及查询得到的所有商品记录的结果集，模型以 Model 参数属性的形式传给后台控制器，其名称必须与控制器类中使用的属性名一致。

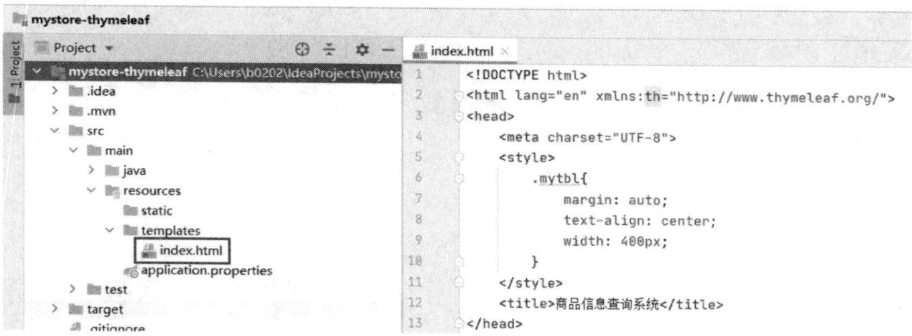

图 P2.9　创建页面文件 index.html

2）控制器开发

控制器主要负责响应页面请求，它是后台程序中直接与页面视图交互的部分。

在项目源代码目录下的包中创建 controller 子包，在其中创建 MyController 类，代码如下：

```java
import org.springframework.beans.factory.annotation.Autowired;
import org.springframework.stereotype.Controller;
import org.springframework.ui.Model;
import org.springframework.web.bind.annotation.*;
...
@Controller
public class MyController {
    @Autowired
    private ComService comService;

    @GetMapping("/index")
    public String init(Model model) {
        Result result = comService.searchCommodity("", 0);
                                                                //调用业务层方法
        List<Commodity> cList = (List<Commodity>) result.getData();
        model.addAttribute("commoditys", cList);    //添加到模型属性中
        return "index";
    }

    @RequestMapping("/search")
    public String search(Model model, Commodity commodity) {
        String pname = commodity.getPname();
        model.addAttribute("pname", pname);
        Result result = comService.searchCommodity(pname, 0);
                                                                //调用业务层方法
        List<Commodity> cList = (List<Commodity>) result.getData();
        model.addAttribute("commoditys", cList);    //添加到模型属性中
        return "index";
    }
}
```

简易-控制器 MyController

说明：控制器中有两个方法，init 方法用于页面初始加载时显示默认商品信息，search 方法用于查询指定的商品信息。两者从业务层获取的数据皆通过 Model 的属性返回给前台页面。

6. 运行

单击 IDEA 工具栏上的启动按钮，运行项目。打开浏览器，输入 http://localhost:8080/index，显示的页面如图 P2.10（a）所示。输入"梨"并单击"查询"按钮，显示数据库中所有梨类商品的信息，如图 P2.10（b）所示。

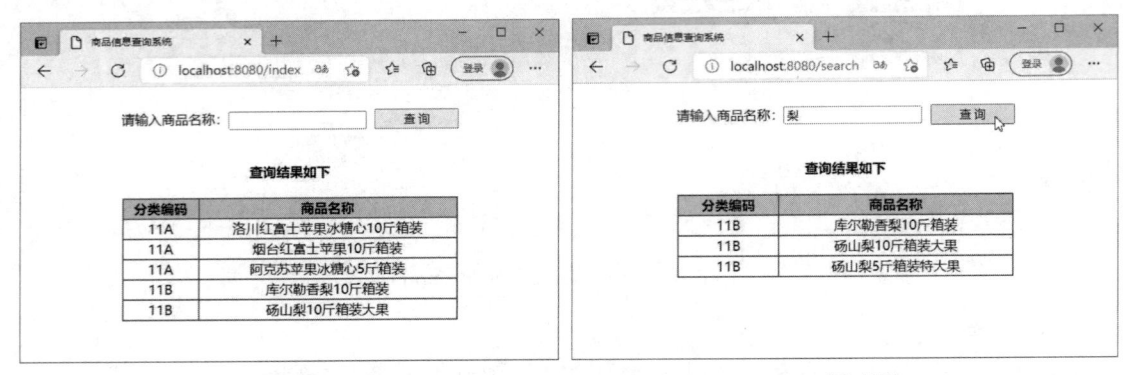

（a）初始显示　　　　　　　　　　　　　　（b）查询结果

图 P2.10　显示与查询商品信息

第 2 部分　Vue/ElementUI+SpringBoot 前后端分离开发（网络文档）

实习 3　Android Studio/MySQL 开发及实例

——网上商城用户购物 APP

网上商城用户购物 APP 采用 Android Studio 开发移动端，采用 Java Servlet 和 Tomcat 开发 Web 端服务器，移动端 Android 程序通过 HTTP 与 Web 服务器交互来访问 MySQL 数据库。

P3.1　系统原理及开发工具

P3.1.1　基本原理

当前实际的互联网应用系统大多采用"移动端—Web 服务器—DB 服务器"的 3 层架构，如图 P3.1 所示，保证安全性的同时又能提高系统的性能和可用性。

移动端　　　　Web服务器　　　DB服务器

图 P3.1　互联网应用系统的通用架构

在这种架构下，移动端是通过 HTTP 由 Web 服务器间接操作数据库的。Android 为 HTTP 编程提供了 HttpURLConnection 类，它功能强大且具有最广泛的通用性，可连接 Java/JavaEE、.NET、PHP 等几乎所有主流平台的 Web 服务器，本章所开发 APP 的 Web 服务器基于 Tomcat 的 Java Servlet 程序，由它操作 DB 服务器上的 MySQL 数据库，向移动端返回信息，整个系统共涉及以下三方。

1. 移动端

① 开发主机（主机名为 Liu）：安装 Android Studio 和 Eclipse，用于开发、调试 Android 程序和测试运行。

② vivo Z3i 手机（Android）：实际运行 APP。当然，读者可使用自己的手机（但仅限于 Android 系统的）做开发。

2. Web 服务器

Web 服务器主机名为 WebHost（IP 地址为 192.168.0.139），其上安装有 Tomcat 和 JDK，用于部署开发好的 Java Servlet 服务器程序。

3. DB 服务器

数据库服务器主机名为 DBHost，其上运行 MySQL 数据库。

运行时系统的工作流程如图 P3.2 所示。Web 服务器与移动端之间传输数据使用 JSON 格式，这也是目前绝大多数互联网应用的真实情形。

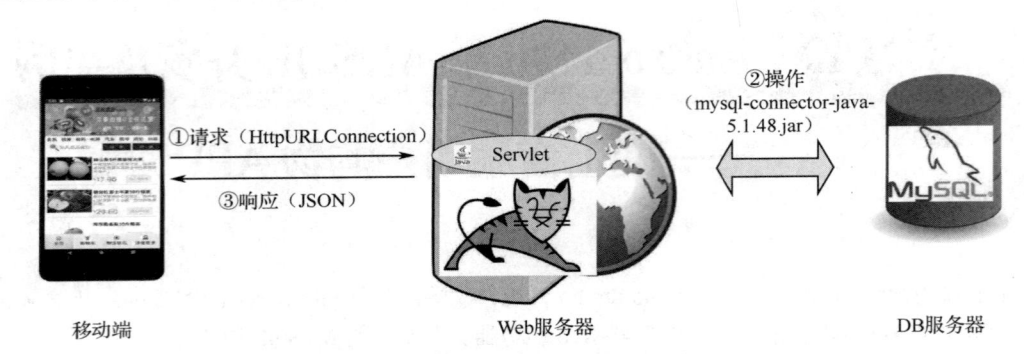

图 P3.2 系统工作流程

P3.1.2 开发工具安装

（1）安装 JDK。
（2）安装 Android Studio。
（3）安装 Tomcat。
（4）安装 Eclipse。

P3.1.3 数据准备

为了在系统开发好后能及时测试功能并看到效果，在网上商城数据库（netshop）中预先准备（或者核对）商品分类表（category）、商家表（supplier）、商品表（commodity）、商品图片表（commodityimage）、订单表（orders）、购物车表（preshop）、用户表（user）、销售详情表（saledetail）的数据记录，同时要确保创建了购物确认表（shop）。

各表结构及依赖关系（决定表记录的次序）参考实习 0。各表的数据如图 P3.3～图 P3.10 所示。

TCode	TName
1	食品
11A	苹果
11B	梨
13B	海鲜
2	服装
3	数码
31A	手机
31B	笔记本电脑
31D	交换机

图 P3.3 商品分类表（category）数据

SCode	SPassWord	SName	SWeiXin	Tel	Evaluate	SLicence
AHSZ006B	888	安徽砀山皇冠梨供应公司	8561234-aa.com	0557-856123X	0.00	(Null)
BJZY017B	888	联想集团	990888-aa.com	400-990-888X	0.00	(BLOB) 46.12 KB
GDSZ016A	888	华为技术有限公司	950800-aa.com	95080X	0.00	(Null)
LNDL0A3A	888	大连凯洋世界海鲜有限公司	1865810061X	1865810061X	0.00	(BLOB) 103.19 KB
SDYT002A	888	山东烟台栖霞苹果批发市场	8234561-aa.com	0535-823456X	0.00	(Null)
SXLC001A	888	陕西洛川苹果有限公司	8123456-aa.com	0911-812345X	0.00	(Null)
XJAK003A	888	新疆阿克苏地区红旗坡农场	8345612-aa.com	0997-834561X	0.00	(Null)
XJAK005B	888	新疆安利达果业有限公司	8456123-aa.com	0996-845612X	0.00	(Null)

图 P3.4 商家表（supplier）数据

实习 3 Android Studio/MySQL 开发及实例——网上商城用户购物 APP

Pid	TCode	SCode	PName	PPrice	Stocks	Total	TextAdv	LivePriority	Evaluate
1	11A	SXLC001A	洛川红富士苹果冰糖心10斤箱装	44.80	3398	230.40	(Null)	0	4.50
2	11A	SDYT002A	烟台红富士苹果10斤箱装	29.80	5692	521.60	烟台苹果栽培历史悠久,独特的口感源自于山东这一独特的地理环境。	2	4.00
4	11A	XJAK003A	阿克苏苹果冰糖心5斤箱装	29.80	12680	364.00	(Null)	0	0.00
6	11B	XJAK005B	库尔勒香梨10斤箱装	60.00	8891	160.00	(Null)	1	0.00
1001	11B	AHSZ006B	砀山梨10斤箱装大果	19.90	14532	186.80	(Null)	1	0.00
1002	11B	AHSZ006B	砀山梨5斤箱装特大果	17.90	6764	075.60	中国传统三大名梨之首,以其汁多味甜且具有润肺止咳作用而驰名中外。	1	0.00
3001	13B	LNDL0A3A	波士顿龙虾特大鲜活1斤	149.00	2795	455.00	波士顿龙虾,属于海螯虾萤龙虾属,具有高蛋白、低脂肪、味道鲜美。	3	0.00
5001	31A	GDSZ016A	HUAWEI/华为mate 30手机	4799.00	4999	201.00	搭载麒麟990处理器,采用全球首颗商用旗舰5G SoC芯片	1	5.00
5101	31B	BJZY017B	联想/ThinkPad E490笔记本电脑	5099.00	800	200.00	(Null)	1	0.00
5201	31D	GDSZ016A	HUAWEI/华为 H3CS1850-52P交换机	2199.00	1000	000.00	千兆以太网交换机,背板带宽:240Gbps。	1	0.00

图 P3.5　商品表（commodity）数据

Pid	Image
1	(BLOB) 41.25 KB
2	(BLOB) 13.07 KB
4	(BLOB) 61.75 KB
6	(BLOB) 44.37 KB
1001	(BLOB) 49.60 KB
1002	(BLOB) 22.74 KB
3001	(BLOB) 53.33 KB
5001	(BLOB) 11.88 KB
5101	(BLOB) 6.79 KB
5201	(BLOB) 2.92 KB

图 P3.6　商品图片表（commodityimage）数据

Oid	UCode	PayMoney	PayTime
10	231668-aa.com	600.00	2021-04-12 10:40:13
9	231668-aa.com	745.00	2021-04-12 10:32:58
7	231668-aa.com	1253.00	2021-04-02 09:04:15
2	easy-bbb.com	69.80	2021-04-02 08:59:59

图 P3.7　订单表（orders）数据

UCode	TCode	Pid	PName	PPrice	CNum	SCode	Confirm	Oid	EStatus	USend	EGetTime	HEvaluate
231668-aa.com	11A	2	烟台红富士苹果10斤箱装	29.80	1	SDYT002A	0	(Null)	未发货	(Null)	(Null)	0
231668-aa.com	11B	6	库尔勒香梨10斤箱装	60.00	10	XJAK005B	1	10	未发货	(Null)	(Null)	0
231668-aa.com	11B	1001	砀山梨10斤箱装大果	19.90	1	AHSZ006B	1	10	未发货	(Null)	(Null)	0
231668-aa.com	11B	1002	砀山梨5斤箱装特大果	17.90	70	AHSZ006B	1	7	已发货	(Null)	2021-04-12 10:43:43	5
231668-aa.com	13B	3001	波士顿龙虾特大鲜活1斤	149.00	5	LNDL0A3A	1	9	已发货	(Null)	(Null)	0
231668-aa.com	31B	5101	联想/ThinkPad E490笔记本电脑	5099.00	1	BJZY017B	0	(Null)	未发货	(Null)	(Null)	0
231668-aa.com	31D	5201	HUAWEI/华为 H3CS1850-52P交换机	2199.00	1	GDSZ016A	0	(Null)	未发货	(Null)	(Null)	0
easy-bbb.com	11B	6	库尔勒香梨10斤箱装	69.80	1	XJAK005B	1	2	已收货	(Null)	2021-04-12 15:28:06	3
easy-bbb.com	11B	1001	砀山梨10斤箱装大果	19.90	1	AHSZ006B	0	(Null)	未发货	(Null)	(Null)	0
sunrh-phei.net	11B	6	库尔勒香梨10斤箱装	60.00	1	XJAK005B	0	(Null)	未发货	(Null)	(Null)	0
sunrh-phei.net	11B	1001	砀山梨10斤箱装大果	19.90	1	AHSZ006B	0	(Null)	未发货	(Null)	(Null)	0

图 P3.8　购物车表（preshop）数据

UCode	UPassWord	UName	Sex	SfzNum	Phone	UWeiXin	Focus	GeoPosition	USendAddr
231668-aa.com	abc123	周俊邰	男	32040419700801062#	1391385645X	231668-aa.com	手机电脑,运动健身	POINT(118.88 32.11)	{"区":"栖霞","市":"南京","省":"江苏","位置":"尧新大道16号"}
easy-bbb.com	abc123	葛斯	男	32010219601112321#	1355181376X	easy-bbb.com	食品,手机电脑,文化用品	(Null)	{"区":"栖霞","市":"南京","省":"江苏","位置":"仙林大学城文苑路1号"}
sunrh-phei.net	abc123	孙硕傀	女	50023119891203203#	1890156273X	sunrh-phei.net	食品,服装,化妆品,保健品	(Null)	{"区":"高新","市":"大庆","省":"黑龙江","位置":"学府街99号"}

图 P3.9　用户表（user）数据

Oid	UCode	TCode	Pid	PPrice	CNum	SCode	Total	USendAddr	EGetTime	HEvaluate
4	231668-aa.com	11A	1	44.80	100	SXLC001A	4480.00	(Null)	2021-03-20 10:35:31	5
1	easy-bbb.com	11A	1	44.80	2	SXLC001A	89.60	(Null)	2021-03-20 09:21:01	4
6	231668-aa.com	11A	2	29.80	6	SDYT002A	178.80	(Null)	2021-03-24 16:17:11	4
5	231668-aa.com	31A	5001	4799.00	1	GDSZ016A	4799.00	(Null)	2021-03-23 10:14:44	5

图 P3.10　销售详情表（saledetail）数据

P3.2 需求及实现思路

P3.2.1 需求描述

本系统作为一个购物 APP 运行在智能手机上，由"主页""购物车""物流状态"和"注册登录"4 个页面组成，如图 P3.11 所示。用户点击底部标签栏按钮会加载不同的页面。

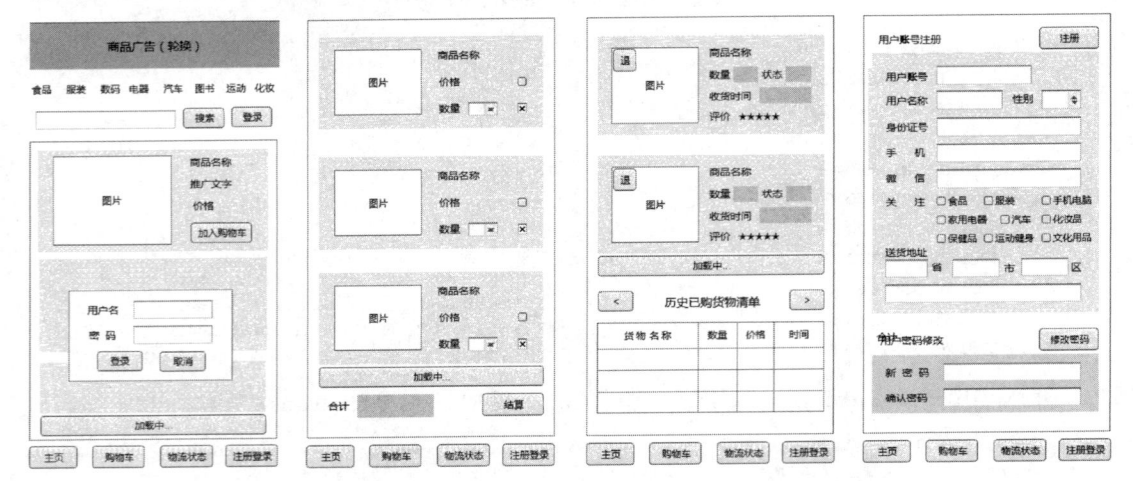

图 P3.11 购物 APP 的 4 个页面

1. 主页

主页是用户打开 APP 首先看到的页面，它由顶部商品广告栏、类别频道栏、搜索登录栏、商品信息列表组成，结构如图 P3.12 所示。

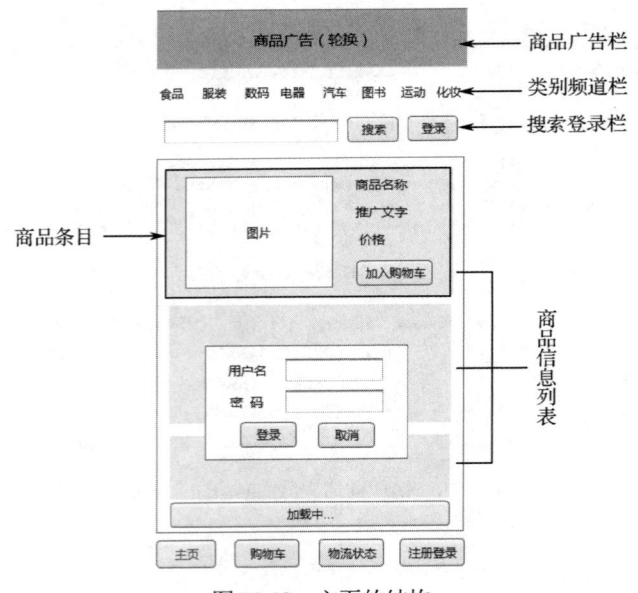

图 P3.12 主页的结构

（1）商品广告栏：轮换显示商家要重点宣传的商品广告图片。
（2）类别频道栏：点击其上的某个类别，列表中加载显示该类别下的所有商品条目。
（3）搜索登录栏：输入商品名称（或关键词），点击"搜索"按钮，在列表中显示符合要求的商品条目；点击"登录"按钮，弹出用户登录对话框。
（4）商品信息列表：其中展示诸多商品条目，每个商品条目都包含该商品的图片、名称、推广文字（如果有）、价格等信息项，后跟一个"加入购物车"按钮，用户点击该按钮会将该条目的商品放入购物车，可在购物车页面中看到。

2. 购物车

购物车页面上显示的是已加入购物车的商品，该页面包括以下几项功能。

（1）设置购买数量：用户可随时调整商品的数量，并勾选任意组合的商品条目来确认购买；底部"合计"栏显示当前用户选中商品的总金额，数值随用户操作动态更新。
（2）结算下单：点击底部的"结算"按钮表示用户确认购买当前选中的商品，已确认购买的商品条目从该页面中消失，出现在物流状态页面中。
（3）将商品移出购物车：点击某个商品条目的"×"按钮可将其移出购物车。

3. 物流状态

该页面分上、下两部分，上部显示的是确认购买（已结算）的商品条目，下部是该用户历史购物清单。该页面包括以下几项功能。

（1）物流信息显示：对于已确认购买的商品，列表条目显示其发货状态、收货时间等与物流有关的信息。
（2）用户评价：用户可通过点击页面中"评价"栏的"★"号对商品进行评分。
（3）退货：用户可点击商品图片左上角的"退"图标进行退货。
（4）历史购物清单：当前用户的历史购物记录以表格形式显示于页面下部，可前后翻页查看。

4. 注册登录

注册登录页面也分上、下两部分，上部是一个很详细的信息表单，下部是密码修改栏。本系统对用户的管理规则如下。

（1）未登录时：用户打开 APP 只能看到主页的内容，购物车和物流状态页面均为空白，注册登录页面上部表单中的各栏也都是空的，但右上角"注册"按钮可用。
（2）用户注册：处于未登录状态时可注册新用户，先完整填写表单各栏的用户信息，然后点击"注册"按钮。
（3）用户登录：回到主页点击搜索登录栏上的"登录"按钮，弹出对话框，输入已注册的用户名和密码即可登录系统，登录后的用户可在购物车及物流状态页面看到与自己有关的内容。
（4）修改密码：只有已登录用户才能修改自己的密码，注册登录页面下部的"修改密码"按钮变为可用，但此时页面右上角"注册"按钮不可用，表单中显示的是当前登录用户的各项信息资料。

P3.2.2 实现思路

根据需求描述的内容，结合 Android 程序开发技术，先给出本系统各部分实现的大体思路。读者以这个思路为依据，在后面分块学习系统各部分具体功能时就很容易理解了。

1. 标签栏实现页面切换

（1）TabActivity 标签栏：点击 APP 界面底部各按钮可切换至不同页面，可采用标签栏实现，这里采用 TabActivity 标签栏。

（2）状态列表图形：用户选中的标签按钮外观及文字颜色会发生改变，这个效果用"状态列表图形"技术来做。

2. 列表视图显示商品条目

（1）ListView：本系统的多个页面均要显示商品条目信息的列表，如主页展示的商品、购物车中的商品、物流状态页面上已确认购买的商品以及用户历史购物清单等，这类功能都用 Android 的列表视图（ListView）实现，采用标准的 MVC 模式为每个列表设计模型类、适配器及 Activity。

（2）OnScrollListener：通过每个 ListView 上的 OnScrollListener 监听器控制翻页并加载数据，实现列表信息的分页浏览。

3. 线性布局嵌套设计界面

（1）LinearLayout 嵌套：APP 的每个页面在最外层都是一个垂直的线性布局，其中从上到下依次布置各个界面元素，同一行上的元素则放在一个嵌套的水平线性布局中。

（2）RelativeLayout：当同一个布局中的元素出现重叠（如退货功能的"退"图标覆盖于商品图片上方）的情形时，采用相对布局。

4. 接口回调响应用户操作

本系统有很多功能的操作控件位于列表条目之内（如主页的"加入购物车"按钮、购物车页面的数量加减按钮、物流状态页面的评价选项等），需要将用户对条目内控件的操作传递给页面 Activity 执行。

目前通行的做法：在适配器内定义接口，由 Activity 实现这个接口，再在控件的事件监听器中回调接口的方法来响应用户操作。后面将结合代码具体分析这一机制。

5. HttpURLConnection 与 Servlet 通信

系统的每项功能在 Web 服务器上都对应一个 Servlet，运行时页面将请求提交给特定的 Servlet，由 Servlet 去执行相应的操作。移动端通过 HttpURLConnection 类提交请求，且请求提交的机制和过程完全一样，故考虑将这部分代码分离出来单独封装成一个类，供需要的 Activity 调用。

6. 句柄消息刷新 UI

每项功能执行完都要在页面上看结果，而执行的过程要操作数据库（属于耗时操作），在 Android 中必须放在子线程中完成，再通过句柄向主页 UI 传递消息，刷新页面，故每个页面都包含一个 Handler 句柄对象，在其中对 Servlet 返回的消息数据进行解析处理并更新界面。

由上述技术路线出发，可设计出系统各部分之间的交互机制，如图 P3.13 所示。

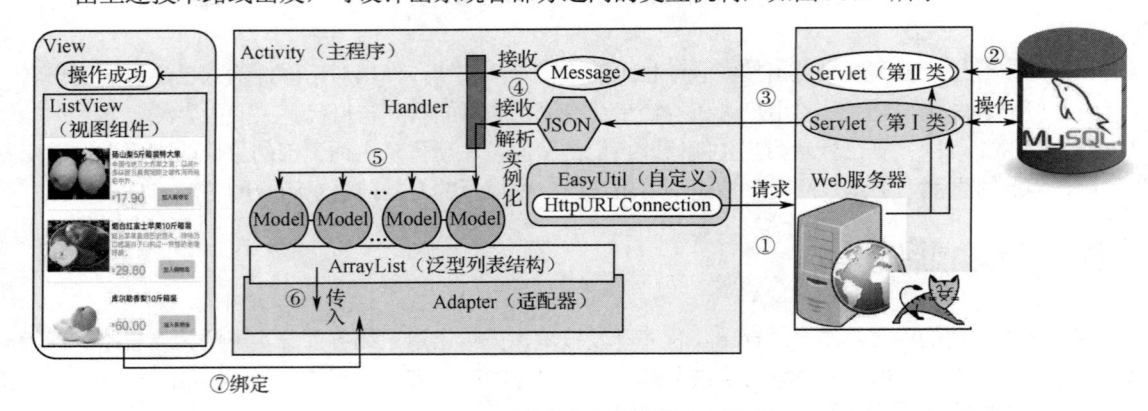

图 P3.13 系统各部分之间的交互机制

系统工作流程简述如下。

① Activity 通过定义的 EasyUtil 类中的 HttpURLConnection 向 Web 服务器上的某个 Servlet 发出请求。Web 服务器上的 Servlet 有两类，它们的代码结构和行为是不同的（P3.3.5 节将给出详细介绍）。

② Servlet 根据移动端的功能请求码操作 MySQL 数据库，完成特定的任务。

③ Servlet 向移动端返回数据。若为第Ⅰ类 Servlet，则返回的是 JSON 对象；若为第Ⅱ类 Servlet，则返回的是普通消息字符串。

④ 移动端 Handler 句柄收到 Servlet 返回的数据，根据消息标识码判断，若为第Ⅱ类 Servlet 返回的普通字符串，则根据其内容提示用户操作成功与否，或者直接在界面上执行一些操作（如置一些控件的可用状态等）；若为第Ⅰ类 Servlet 发来的 JSON 对象，则要进行解析，提取出有用的数据项。

⑤ Activity 根据解析出的数据创建并实例化一个个模型类对象，用它们组成一个模型类的泛型列表结构。

⑥ Activity 将这个生成的泛型列表结构作为参数传入 Adapter 的构造方法，创建适配器类对象。

⑦ 将这个适配器类对象与前端界面上的视图组件（如 ListView）绑定，在页面上呈现内容。

P3.3　基本开发过程

为方便读者学习，下面先以开发主页上展示商品信息列表的基本功能为例，从创建 Android 工程开始，一步步介绍其开发过程并分析相关部分的代码，使读者对图 P3.13 所示的整个 APP 的运作机制和实现原理有个总体的认识。

P3.3.1　创建 Android 工程

在之前安装好的 Android Studio 环境中创建 Android 工程，步骤如下。

（1）启动 Android Studio 后出现如图 P3.14 所示的窗口，单击 "Create New Project" 来创建新的 Android 工程。

（2）在 "Select a Project Template" 页选择 "Empty Activity"（空 Activity 类型），如图 P3.15 所示，单击 "Next" 按钮进入下一步。

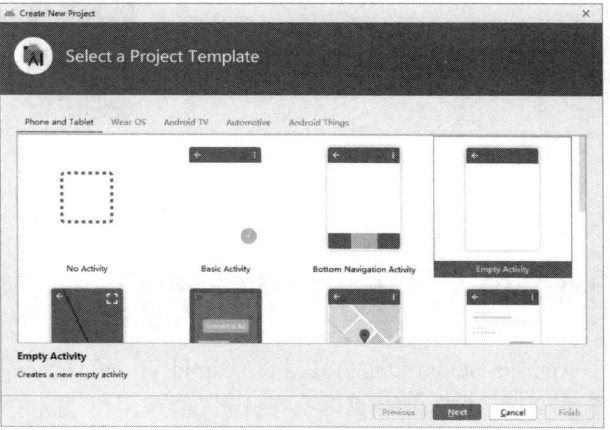

图 P3.14　创建一个新的 Android 工程　　　　图 P3.15　选择 Activity 类型

（3）在 "Configure Your Project" 页填写工程相关的信息，这里在 "Name" 栏输入 "NetShop"，

在"Package name"栏输入"com.easybooks.netshop","Language"栏选择"Java",如图 P3.16 所示。完成后单击"Finish"按钮。

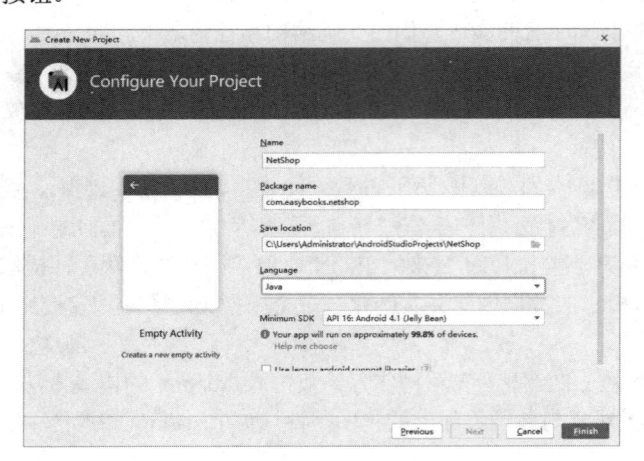

图 P3.16　填写工程相关的信息

稍等片刻,系统显示开发界面,如图 P3.17 所示,Android 工程创建完成。

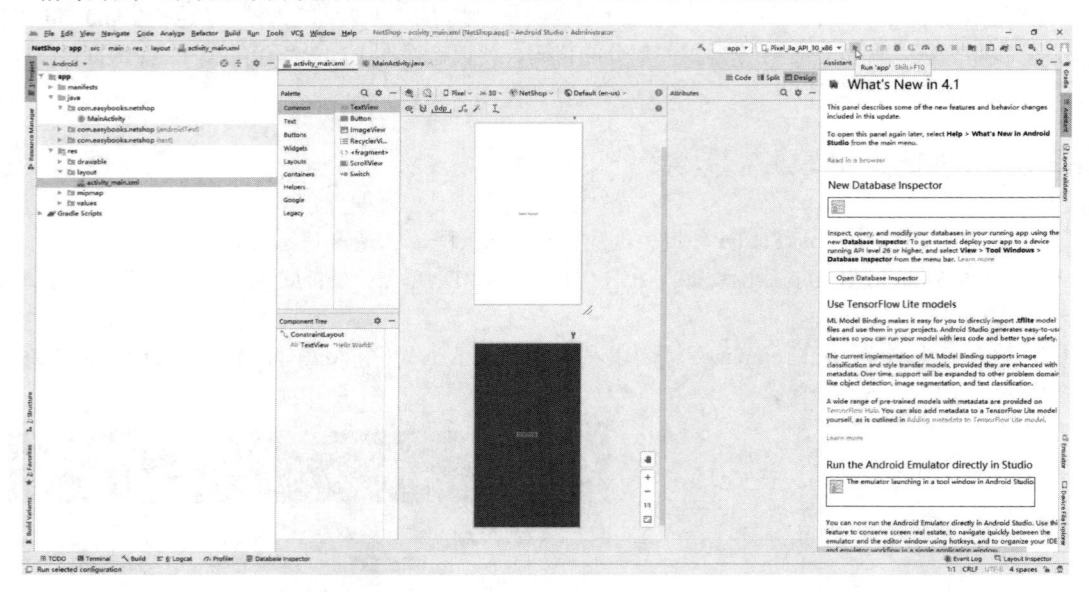

图 P3.17　Android Studio 开发界面

P3.3.2　APP 模拟与真机运行

Android Studio 自带仿真器（Android Virtual Device,AVD）来模拟智能手机屏,供开发人员随时运行和测试 APP。用仿真器执行 Android 应用程序的方式称为**模拟运行**,以区别于在真实物理移动设备（如手机、平板电脑等）上的**真机运行**。

在刚刚创建好的 Android 工程中,系统已经默认实现了一个最简单的"Hello World!"程序,建议读者在进入正式开发前先运行一下这个程序,旨在检验 Android 开发环境能否正常使用。

1. 模拟运行

模拟运行需要借助仿真器，Android Studio 初始时已经自动创建了仿真器，无须用户再创建（当然，用户也可以自己另外创建）。

在 Android Studio 开发界面上，选择主菜单"Tools"→"AVD Manager"命令，或在工具栏上单击相应的按钮开启 AVD Manager（仿真器管理器），弹出"Your Virtual Devices"窗口，在其中可见系统建好的一个名为"Pixel_3a_API_30_x86"的仿真器，如图 P3.18 所示。单击窗口左下角的"+ Create Virtual Device"按钮，可创建新的仿真器。

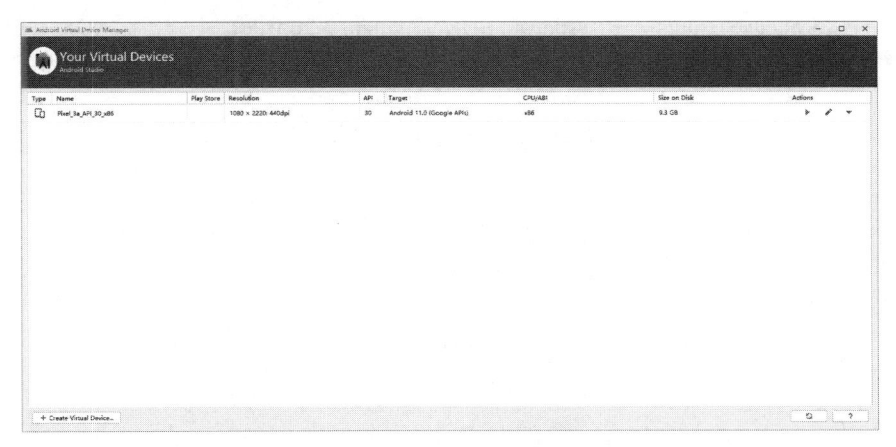

图 P3.18 "Your Virtual Devices"窗口

选择主菜单"Run"→"Run 'app'"命令（或单击工具栏上相应的按钮），等待片刻就会出现一个手机屏幕的界面，如图 P3.19 所示，显示"Hello World!"。单击工具栏上的 ■ 按钮可停止程序运行。

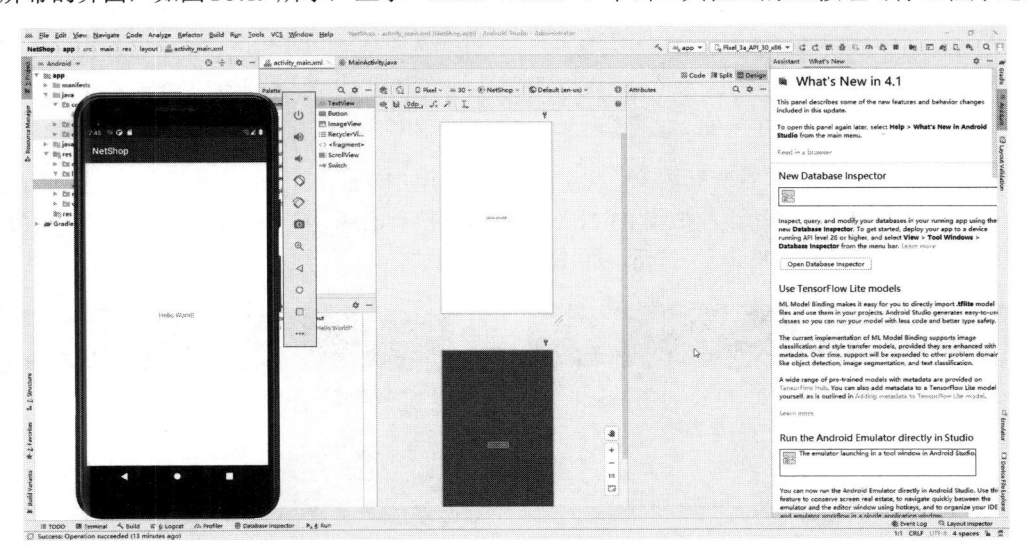

图 P3.19 模拟运行

注意：仿真器的启动要耗费大量系统资源，所以在开发程序时，如无特殊情况不要关闭仿真器，直到工作完要退出 Android Studio 前再关闭。在仿真器开着的情况下，照样可以打开和关闭 Android Studio 工程，仿真器与工程是独立的，互不影响。

2. 真机运行

如果读者拥有一部智能手机，建议还是在手机上开发和运行"为华直购"APP，如此能够更好地理解和掌握实际的开发过程。下面先在手机上运行"Hello World!"程序作为测试，编者是用自己的手机（vivo Z3i，V1813T/Android 9.0）运行的，具体操作步骤如下。

（1）将手机用 USB 线连接到开发主机。

（2）下载、安装 Google 驱动程序。

选择 Android Studio 主菜单"File"→"Settings"命令，打开"Settings"窗口，选择"Appearance & Behavior"→"System Settings"→"Android SDK"，如图 P3.20 所示，切换至"SDK Tools"选项页，勾选列表中的"Google USB Driver"项，然后单击底部的"Apply"按钮。

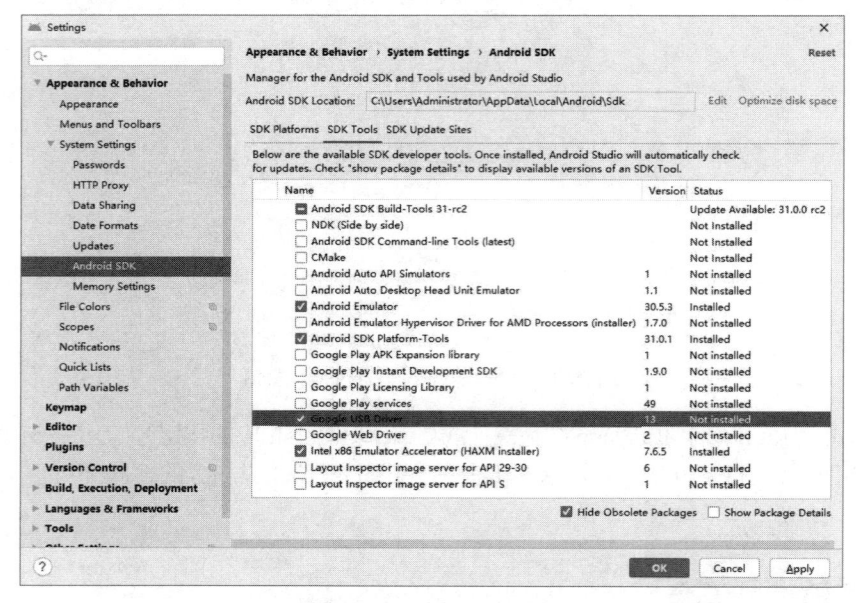

图 P3.20　选择驱动程序

弹出"Confirm Change"对话框，单击"OK"按钮，出现"License Agreement"窗口，选中"Accept"选项，确认安装并接受许可协议，如图 P3.21（a）所示。接着出现"Component Installer"对话框并显示安装进程，完成后单击"Finish"按钮，如图 P3.21（b）所示。

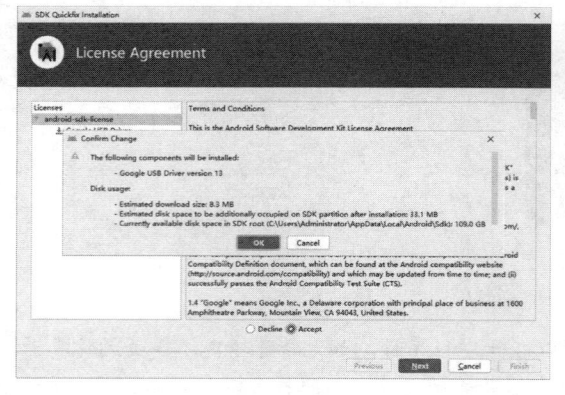

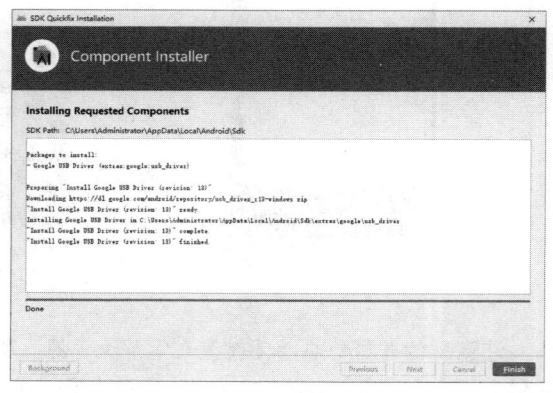

（a）　　　　　　　　　　　　　　　　　　　（b）

图 P3.21　安装驱动程序

实习 3　Android Studio/MySQL 开发及实例——网上商城用户购物 APP

(3) 更新手机驱动程序。

打开 Windows 设备管理器，展开设备列表，找到手机项并右击，选择"更新驱动程序"命令，在弹出的对话框中单击"自动搜索驱动程序"，如图 P3.22 所示。稍等片刻，系统会自动找到刚刚下载、安装的 Google 驱动程序，并将它作为手机的驱动程序。

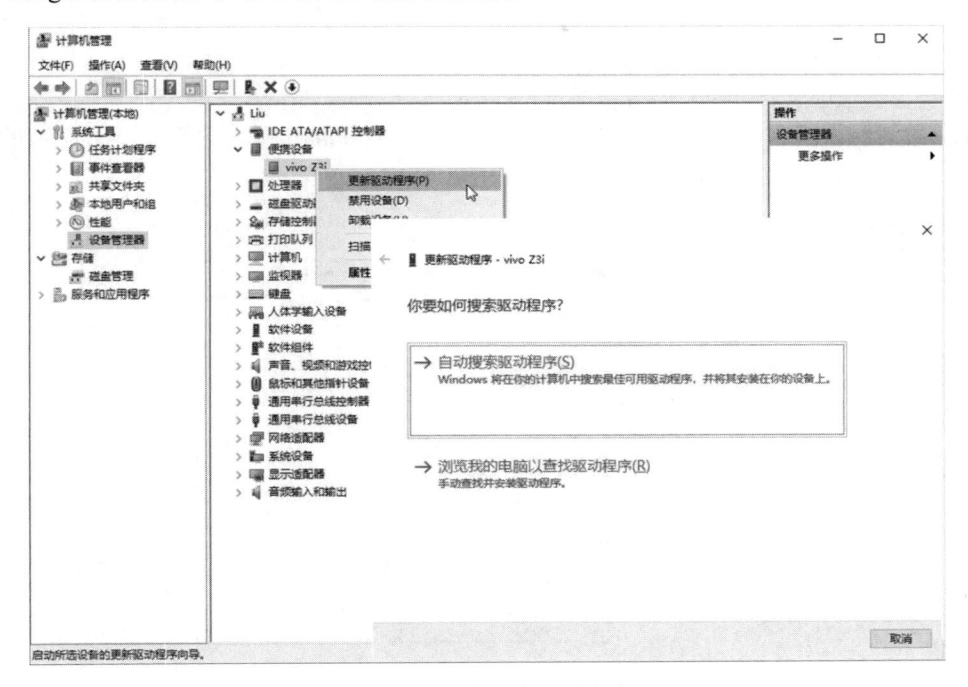

图 P3.22　更新手机驱动程序

(4) 打开手机开发者权限并允许 USB 调试。

这一步不同品牌和型号的手机操作不尽相同，但大体上都是进入手机设置界面，找到"开发者选项"并打开，开启"USB 调试"，如图 P3.23 所示，请读者参考以上内容在自己的手机上进行操作。

完成这一步后，在 Android Studio 工具栏上选择 APP 运行设备的下拉列表中就会多出一个对应真实手机的设备选项（编者的是"vivo V1813T"），如图 P3.24 所示。

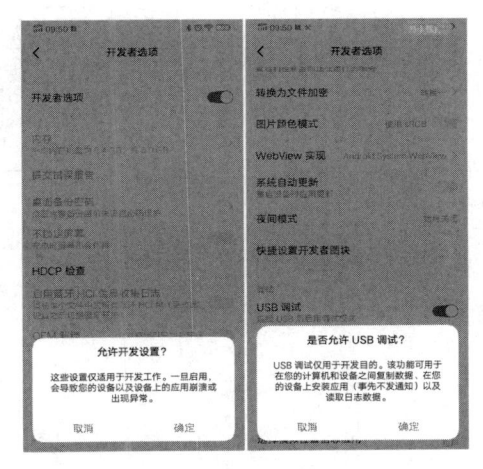

图 P3.23　打开开发者权限并允许 USB 调试 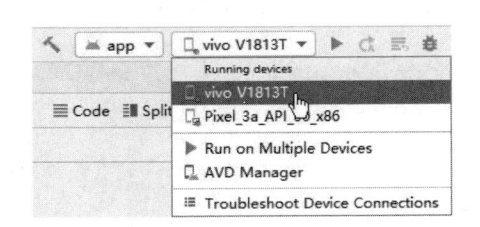　　　图 P3.24　对应真实手机的设备选项

注意：仅当手机初次连接时才需要按照上述步骤安装 Google 驱动程序，只要手机安装过一次 Google 驱动程序，下一次连接 Android 开发主机（即便主机上的 Android Studio 环境是新安装的）时就会直接提醒用户打开调试模式，并自动安装 APP。

（5）关闭 testOnly 属性。

新版 Android Studio 默认会将工程的 testOnly 属性设为 true 来阻止 APP 在手机上安装、运行。解决办法是打开工程文件 gradle.properties，在末尾添加一句：

```
android.injected.testOnly=false
```

此时，文件编辑区顶部会出现一行英文，提示用户对 Android 工程进行同步，单击后面的"Sync Now"同步工程，稍候片刻，待同步完成新的设置，如图 P3.25 所示。

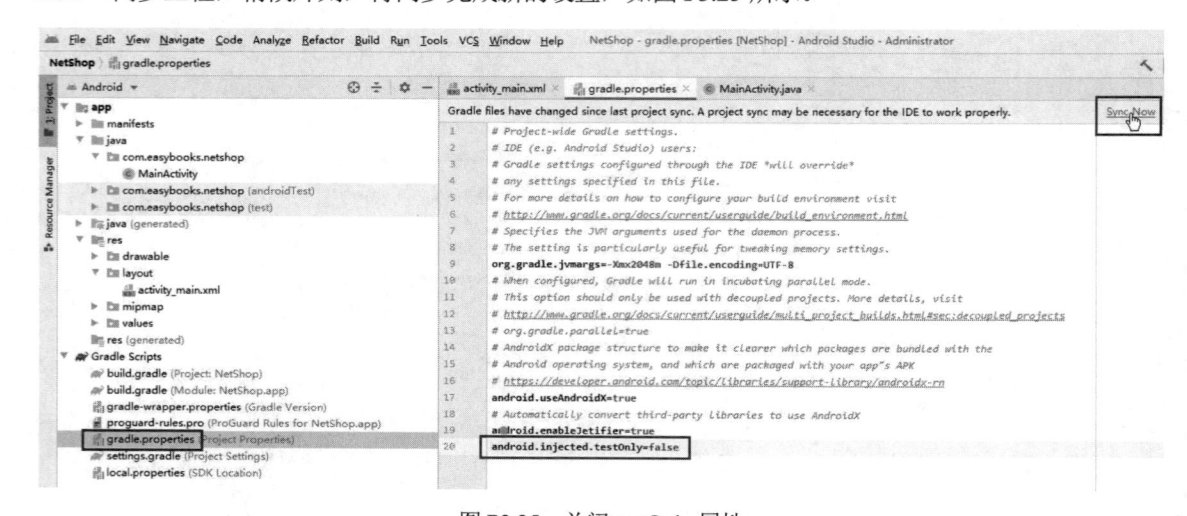

图 P3.25 关闭 testOnly 属性

最后，在工具栏上选择手机对应的设备选项，单击旁边的"运行"(▶) 按钮即可在手机上安装、运行"Hello World!"程序。

P3.3.3 开发底部标签栏

本系统的所有页面都是通过标签栏整合在一起的，开发标签栏使用的是基于 TabActivity 的框架，TabActivity 是 Android 中专用于实现标签栏的组件类，只要继承该类就可轻松实现带多个选项页的标签栏。

1. 标签栏 UI 框架

TabActivity 的 UI 框架代码写在 layout 目录下的 tab_host.xml 文件中，开发时用户必须在现成的框架中定义自己的界面内容，代码如下：

```xml
<TabHost xmlns:android="http://schemas.android.com/apk/res/android"
                                                                    //（a）
    android:id="@android:id/tabhost"
    android:layout_width="match_parent"
    android:layout_height="match_parent" >

    <RelativeLayout                                                 //（a）
        android:layout_width="match_parent"
        android:layout_height="match_parent" >
```

```xml
<FrameLayout                                                        // (a)
    android:id="@android:id/tabcontent"
    android:layout_width="match_parent"
    android:layout_height="match_parent"
    android:layout_marginBottom="@dimen/tabbar_height" />   // (b)

<TabWidget                                                          // (a)
    android:id="@android:id/tabs"
    android:layout_width="match_parent"
    android:layout_height="wrap_content"
    android:visibility="gone" />

<LinearLayout                                                       // (c)
    android:layout_width="match_parent"
    android:layout_height="@dimen/tabbar_height"        // (b)
    android:layout_alignParentBottom="true"
    android:gravity="bottom"
    android:orientation="horizontal" >      <!--标签栏整体采用水平布局-->

    <!--"主页"标签按钮-->
    <LinearLayout
        android:id="@+id/first_linear"
        android:layout_width="0dp"
        android:layout_height="match_parent"
        android:layout_weight="1"
        android:orientation="vertical" >    <!--按钮内采用垂直布局-->

        <TextView
            style="@style/TabLabel"                                 // (d)
            android:drawableTop="@drawable/first_tab_selector"
                                                                    // (e)
            android:text="@string/first_tab" />                     // (f)
    </LinearLayout>
    <!--其他标签按钮元素的定义(略)-->
      ...
</LinearLayout>
</RelativeLayout>
</TabHost>
```

注意：上述代码中的"// ( )"是为了对应接下来的解释说明而进行的标注，并非程序代码本身的注释，实际运行程序时要将这些标注去掉。

其中：

（a）<TabHost…>、<RelativeLayout…>、<FrameLayout…>、<TabWidget…>：TabActivity 前端布局代码中的根元素必须是 TabHost（名称为 tabhost），根元素下面是一个 RelativeLayout，下面包含一个 FrameLayout（名称为 tabcontent），再往里还有一层 TabWidget（名称为 tabs）。这些元素的类型和名称都由 TabActivity 框架固定死了，用户不能修改。直到进入 TabWidget 内部，用户才能开始编写自己的代码。

（b）android:layout_marginBottom="@dimen/tabbar_height"、android:layout_height="@dimen/tabbar_height"：标签栏的高度 tabbar_height 定义在 values 目录下的 dimens.xml 文件中。

```xml
<resources>
    <dimen name="tabbar_height">65dp</dimen>
</resources>
```
这里暂定为 65dp，读者可根据需要自行调整。

（c）<LinearLayout…android:orientation="horizontal">、<LinearLayout…android:orientation="vertical">：标签栏的设计代码全部写在框架的 TabWidget 内，本例采用两层线性布局设计，整个标签栏采用水平线性布局，每个标签按钮内采用垂直线性布局。

（d）style="@style/TabLabel"：标签文字直接套用定义好的风格 TabLabel。

（e）android:drawableTop="@drawable/first_tab_selector"：按钮图标由状态列表图形控制切换。

（f）android:text="@string/first_tab"：标签文字内容集中定义在 values 下的 strings.xml 文件中。

```xml
<resources>
    <string name="app_name">为华直购</string>
    <string name="first_tab">主页</string>
    <string name="second_tab">购物车</string>
    <string name="third_tab">物流状态</string>
    <string name="four_tab">注册登录</string>
</resources>
```

2. 标签栏 Activity

编写一个 TabHostActivity 类继承自 TabActivity 来实现标签栏，TabHostActivity.java 代码如下：

```java
public class TabHostActivity extends TabActivity implements OnClickListener {
    private TabHost myTabHost;                              //标签栏对象
    private LinearLayout first_linear, second_linear, third_linear, four_linear;
    //以下是对应各个标签页的标记（对应 tab_host.xml 中各个标签按钮的引用）
    private String TAG1 = "first";                          //第1页（主页）
    private String TAG2 = "second";                         //第2页（购物车）
    private String TAG3 = "third";                          //第3页（物流状态）
    private String TAG4 = "four";                           //第4页（注册登录）

    @Override
    protected void onCreate(Bundle savedInstanceState) {
        super.onCreate(savedInstanceState);
        setContentView(R.layout.tab_host);
        //初始化设置各标签按钮（线性布局）的点击监听器
        ...
        myTabHost = getTabHost();                           // (a)
        //向标签栏添加各个标签按钮                           // (b)
        myTabHost.addTab(myTabHost.newTabSpec(TAG1).setIndicator(getString
(R.string.first_tab), getResources().getDrawable(R.drawable.first_tab_selector)).
setContent(new  Intent(this, HomeActivity.class).addFlags(Intent.FLAG_ACTIVITY_
CLEAR_TOP)));
        myTabHost.addTab(myTabHost.newTabSpec(TAG2).setIndicator(getString
(R.string.second_tab), getResources().getDrawable(R.drawable.second_tab_selector)).
setContent(new Intent(this, PreShopActivity.class).addFlags(Intent.FLAG_ACTIVITY_
CLEAR_TOP)));
        myTabHost.addTab(myTabHost.newTabSpec(TAG3).setIndicator(getString
(R.string.third_tab), getResources().getDrawable(R.drawable.third_tab_selector)).
setContent(new   Intent(this,   ConfirmShopActivity.class).addFlags(Intent.FLAG_
ACTIVITY_CLEAR_TOP)));
        myTabHost.addTab(myTabHost.newTabSpec(TAG4).setIndicator(getString
```

```
(R.string.four_tab),        getResources().getDrawable(R.drawable.four_tab_selector)).
setContent(new    Intent(this,   UserActivity.class).addFlags(Intent.FLAG_ACTIVITY_
CLEAR_TOP)));
        setTabView(first_linear);                          //设置初始显示主页
    }

    @Override
    public void onClick(View view) {
        setTabView(view);
    }

    private void setTabView(View v) {                       // (c)
        //先将所有标签按钮置为未选中(复位)
        first_linear.setSelected(false);
        second_linear.setSelected(false);
        third_linear.setSelected(false);
        four_linear.setSelected(false);
        v.setSelected(true);                                //选中当前的标签按钮
        //根据被点击的标签按钮视图设置当前要显示的标签页
        if (v == first_linear) {
            myTabHost.setCurrentTabByTag(TAG1);              //显示主页
        } else if (v == second_linear) {
            myTabHost.setCurrentTabByTag(TAG2);              //显示购物车
        } else if (v == third_linear) {
            myTabHost.setCurrentTabByTag(TAG3);              //显示物流状态
        } else if (v == four_linear) {
            myTabHost.setCurrentTabByTag(TAG4);              //显示注册登录
        }
    }
}
```

其中：

（a）myTabHost = getTabHost();：getTabHost 方法获取系统内置的标签栏组件，只有在设计文件中严格按照 TabActivity 的前端 UI 框架套用编写代码，系统才能根据框架固定名@android:id/tabhost 找到这个标签栏组件。

（b）myTabHost.addTab(myTabHost.newTabSpec(TAG1).setIndicator(getString(…), getResources().getDrawable(…)).setContent(new Intent(this, …).addFlags(Intent.FLAG_ACTIVITY_CLEAR_TOP)));：addTab 方法向标签栏添加标签，其中又调用 newTabSpec(TAG1) 方法生成指定规格的标签，newTabSpec(TAG1)方法带一个字符串类型的参数，用于指定标签页的标记；setIndicator 方法设置标签按钮的文字及图标；以 setContent 方法指明各标签页要显示的内容，这里加载的 4 个 Activity 类（代码中加粗）就分别对应本系统中 4 个页面的主程序类。

① HomeActivity：主页的主程序类。
② PreShopActivity：购物车的主程序类。
③ ConfirmShopActivity：物流状态的主程序类。
④ UserActivity：注册登录的主程序类。

addFlags(Intent.FLAG_ACTIVITY_CLEAR_TOP)确保 APP 每次切换页面时都能自动刷新。

注意：读者在开发时由于起初尚未编写这几个主程序类，可以暂时先用 Android 工程中默认存在的 MainActivity 类占位，以使程序能够阶段性地运行，待后面完成相应的功能模块后再修改代码将这几个类写在对应的位置。

（c）private void setTabView(View v) {…}：自定义的 setTabView(View v)方法根据用户点击的标签按钮设置当前要显示的页面，用户点击的标签按钮以视图参数的形式传入该方法。

3. 标签按钮外观变化

想要使标签按钮的图标随用户的操作而改变，通常采用状态列表图形。预先搜集（或制作）每个标签按钮在选中和未选中状态下的图标图片（通常这两个状态的图片基本一样，只是选中状态的图片带色彩，而未选中状态的图片是黑白的），放在 Android 工程的 drawable 目录下，同时在该目录中创建用于控制图形状态切换的 XML 文件。

例如，"主页"标签按钮用于切换图标的两个图片文件为 first_tab_normal.png 和 first_tab_pressed.png，控制图形状态的 first_tab_selector.xml 文件内容如下：

```xml
<selector xmlns:android="http://schemas.android.com/apk/res/android">
    <item android:state_selected="true" android:drawable="@drawable/first_tab_pressed" />
                                <!--标签按钮被选中时图标为 first_tab_pressed-->
    <item android:drawable="@drawable/first_tab_normal" />
                                <!--标签按钮未被选中时图标为 first_tab_normal-->
</selector>
```

其他标签按钮的图标切换机制与之完全相同，在此不再重复罗列控制文件的内容。

4. 标签按钮风格

标签栏上的 4 个按钮风格是一致的，在选中和未选中状态下文字都具有相同的字体、字号和颜色，倘若对每个标签文本逐一设置这些属性，会很烦琐且造成代码冗余。为此，可以将这些公共属性抽取出来，定义成一个风格，再统一应用到每个标签按钮上。Android 控件的自定义风格写在工程 values/themes 目录下的样式文件 themes.xml 中，以"<style>…</style>"标注，这里定义一个名为"TabLabel"的风格元素：

```xml
<style name="TabLabel">
    <item name="android:layout_width">match_parent</item>
                                            <!--宽匹配标签按钮尺寸-->
    <item name="android:layout_height">match_parent</item>
                                            <!--高匹配标签按钮尺寸-->
    <item name="android:padding">10dp</item>        <!--定义边距-->
    <item name="android:layout_gravity">center</item> <!--布局居中-->
    <item name="android:gravity">center</item>       <!--文字居中-->
    <item name="android:background">@drawable/bc_tab_selector</item>
                                            <!-- (a) -->
    <item name="android:textSize">16sp</item>       <!--字号-->
    <item name="android:textStyle">normal</item>    <!--字体-->
    <item name="android:textColor">@drawable/text_tab_selector</item>
                                            <!--// (b) 文字颜色-->
</style>
```

其中：

（a）<item name="android:background">@drawable/bc_tab_selector</item>：这里设置标签按钮的背景受 drawable 目录下的 bc_tab_selector.xml 文件控制，事先将两张候选的背景图置于 drawable 目录下，一张黑白的 bc_tab_normal.png 对应按钮未被选中时的背景，另一张带颜色（浅绿色）的 bc_tab_pressed.png 则对应按钮被选中时的背景。同样采用状态列表图形控制。

（b）`<item name="android:textColor">@drawable/text_tab_selector</item>`：标签按钮的文字颜色也是通过状态列表图形切换的，但颜色的定义在 values 目录下的色彩文件 colors.xml 中，如下：

```
<color name="text_tab_pressed">#008B00</color>        <!--深绿色（选中）-->
<color name="text_tab_normal">#050505</color>         <!--黑灰色（未选中）-->
```

在色彩文件 colors.xml 中集中定义整个项目工程要用到的所有颜色，这是设计大型、复杂界面色彩的有效方式。

5. 修改启动类

Android 工程默认的启动类是 MainActivity，由于本章开发的 APP 以标签栏作为各页面集成及切换显示的容器，故要设置 TabHostActivity 为启动类。在 Android 工程的配置文件 AndroidManifest.xml（位于工程 app/src/main 目录下）中修改，如下：

```xml
<application
    ...
    <activity android:name=".TabHostActivity">
        <intent-filter>
            <action android:name="android.intent.action.MAIN" />

            <category android:name="android.intent.category.LAUNCHER" />
        </intent-filter>
    </activity>
    <activity android:name=".MainActivity" />
</application>
```

注意：Android Studio 强制要求工程中出现的所有 Activity 类都必须在配置文件中"注册"（否则 APP 将无法启动），这里虽然 MainActivity 已不再是启动类，但仍要在配置文件中补充添加其对应的 `<activity>` 元素。

至此，APP 底部的标签栏开发完成，运行效果如图 P3.26 所示。

图 P3.26 标签栏运行效果

P3.3.4 开发列表视图

在主页上展示内容丰富的商品条目是通过列表视图实现的，按照以下步骤开发。

1. 列表项 UI 设计

Android 的视图类控件都必须针对其列表项进行 UI 设计，本章所有视图类控件的 UI 设计文件都是以 item 打头的 XML 文件，主页商品信息列表对应的文件为 item_comhome.xml，内容如下：

```xml
<LinearLayout xmlns:android="http://schemas.android.com/apk/res/android"
    android:layout_width="match_parent"
    android:layout_height="wrap_content"
    android:descendantFocusability="blocksDescendants"
    android:orientation="horizontal" >          //最外层采用水平线性布局


    <ImageView                                   //图像视图（显示商品图片）
        android:id="@+id/list_image"
```

```xml
            android:layout_width="80dp"
            android:layout_height="120dp"
            android:paddingTop="20dp"
            android:layout_weight="1"
            android:scaleType="fitXY" />

        <LinearLayout                                    //其余信息都置于这个垂直线性布局内
            android:layout_width="0dp"
            android:layout_height="wrap_content"
            android:paddingTop="20dp"
            android:layout_weight="3.5"
            android:orientation="vertical" >

            <TextView                                    //文本视图(显示商品名称)
                android:id="@+id/list_pname"
                android:layout_width="match_parent"
                android:layout_height="wrap_content"
                android:layout_weight="1"
                android:layout_marginLeft="5dp"
                android:gravity="left|center"
                android:textColor="@color/black"
                android:textSize="16sp"
                android:textStyle="bold" />

            <TextView                                    //文本视图(显示推广文字)
                android:id="@+id/list_textadv"
                android:layout_width="match_parent"
                android:layout_height="wrap_content"
                android:layout_weight="1"
                android:layout_marginLeft="5dp"
                android:gravity="left|center"
                android:textColor="@color/gray"
                android:textSize="14sp" />

            <LinearLayout                                //内嵌水平线性布局(显示价格行的内容)
                android:layout_width="wrap_content"
                android:layout_height="wrap_content"
                android:layout_weight="3"
                android:layout_marginLeft="5dp"
                android:orientation="horizontal">

                <TextView                                //文本视图(显示价格前的"¥"符号)
                    android:layout_width="wrap_content"
                    android:layout_height="match_parent"
                    android:gravity="center"
                    android:text="¥"
                    android:textColor="@color/orange"
                    android:textSize="14sp" />

                <TextView                                //文本视图(显示价格)
                    android:id="@+id/list_pprice"
```

```xml
            android:layout_width="wrap_content"
            android:layout_height="match_parent"
            android:gravity="center"
            android:textColor="@color/orange"
            android:textStyle="bold"
            android:textSize="24sp" />

        <Button
            android:id="@+id/myButton_AddtoPreShop"
            android:layout_width="wrap_content"
            android:layout_height="wrap_content"
            android:layout_marginLeft="25dp"
            android:layout_gravity="bottom"
            android:layout_weight="1"
            android:textSize="12sp"
            android:text="加入购物车" />
        </LinearLayout>
    </LinearLayout>
</LinearLayout>
```

可以看到，这里使用了多层线性布局来嵌套图像和文本视图，以实现界面列表项中的丰富内容，实际开发时需要实时运行 APP，根据界面外观不断地调整设计，直至达到满意的效果。

注意：上述代码中的"//…"是为解释程序而进行的标注，而非程序代码本身的注释，实际运行时要将它们去掉。本章后面凡是涉及界面 XML 设计文件的标注也都采用这种形式。

上面的设计中用到灰色和橘色两种颜色，要在色彩文件 colors.xml 中添加定义：

```xml
<color name="gray">#8C8C8C</color>
<color name="orange">#FF8C00</color>
```

2. 定义数据模型

通常开发视图类控件都要根据需要显示的数据项内容，专门定义一个模型类。主页商品信息列表要显示商品图片、商品名称、推广文字、价格这几项，定义的模型类 ComHome.java 如下：

```java
package com.easybooks.netshop;
import android.graphics.Bitmap;
public class ComHome {
    //属性声明
    public int pid;                                    //商品号
    public Bitmap image;                               //商品图片
    public String pname;                               //商品名称
    public String textadv;                             //推广文字
    public Float pprice;                               //价格
    //构造方法
    public ComHome(int pid, Bitmap image, String pname, String textadv, Float pprice) {
        this.pid = pid;
        this.image = image;
        this.pname = pname;
        this.textadv = textadv;
        this.pprice = pprice;
    }
}
```

模型类的代码有着固定的形式,包括属性声明和构造方法,类的属性就对应视图要显示的各个信息项,在构造方法中依次为各属性赋值。为了方便标识列表中的商品条目,给模型加上了一个商品号(pid)属性。本系统其他页面的列表视图模型类设计也都遵循这样的规范。

3. 开发适配器

Android 的视图类控件都必须借助适配器来显示数据,适配器既可以用 Android 系统内置的,也可由用户自己定制。本例在继承 Android 系统 BaseAdapter 基本适配器的基础上,为商品信息列表视图开发一个适配器 ComHomeAdapter.java,其基本代码如下:

```java
public class ComHomeAdapter extends BaseAdapter {                    //(a)
    private Context myContext;                                       //声明上下文
    private LayoutInflater myInflater;                               //布局填充器
    private int myLayoutId;                                          //布局 id
    private ArrayList<ComHome> myComHomeList;                        //(b)
    private int myBackground;                                        //(c)

    public ComHomeAdapter(Context ctx, int lid, ArrayList<ComHome> chlst, int bg) {
        myContext = ctx;
        myInflater = LayoutInflater.from(ctx);                       //从上下文获取布局
        myLayoutId = lid;                                            //设置布局 id
        myComHomeList = chlst;                                       //(b)
        myBackground = bg;                                           //(c)
    }

    @Override
    public int getCount() {                                          //(d)
        return myComHomeList.size();
    }

    @Override
    public Object getItem(int position) {                            //(d)
        return myComHomeList.get(position);
    }

    @Override
    public long getItemId(int position) {                            //(d)
        return position;
    }

    @Override
    public View getView(final int position, View convertView, ViewGroup parent)
    {                                                                //(e)
        ViewHolder vholder = null;
        if (convertView == null) {
            vholder = new ViewHolder();
            convertView = myInflater.inflate(myLayoutId, null);      //(e)
            vholder.list_image = convertView.findViewById(R.id.list_image);
            vholder.list_pname = convertView.findViewById(R.id.list_pname);
            vholder.list_textadv = convertView.findViewById(R.id.list_textadv);
            vholder.list_pprice = convertView.findViewById(R.id.list_pprice);
```

```java
            vholder.button_add     =   convertView.findViewById(R.id.myButton_AddtoPreShop);
            convertView.setTag(vholder);
        } else {
            vholder = (ViewHolder) convertView.getTag();
        }
        final ComHome comHome = myComHomeList.get(position);
        vholder.list_image.setImageBitmap(comHome.image);
        vholder.list_pname.setText(comHome.pname);
        vholder.list_textadv.setText(comHome.textadv);
        BigDecimal dprice = new BigDecimal(String.valueOf(comHome.pprice)).setScale(2);     //价格显示两位小数
        vholder.list_pprice.setText(dprice.toString());
        ...
        convertView.setBackgroundColor(myBackground);      //（c）
        return convertView;
    }

    public final class ViewHolder {                        //（f）
        public ImageView list_image;
        public TextView list_pname;
        public TextView list_textadv;
        public TextView list_pprice;
        public Button button_add;
    }
    ...
}
```

其中：

（a）public class ComHomeAdapter extends BaseAdapter：这里开发的适配器继承自 BaseAdapter，它是 Android 专为具有复杂内容项的视图提供的一种适应性很强的基本适配器，很容易在它的基础上扩展，开发出适用于多种视图的适配器类。

（b）private ArrayList<ComHome> myComHomeList;、myComHomeList = chlst;：适配器内部通常都定义了一个模型类对象的泛型列表结构，由主程序在初始化（创建适配器）时将一组已实例化的模型类（即要显示的数据对象）通过构造方法传进来。

（c）private int myBackground;、myBackground = bg;、convertView.setBackgroundColor (myBackground);：视图中列表项的背景同样也是在初始化时通过适配器构造方法设定的。把背景都设为白色（在主程序中设置），这样商品图片周围就没有边框了。

（d）public int getCount() {…}、public Object getItem(int position) {…}、public long getItemId(int position) {…}：这 3 个方法为继承 BaseAdapter 的适配器必须重写的方法，可用于从外部调用获取模型数据对象列表的大小、其中某个位置的数据对象和位置编号，实际应用中这几个方法也许用不上，但必须写出完整的方法体。

（e）public View getView(final int position, View convertView, ViewGroup parent) {…}、convertView = myInflater.inflate(myLayoutId, null);：应用 BaseAdapter 的关键在于重写它内部的 getView 方法，该方法有一个 View 类型的 convertView 参数，通过这个参数获取布局填充器生成的内容项视图，然后得到其中各个具体控件元素的引用。

（f）public final class ViewHolder {…}：定义 ViewHolder 类，用于存储从 convertView 参数获取的

列表项中各控件元素的引用对象,然后实现对各控件的操作,赋予它们各自具体的数据项。ViewHolder 类中声明的各属性与列表项中用于显示的各子控件类型一一对应。

4. 主程序实现适配器接口及回调

在列表视图的开发中,常常要求主程序能够响应应用用户对视图列表项中子控件的操作。例如,用户点击某列表项中的"加入购物车"按钮,触发的事件功能应当由主程序执行。在 Android 开发中普遍采用主程序实现适配器接口,再在控件的事件监听器中回调接口方法。本系统就大量应用了这一通行机制,下面仅就它在主页列表适配器及其主程序中的使用为例,结合代码分析原理。

1)在适配器内定义接口

先在适配器内定义一个接口,并声明该接口类型的变量,变量值通过构造方法在初始化时传入(即对接口实例化)。代码框架如下:

```java
public class ComHomeAdapter extends BaseAdapter {
    …
    public ComHomeAdapter(Context ctx, int lid, ArrayList<ComHome> chlst, int bg,
AddtoPreShopListener apslistener) {
        …
        myAddtoPreShopListener = apslistener;                       //接口实例化
    }
    …
    private AddtoPreShopListener myAddtoPreShopListener;            //接口类型的变量

    public static interface AddtoPreShopListener {                  //定义的接口
        public void addToPreShop(int pid);                          //接口中的方法
    }
}
```

这里定义了一个名为 AddtoPreShopListener 的接口实现"加入购物车"功能,接口中有一个 addToPreShop(int pid) 方法。

2)主程序实现接口

主程序要完成所需功能,就必须具体实现这个接口,在主页 Activity 的源文件 HomeActivity.java 中加入如下代码:

```java
public class HomeActivity extends AppCompatActivity
    implements …ComHomeAdapter.AddtoPreShopListener {                //声明实现接口
    …
    private ListView myListView;
    private ComHomeAdapter myAdapter;
    private ArrayList<ComHome> myComHomeList;
    private Context myContext;
    …
    @Override
    public void addToPreShop(int pid) {                              //接口方法的具体实现
        final String myPid = String.valueOf(pid);
        EasyUtil util = new EasyUtil();
        util.connToWeb("http://192.168.0.139:8080/MyServlet/AddtoPreShopServlet?pid=" + myPid + "&ucode=" + myUCode, "002", myHandler);
    }

    private Handler myHandler = new Handler() {
```

实习 3　Android Studio/MySQL 开发及实例——网上商城用户购物 APP

```
            public void handleMessage(Message message) {
                ...
                myAdapter = new ComHomeAdapter(myContext, R.layout.item_comhome,
myComHomeList, Color.WHITE, HomeActivity.this);  //主程序作为接口实例传入适配器构造方法
                ...
            }
        };
    }
```

由于主程序类 HomeActivity 声明要实现适配器中的 AddtoPreShopListener 接口，故它可作为参数在创建适配器的时候作为该接口的一个实例传入其构造方法。接口方法的具体实现代码写在主程序中，但它要用到从适配器传来的参数（例如，这里要用到加入购物车的商品号 pid），这就又要到适配器中回调该接口方法。

3）在适配器中回调接口方法

这是关键的一步，当列表项中的控件响应用户操作时，通过回调接口中的方法，将参数（这里是商品号 pid）传递给主程序，这样主程序就能够正确执行相应的功能。在适配器中回调接口方法的代码如下：

```
public class ComHomeAdapter extends BaseAdapter {
    ...
    @Override
    public View getView(final int position, View convertView, ViewGroup parent) {
        ...
        final ComHome comHome = myComHomeList.get(position);
        ...
        vholder.button_add.setOnClickListener(new View.OnClickListener() {
            @Override
            public void onClick(View view) {
                myAddtoPreShopListener.addToPreShop(comHome.pid);    //回调接口方法
            }
        });
        ...
    }
    ...
}
```

主页列表适配器

由于适配器管理着已实例化的模型类（ComHome）数据，从中很容易得到用户加入购物车的商品号，回调时将它作为参数传递给主程序类，这样主程序就可以用它来执行具体的加入购物车操作。

上述这种用主程序实现适配器中的接口，再由适配器回调接口方法来响应用户操作的方式，是当前很多 APP 视图类组件与用户互动的通行模式，本章的很多地方都利用这一机制来编写程序，代码形式完全相同，不同的仅仅是接口和方法的名称及具体实现。掌握了这一机制，就很容易读懂本系统很大一部分的源程序，所以请读者务必深刻理解并熟练掌握。

5. 主程序使用列表视图

在设计好数据模型和适配器后，就可以在主程序中使用 ListView 了。

基本_主页界面　　基本_主页 Activity

（1）在主页 UI 设计文件 activity_home.xml 中展示商品信息列表的位置简单地放置一个 ListView 即可，代码略。

（2）主页 HomeActivity.java 中的相关代码如下：

```
public class HomeActivity extends AppCompatActivity implements ···{
```

```java
        private ListView myListView;                           //列表视图对象引用
        private ComHomeAdapter myAdapter;                      //适配器对象
        private ArrayList<ComHome> myComHomeList;              //模型类对象列表
        private Context myContext;
        ...
        @Override
        protected void onCreate(Bundle savedInstanceState) {
            super.onCreate(savedInstanceState);
            setContentView(R.layout.activity_home);
            myContext = this.getApplicationContext();          //获取应用上下文
            myListView = findViewById(R.id.myListView);
            //设定列表项的首尾分隔线及边距
            myListView.setHeaderDividersEnabled(true);
            myListView.setFooterDividersEnabled(true);
            myListView.setDividerHeight(3);
            myListView.setPadding(25, 10, 25, 0);
            ...
            refresh_UI();                                      //刷新界面
        }

        private void refresh_UI() {
            //向 Web 服务器发出请求,展示特定类别下的商品
            ...
        }
        ...
        private Handler myHandler = new Handler() {
            public void handleMessage(Message message) {
                if (message.what == 1000) {
                    //解析 JSON 对象
                    ...
                    //生成模型类对象的列表
                    ArrayList<ComHome> chList = new ArrayList<ComHome>();
                    ...
                    myComHomeList = chList;
                    //创建适配器对象
                    myAdapter = new ComHomeAdapter(myContext, R.layout.item_comhome,
myComHomeList, Color.WHITE, HomeActivity.this);
                    myListView.setAdapter(myAdapter);           //绑定适配器
                    myListView.setSelection(0);                 //列表第 1 项置顶
                    ...
                }
                ...
            }
        };
    }
```

可见,只要在主程序中定义列表视图、适配器及模型类对象列表的全局引用,一旦程序由模型获取到服务器传来的数据对象并以此生成了列表结构,就能以之作为参数来创建适配器对象,再将列表视图与适配器绑定,就能在 APP 界面上看到数据内容了。

6. 分页浏览

本 APP 的几个页面上的列表视图在显示时都要能分页浏览,移动端每次只向服务器索取当前页面

的数据显示，只有当用户翻页时，才会再次向服务器请求新的数据加载，这样既节省了手机内存和网络负担，又提高了性能和用户体验。

在 Android 中，列表视图有一个抽象的 OnScrollListener 监听接口支持分页，在每个页面上都部署了这个监听接口，以主页 HomeActivity.java 为例，其相关控制代码如下：

```java
public class HomeActivity extends AppCompatActivity implements AbsListView.OnScrollListener, …{            //声明实现分页监听接口
    …
    //分页控制变量
    private int page = 1;                           //当前页码
    private int size = 3;                           //每页显示项数
    private int lastVisibleIndex = 0;               //最后一个可视项的索引
    private int visibleItemCount;                   //当前页可视项的个数
    //分页相关组件
    private View myLoadView;                        //（a）
    private Button btn_load;                        //（a）

    @Override
    protected void onCreate(Bundle savedInstanceState) {
        …
        myLoadView = getLayoutInflater().inflate(R.layout.loadmore, null);
                                                    //（a）
        btn_load = myLoadView.findViewById(R.id.btn_load);
                                                    //（a）
        myListView.addFooterView(myLoadView);       //设为 ListView 底部视图
        myListView.setOnScrollListener(this);       //绑定分页监听接口
        refresh_UI();
    }
    …
    @Override
    public void onScroll(AbsListView view, int firstVisibleItem, int visibleItemCount, int totalItemCount) {
        this.visibleItemCount = visibleItemCount;
        lastVisibleIndex = firstVisibleItem + visibleItemCount - 1;
                                                    //（b）
    }

    @Override
    public void onScrollStateChanged(AbsListView view, int state) {
                                                    //（c）
        int index = myAdapter.getCount() - 1;       //模型列表最后一项的索引
        int lastIndex = index + 1;                  //ListView 底部视图的索引
        //当用户手指滑动至页面底部且停住时
        if (state == AbsListView.OnScrollListener.SCROLL_STATE_IDLE && lastVisibleIndex == lastIndex && !(visibleItemCount < 3)) {   //（c）
            btn_load.setText("加载中…");
            page += 1;
            refresh_UI();
        }
        if (state == AbsListView.OnScrollListener.SCROLL_STATE_IDLE && visibleItemCount < 3) {                          //（c）
            btn_load.setText("回首页…");
```

```
            page = 1;
            refresh_UI();
        }
    }
    ...
}
```

其中：

（a）private View myLoadView;、private Button btn_load;、myLoadView = getLayoutInflater(). inflate (R.layout.loadmore, null);、btn_load = myLoadView.findViewById(R.id.btn_load);：为了能在请求等待新一页数据的过程中于列表底部显示"加载中…"等提示文字，考虑在 ListView 底部添加一个自定义的视图，采用仅包含一个按钮（id 为 btn_load）的垂直线性布局（UI 文件名为 loadmore.xml），通过布局填充器加载这个自定义视图，并用 addFooterView 方法将它设为列表的底部视图。

（b）public void onScroll(AbsListView view, int firstVisibleItem, int visibleItemCount, int totalItemCount) {…};：接口中的这个方法用于动态监测用户手指滑动屏幕的事件。其中，参数 firstVisibleItem 为当前页的第一个可视项的索引（从 0 开始）；参数 visibleItemCount 表示当前页可视项的个数（露出小半个的也算）；参数 totalItemCount 是列表视图中的总项数（包括可视项与不可视项）。

例如，如果商品信息列表视图总共要展示 4 项条目（每页显示 3 项），图 P3.27 所示页面状态下的 visibleItemCount 值为 3（只露出一部分的条目"库尔勒香梨…"也包括在内），而 totalItemCount 的值为 4，第一个可视项"砀山梨…"的索引就是 firstVisibleItem（值为 0）。

图 P3.27　列表视图的可视项

（c）public void onScrollStateChanged(AbsListView view, int state) {…}、if (state == AbsListView. OnScrollListener.SCROLL_STATE_IDLE && lastVisibleIndex == lastIndex && !(visibleItemCount < 3)) {…}、if (state == AbsListView.OnScrollListener.SCROLL_STATE_IDLE && visibleItemCount < 3) {…}：onScrollStateChanged 方法监听屏幕的滚动状态的变化，它传入的状态（state）有 3 个值。

① SCROLL_STATE_TOUCH_SCROLL：表示正在滚动且用户的手指还与屏幕接触。

② SCROLL_STATE_FLING：表示用户手指做了抛的动作，即指尖离开屏幕前用力地滑了一下，屏幕产生惯性滑动。

③ SCROLL_STATE_IDLE：表示屏幕已停止滚动。

这里在屏幕停止滚动（值为 SCROLL_STATE_IDLE）的状态下判断，如果最后一个可视项的索引（lastVisibleIndex）刚好等于模型列表最后一项的索引加 1（考虑底部还有个自定义视图），说明当前适配器模型列表中的数据项已全部显示完毕，必须向服务器请求下一页数据；进一步判断，若当前页可视项的个数已少于程序设定的每页显示项数（visibleItemCount < 3），说明服务器上也没有更多的数据传过来，数据显示完了，只能返回首页循环，如此就实现了分页浏览功能。

7. 与 Web 服务器通信

1）自定义 EasyUtil 类

移动端程序与 Web 服务器上的 Servlet 通信都通过 HttpURLConnection 类提交请求，其步骤和机制完全一样，为简化程序，将这部分代码提取出来，包装成一个单独的类 EasyUtil，其中 connToWeb 方法专门负责向服务器发送请求，EasyUtil.java 代码如下：

```java
package com.easybooks.netshop;

import android.os.Handler;
import android.os.Message;

import java.io.BufferedReader;
import java.io.InputStream;
import java.io.InputStreamReader;
import java.net.HttpURLConnection;
import java.net.URL;

public class EasyUtil {
    //与 Web 服务器交互的对象
    private HttpURLConnection conn = null;
    private InputStream stream = null;
    private BufferedReader reader = null;
    public void connToWeb(final String url_req, final String code_req, final Handler handler) {
        new Thread(new Runnable() {                           //（a）
            @Override
            public void run() {
                try {
                    URL url = new URL(url_req); //Web 端 Servlet 地址（携带请求参数）
                    conn = (HttpURLConnection) url.openConnection();
                                                //获取 HTTP 连接对象
                    conn.setRequestMethod("GET");       //请求方式为 GET
                    conn.setConnectTimeout(3000);       //连接超时时间
                    conn.setReadTimeout(9000);          //读取数据超时时间
                    conn.connect();                     //开始连接 Web 服务器
                    stream = conn.getInputStream();     //获取服务器的响应（输入）流
                    //下面开始构建与前端 UI 交互的消息（Message）
                    reader = new BufferedReader(new InputStreamReader(stream));
                                                //将输入流数据放入读取缓存
                    StringBuilder builder = new StringBuilder();
                    String str = "";
                    while ((str = reader.readLine()) != null) {
                        builder.append(str);        //从缓存对象中读取数据拼接为字符串
                    }
                    Message msg = Message.obtain();             //（b）
                    if (code_req == "000") msg.what = 0000; //搜索商品（主页）
                    if (code_req == "001") msg.what = 1000;
                                                //显示特定分类下的商品（主页）
                    if (code_req == "002") msg.what = 2000; //加入购物车（主页）
                    if (code_req == "003") msg.what = 3000; //购物车刷新（购物车）
                    if (code_req == "004") msg.what = 4000; //移除商品（购物车）
```

```
                    if (code_req == "005") msg.what = 5000;    //结算下单（购物车）
                    if (code_req == "006") msg.what = 6000;    //更新物流（物流状态）
                    if (code_req == "007") msg.what = 7000;    //用户评价（物流状态）
                    if (code_req == "008") msg.what = 8000;    //退货（物流状态）
                    if (code_req == "009") msg.what = 9000;    //更新历史清单（物流状态）
                    if (code_req == "010") msg.what = 9010;    //新用户注册（注册登录）
                    if (code_req == "020") msg.what = 9020;
                                                               //显示当前登录用户信息（注册登录）
                    if (code_req == "030") msg.what = 9030;    //修改密码（注册登录）
                    if (code_req == "040") msg.what = 9040;    //验证用户（主页）
                    msg.obj = builder.toString();              //传递给主线程
                    handler.sendMessage(msg);                  //发送
                } catch (Exception e) {
                } finally {
                    ...
                }
            }
        }).start();
    }
}
```

其中：

（a）new Thread(new Runnable() {…})：Android 规定所有的耗时操作都必须放入子线程中处理。当 EasyUtil 请求连接服务器时，难免会有等待的时间，且与服务器交互传输数据也需要时间，故所有连接服务器的操作都属于"耗时操作"，必须在新开的线程中处理。

（b）Message msg = Message.obtain();、if (code_req == "xxx") msg.what = xxxx;：构建消息对象时根据移动端请求码（参数 code_req）的不同，给消息加上不同的标识号（即消息对象的 what 属性），这样移动端在接收到一个消息时，就能根据它的标识号来分辨出究竟需要执行什么操作。每个标识号对应系统的一项子功能，代码中注释了功能描述及所在页，读者可自己对照着理解。

2）发起请求的过程

移动端在执行某项功能需要向 Web 服务器发送请求时，会先创建 EasyUtil 类的一个实例，然后调用它的 connToWeb 方法，其中参数 url_req 为请求的 URL 地址（包含 Web 服务器主机的访问地址、Servlet 名，同时可能携带必要的请求参数），参数 code_req 就是请求码。

例如，主页 Activity 初始加载时，程序执行 refresh_UI 方法，移动端将会执行如下语句：

```
final String myTid = String.valueOf(1);              //初始要显示的商品类别（为1表示食品）
EasyUtil util = new EasyUtil();                       //创建 EasyUtil 类的实例
    util.connToWeb("http://192.168.0.139:8080/MyServlet/ComHomeServlet?tid=" +
myTid + "&page=" + String.valueOf(page) + "&size=" + String.valueOf(size), "001",
myHandler);                                           //调用 connToWeb 方法
```

说明："显示特定分类下的商品"功能是由服务器上名为 ComHomeServlet 的 Servlet 实现的，故要指定请求这个 Servlet，将要显示的商品大类号作为请求参数 tid 写入 url_req，同时携带的其他参数还有 page（当前页码）和 size（每页显示项数），多个参数间以"&"分隔，参数名可任取（但同一个请求中不能重名）；在 EasyUtil 类中已经定义了"显示特定分类下的商品"功能的请求码为"001"，故这里就以其作为参数 code_req 代入 connToWeb 方法。

8. 数据解析及更新 UI

Web 服务器返回给移动端的数据是以 JSON 对象的形式在网络上传输的，移动端收到后需要先解析，根据解析出的数据项内容去实例化一个个模型类，并构造出一个模型类对象的泛型列表结构，再以这个列表结构为参数创建适配器，将适配器与列表视图绑定才能在界面上显示或更新信息。

这一切都在主程序的 Handler 句柄的 handleMessage 方法中进行，以主页 Activity 为例，相关代码如下：

```java
private Handler myHandler = new Handler() {
    public void handleMessage(Message message) {
        if (message.what == 0000 || (message.what == 1000)) {     // (a)
            try {
                JSONObject jobj = new JSONObject(message.obj.toString());
                                            //获取返回消息中的 JSON 对象
                JSONArray jarray = jobj.getJSONArray("list");
                                            //取出 JSON 对象中封装的 JSON 数组
                ArrayList<ComHome> chList = new ArrayList<ComHome>();
                                                                    // (b)
                for (int i = 0; i < jarray.length(); i++) {
                                            //遍历、逐条解析商品信息
                    //当前商品信息存储在临时 JSON 中
                    JSONObject jcomhome = jarray.getJSONObject(i);
                    int pid = jcomhome.getInt("pid");               //商品号
                    //获取、解码、转换图片数据
                    Bitmap image = null;
                    String imagedata = jcomhome.getString("image");
                                                                    //商品图片
                    byte[] bytes = myDecoder.decode(imagedata);
                    InputStream is = new ByteArrayInputStream(bytes);
                    if (is != null) {
                        image = BitmapFactory.decodeStream(is);
                    }
                    String pname = jcomhome.getString("pname");    //商品名称
                    String textadv = jcomhome.getString("textadv");
                                                                    //推广文字
                    Float pprice = Float.parseFloat(jcomhome.getString("pprice"));
                                                                    //价格
                    chList.add(new ComHome(pid, image, pname, textadv, pprice));
                                                                    // (b)
                }
                myComHomeList = chList;                             // (c)
                myAdapter = new ComHomeAdapter(myContext, R.layout.item_comhome,
myComHomeList, Color.WHITE, HomeActivity.this, true);               // (c)
                myListView.setAdapter(myAdapter);                   //绑定列表视图
                myListView.setSelection(0);
                btn_load.setText("");
            } catch (JSONException e) {
                Toast.makeText(HomeActivity.this, "该分类下暂无商品！",
Toast.LENGTH_SHORT).show();
            }
        }
        if (message.what == 2000)                                   // (d)
            Toast.makeText(HomeActivity.this, "添加 " + message.obj.toString()
+ " 到购物车", Toast.LENGTH_SHORT).show();
    }
};
```

其中：

（a）if (message.what == 0000 || (message.what == 1000)) {…}：移动端收到服务器返回的消息对象后，首先根据消息标识辨别不同功能请求的返回结果，进行不同的处理。由于这里标识 0000［对应"搜索商品（主页）"功能］和 1000［对应"显示特定分类下的商品（主页）"功能］都是显示结果商品信息的列表，处理方式是一样的，故复用同一段处理代码。

（b）ArrayList<ComHome> chList = new ArrayList<ComHome>();、chList.add(new ComHome (pid, image, pname, textadv, pprice));;：程序创建了一个模型（ComHome）对象类型的泛型列表结构，用解析得到的数据项实例化模型对象，然后将实例化了的模型对象添加到列表中。

（c）myComHomeList = chList;、myAdapter = new ComHomeAdapter(myContext, R.layout.item_comhome, myComHomeList, Color.WHITE, HomeActivity.this, true);;：将列表结构存储在一个全局引用中，这样无论何时就都可以用其作为参数来创建适配器，适配器绑定列表视图即可更新 UI。

（d）if (message.what == 2000) {…}：从前面 EasyUtil.java 代码的注释中可查到：标识 2000 的消息对应"加入购物车"功能，这个功能执行完后从服务器返回的并非 JSON 对象，而是一个有关执行结果的信息（例如，这里是加入了购物车的商品名称），移动端无须解析和实例化任何模型对象，直接将这个信息显示出来或根据其内容执行一些特定的操作即可。

P3.3.5 开发 Web 端 Servlet

由前面的分析可知，本系统的每项子功能都在 Web 服务器上有对应执行它的 Servlet，故系统的运行实际就是移动端 Android 程序与 Web 端 Servlet 程序交互的过程。Servlet 按照移动端请求码所约定的功能操作 MySQL 数据库，执行结果以打了标识号的消息（Message）对象的形式返回给移动端，根据返回消息对象类型的不同，可以将这些 Servlet 分为两大类。

（1）返回 JSON 对象的 Servlet（第 I 类 Servlet）。

这类 Servlet 返回的是包装了 JSON 对象的数组，其中每个 JSON 对象一般是某条商品记录，移动端收到后按如下流程处理：解析→实例化模型类→构造列表→创建适配器→绑定列表视图更新 UI。

（2）返回简单字符串的 Servlet（第 II 类 Servlet）。

这类 Servlet 返回的就是一个表示执行结果的信息字符串，移动端收到后没有解析过程，直接显示出来或按其内容去执行一些操作。

属于同一大类的 Servlet，其程序框架和代码的逻辑结构基本相同。简言之，只要掌握了这两类 Servlet 代码的框架模式，原则上就能够编写实现任意常用功能的 Servlet。基于这一点，下面先以基本开发中用的两个具体实例讲解这两类框架，本系统中的 Servlet 编程套用这两类框架就可以了。

1. 创建动态 Web 项目

在 Eclipse 环境下，选择主菜单"File"→"New"→"Dynamic Web Project"命令，出现如图 P3.28 所示的对话框，给项目命名为"MyServlet"。在"Web Module"页勾选"Generate web.xml deployment descriptor"，单击"Finish"按钮，如图 P3.29 所示。

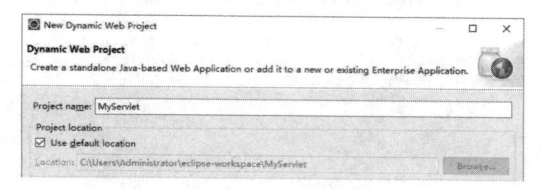

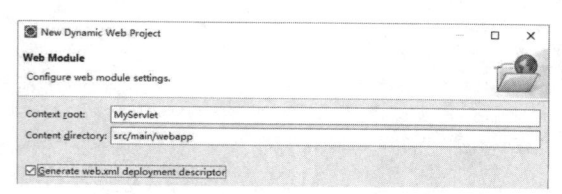

图 P3.28　创建动态 Web 项目　　　　　　　图 P3.29　自动生成 web.xml 文件

实习 3　Android Studio/MySQL 开发及实例——网上商城用户购物 APP

项目创建完成后，在 Eclipse 开发环境左侧的树状视图中，可看到该项目的组成目录结构。由于 Web 项目的 Servlet 要根据移动端 Android 程序的请求去操作 MySQL 数据库，故离不开 JDBC 驱动包，这里使用的是 mysql-connector-java-5.1.48.jar；又由于一些 Servlet 是以 JSON 格式向移动端返回数据的，故还需要使用 JSON 相关的包，可通过网络下载获得，共有 6 个包，具体如下：

```
commons-beanutils-1.8.0.jar
commons-collections-3.2.1.jar
commons-lang-2.5.jar
commons-logging-1.1.1.jar
ezmorph-1.0.6.jar
json-lib-2.3.jar
```

将它们连同数据库驱动包 mysql-connector-java-5.1.48.jar 一起复制到项目的 lib 目录（\MyServlet\src\main\webapp\WEB-INF\lib）下直接刷新即可，最终形成的项目目录细节如图 P3.30 所示。

2. 创建 Servlet

现在的 Eclipse 已经支持直接创建 Servlet 源文件模板，并自动生成 Servlet 的代码框架，无须手工配置 web.xml 即可运行。

1）创建 Java 包

右击项目树状视图中的 "src/main/java" 节点，选择 "New" → "Package" 命令，弹出 "New Java Package" 对话框，如图 P3.31 所示。在 "Name" 栏输入包名，即 org.easybooks.myservlet，为简单起见，本章 Web 端所有的 Servlet 类都放在这个包中，单击 "Finish" 按钮创建包。

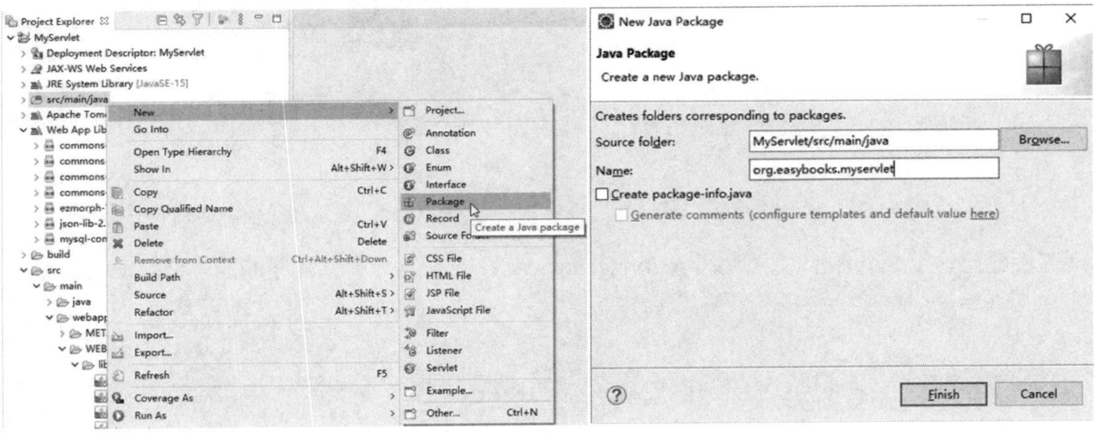

图 P3.30　项目目录的细节

图 P3.31　创建 Java 包

2）创建 Servlet

创建 Java 包后，展开 "src/main/java" 节点可看到此包，右击此包，选择 "New" → "Servlet" 命令，在弹出的对话框中输入 Servlet 类名，根据需要配置 Servlet 的具体属性（这里使用默认设置），操作过程如图 P3.32 所示。

单击 "Finish" 按钮，Eclipse 就会自动生成 Servlet 源文件模板，其中的代码框架都已经给出了，只需要修改代码即可开发出想要的 Servlet 功能。

先创建两个 Servlet，名称分别为 ComHomeServlet 和 AddtoPreShopServlet，创建完成后，展开项目树状视图的 src→main→java 及其下的包目录，可在路径下看到这两个 Servlet 的源文件，如图 P3.33 所示。

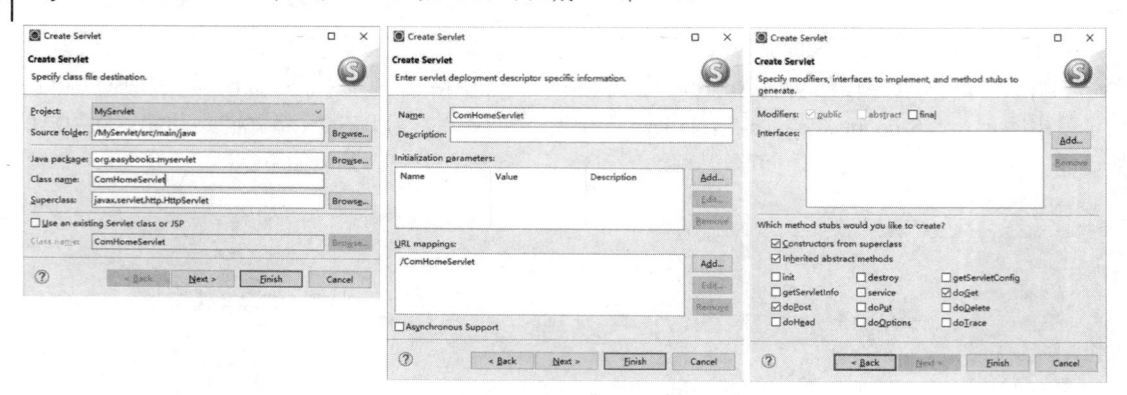

MySQL 实用教程（新体系·综合应用实例视频）（第4版）

图 P3.32　创建 Servlet

3. 开发返回 JSON 对象的 Servlet（第 I 类）

本节开发的基本功能之一是在主页上展示商品信息的列表，该功能对应的 Servlet 类名为 ComHomeServlet，APP 界面上的运行效果如图 P3.34 所示。

图 P3.33　创建的两个 Servlet 源文件 　　　　图 P3.34　展示商品信息的列表

下面给出这个 Servlet 的完整源码（ComHomeServlet.java），分析其程序的基本框架模式。

```java
package org.easybooks.myservlet;

import javax.servlet.ServletException;
import javax.servlet.annotation.WebServlet;
import javax.servlet.http.HttpServlet;
import javax.servlet.http.HttpServletRequest;
import javax.servlet.http.HttpServletResponse;
// （1）导入相关类库
import java.io.*;              //I/O 操作的库
import java.sql.*;             //SQL 操作的库
import net.sf.json.*;          //JSON 操作的库
import java.util.*;            //使用其中的 Base64 编码类

/**
 * Servlet implementation class ComHomeServlet
 */
@WebServlet("/ComHomeServlet")
```

实习 3　Android Studio/MySQL 开发及实例——网上商城用户购物 APP

```java
public class ComHomeServlet extends HttpServlet {
    private static final long serialVersionUID = 1L;
    //（2）声明全局数据库操作引用对象
    private Connection conn = null;                              //数据库连接对象
    private Statement stmt = null;                               //SQL 语句对象
    private ResultSet rs = null;                                 //结果集对象
    private final Base64.Encoder encoder = Base64.getEncoder();
                                                                 //对商品图片数据编码
    /**
     * @see HttpServlet#HttpServlet()
     */
    public ComHomeServlet() {
        super();
        // TODO Auto-generated constructor stub
    }

    /**
     * @see HttpServlet#doGet(HttpServletRequest request, HttpServletResponse response)
     */
    protected void doGet(HttpServletRequest request, HttpServletResponse response) throws ServletException, IOException {
        // TODO Auto-generated method stub
        //（3）设置响应类型
        response.setCharacterEncoding("utf-8");   //设置响应的字符编码
        response.setContentType("application/json");
                                                  //设置以 JSON 格式向移动端返回数据
        //（4）创建 JSON 数据结构
        JSONObject jobj = new JSONObject();       //创建 JSON 对象
        JSONArray jarray = new JSONArray();       //创建 JSON 数组对象
        try {
            //（5）实例化数据库操作引用对象
            Class.forName("com.mysql.jdbc.Driver");//加载 MySQL 驱动类
            conn = DriverManager.getConnection("jdbc:mysql://DBHost:3306/netshop", "root", "123456");
                                                  //获取 MySQL 的连接对象
            stmt = conn.createStatement();        //在连接上创建 SQL 语句对象
            //（6）读取请求参数值
            String tid = request.getParameter("tid");         //商品大类号
            String page = request.getParameter("page");       //当前页码
            String size = request.getParameter("size");       //每页显示项数
            Integer m = (Integer.parseInt(page) - 1) * Integer.parseInt(size);
            Integer n = Integer.parseInt(size);
            //（7）执行数据库操作
            String sql = "SELECT Pid, Image, PName, TextAdv, PPrice FROM myCommodity_User WHERE LEFT(TCode, 1) = '" + tid + "' LIMIT " + m + "," + n;
                                                  //从商品表用户呈现视图中查询指定大类的商品信息
            rs = stmt.executeQuery(sql);          //执行查询
            //（8）处理结果
            int i = 0;
            while (rs.next()) {                   //遍历查询结果集
                //临时 JSON（暂存当前的一条记录）
```

```java
            JSONObject jcomhome = new JSONObject();
            //将需要返回的结果字段封装进 JSON
            jcomhome.put("pid", rs.getInt("Pid"));          //商品号
            //获取、编码和封装图片数据
            String ImageData = "";
            InputStream is = null;
            is = rs.getBlob("Image").getBinaryStream();
            if(is != null) {
                byte[] bytes = new byte[is.available()];
                is.read(bytes);
                ImageData = encoder.encodeToString(bytes);
            }
            is.close();
            is = null;
            jcomhome.put("image", ImageData);               //商品图片
            //封装商品其他字段信息
            jcomhome.put("pname", rs.getString("PName").toString());
                                                            //商品名称
            if(rs.getString("TextAdv") == null)
                jcomhome.put("textadv", " ");
            else
                jcomhome.put("textadv", rs.getString("TextAdv").toString());
                                                            //推广文字
            jcomhome.put("pprice", rs.getString("PPrice").toString());
                                                            //价格
            jarray.add(i, jcomhome);                        //将单个 JSON 对象添加进数组
            i++;
        }
        jobj.put("list", jarray);                           //将 JSON 数组封装进 JSON 对象
    } catch (ClassNotFoundException e) {
        jobj = null;
    } catch (SQLException e) {
        jobj = null;
    } finally {
        try {
            if (rs != null) {
                rs.close();                                 //关闭 ResultSet 对象
                rs = null;
            }
            if (stmt != null) {
                stmt.close();                               //关闭 Statement 对象
                stmt = null;
            }
            if (conn != null) {
                conn.close();                               //关闭 Connection 对象
                conn = null;
            }
        } catch (SQLException e) {
            jobj = null;
        }
    }
```

```
        // (9) 返回 JSON 对象
        PrintWriter return_to_client = response.getWriter();
        return_to_client.println(jobj);         //将最终封装好的 JSON 对象返回给移动端
        return_to_client.flush();
        return_to_client.close();
    }

    /**
     * @see HttpServlet#doPost(HttpServletRequest request, HttpServletResponse response)
     */
    protected void doPost(HttpServletRequest request, HttpServletResponse
response) throws ServletException, IOException {
        // TODO Auto-generated method stub
        doGet(request, response);
    }
}
```

说明：

以上代码中加粗的部分是需要用户自己编写的内容，其余都是由 Eclipse 在创建 Servlet 时自动生成的程序框架。

由此可总结出返回 JSON 对象的 Servlet 程序的一般流程（代码中以（1）～（9）标注）。

（1）导入相关类库。

导入 I/O、SQL 和 JSON 操作的库，如果返回数据对象中包含图片，需要对其编码后传输，这里使用 Base64 编码类，需要导入其所在的包 java.util.*。

（2）声明全局数据库操作引用对象。

为方便在程序中随时操作数据库，建议将 Java 的 Connection（数据库连接）、Statement（SQL 语句）、ResultSet（结果集）类声明为全局引用对象。

（3）设置响应类型。

正式进入 Servlet，在其 doGet 方法中要首先设置响应的字符集为 utf-8，否则返回给移动端的中文信息可能会包含乱码；设置响应的内容类型为 JSON，返回给移动端的就只能是 JSON 对象。

（4）创建 JSON 数据结构。

本程序中一共创建了两个 JSON 数据结构：一个为 JSON 对象 jobj，另一个为 JSON 数组 jarray。

（5）实例化数据库操作引用对象。

按照 Java 强制的编程规范，自此往下各步的代码全部都要写在 try…catch…finally 语句块中。通过加载数据库驱动，实例化第 2 步声明的各全局引用对象。

（6）读取请求参数值。

请求参数就是移动端发起请求时，EasyUtil 类的 connToWeb(final String url_req, final String code_req, final Handler handler)方法中 url_req 字符串后携带的以"&"分隔的值。视功能的不同，请求参数的名称和个数不一，也可不带参数。

（7）执行数据库操作。

这一步是核心操作，也就是根据功能要求来组织 SQL 语句字符串并执行。

（8）处理结果。

返回 JSON 对象的 Servlet 程序对结果的处理方式基本上是一样的：先将程序从 MySQL 读取的数据遍历包装为一个个临时的 JSON 对象，并将它们存入数组 jarray；然后将数组 jarray 封装进一个总的 JSON 对象 jobj（"list"）中。

（9）返回 JSON 对象。

最后将第 8 步封装的总的 JSON 对象返回给移动端。

实际开发时，对于不同功能的这类 Servlet，前 5 步及第 9 步的代码是完全相同的（直接套用），第 6 步读取的请求参数不同，第 7 步要执行的 SQL 语句不同。另外，第 8 步代码虽然不同，但逻辑结构完全一样，只是要封装入 JSON 的字段内容会随应用需求而变化。因此，在下文介绍实现具体功能的 Servlet 时，若它属于这一类，则只列出第 6、7 两步的代码片段，其余省略。

4. 开发返回简单字符串的 Servlet（第 II 类）

以主页"加入购物车"功能为例介绍这类 Servlet 的开发，该功能对应的 Servlet 类名为 AddtoPreShopServlet，由于"加入购物车"操作在后台实际就是对购物车表（preshop）插入记录，主页并不需要刷新，故无须从 Servlet 返回 JSON 对象，只要给移动端发一个字符串消息（例如，加入购物车的商品名称）告知移动端操作成功即可。

略去 Eclipse 自动生成的框架及与上一类 Servlet 相同的代码，仅给出能体现这类 Servlet 特点且需要用户编写的部分。"加入购物车"功能的 AddtoPreShopServlet.java 代码如下：

```java
// (1) 导入相关类库
...
public class AddtoPreShopServlet extends HttpServlet {
    // (2) 声明全局数据库操作引用对象
    ...
    protected void doGet(HttpServletRequest request, HttpServletResponse response) throws ServletException, IOException {
        // (3) 设置响应类型
        response.setCharacterEncoding("utf-8");
        response.setContentType("text/html");        //设置以文本格式向移动端返回信息
        String result = "";                          //需要返回给移动端的字符串
        try {
            // (4) 实例化数据库操作引用对象
            ...
            // (5) 读取请求参数值
            String pid = request.getParameter("pid");      //加入购物车的商品号
            String ucode = request.getParameter("ucode");  //移动端操作的用户编码
            // (6) 执行数据库操作
            String sql = "CALL Preshop_Insert('" + ucode + "', " + pid + ", @yes)";
            stmt.execute(sql);                       //执行存储过程
            // (7) 处理结果
            sql = "SELECT @yes";
            rs = stmt.executeQuery(sql);
            boolean yes = false;                     //标识操作是否成功
            while(rs.next()) {
                if (rs.getString("@yes").toString().equals("1")) {
                    yes = true;                      //返回1表示加入成功
                }
            }
            if (yes) {
                sql = "SELECT * FROM commodity WHERE Pid = " + Integer.parseInt(pid);
                rs = stmt.executeQuery(sql);
                while(rs.next()) {
                    result = rs.getString("PName");  //加入购物车的商品名称
                }
```

```
            }
        } catch …
          finally {
            …
        }
    }
    //（8）返回字符串信息
    PrintWriter return_to_client = response.getWriter();
    return_to_client.println(result);                    //这里返回的是字符串类型
        …
    }
```

由以上代码可知，返回简单字符串的 Servlet 程序的一般流程（代码中以（1）～（8）标注）如下。

（1）导入相关类库：由于这类 Servlet 既不用对 JSON 进行处理，也不用对图片进行处理，故只需要导入最基本的 I/O、SQL 操作库。

（2）声明全局数据库操作引用对象：声明 Connection、Statement 和 ResultSet，同第 I 类 Servlet。

（3）设置响应类型：由于传输的是字符串格式，内容类型要设成"text/html"。另外，定义一个 String 类型的 result 变量，存储要返回的字符串。

（4）实例化数据库操作引用对象：这一步同上一类 Servlet 程序的第 5 步，代码完全相同。

（5）读取请求参数值：移动端请求里有什么就读取什么。

（6）执行数据库操作：存储过程 Preshop_Insert 实现"加入购物车"功能。

（7）处理结果：根据存储过程输出参数@yes 判断操作是否成功，若成功，则将加入的商品名称作为返回字符串赋给 result 变量。

（8）返回字符串信息：即 result 变量值。

可见，这类 Servlet 代码结构更简单，与要返回 JSON 对象的 Servlet 相比，它所依赖的库和支持较少，也无须构造数据结构和封装 JSON 对象。实际开发时，对于不同功能的这类 Servlet，前 4 步及第 8 步的代码完全相同（可直接套用），第 5 步的请求参数按需读取，第 6 步要执行的 SQL 语句不同，第 7 步处理结果时的判断逻辑不同。因此，在下文介绍这类 Servlet 的具体功能时，只给出第 5～7 步的代码片段，其余省略。

5. 打包、部署 Web 项目

1）打包

开发完成的 Servlet 必须打包、部署后才能运行，将全部 Servlet 所在的 Web 项目打包成一个.war 文件。用 Eclipse 对项目打包的基本操作如下：右击项目 MyServlet，选择"Export"→"WAR file"命令，在弹出的对话框中选择打包文件存放的路径，如图 P3.35 所示，单击"Finish"按钮即可。

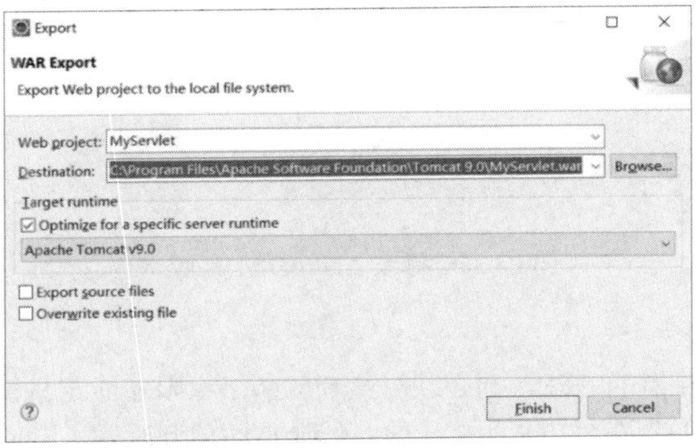

图 P3.35　打包项目

2）部署

将打包生成的.war 文件直接复制到 Web 服务器计算机上 Tomcat 的 webapps 目录下，启动 Tomcat，开发的 Servlet 就能正常工作了。

P3.3.6 运行前配置

至此，编程工作已经全部完成，但为确保 APP 能在手机上顺利地安装、运行，还必须对 Android 工程进行一些配置，通常包括如下几个方面。

1. SDK 兼容性

本 APP 主页 HomeActivity 中需要对服务器返回 JSON 中的图片数据解码，这需要使用 Base64.Decoder 类：

```
import java.util.Base64;
…
private final Base64.Decoder myDecoder = Base64.getDecoder();
…
//获取、解码、转换图片数据
Bitmap image = null;
String imagedata = jcomhome.getString("image");
byte[] bytes = myDecoder.decode(imagedata);
InputStream is = new ByteArrayInputStream(bytes);
if (is != null) {
    image = BitmapFactory.decodeStream(is);
}
```

而 Base64.Decoder 类所要求的最低 Android SDK 版本为 26，为此需要在工程的 app\build.gradle 文件中修改 minSdkVersion 为 26，在文件编辑区顶部出现的英文提示后单击"Sync Now"，同步工程使设置生效，如图 P3.36 所示。

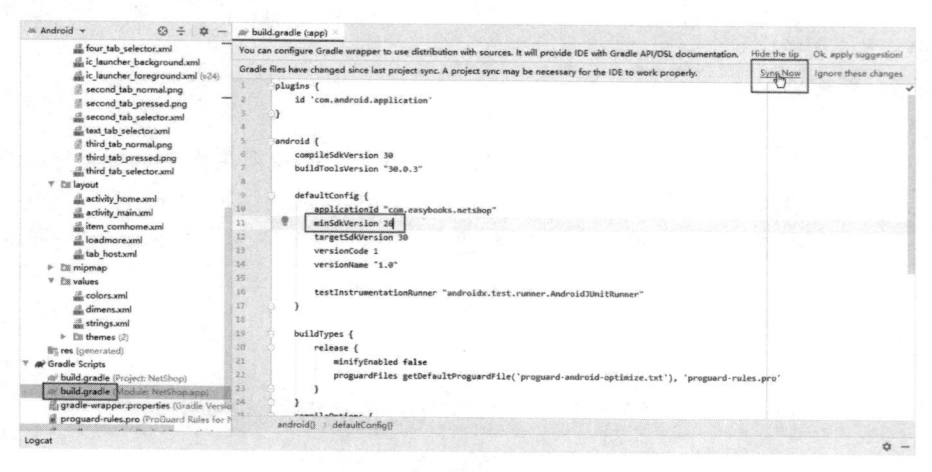

图 P3.36 修改 Android SDK 版本

2. 网络权限

凡是需要联网访问服务器的 APP，都必须对其开放网络权限才能正常使用。本 APP 主要用到两项权限：①允许 HTTP 明文传输；②允许访问互联网。它们均在工程的 AndroidManifest.xml 中配置，如下：

```xml
<application>
    ...
    android:usesCleartextTraffic="true"
    ...
</application>                                    <!--允许HTTP明文传输-->
<uses-permission android:name="android.permission.INTERNET"/>
                                                  <!--允许访问互联网-->
```

3. 注册 Activity

Android 工程中出现的所有 Activity 都必须在 AndroidManifest.xml 中注册，并根据应用需求设置好 APP 的启动类。本 APP 的启动类为 TabHostActivity，另注册两个 Activity（MainActivity 和 HomeActivity），如下：

```xml
<application
    ...
    <activity android:name=".TabHostActivity">
        <intent-filter>
            <action android:name="android.intent.action.MAIN" />
            <category android:name="android.intent.category.LAUNCHER" />
        </intent-filter>
    </activity>
    <activity android:name=".MainActivity" />
    <activity android:name=".HomeActivity" />
</application>
```

最后，在手机上运行 APP，显示效果如图 P3.37 所示。

图 P3.37　显示效果

P3.3.7 数据库操作

1. 显示特定分类下的商品（主页）

该功能程序对 MySQL 的操作流程：获得移动端发来的商品大类号，在商品表用户呈现视图（myCommodity_User）中根据商品大类号（WHERE LEFT(TCode, x)）查询（SELECT）出符合要求的记录，封装成 JSON 返回给移动端。

2. 加入购物车（主页）

该功能程序对 MySQL 的操作流程：获得移动端发来的商品号和用户编码，执行（CALL）购物车表加入商品存储过程（Preshop_Insert），从商品表（commodity）查询（SELECT）记录，插入（INSERT）购物车表（preshop），根据商品号从商品表（commodity）查询（SELECT）出商品名称（PName），返回给移动端。

P3.4 主页丰富开发（网络文档）

P3.5 购物车功能开发（网络文档）

实习 4 Qt+Python/MySQL 开发及实例
——网上商城商品销售数据分析

在实际的电子商城类应用中，商家要想实时、精准地把握市场需求、提升业绩，对销售数据的分析是必不可少的。当下，在数据分析领域最流行的编程语言之一是 Python，它有着强大的可与 MATLAB 媲美的科学计算和可视化绘图展现数据的能力。但 Python 不适合开发 GUI 界面，Qt 作为近年来兴起的基于 C++的图形界面库，能轻松制作出艺术级的图形用户界面。本章将这两者结合起来，开发一个销售数据分析系统，用 Qt 开发前端界面，用 Python 读取 MySQL 数据，进行处理后，以可视化的形式展示在界面上。该系统运行效果如图 P4.1 所示。

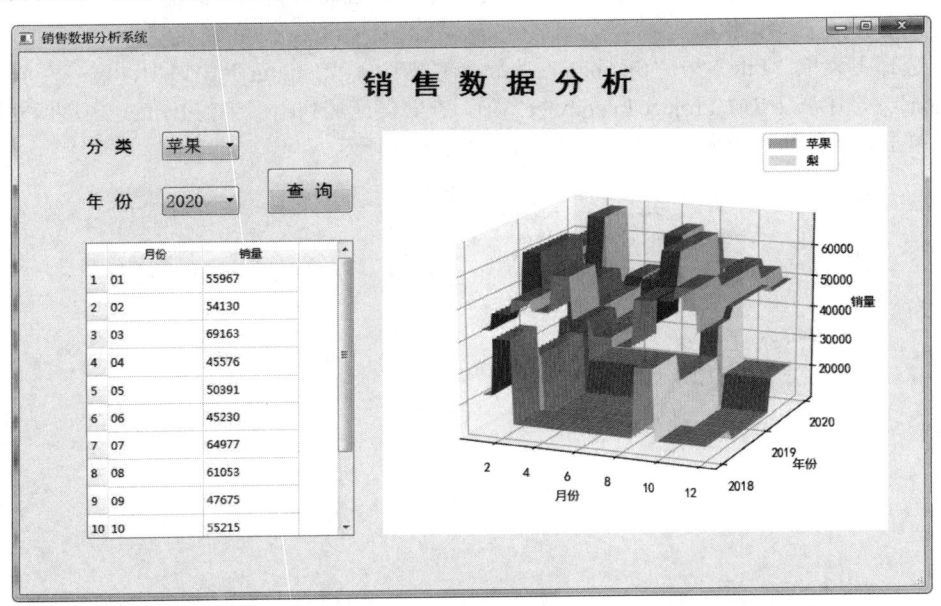

图 P4.1 "销售数据分析系统"运行效果

界面左边可选择商品分类和年份，单击"查询"按钮将此商品该年份各月的销售数据显示在下方列表中，右边显示由 Python 绘制的多种商品历年来每月销售量 3D 图。

P4.1 开发环境安装和准备

开发本系统要用到 Qt 和 Python，所以首先要安装这两种语言的集成开发环境。另外，Python 绘图采用 MatPlotLib，访问数据库采用 PyMySQL，将 Qt 界面程序转为 Python 源码要借助 PyQt4，这 3 个扩展库也要逐一安装在 Python 环境下。

P4.1.1　安装 Qt

（1）下载和申请账号。
（2）安装 Qt。

P4.1.2　安装 Python

（1）安装 Python。
（2）安装 PyCharm。
（3）创建 PyCharm 工程。

P4.1.3　安装扩展库

1. 安装 MatPlotLib

MatPlotLib 是 Python 编程最常用的可视化绘图库，用 PyCharm 自身的添加安装功能很容易联网搜索并自动安装该库，操作如下。

（1）选择主菜单"File"→"Settings"命令，在出现的"Settings"窗口中，展开左侧"Project: LovePython"，选中其下的"Project Interpreter"项，在右侧区域列出了当前 Python 环境所支持的全部扩展库，单击右上角的加号来安装新的扩展库，如图 P4.2 所示。

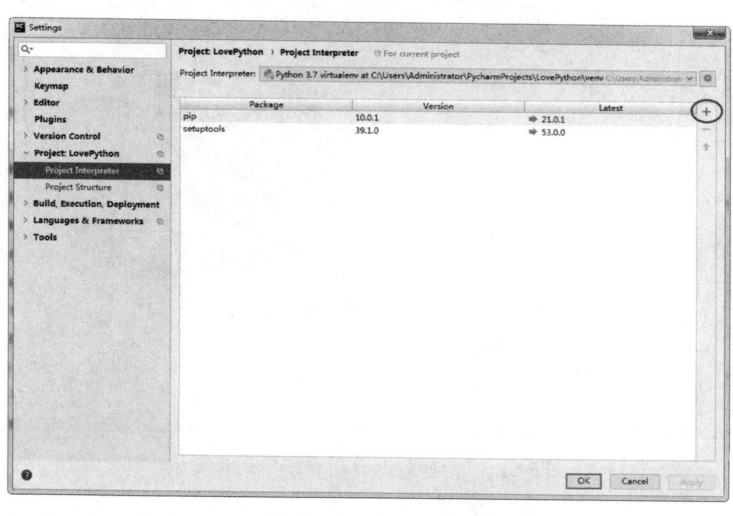

图 P4.2　安装新的扩展库

（2）系统弹出如图 P4.3 所示的窗口，在顶部搜索框中输入"matplot"进行搜索，从结果列表中找到"matplotlib"并选中，单击左下角"Install Package"按钮开始安装，安装成功后在界面底部会出现浅绿色背景的提示信息。

2. 安装 PyMySQL

PyMySQL 是 MySQL 的驱动，库名称为 pymysql，目前的最新版本是 PyMySQL-0.9.2，它是一个依赖多个 Python 组件的扩展库，其依赖的组件有 asn1crypto、cffi、cryptography、idna、pycparser 等。一般从网上下载得到的驱动包都无法完整包含以上组件，导致所安装的 MySQL 驱动功能不全，为避

实习 4　Qt+Python/MySQL 开发及实例——网上商城商品销售数据分析

免麻烦,建议读者使用 Python 的 pip3 工具联网安装,该工具会自动在全网搜索、下载并安装 PyMySQL 所需的全部组件。

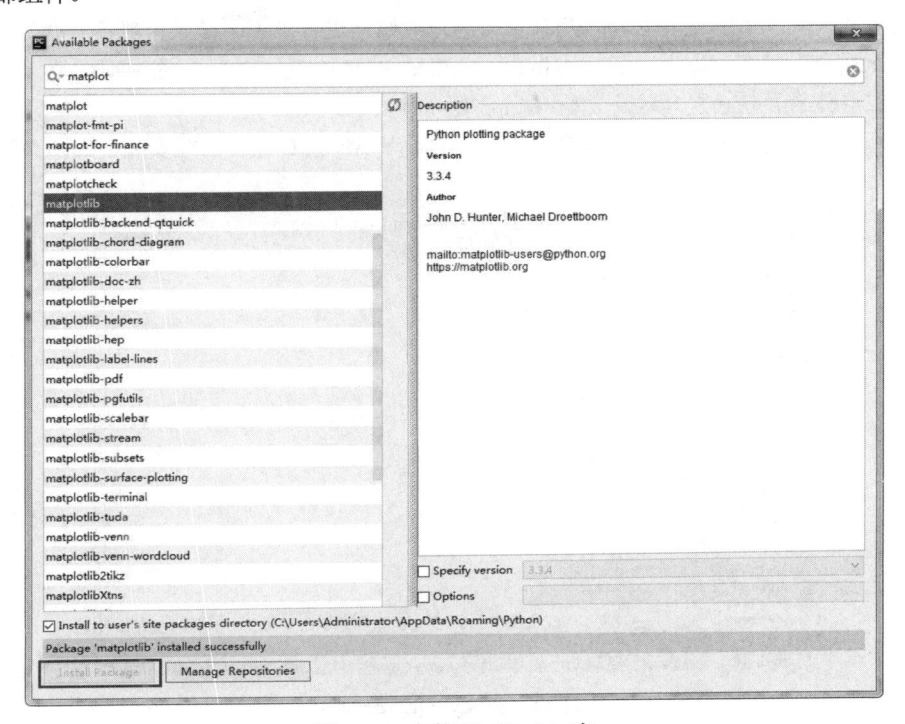

图 P4.3　安装 MatPlotLib 库

打开 Windows 命令行窗口,输入如下命令:

```
pip3 install PyMySQL
```

运行过程如图 P4.4 所示。

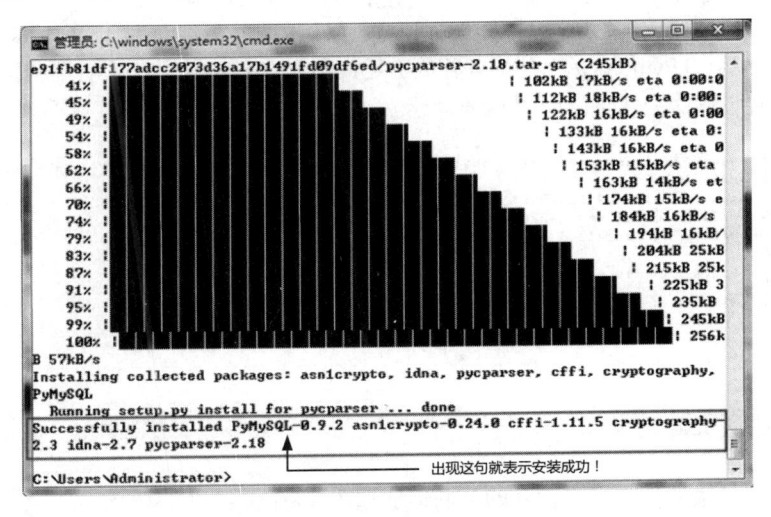

图 P4.4　运行过程

温馨提示:

由于 PyMySQL 依赖的各组件分属于不同的第三方供应商,位于各自的网站服务器中,而各家服务器的负载能力及带宽存在显著差异，故某些组件的下载过程不是十分顺畅，安装过程中难免出现超时、中断等异常情况。一旦屏幕上出现异常或错误信息，只需要在命令行窗口中再次输入同样的 pip3 命令来重启安装，pip3 工具就会自动在原来中断的地方继续进行下去，若再出现异常就再重启，如此反复，直至看到命令行窗口输出 "Successfully installed PyMySQL-0.9.2…（各组件名称）"（图 P4.4）为止，编者在操作的时候也是通过反复输入 pip3 命令才安装成功的。

安装完可使用 "python -m pip list" 命令查看，验证 PyMySQL 是否已经安装，如图 P4.5 所示，安装成功。

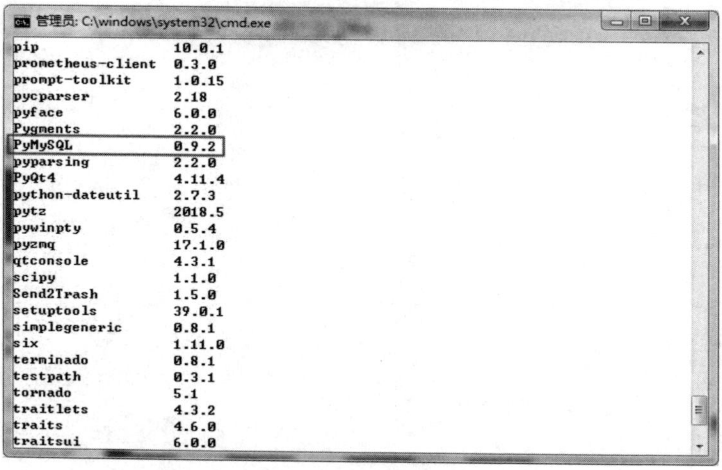

图 P4.5 PyMySQL 安装成功

3. 安装 PyQt4

PyQt4 是功能强大的 Qt 到 Python 源码转换工具，适用于 Qt 与 Python 混合编程开发。

从 Python 非官方下载站 https://www.lfd.uci.edu/~gohlke/pythonlibs/ 获取 PyQt4 的安装文件 PyQt4-4.11.4-cp37-cp37m-win_amd64.whl，在 Windows 命令行窗口中输入：

```
pip install E:\VSC#QTPython\Qt\PyQt4-4.11.4-cp37-cp37m-win_amd64.whl
```

其中，"E:\VSC#QTPython\Qt\" 是编者存放 PyQt4 安装文件的路径，读者请根据自己实际存放路径输入命令，安装过程命令行输出如图 P4.6 所示。

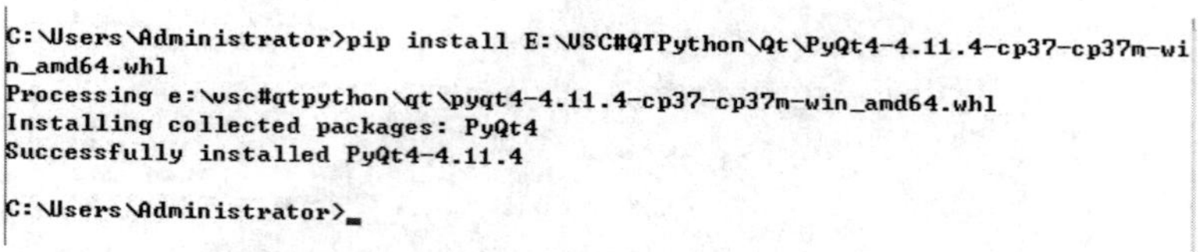

图 P4.6 安装过程命令行输出

P4.1.4 数据准备

本章程序运行所依赖的数据全都从网上商城数据库（netshop）销售情况分析表（saleanalyze）中获得，为简单起见，预先往该表中存入两类商品（苹果、梨）近 3 年的月销售数据，如图 P4.7 所示。

实习 4　Qt+Python/MySQL 开发及实例——网上商城商品销售数据分析

TCode	TName	SYearMonth	SNum
11A	苹果	201801	43246
11A	苹果	201802	48593
11A	苹果	201803	53226
11A	苹果	201804	50353
11A	苹果	201805	62085
11A	苹果	201806	49366
11A	苹果	201807	44795
11A	苹果	201808	42238
11A	苹果	201809	56806
11A	苹果	201810	57318
11A	苹果	201811	61720
11A	苹果	201812	48905

(a)

TCode	TName	SYearMonth	SNum
11A	苹果	201901	46011
11A	苹果	201902	63339
11A	苹果	201903	48661
11A	苹果	201904	53292
11A	苹果	201905	47700
11A	苹果	201906	42507
11A	苹果	201907	41107
11A	苹果	201908	58014
11A	苹果	201909	67480
11A	苹果	201910	49698
11A	苹果	201911	58247
11A	苹果	201912	52142

(b)

TCode	TName	SYearMonth	SNum
11A	苹果	202001	55967
11A	苹果	202002	54130
11A	苹果	202003	69163
11A	苹果	202004	45576
11A	苹果	202005	50391
11A	苹果	202006	45230
11A	苹果	202007	64977
11A	苹果	202008	61053
11A	苹果	202009	47675
11A	苹果	202010	55215
11A	苹果	202011	53049
11A	苹果	202012	49604

(c)

TCode	TName	SYearMonth	SNum
11B	梨	201801	22522
11B	梨	201802	40858
11B	梨	201803	14060
11B	梨	201804	14060
11B	梨	201805	14060
11B	梨	201806	14060
11B	梨	201807	14060
11B	梨	201808	14060
11B	梨	201809	36282
11B	梨	201810	14060
11B	梨	201811	14060
11B	梨	201812	14060

(d)

TCode	TName	SYearMonth	SNum
11B	梨	201901	16892
11B	梨	201902	30643
11B	梨	201903	10545
11B	梨	201904	10545
11B	梨	201905	10545
11B	梨	201906	10545
11B	梨	201907	10545
11B	梨	201908	10545
11B	梨	201909	27212
11B	梨	201910	10545
11B	梨	201911	10545
11B	梨	201912	10545

(e)

TCode	TName	SYearMonth	SNum
11B	梨	202001	33783
11B	梨	202002	61287
11B	梨	202003	21090
11B	梨	202004	21090
11B	梨	202005	21090
11B	梨	202006	21090
11B	梨	202007	21090
11B	梨	202008	21090
11B	梨	202009	54423
11B	梨	202010	21090
11B	梨	202011	21090
11B	梨	202012	21090

(f)

图 P4.7　准备销售情况分析表（saleanalyze）的数据

P4.2　开发过程

P4.2.1　用 Qt 设计界面

1. 创建 Qt 项目

（1）运行 Qt Creator，在欢迎界面左侧单击 "Projects" 按钮，切换至项目管理界面，单击 `+ New` 按钮，或者选择 "文件" → "新建文件或项目" 命令，新建 Qt 项目，如图 P4.8 所示。

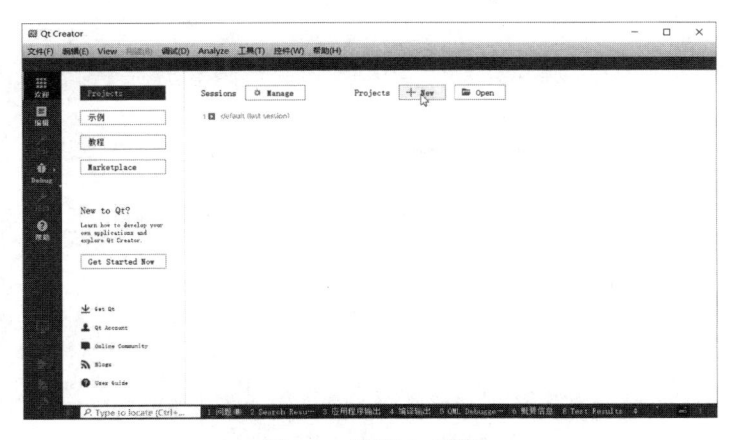

图 P4.8　新建 Qt 项目

（2）出现"新建项目"窗口，如图 P4.9 所示。选择项目列表中的"Application (Qt)"→"Qt Widgets Application"选项，创建一个桌面应用程序模板，单击"Choose"按钮，进入下一步。

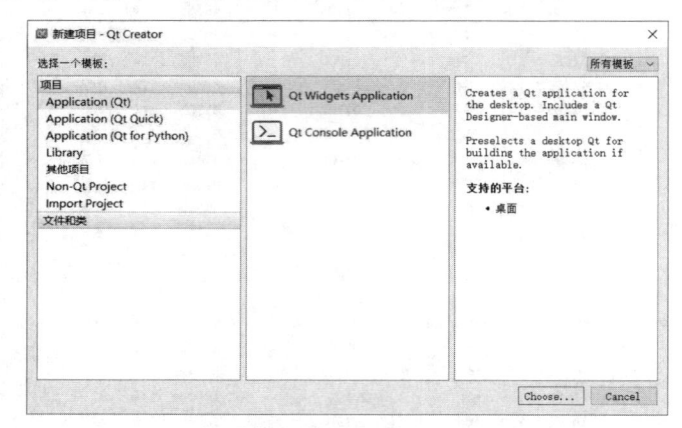

图 P4.9　"新建项目"窗口

（3）将项目命名为"GuiOnQt"，选择创建路径，单击"下一步"按钮，如图 P4.10 所示。

图 P4.10　项目命名及选择创建路径

（4）接下来的界面让用户选择项目的构建（编译）工具，保持默认的 qmake，如图 P4.11 所示。单击"下一步"按钮。

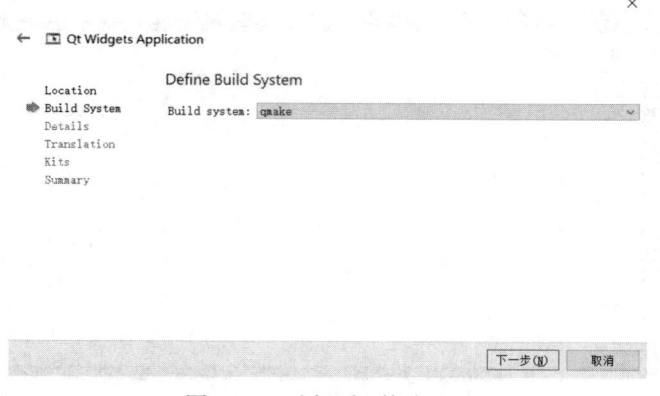

图 P4.11　选择项目构建工具

实习 4 Qt+Python/MySQL 开发及实例——网上商城商品销售数据分析

（5）将主程序类命名为"Qt_SaleAnalyze"，然后勾选"Generate form"（创建界面）复选框，表示采用界面设计器来设计界面，单击"下一步"按钮，如图 P4.12 所示。

图 P4.12 命名主程序类

（6）再次单击"下一步"按钮，进入"Kit Selection"（选择构建套件）界面，这里使用编译器 MinGW，勾选"Desktop Qt 6.0.2 MinGW 64-bit"复选框，如图 P4.13 所示，单击"下一步"按钮。

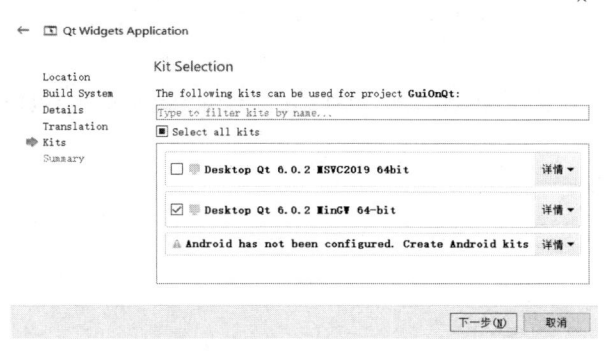

图 P4.13 选择构建套件

（7）最后出现的界面中列出了将要创建的项目的基本信息，如图 P4.14 所示，单击"完成"按钮。
（8）项目创建好后就自动进入 Qt 的开发环境，展开左侧的项目树状视图，看到在"GuiOnQt"→"Forms"下有一个名为"qt_saleanalyze.ui"的项，它就是该 Qt 项目的主界面文件（图 P4.15），双击它即可进入 Qt Creator 的可视化设计环境。

图 P4.14 确认项目基本信息

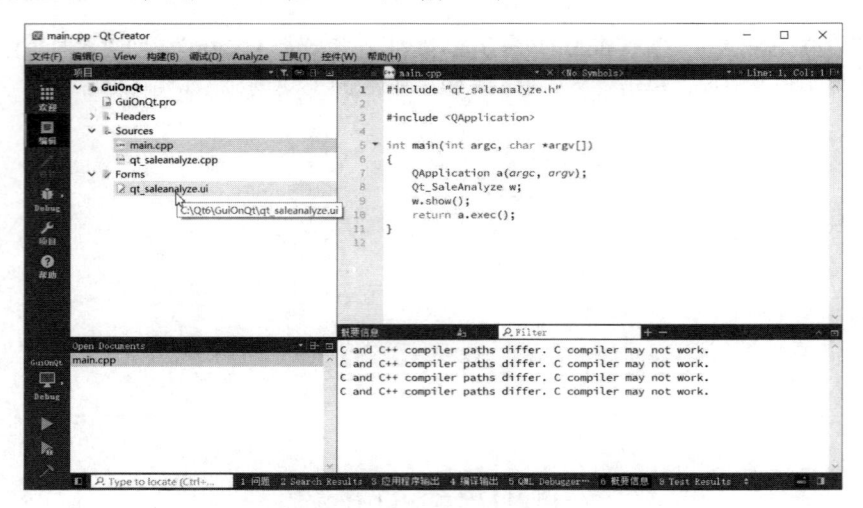

图 P4.15　Qt 项目的主界面文件

2. 设计界面

在可视化设计环境下，用鼠标拖曳的方式设计出"销售数据分析系统"界面，如图 P4.16 所示，读者可单击设计环境左下角的启动按钮运行程序，预先看一下界面效果。

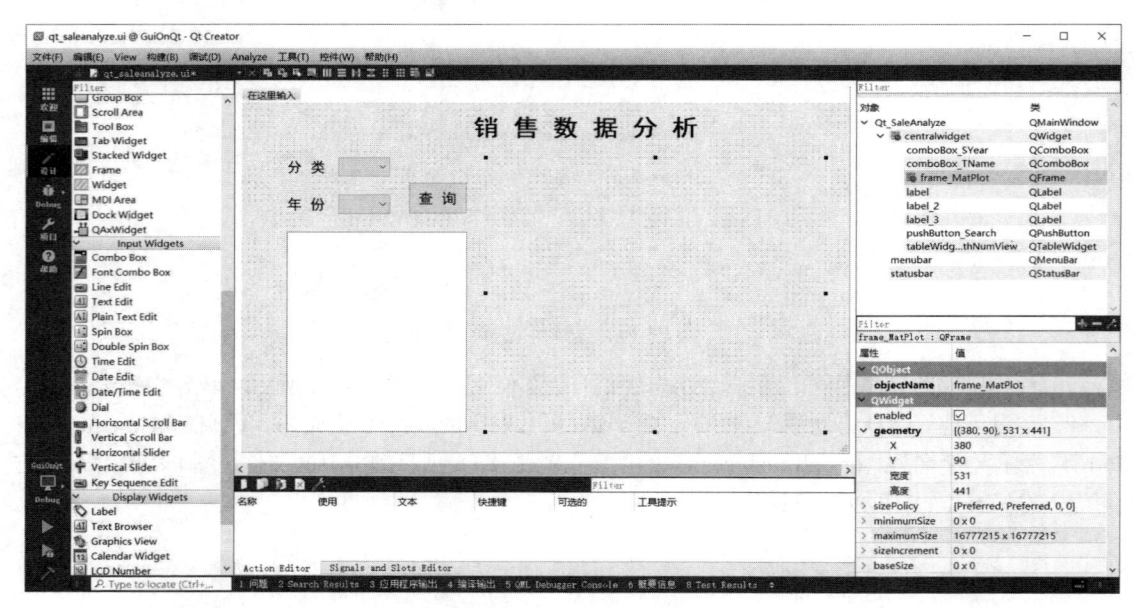

图 P4.16　用 Qt 设计界面

界面上的关键控件的名称及类型如表 P4.1 所示。

表 P4.1　关键控件的名称及类型

控　件	名称（objectName）	类　型
"分类"下拉列表	comboBox_TName	Combo Box
"年份"下拉列表	comboBox_SYear	Combo Box
"查询"按钮	pushButton_Search	Push Button

实习 4 Qt+Python/MySQL 开发及实例——网上商城商品销售数据分析

续表

控件	名称（objectName）	类　　型
各月销量数据列表	tableWidget_SMonthNumView	Table Widget
销量 3D 图显示区	frame_MatPlot	Frame

设计完成之后，可在本项目的目录下找到主界面 UI 文件 qt_saleanalyze.ui，如图 P4.17 所示，将其复制待用。

图 P4.17　设计完成的主界面 UI 文件

P4.2.2　文件转换

使用 PyQt4 将设计好的 Qt 界面文件转换为 Python 可执行的.py 源文件，转换步骤如下。

（1）将 qt_saleanalyze.ui 复制到 PyQt4 的工作目录（编者的是 C:\Users\Administrator\AppData\Local\Programs\Python\Python37\Lib\site-packages\PyQt4）中。

（2）打开 Windows 命令行窗口，进入该目录，输入如下命令：

```
pyuic4 qt_saleanalyze.ui -x -o qt_saleanalyze.py
```

回车执行后可看到该目录下生成了一个名为 qt_saleanalyze.py 的文件，如图 P4.18 所示，它就是 Qt 主界面 UI 文件所对应的 Python 源文件。

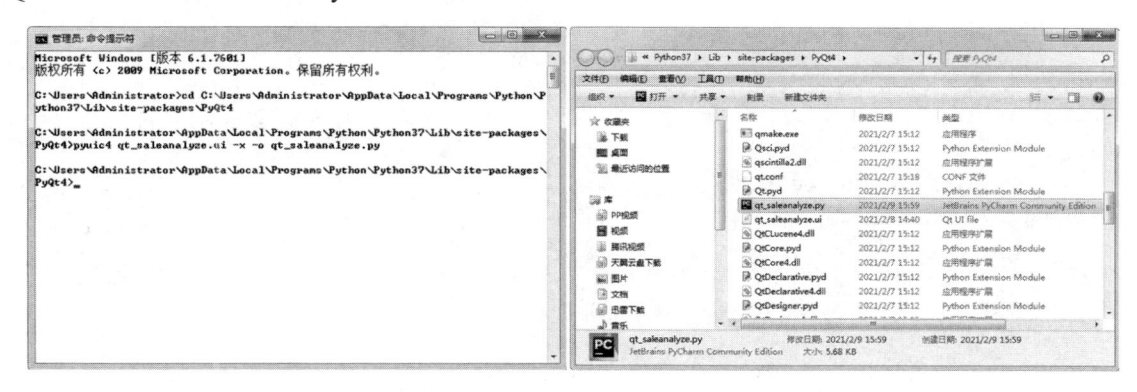

图 P4.18　将 UI 文件转换为 Python 源文件

（3）将转换生成的 qt_saleanalyze.py 文件复制进先前已经创建好的 PyCharm 工程目录，就可以在 PyCharm 环境下运行，呈现出与在 Qt 环境下一模一样的运行界面，如图 P4.19 所示。

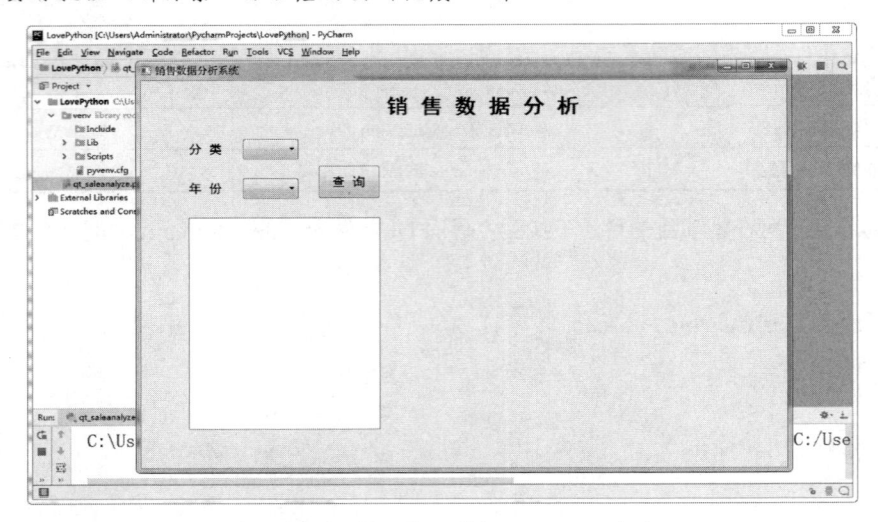

图 P4.19 Qt 设计的界面在 PyCharm 下运行

但是，PyQt4 只是将 Qt 的 UI 界面文件转换成了 Python 代码的源文件，并不能实现功能逻辑的移植。系统的功能逻辑还必须在 PyCharm 环境下用 Python 语言编程实现。

P4.2.3 Python 程序框架

打开 qt_saleanalyze.py 文件可看到很多代码，这些都是由 PyQt4 根据用户设计的 Qt 界面自动生成的，需要在其中添加编写 Python 代码来实现应用功能。为方便读者理解，本节先给出 qt_saleanalyze.py 文件中的代码框架并说明，下一节再往其中加入功能代码。

PyQt4 生成的 qt_saleanalyze.py 文件的代码框架如下：

```
# -*- coding: utf-8 -*-

# Form implementation generated from reading ui file 'qt_saleanalyze.ui'
#
# Created by: PyQt4 UI code generator 4.11.4
#
# WARNING! All changes made in this file will be lost!

from PyQt4 import QtCore, QtGui
...                                                          # (1) 导入库及公共语句执行区
try:
    _fromUtf8 = QtCore.QString.fromUtf8
except AttributeError:
    def _fromUtf8(s):
        return s

try:
    _encoding = QtGui.QApplication.UnicodeUTF8
    def _translate(context, text, disambig):
        return QtGui.QApplication.translate(context, text, disambig, _encoding)
except AttributeError:
    def _translate(context, text, disambig):
```

```
            return QtGui.QApplication.translate(context, text, disambig)
    class Ui_Qt_SaleAnalyze(object):
        def setupUi(self, Qt_SaleAnalyze):              # (2) UI 组件生成区
            ...
            self.retranslateUi(Qt_SaleAnalyze)
            QtCore.QMetaObject.connectSlotsByName(Qt_SaleAnalyze)

        def retranslateUi(self, Qt_SaleAnalyze):        # (3) 界面初始化区
            Qt_SaleAnalyze.setWindowTitle(_translate("Qt_SaleAnalyze", "销 售 数 据 分 析 系 统", None))
            self.pushButton_Search.setText(_translate("Qt_SaleAnalyze", " 查 询 ", None))
            self.label.setText(_translate("Qt_SaleAnalyze", "分 类", None))
            self.label_2.setText(_translate("Qt_SaleAnalyze", "年 份", None))
            self.label_3.setText(_translate("Qt_SaleAnalyze", "销 售 数 据 分 析", None))

        ...                                              # (4) 功能函数区

    if __name__ == "__main__":                           # (5) 主程序启动区
        import sys
        app = QtGui.QApplication(sys.argv)
        Qt_SaleAnalyze = QtGui.QMainWindow()
        ui = Ui_Qt_SaleAnalyze()
        ui.setupUi(Qt_SaleAnalyze)
        Qt_SaleAnalyze.show()
        sys.exit(app.exec_())
```

说明：

（1）导入库及公共语句执行区：通常将程序要使用的所有库在这里声明导入，适用于整个程序的公共语句（如全局变量属性设置、数据库连接创建等）也都写在这里。

（2）UI 组件生成区：位于 setupUi 函数中，这个区域的代码都是 PyQt4 自动生成的，主要是界面上各控件的属性声明和设置。如果用户要为界面上的某个控件绑定事件响应，需要在这个区内添加绑定语句，一般写法如下：

```
self.控件名称.事件名.connect(self.方法名)
```

这里的"方法名"即事件发生时该控件所要执行的功能函数的名称。

（3）界面初始化区：其中由 PyQt4 生成的语句主要是为界面上的控件设置标签文字，用户可将自己程序要执行的初始化代码紧接着写在后面，或者封装为一个初始化功能函数在后面执行。

（4）功能函数区：由用户根据实际应用的需要编写自定义函数来实现程序的各项功能。

（5）主程序启动区：这是程序的启动代码，由 PyQt4 生成，一般不要做任何改动。

在加载窗体的时候，通过 QtGui.QMainWindow 函数返回一个对象实例，它是界面主窗体在程序中的引用，当主程序类 Ui_Qt_SaleAnalyze 实例化时，会调用其 setupUi 函数初始化界面上的各个组件，将主窗体的引用传递给 self 参数，故在程序中的任何地方访问主界面上的控件都要统一使用 "self.控件名" 的形式，对于用户自定义的任何功能函数，一般 "self" 都是必需的参数之一。

P4.2.4　Python 功能实现

1. 导入库、创建数据库连接

在程序开头的"(1) 导入库及公共语句执行区"添加如下代码：

```python
from PyQt4.QtGui import *
from matplotlib.backends.backend_qt4agg import FigureCanvasQTAgg as FigureCanvas
                                                        # MatPlotLib 对 PyQt4 的支持
from mpl_toolkits.mplot3d import axes3d                 # MatPlotLib 库 3D 绘图功能
import matplotlib.patches as mpatches                   # "代理艺术家"（用于显示图例）
import pylab as plb
plb.rcParams['font.sans-serif'] = ['SimHei']            # 正常显示中文
import pymysql                                          # MySQL 驱动库
                                                        # 导入 MySQL 驱动库
conn = pymysql.connect(host="DBHost", user="root", passwd="123456", db="netshop")
                                                        # 创建数据库连接
cur = conn.cursor()                                     # 打开游标
import numpy as npy                                     # 数值计算库
```

2. 绑定"查询"按钮事件

要使界面上的"查询"按钮响应用户单击操作，需要在"(2) UI 组件生成区"添加绑定语句，具体如下：

```python
...
self.pushButton_Search = QtGui.QPushButton(self.centralWidget)
self.pushButton_Search.setGeometry(QtCore.QRect(260, 130, 91, 51))
self.pushButton_Search.clicked.connect(self.searchByYear)        # 绑定单击事件
...
```

3. 初始化

界面初始化主要做两件事：一是向"分类"和"年份"列表中加载选项；二是绘制历年销售数据的 3D 图。分别用两个自定义功能函数实现，再统一由 initUi 函数调用，initUi 函数写在"(3) 界面初始化区"，具体如下：

```python
def retranslateUi(self, Qt_SaleAnalyze):
        ...
    self.initUi()
```

initUi 函数定义代码如下：

```python
def initUi(self):
    # 加载选项
    self.loadList()
    # 绘图
    self.drawMatPlot()
```

4. 加载列表

加载列表功能用 loadList 函数实现，定义在"(4) 功能函数区"，代码如下：

```python
def loadList(self):
    cur.execute("SELECT DISTINCT(TName) FROM saleanalyze")
    row = cur.fetchall()                                          # 搜索所有商品分类名
    for i in range(cur.rowcount):
        self.comboBox_TName.addItem(row[i][0])
    cur.execute("SELECT DISTINCT(LEFT(SYearMonth,4)) FROM saleanalyze")
    row = cur.fetchall()                                          # 搜索年份值
```

```
            for i in range(cur.rowcount):
                self.comboBox_SYear.addItem(row[i][0])
```

5. 绘制销售 3D 图

绘图功能用 drawMatPlot 函数实现,也定义在"(4)功能函数区",代码如下:

```
def drawMatPlot(self):
    self._fig = plb.figure()
    self._canvas = FigureCanvas(self._fig)                    #生成画布
    self._ax = axes3d.Axes3D(self._fig)                       #获取 3D 坐标对象引用
    layout = QHBoxLayout(self.frame_MatPlot)
    layout.setContentsMargins(0, 0, 0, 0)
    layout.addWidget(self._canvas)                            #将画布添加到布局中
    x, y = npy.mgrid[1:12:100j, 2018:2020:25j]
    num_list = []                                             #纵坐标 z 刻度显示值
    cur.execute("SELECT TName,SYearMonth,SNum FROM saleanalyze WHERE TName='苹
果'")
    row = cur.fetchall()
    if cur.rowcount != 0:
        for i in range(cur.rowcount):
            num_list.append(row[i][2])
    z = npy.array(num_list)[npy.array((npy.round(y) - 2018) * 12 + npy.round(x)
- 1).astype('int')]
    self._ax.plot_surface(x, y, z, rstride = 2, cstride = 1, color = 'lightgreen')
                                                              #绘制苹果的销售数据图
    cur.execute("SELECT TName,SYearMonth,SNum FROM saleanalyze WHERE TName='梨'")
    row = cur.fetchall()
    num_list.clear()
    if cur.rowcount != 0:
        for i in range(cur.rowcount):
            num_list.append(row[i][2])
    z = npy.array(num_list)[npy.array((npy.round(y) - 2018) * 12 + npy.round(x)
- 1).astype('int')]
    self._ax.plot_surface(x, y, z, rstride = 2, cstride = 1, color = 'yellow')
                                                              #绘制梨的销售数据图
    #用"代理艺术家"添加图例(苹果为浅绿色,梨为黄色)
    patch1 = mpatches.Patch(color = 'lightgreen', label = '苹果')
    patch2 = mpatches.Patch(color = 'yellow', label = '梨')
    self._ax.legend(handles = [patch1, patch2])               #添加图例
    self._ax.set_xlabel("月份")
    self._ax.set_ylabel("年份")
    self._ax.set_zlabel("销量")
    self._ax.set_yticks([2018, 2019, 2020])
    self._canvas.draw()                                       #开始绘制
```

6. 查询功能

前面绑定"查询"按钮事件到一个名为 searchByYear 的函数,它实现按用户选择的年份查询销售数据的功能,查询结果显示在界面上的 Table Widget 控件中,以表格显示。

searchByYear 函数定义在"(4)功能函数区",代码如下:

```
def searchByYear(self):
    self.tableWidget_SMonthNumView.setColumnCount(2)
                                                #设置列数为 2(月份、销量)
    self.tableWidget_SMonthNumView.setHorizontalHeaderLabels(['月份', '销量'])
```

```python
        cur.execute("SELECT RIGHT(SYearMonth,2), SNum FROM saleanalyze WHERE TName='"
+ self.comboBox_TName.currentText() + "' AND LEFT(SYearMonth,4)='" + self.
comboBox_SYear.currentText() + "'")
                                                        #列名
        row = cur.fetchall()                            #查询对应年份的销售数据
        if cur.rowcount != 0:
            self.tableWidget_SMonthNumView.setRowCount(cur.rowcount)
                                        #必须明确设定行数，否则无法显示数据
            for i in range(cur.rowcount):
                item = QTableWidgetItem(row[i][0])
                self.tableWidget_SMonthNumView.setItem(i, 0, item)
                item = QTableWidgetItem(str(row[i][1]))
                self.tableWidget_SMonthNumView.setItem(i, 1, item)
```

至此，这个用 Qt 和 Python 结合编程实现的"销售数据分析系统"就开发好了。读者还可以尝试用 Qt 制作更为丰富、美观的界面效果，并整合 Python 强大的科学计算能力。

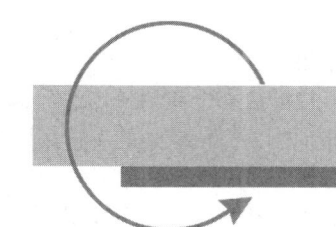

实验和习题网络文档

第 1 章　数据库基础

【习题 1】包含选择题 8 题和说明题 8 题。

第 2 章　MySQL 安装、运行和工具

【习题 2】包含多选题 6 题和说明题 13 题。
【实验 2.1】MySQL 8 的连接。
（1）安装 MySQL 8。
① 安装 MySQL 8，root 用户设置登录密码为 123456。
② 安装 Navicat。
（2）连接 MySQL 8 创建临时实例数据库（mydb）。
① 在 Windows 命令行窗口中登录 MySQL 8，显示系统数据库，提升 root 用户权限。
② 在 Navicat 上采用 root 用户创建连接，连接名为 M8-Local。
③ 打开 M8-Local 连接，创建临时实例数据库（mydb），显示系统数据库，观察是否包含 mydb 数据库。
【实验 2.2】临时实例数据库及其表对象创建和基本操作。
（1）完成【例 2.1】，练习表结构的创建和查看。
① 打开临时实例数据库（mydb），创建 mytab 表结构。
② 在 Navicat 中 mydb 数据库中查看 mytab 表结构，显示表记录。
（2）对【例 2.1】进行扩展，练习表记录基本操作。
① 在 mydb 数据库中创建表 mytab1 c1 int、c2 char(3)。
② 插入记录：1、'BA'，1、'BB'，2、'AA'。
③ 查询 mytab1 表所有记录，按照 c2 列排序输出所有记录。
④ 符合 c1=1 记录，输出 c2 列；统计符合该条件的记录数。
⑤ 删除所有记录，查询表中所有记录。
⑥ 删除 mytab1 表。在 Navicat 中，在 mydb 数据库中查看是否存在 mytab1 表。

第 3 章　数据类型

【习题 3】包含选择题 16 题、说明题 4 题和编程题 2 题。
【实验 3.1】常用数据类型测试。
（1）完成【例 3.1】；将 i1 插入 30000，观察结果，说明原因；修改 f2 float(5,2)

列，观察结果。

（2）完成【例 3.1】：采用日期时间系统函数插入记录，观察记录显示结果。

（3）完成【例 3.4】：将插入的英文字符换成全角纯中文字符，观察列存放的字符个数的变化。

（4）完成【例 3.5】：用 Navicat 将所有列的字符集改成 gbk，观察并分析原因；将所有列的字符集改成 utf8，观察并分析原因。

（5）完成【例 3.6】：在表中继续插入全角纯中文字符记录，按照从小到大和从大到小排序，观察排序结果，说明原因。

【实验 3.2】非常用数据类型测试。

（1）完成【例 3.7】：在表中继续插入日韩字符、日期和时间数据。

（2）完成【例 3.8】：重新设计表，改变专业排列顺序，改变兴趣排列顺序并增加一个兴趣，重做【例 3.8】的功能。

（3）完成【例 3.9】：将 JSON 列的数据改成常用地址，重做【例 3.9】的功能。

（4）完成【例 3.10】和【例 3.11】：参考【例 3.10】和【例 3.11】，设计表结构，分别用多点、多线、多边形、通用几何类型保存同一个五边形。

第 4 章 数据库及表结构设计

【习题 4】包含多选题 17 题、说明题 4 题和编程题 3 题。

【实验 4.1】创建 emarket 数据库和基本表结构。

（1）创建网上商城数据库 emarket。

① 参考【例 4.1】，创建网上商城数据库 emarket。

② 在 MySQL 命令行中查看 emarket 数据库，在 Windows 命令行窗口中查看 emarket 数据库对应的目录和文件。

③ 在 Navicat 中查看 emarket 数据库以及该数据库的属性。

（2）参考实例创建 emarket 数据库表结构。

① 创建 emarket 数据库中商品分类表（category）表结构、供货商表（supplier）表结构、订单表（orders）表结构、商品表（commodity）表结构、订单项表（orderitems）表结构和用户表（user）表结构。

② 在 MySQL 命令行中查看 emarket 数据库中创建的表结构，在 Navicat 中查看 emarket 数据库中创建的表结构。

【实验 4.2】创建表 commodity_list 外键依赖和商品分类表（category）外键引用，然后进行它们之间的级联操作。

（1）参考【例 4.10】，创建一个商品目录表（commodity_list），以"类别编号"作为外键引用商品分类表（category）的"类别编号"。

（2）参考【例 4.11】，测试商品分类表（category）与商品目录表（commodity_list）的级联操作。

（3）参考【例 4.12】，创建一个商品表（commodity）的复制表 commodity_copy1，显示 commodity_copy1 表结构。

（4）复制商品表表结构和数据记录到 commodity_copy2 表中。

【实验 4.3】修改 commodity_copy2 表的表结构。

（1）参考【例 4.13】～【例 4.17】，在 commodity_copy2 表中增加"商品类别"列，删除总价和商品列，将"价格"列改名为"进货单价"。

（2）参考【例 4.18】～【例 4.21】，将 commodity_copy2 表的"库存量"列修改为 int 类型，"进

货单价"列改为 int 类型;"商品类别"列默认值改为"香蕉";"进货单价"列更名为"单价",数据类型改为 decimal;"商品类别"列改变排列顺序。

【实验 4.4】修改表约束。

(1) 参考【例 4.22】,在 commodity_copy2 表中增加自增列主键。

(2) 参考【例 4.23】和【例 4.24】,在 user 表副本 user_copy 表中,将"姓名"列和"职业"列共同置为 UNIQUE 表约束,"手机号"列置为表 CHECK 约束。

(3) 参考【例 4.25】,增加订单项表(orderitems)与订单表(orders)、商品表(commodity)之间的外键约束。

第 5 章　表记录操作

【习题 5】包含选择题 5 题和编程题 3 题。

【实验 5.1】emarket 数据库表记录插入。

(1) 参考【例 5.1】,在订单新表(orders_new)中插入数据记录。

(2) 参考【例 5.2】,在 user 表中插入数据记录。

(3) 参考【例 5.3】,在商品表(commodity)中分两批插入多条记录。

【实验 5.2】导入数据记录。

(1) 参考【例 5.5】和【例 5.6】,把订单新表(orders_new)加入订单表(orders)中,加入相同记录更新指定列。

(2) 参考【例 5.7】,将文本文件 commodity.txt 的内容加载到商品表(commodity)中。

(3) 参考【例 5.8】,将 XML 文件(emarket.xml)的数据导入商品表(commodity)和供应商表(supplier)中。

(4) 将 Excel 文件数据导入 orders 表中,CSV 文件数据导入 orderitems 表中。

(5) 将商品图片插入对应的商品记录图片列。

【实验 5.3】修改记录。

(1) 参考【例 5.11】~【例 5.15】,将商品部分记录复制到 commodity_new 表中,然后替换部分记录;修改 commodity_new 表记录。

(2) 参考【例 5.16】,将 commodity_new 表记录同步到与 commodity 表一致。

(3) 参考【例 5.17】,更新 commodity 表的商品图片内容。

【实验 5.4】修改 JSON 列记录和表空间列记录。

(1) 参考【例 5.18】,修改 user 表 JSON 列记录。

(2) 参考【例 5.19】,修改 user 表空间列记录。

【实验 5.5】删除表记录。

(1) 参考【例 5.20】,删除 commodity_new 表的记录。

(2) 参考【例 5.21】,将 commodity_new 表和 commodity_list 表有相同商品编号的记录删除。

(3) 参考【例 5.22】,直接清空 orders_new 表所有记录。

【实验 5.6】表导出形成文件。

(1) 参考【例 5.23】,将表记录导出形成文本文件。

(2) 参考【例 5.24】,用 Navicat 导出文本文件和图片文件。

【实验 5.7】数据库备份与恢复。

(1) 参考【例 5.25】,用 mysqldump 备份 emarket 数据库及表。

（2）参考【例 5.26】，用 mysqldump 备份 mydb 数据库及表，然后恢复数据库。
（3）参考【例 5.27】，使用日志文件备份和恢复。

第 6 章　分区、表空间和行格式

【习题 6】包含选择题 6 题、说明题 6 题和编程题 2 题。
【实验 6.1】创建分区。
（1）参考【例 6.1】，创建一个临时数据库 mydb 分区表 youth，划分范围分区。
（2）参考【例 6.2】，对商品分区表（commodity_part）划分范围列分区。
（3）参考【例 6.3】，对订单分区表（orders_part）进行列表分区。
（4）参考【例 6.5】，对 youth 表副本 youth_part 表进行散列分区。
（5）参考【例 6.6】，对用户表（user）的副本（user_part）进行键分区。
【实验 6.2】分区管理。
（1）参考【例 6.7】，对 emarket 数据库商品目录表（commodity_list）增加、删除分区。
（2）参考【例 6.8】和【例 6.9】，对 mydb 数据库 youth 表副本 youth_copy1 表进行范围和列表分区的重组和交换。
（3）参考【例 6.10】，对 mydb 数据库 youth_part 表进行分区的拆分和合并。
【实验 6.3】表空间的创建与使用。
（1）参考【例 6.11】，完成通用表空间的创建和使用。
（2）参考【例 6.12】，完成单表表空间的创建和使用。

第 7 章　运算符、表达式和系统函数

【习题 7】包含选择题 7 题和说明题 6 题。
【实验 7.1】常见数据类型常量。
（1）完成【例 7.1】，显示其中的十进制整数与二进制整数的加运算结果，显示其中的十进制浮点数和十六进制整数的加运算结果。
（2）完成【例 7.2】，分别用字符串和十六进制数表示 "It's ten o 'clock."，并显示出来。
（3）完成【例 7.3】，显示系统当前日期和当前时间。
【实验 7.2】常见数据类型变量。
完成【例 7.5】，查询@cid 值的订单项记录。
【实验 7.3】运算符和表达式。
（1）完成【例 7.6】，将@cid 值商品的库存量-1。
（2）完成【例 7.7】～【例 7.13】。
【实验 7.4】综合应用。
（1）查询价格大于 50 元的水果类商品的编号、名称和价格。
（2）查询身份证已经过期的账户名、身份证号。
（3）累计非水果类商品的库存总金额。
（4）查询价格增加 10%后的商品编号、名称、价格、总价。

第 8 章　查询、视图和索引

【习题 8】包含选择题 10 题、说明题 5 题和编程题 29 题。

【实验 8.1】基本查询。

（1）完成【例 8.1】～【例 8.3】。查询商品价格在 100 元以下的商品编号、商品名称、价格、增加 10%后的价格。

（2）完成【例 8.4】，查询商品表中的商品大类、商品编号、商品名称、是否箱装。

（3）完成【例 8.5】，查询已经销售的所有商品编号。

【实验 8.2】常用聚合函数。

（1）完成【例 8.6】～【例 8.8】。

（2）查询商品销售总额，查询指定商品的销售量。

【实验 8.3】单数据源查询。

（1）完成【例 8.9】和【例 8.10】。

（2）分别采用单表数据源、查询、分区、视图作为数据源，查询已经发货的订货数量在 1 件以上的水果类商品的订单编号、商品编号、订货数量。

【实验 8.4】多数据源查询。

（1）完成【例 8.11】～【例 8.13】。

（2）查询 3 天前订货但还没有发货的商品编号、商品名称和账户名。

【实验 8.5】逻辑条件查询。

（1）完成【例 8.14】～【例 8.21】。

（2）查询价格大于 50 元的箱式包装商品的编号、名称、价格。

（3）查询库存量大于 500 件或者价格大于 500 元的非水果商品信息。

【实验 8.6】枚举、集合、JSON 和空间条件。

（1）完成【例 8.22】，查询公务员和教师用户记录。

（2）完成【例 8.23】，查询关注水果和粮油蛋的用户记录。

（3）完成【例 8.24】，查询常用地址为仙林大学城的用户记录。

（4）完成【例 8.25】，查询南京师范大学 20km 范围内的用户记录。

【实验 8.7】子查询条件。

完成【例 8.26】～【例 8.34】，改变子查询条件，观察查询效果。

【实验 8.8】分组查询。

完成【例 8.35】～【例 8.41】，改变分组条件，观察查询效果。

【实验 8.9】排序、输出行限制、多表联合查询和通用表表达式查询。

（1）完成【例 8.42】～【例 8.44】，改变排序项，观察查询效果。

（2）完成【例 8.45】，查询销售指定商品的前两个订单号和订货数量。

（3）完成【例 8.46】，联合查询水果和粮油蛋商品。

（4）完成【例 8.47】，不采用通用表表达式，实现同样的查询功能。

【实验 8.10】窗口、查询准备和单表查询。

（1）完成【例 8.48】～【例 8.52】，改变窗口，观察查询效果。

（2）完成【例 8.53】，修改为计算三角形周长。

（3）完成【例 8.54】，查询指定商品的订单。

（4）用单表语句查询指定商品的订单。

【实验 8.11】视图及其查询。

完成【例 8.55】～【例 8.63】，改变视图条件，观察查询效果。

【实验 8.12】按身份证号、手机号、姓名、备注索引和查询。

完成【例 8.64】，按照用户指定的已经创建的索引项查询。

【实验 8.13】JSON 数据、空间数据和分区索引，按照指定数据查询。

（1）完成【例 8.65】，按照指定的地址查询。

（2）完成【例 8.66】，按照指定的投递位置查询。

（3）完成【例 8.67】，按照商品大类查询指定的商品信息。

【实验 8.14】评估查询。

完成【例 8.68】～【例 8.70】，然后进行相应的查询测试。

第 9 章　过程式对象程序设计

【习题 9】包含选择题 8 题、说明题 9 题和编程题 6 题。

【实验 9.1】条件判断和循环。

（1）完成【例 9.2】，将 6 个等级换成 3 个等级（优秀、合格、不合格）。

（2）完成【例 9.3】，修改为计算 n!。

【实验 9.2】出错处理。

（1）完成【例 9.4】，修改程序为 DESC @mytab2，对@mytab 分别赋值存在的表和不存在的表，调用存储过程，观察变化。

（2）完成【例 9.5】，删除 commodity_temp 表记录，重新执行存储过程两次，观察结果。

（3）完成【例 9.6】，临时删除 mytab 表记录，重新执行存储过程，观察结果。

【实验 9.3】事务应用。

（1）备份 emarket 数据库。

（2）显示购物过程中有关表记录，完成【例 9.8】，重新显示有关表记录，查看存储过程功能的正确性。

（3）调整输入参数，模拟各种情况，执行存储过程，观察变化。

（4）恢复 emarket 数据库。

【实验 9.4】游标应用。

完成【例 9.9】，调整输入参数，执行存储过程，观察变化。

【实验 9.5】存储过程基础。

（1）完成【例 9.10】，将该存储过程修改成功能相同的存储函数。

（2）创建存储过程，计算三角形周长和面积。

（3）创建存储过程，计算方程 $aX^2+bX+c=0$ 的根。

（4）创建存储过程，输入参数 a、b、c 和 f。f=1，调用计算三角形面积的存储过程。f=2，调用计算 $aX^2+bX+c=0$ 方程根的存储过程。

【实验 9.6】存储过程应用。

完成【例 9.11】，修改存储过程为 proc_orders1，将 proc_myorder_comms 存储过程的功能包含在其中。

【实验 9.7】存储函数应用。

（1）完成【例 9.12】，将该存储函数修改成功能相同的存储过程。

（2）完成【例 9.13】，修改该存储函数，获得出生日期，然后用出生日期查询。

（3）完成【例 9.14】和【例 9.15】，修改存储函数，实现相同功能。

【实验 9.8】触发器应用。

完成【例 9.16】～【例 9.19】。

【实验 9.9】事件应用。

完成【例 9.20】～【例 9.23】。

【实验 9.10】全局锁、表锁和行锁测试。

完成【例 9.24】和【例 9.25】。

第 10 章　用户与权限

【习题 3】包含选择题 4 题、说明题 5 题和编程题 7 题。

【实验 10.1】用户与权限测试。

（1）完成【例 10.1】～【例 10.8】。

（2）完成【例 10.9】。

附录 A　WebService 开发和访问（网络文档）

在数据库服务器（DBHost）上同时运行两个 MySQL 实例，通过运行于 IIS 服务器（位于 WebHost）上的 WebService 传递数据，客户端可以使用 Android、JavaEE、PHP 等多种语言平台开发，只需要向 WebService 提供订单号和商品号，由 WebService 从网上商城实例中读取对应商品的信息（包括商品名称、商品图片、用户名、联系方式和送货地址）、生成快递单号，并将包裹信息存入快递系统实例，完成处理功能，将处理结果返回给客户端。整个系统的架构和工作原理如图 A.1 所示。

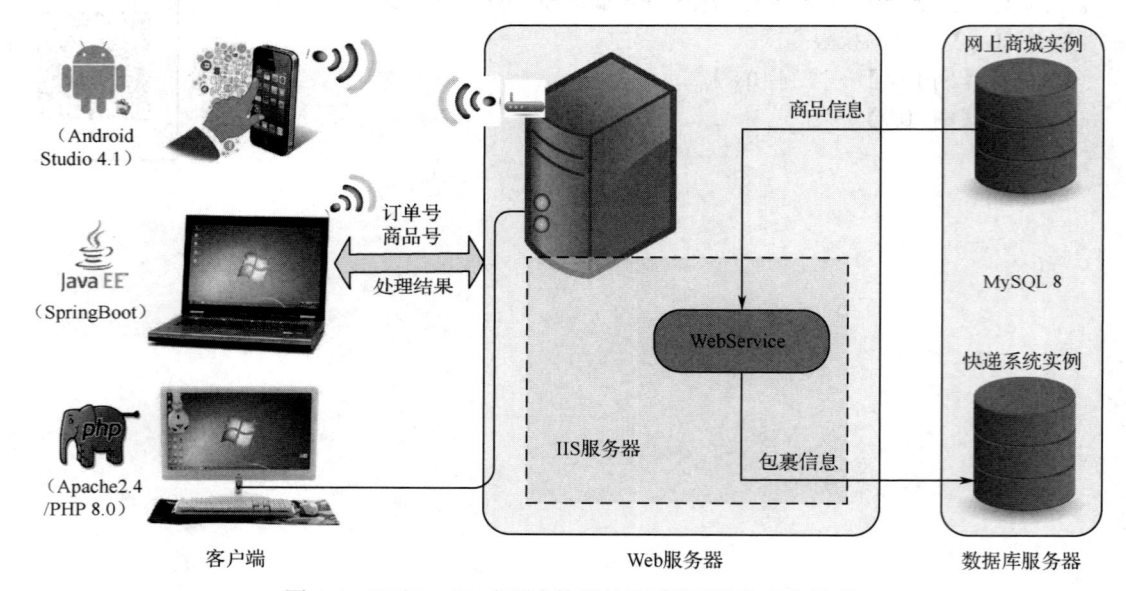

图 A.1　WebService 多平台快递处理系统架构和工作原理

由上图可见，整个系统由下面这些主要部分构成。

（1）网上商城实例：实例名为 SrvShop（端口号为 3306），部署"为华直购"网上商城数据库 netshop。

（2）快递系统实例：实例名为 SrvExpr（端口号为 3307），部署"顺水快递"快递包裹管理数据库 expr。

（3）WebService：服务名为 ExprService，部署在 IIS 服务器上（IP 地址为 192.168.0.139，端口号为 81）。

（4）客户端：可以是运行在手机上的 APP、运行在计算机上的 JavaEE 程序或 PHP 页面，通过与 WebService 交互来实现功能。

A.1　WebService 开发环境搭建

详细内容可扫描二维码获得。

A.2 开发 WebService

详细内容可扫描二维码获得。

A.3 Android 访问 WebService

详细内容可扫描二维码获得。

A.4 SpringBoot 访问 WebService

详细内容可扫描二维码获得。

A.5 PHP 访问 WebService

详细内容可扫描二维码获得。

附录 B Visual C#/MySQL 开发（网络文档）

反侵权盗版声明

　　电子工业出版社依法对本作品享有专有出版权。任何未经权利人书面许可，复制、销售或通过信息网络传播本作品的行为，歪曲、篡改、剽窃本作品的行为，均违反《中华人民共和国著作权法》，其行为人应承担相应的民事责任和行政责任，构成犯罪的，将被依法追究刑事责任。

　　为了维护市场秩序，保护权利人的合法权益，我社将依法查处和打击侵权盗版的单位和个人。欢迎社会各界人士积极举报侵权盗版行为，本社将奖励举报有功人员，并保证举报人的信息不被泄露。

举报电话：（010）88254396；（010）88258888
传　　真：（010）88254397
E-mail：dbqq@phei.com.cn
通信地址：北京市海淀区万寿路 173 信箱
　　　　　电子工业出版社总编办公室
邮　　编：100036